高等院校培养应用型人才电子技术类课程系列规划教材

电子技术与 EDA 技术课程设计

主　编　郭照南

副主编　陈日新　李　颖　余建坤　张　丹
　　　　陈　婷　何　静　贺科学

编　委　张国云　王　莉　王南兰
　　　　韦文祥　夏向阳　蒋冬初

中南大学出版社

内容简介

本书是一本综合性的课程设计教材，是高等院校培养应用型人才课程体系规划教材之一。全书共分6章。第1章：电子技术课程设计基础；第2章：模拟系统的设计；第3章：数字电路的设计；第4章：EDA技术课程设计；第5章：电子技术及EDA技术课程设计题库；第6章：综合性电子系统设计实例。各章均给出了应用实例，各设计实例均经过搭试验证。在附录中还给出了常用电子元器件和半导体数字集成电路的使用资料。

本书可作为高等院校的本（专）科、高等职业技术学校的电子信息、电气信息、通信、自动控制和计算机等专业的电子技术和EDA技术的课程设计实践性教材及参考书，也可供有关工程技术人员参考。

高等院校培养应用型人才
电子技术类课程系列规划教材编委会

总　序

随着我国科学技术不断地发展、完善，以及教育体系不断地更新，社会用人单位对高校人才培养模式提出了更高更新的要求。复合型、创新型、实用型人才日益受到用人单位的青睐。这种发展趋势必将会使高校的人才培养模式面临着新的挑战，这就意味着如何提高高等学校毕业生的实际工作能力显得尤为重要。诚然，除了努力加强实践教学之外，还应着力加强和推进理论教学及其教材的建设与更新，显然，它是提高高等学校教学质量的一个必不可少的重要环节。根据教育部、财政部《关于实施高等学校本科教学质量与教学改革工程的意见》的文件精神，启动"万种新教材建设项目，加强新教材和立体化教材建设"工程，积极组织好教师编写新教材。

鉴于此，中南大学出版社特邀请湖南省及外省部分高等学校从事电工电子技术教学、实验和应用研究的教授、专家和教学第一线的骨干教师、高级实验师组成了教材编委会，编写了电工电子技术等系列教材。

本系列教材的主要特点为：

1. 充分吸取了教学改革、课程设置与教材建设等方面的经验成果，在内容的选材上（如例题和习题）力求理论紧密联系实际、注重实用技术的讲解和实用技能的训练。同时也能较好地反映出电子电气信息领域的最新研究成果，体现了电子电气应用领域的新知识、新技术、新工艺与新方法。

2. 根据专业特点，对传统教材的内容进行了精选、整合、优化，以满足理论教学与实验教学的需求。同时，注意到与相关课程内容之间的衔接，从而保证了教学的系统性，有利于理论教学。

3. 编写与电子技术类课程设计相配套的指导性教材，有利于实践性教学。

4. 该系列教材中，基本概念的阐述较清晰，层次分明，语言表述做到了通俗易懂，有利于学生自学。

目前，我国高等教育的模式还有赖于日趋完善，教材体系尚未完全建立，教材编写还处于不断探索的阶段，仍需要我国高等学校的广大教师持之以恒、不懈地努力、辛勤地耕耘，编写出更多更好的能满足新形势下教学需要的实用教材。

我相信并殷切地期望该系列教材的出版，它不仅会受到广大教师的欢迎，满足教学的需要，而且还将会对我国高等学校的教材建设起到积极的促进作用。最后，预祝《高等院校培养应用型人才电子技术类课程系列规划教材》出版项目取得成功，为我国高等教育事业和信息产业的蓬勃发展与繁荣昌盛培土施肥。同时，也恳切地希望广大读者、同仁，对该系列教材的不足之处提出中肯的意见和有益的建议，以便再版时更正。

谨识

教育部中南地区高等学校电子电气基础课教学研究会理事长
武汉大学电子信息学院　教授/博士生导师

前　言

本书是为高等院校电子类、电气类、计算机类和自控类专业编写的一本实践性教材。在编写过程中参照了教育部颁布的高等工业学校《电子技术基础课程教学基本要求（试行）》。主要介绍了电子电路设计基础、电子电路调试与故障检测、基本模拟电路的设计与调试、常用数字集成电路与使用、EDA技术的设计与应用、电子电路设计课题，最后介绍了常用电子元器件和常用集成芯片的功能与引脚排列。

在教学中，模拟电子技术、数字电子技术和EDA技术的教材与实验教学是分开的，其缺点是不能满足现代电子系统设计的需求。因此，将模拟电子技术、数字电子技术和EDA技术融会贯通是教学改革的发展方向。它对巩固所学课程的理论知识、培养学生运用所学知识解决实际问题的能力有着十分重要的作用，有利于启发学生的创新思维和提高学生的工程设计能力和实践动手能力。《电子技术与EDA技术课程设计》是在学习了模拟电子技术、数字电子技术和EDA技术课程后进行的一个重要实践环节，目的在于将模拟和数字及其EDA这三部分课程的理论知识和实践联系起来，使学生既动脑又动手，在老师指导下对某一设计课题进行电路设计和实践。

本书的模拟电子技术课程设计部分，设计内容以运放电路为主，对象为传感器，结合传感器与放大器技术，完成电子系统中的模拟前端电路设计。该部分内容包括运放参数与单电源运放、仪表放大器与有源滤波器、传感器信号调理参考电路、电源电路等。

本书的数字电子技术课程设计部分，设计内容以中小规模集成电路为主，结合A/D和D/A等模块，完成较简单的数字系统设计。

本书的EDA技术课程设计部分，设计内容以可编程逻辑器件、硬件描述语言为主，对象为各种简单控制对象，用状态机实现对象控制算法。该部分内容包括可编程逻辑器件、VHDL硬件描述语言、有限状态机基础、用现代设计技术完成较复杂的数字系统设计。

另外，本书还给出了几个典型的综合电子系统的设计实例和若干模拟电路与数字电路课程设计题目，完成这些题目不仅可以学习实际的设计过程，更主要的是通过课程设计学会阅读电子元件数据手册，读懂已有的电路图，看懂他人所写的硬件描述语言程序。

本书有如下主要特点：

1. 内容实用、贴近实际。本书没有过多的理论知识叙述，而是突出了知识的综合应用，尽量贴近生产实际。书中不但介绍了电子电路设计基础和电子电路设计，而且还介绍了电子电路的安装调试与故障检测及电子电路的抗干扰技术等知识。

2. 示范性和设计性课题相结合。为便于学生较规范地进行课程设计，在介绍电子电路设计课题之前，给出了大量的设计实例，使学生熟悉课程设计的过程与步骤，这对规范课程设计有较好的作用。

3. 以培养学生的能力为主线。学生选择了设计课题后，在老师的指导下，查阅资料，拟定设计方案，选择和设计电路。在完成整机电路设计后，学生应根据电路要求，查阅电子元器件手册，正确选择电子元器件和集成电路，而后画出安装接线图。

4.选择设计课题方便灵活。本教材中既有模拟电路方面的设计课题，又有数字电路方面的设计课题，将二者结合起来可构成综合性设计课题，选题方便灵活。设计课题在我校课程设计中已进行了搭试验证。考虑到课时的相对减少和学生理论知识水平参差不齐的实际情况，书中有多个难度不同的设计课题供指导老师和学生选择使用，并给出了参考电路和调试要点，供学生设计和调试时参考。

本书编写力求简明实用，贴近生产实际，有利于培养应用型人才。它可作为高等院校本（专）科、高等职业技术学院电子类、电气类、计算机类和自控类等专业电子技术、模拟电子技术和数字电子技术课程设计的教材，也可供有关工程技术人员参考。

本书由湖南工程学院郭照南担任主编，陈日新、李颖、余建坤、张丹、陈婷、何静、贺科学担任副主编。全书共分6章：第1章由长沙学院的张丹编写，第2章及第5章的部分内容由中南林业科技大学的李颖编写，第3章的3.1～3.2.3节由湖南科技大学的陈婷编写，第3章的3.2.4～3.3节由湖南商学院的何静编写，第4章的4.1节由邵阳学院的余建坤编写，第4章的4.1.2～4.3节及第5章的部分内容由长沙理工大学的贺科学编写；其余章节与附录由郭照南编写。在教材编写过程中，郭照南作为主编全程参与了以上各章节的修改，并负责书稿统稿等工作。

本书在书稿提纲的审定、资料收集以及实际编写过程中，得到丛书编委会人员的支持与帮助，得到了吴新开、陈意军、张一斌等老师的大力支持与具体指导，提出了很多宝贵的建议和修改意见，作者在此深表谢意。

由于编者水平有限，时间仓促，书中错误和不当之处在所难免，恳请广大读者批评指正。

郭照南

2010 年 1 月于湘潭

目　录

第1章　电子技术课程设计基础知识

电子技术课程设计是一个综合性实践教学环节,是对学生所学的电子技术基础课程知识进行综合性训练,这种训练是通过学生独立进行某一课题的设计、安装和调试来完成的。要完成这个课题将涉及到许多理论知识(设计原理与方法)、许多实际知识与技能(安装、调试与测量技术等)。

1.1　电子技术课程设计的一般步骤与方法

电子技术课程设计通常是由多个单元电路组成的,在进行课程设计时,不但要考虑系统整体电路的设计,还要考虑各部分电路的选择、设计及它们之间的相互连接。由于各种通用和专用的模拟、数字集成电路的大量涌现,所以在电子电路系统的方案框图确定后,除少数电子电路的参数需要设计计算外,大部分只需根据电子电路系统框图各部分的要求正确选用模拟和数字集成电路的芯片就可以了。

电子技术课程设计虽有一定的步骤,但它往往还与设计者综合应用所学知识的能力、经验等有密切关系。一般设计通常包括:选择整体方案框图、单元电路设计与选择、电路元器件的选择、单元电路之间的连接、对系统进行电路搭试、对方案及单元电路参数进行修改、绘制整体电路,最后写出整体设计报告。

1.1.1　设计与计算阶段

此阶段也称预设计阶段,其主要任务是学生根据所选课题的任务、要求和条件进行整体方案的设计,通过论证与选择,确定整体方案。此后是对方案中的单元电路或模块进行选择和设计计算,其中包括元器件的选用和参数的计算等。最后画出整体原理图。

1. 整体方案选择

进行课程设计的第一步就是认真选择一个合理的整体设计方案。

一个较为复杂的设计课题,通常需要对设计要求进行认真分析和研究,通过收集和查阅资料,在已学模拟和数字电子技术课程(或电子技术)理论的基础上进行构思,从而提出实现设计要求的可能方案,并画出相应的框图。由于实现同一个设计要求的方案往往不止一个,这时就应对每一个设计方案的可行性及它们的主要优缺点进行比较,从而找出一个较为合理的设计方案。关键部分电路的可行性首先应在原理上要可行,而后还需进行电路搭试,只有搭试成功后才能确定电路的整体方案框图。

在进行设计方案选择时,还应注意以下几个问题:

(1)整体方案是一个反映设计电路要求的、合理的粗略框图。它不涉及具体的细节问题。

整体方案框图中的每一个方框图应具有一个独立的功能，并用文字写在方框内。每一个方框图可能由一个单元电路组成，也可能由多个单元电路组成。整体方案框图不宜分得太粗，但也不宜分得过细。

（2）整体框图按信息流向画。信息流向一般按从左到右、从上到下的方向来画，并用箭头（→）表示数据信息和控制信息的流向。

（3）整体方案框图应画在同一张纸上。不要将整体方案框图画在两张纸上，这样便于阅图，也便于分析、排除故障。

2. 单元电路的设计与参数计算

1）单元电路选择与设计

在系统方案框图确定以后，应明确方案中每一个方框图的任务，在此基础上便可进行单元电路的选择与设计。在第 3 章和第 5 章中分别给出了一些常用的单元电路，以供设计者参考。对于没有列出的单元电路，设计者可查阅有关资料手册，选择合适的电路，有时还需对电路进行设计。

有时满足某个框图要求的电路可能有多个，这时就需对各个电路进行分析和比较，从中选出电路结构简单、成本低、而又能满足设计要求的电路。在进行电路选择时，应尽量选用符合要求的集成电路。有些集成电路（如单稳态触发器等）还需根据要求对外部电路的参数进行计算，经调试测量合格后，才能使该电路达到规定的技术要求。

在进行单元电路的选择与设计时，还应注意它们之间应协调一致地工作。对于模拟系统，根据需要选择合适的耦合方式进行连接，功率放大器件还应考虑与负载的匹配问题。对于数字系统，它主要是通过控制电路协调各部分电路工作的。因此，控制电路不允许出现竞争冒险现象，否则控制电路会出现控制错误，使电路不能正常工作。同时还应注意 CMOS 电路和 TTL 电路之间的电平配合，有时还需要加入接口电路，否则电路也不能正常工作。

设计单元电路的一般方法和步骤：

①根据设计要求和已选定的整体方案的原理框图，确定对各单元电路的设计要求，必要时应详细拟定主要单元电路的性能指标。注意各单元电路之间的相互配合，但要尽量少用或不用电平转化之类的接口电路，以简化电路结构，降低成本。

②拟定出各单元电路的要求后应全面检查一遍，确实无误后方可按一定顺序分别设计单元电路。

③选择单元电路的结构形式。一般情况下，应查阅相关资料，以丰富知识、开阔眼界，从而找到适用的电路。当确实找不到性能指标完全满足要求的电路时，也可选用与设计要求比较接近的电路，然后调整电路参数。

各单元电路之间要注意外部条件、元器件使用、连接关系等方面的配合，尽可能减少元器件的数量、类型、电平转换和接口电路，以保证电路最简单、工作最可靠、经济实用。各单元电路拟定后应全面地检查一次，看每个单元各自的功能是否能实现，信息是否能畅通，整体功能是否满足要求，如果存在问题必须及时做出局部调整。

2）元器件的选择

选择元器件只要能清楚"需要什么"和"有什么"。所谓"需要什么"是指根据具体问题的要求所选择的方案，需要什么样的元器件，即每个元器件各应具有哪些功能和什么样的性能指标；所谓"有什么"是指有哪些元器件，哪些在市场能买得到，它们的性能如何、价格如何、体积大小等。众所周知，电子元器件的种类繁多，而且不断有新产品，这就需要用户经常关心元器件的新信息和新动向，多查阅有关资料。

①集成电路的选择。集成电路的广泛应用，不仅减少了电子设备的体积和成本，提高了可靠性，使安装调试和维修变得比较简单，而且大大简化了电子电路的设计。但是，并不是采用集成电路就一定比采用分立元件好，有时功能相对简单的电路，只要用一只二极管或晶体管就能解决问题，若采用集成电路反而会使问题复杂化，而且增加成本。但在一般情况下，应优选集成电路，必要时可画出两种电路进行比较。

集成电路的种类繁多，选用方法一般是"先粗后细"，即先根据主体方案考虑应选用什么功能的集成电路，再进一步考虑它的具体性能，然后再根据价格等因素决定选用什么型号。选择的集成电路不仅要在功能和特性上实现设计方案，满足电压、功耗、温度、价格等多方面的要求，而且应考虑到封装方式。集成电路常见的封装方式有双列直插式、扁平式和直列式三种(其他封装形式还有：引线载体式、无引线载体式、锯齿双列式等十余种)，一般尽可能选用双列直插式，因为这种封装易于安装和更换。选用集成电路时，还应尽量选择全国集成电路标准化委员会提出的优选集成电路系列产品。

②电阻器的选择。电阻器除阻值和功耗等参数外，还应从以下几个方面进行考虑：

a. 掌握所设计电路对电阻器的特殊要求，所谓特殊要求是指对高频特性、过载能力、精度、温度系数等方面的技术要求。

b. 优先选用通用型的电阻器，因为此类电阻器价格低、货源足。

c. 根据电路的工作频率要求，选用相应的电阻器。各种电阻器由于它们的结构与制造工艺不同，分布参数也不同。RX 型线绕电阻器的分布电容和分布电感较大，仅用于工作频率低于 50 kHz 的电路中；RH 型合成膜电阻器和 RS 型有机实心电阻器的工作频率在数十兆赫之间；RT 型碳膜电阻器的工作频率可达 100 MHz；RJ 型金属膜电阻器和 RY 型氧化膜电阻器的工作频率可达数百兆赫。

d. 按照电路对温度稳定性的要求，选择温度系数不同的电阻器。在实际的电路中，有时需要选用正(或负)温度系数的电阻器作为温度补偿元件。

e. 在高增益前置放大电路中，应选用噪声电动势小的电阻器。RJ 型、RX 型电阻器以及 RT 型电阻器均具有较小的噪声电动势。

f. 所选电阻器的额定功率必须大于实际承受功率的两倍。

③电容器的选择。选择电容器除容量和耐压等主要参数外，还应从以下几个方面进行考虑：

a. 合理确定对电容器精度的要求。在延时电路、音调控制电路、滤波器以及接收机的本振电路和中频放大电路中，对某些电容器的精度要求较高或很高，应选用高精度的电容器来满足电路的要求。而在旁路、去耦合、低频耦合等电路中对电容及精度无很严格的要求，因此，仅需按设计值选用相近容量或稍大容量的电容器。

b. 注意对电容器高频特性的要求。在高频应用时，某些电容器因不可忽视的自身电感、引线电感和高频损耗，会使电容器的自身性能下降，导致电路不能正常工作。有时为了解决电容器自身分布电感的影响，常在自身电感较大的电容器两端并接一个自身等效电感很小的小容量电容器。

④电位器的选择。电位器的主要参数有标称阻值、精度、额定功率、电阻温度系数、阻

值变化规律、噪声、分辨率、绝缘电阻、耐磨寿命、平滑性、零位电阻、起动力矩、耐潮性等。其制作形式、结构形式和调节方式繁多，选用时应根据设计电路的要求确定。

⑤分立元器件的选择。分立元器件包括二极管、三极管、场效应管和晶闸管，器件的种类不同，注意事项也不同。例如三极管，在选用时应考虑是 NPN 管还是 PNP 管，是大功率管还是小功率管，是高频管还是低频管，并注意管子的电流放大倍数、击穿电压、特征频率、静态功耗等是否满足电路设计的要求。

3) 参数计算

单元电路的结构、形式确定后，需要对影响技术指标和参数的元器件进行计算。例如，放大电路中的各个电阻值和放大倍数的计算；振荡电路中的电阻、电容、振荡频率的计算；单稳态触发器中的电阻、电容和输出脉冲宽度的计算等。只有单元电路的技术指标符合要求了，才能保证整体设计方案的实现。进行单元电路设计时，在理解电路工作原理的基础上，要正确利用模拟和数字电路中的有关公式进行计算，这种计算有的需要根据电路理论进行，有的按照工程估算方法，有的可用典型电路参数或经验数据。选用的元器件参数值最终都必须采用标称值。

计算电路参数时应注意如下问题：

①各元器件的工作电流、工作电压、频率和功耗应在允许的范围内，并留有适当的余量，以保证电路在规定的条件下正常工作，达到所要求的性能指标。

②对于环境温度、交流电网电压等工作条件，计算参数时应按最不利的情况考虑。

③设计元器件的极限参数时，必须留有足够的余量，一般按 1.5 倍左右考虑。

④电阻值应在常用电阻标称值系列内，并且根据具体情况正确选择电阻的品种。

⑤电解电容数值应在常用电容标称值系列内，并且根据具体情况正确选择电容的品种。

⑥在保证电路性能的前提下，尽可能设法降低成本，减少元器件的品种、功耗和体积，并为安装调试创造有利条件。

⑦在满足性能指标和上述各项要求的前提下，应优先用现有的或容易买到的元器件，以节省时间和精力。

⑧应将计算所确定的各参数值标在电路图中适当的位置。

3. 电路之间的级联设计

在完成了单元电路的设计和选择后，接下来就应仔细考虑它们之间的级联问题，如电气特性的相互匹配、信号的耦合、时序配合等。只有解决了上述问题，才能使单元电路和整体电路能稳定可靠地工作。

1) 电气特性的相互匹配

电气性能的相互匹配主要包括阻抗匹配、线性范围匹配、负载能力匹配和高低电平匹配等。前两种情况是指模拟电路之间的匹配，第四种是数字电路之间的匹配问题，第三种是模拟和数字单元电路都有的匹配问题。从提高放大倍数方面考虑，要求下一级（后级）电路的输入电阻要大、上一级（前级）电路输出电阻要小；从改善频率响应方面考虑，则要求下一级电路的输入电阻要小。实际上对下一级电路输入电阻大小的要求应根据电路的技术指标来考虑。

①线性匹配问题。为保证输入的信号能不失真地放大，要求前后级放大电路在信号的动态范围内都应工作在线性区。

②负载能力匹配问题。要求前一级单元电路能正常驱动后一级单元电路。由于最后一级电路往往要驱动执行机构，需要有一定的功率输出。如对驱动能力要求不高时，可增加一级跟随器；如要求驱动能力较强时，可增加一级集成功率放大器。在数字电路中，可采用达林顿驱动器，也可采用反相器或射极输出器。

③电平匹配问题。这在数字电路中是经常遇到的问题。如高低电平不匹配时，则电路的逻辑功能将被破坏，数字电路也不可能正常工作，通常采用电平转换电路来解决电平匹配问题。在 TTL 和 CMOS 集成电路之间连接时，这个问题就更为突出。常用的方法是在它们之间增加一个电平转换电路。

2) 信号耦合方式

单元电路之间的耦合方式主要有直接耦合、阻容耦合、变压器耦合和光电耦合四种，它们在电子技术课程中已详细讨论，这里只作简要介绍。

①直接耦合方式。这种耦合方式是将前一级单元电路输出的任何信号直接（或通过电阻）送到下一级单元电路的输入端。这种耦合方式虽然比较简单，但在静态工作时，两个单元电路之间存在相互影响。因此，在电路设计时，这个问题应加以考虑。

②阻容耦合方式。这种耦合方式是将前一级单元电路输出的信号通过电容和电阻耦合到下一级单元电路的输入端。电阻另一端可接地，也可接电源，这由下一级单元电路的要求来定。

阻容耦合方式的特点是，只能让上一单元电路输出的交流信号通过并加到下一级单元电路的输入端，而直流成分被阻隔掉，不能加到下一级。因此，阻容耦合电路起着"传交隔直"的作用。这种耦合方式在静态工作时，两个单元电路是相互独立的，彼此没有影响，这给静态工作点的调试带来了很大的方便。

③变压器耦合方式。这种耦合方式是将变压器初级绕组（一次绕组）的交流信号耦合到次级绕组（二次绕组），直流是不能通过的，具有"传交隔直"的特点。

变压器耦合的优点是，通过改变匝数比和同名端的连接，容易实现阻抗匹配，改变输出信号的大小与极性；它的缺点是，频率特性差、体积大、成本高、不能集成化、效率低。因此，这种耦合方式尽量不要采用。

④光电耦合方式。这种耦合方式是通过光电耦合器将上一单元电路输出的信号耦合到下一单元电路。这种耦合方式既可传送模拟信号，也可传送数字信号，但在多数情况下用以传送数字信号。

光电耦合方式的优点是，实现上一级和下一级电路之间的电气隔离，防止干扰，体积小，开关速度高。常用于数字电路的输出和输入接口。

在上述四种耦合方式中，直接耦合和阻容耦合用得较多，如要求只传送交流信号而不传送直流成分时，应采用阻容耦合，否则采用直接耦合。如在传送信号时需要电隔离时，则可采用光电耦合方式，变压器耦合尽量少用或不用。

3) 时序配合

时序配合是数字系统设计时必须考虑的问题。为了能让数字系统正常工作，根据系统正常工作的要求来确定哪个控制信号先作用，哪个控制信号后作用，这样，整个系统在统一的时序脉冲作用下，就可协调有序地工作，否则会造成时序配合上的混乱，甚至会导致系统不能正常工作。

时序脉冲的相互配合是一个很复杂的问题。为了能获得一个合理的时序控制信号，首先要认真分析整个系统各部分电路协调有序工作时所要求的时序脉冲先后时间的顺序，并画出相应的时序波形图，然后设法设计出能实现该时序波形图的时序电路。应当指出，在模拟系统中，不存在时序问题，而在数字系统或数字和模拟电路组成的混合系统中都存在时序问题。

4. 整体电路图

在完成了单元电路设计及它们之间相互连接关系确定后，可进行整体电路图的绘制。整体电路图是课程设计的重要文件，是原理性的电路图，它是电路安装接线、测试调整、分析排除故障和绘制印刷电路板的主要依据。这时的整体电路图只是一个草图，还不是正式的整体电路图，只有在整体电路经测试调整，并达到设计要求后，才能画出正式的、完整的整体电路图。

画整体电路图应采用规范的图形符号，图纸布置应清晰整齐，能反映整体电路的组成、工作原理、各部分电路之间的关系及信号的流向。在绘制整体电路图时，应注意以下几点。

1）布置要合理

按照信号的流向从左到右依次均匀排列各单元电路，一般不要将电路图画成窄长条，必要时可按信号流向把各个单元电路画成横的"＞"字形，它的开口可朝左，如一排画不下，也可画两排。

2）整体电路图应画在一张纸上

对于不是很复杂的整体电路图，应画在一张纸上。对于比较复杂的整体电路需要画数张图纸时，这时应将主要部分画在一张纸上，而一些次要的、较独立的部分可画在另外的图纸上，但必须在断开处标明从一张图纸引出点到另一张图纸引入点的连接符号。

3）采用标准的图形符号

画整体电路图应采用国家标准规定的图形符号，对于较复杂的中、大规模集成电路，可用通用的矩形框来表示，在框内中间位置标注器件的型号，在框线外侧画引脚，同时在它的旁边标明引脚排列序号。

4）连线清晰、工整

各单元电路之间的连线应为直线，连线通常画成水平线和竖线，不画斜线。互相连通的交叉线，在交叉处用实心圆点标记，连线要尽量短。公共电源线、时钟线等可用规定的符号表示，不需要直接画出连线，如电源用 $+V_{CC}$（或 $+V_{DD}$）、或 $-V_{CC}$（也可用电源电压数值标记，如 $+5$ V、-5 V 等）。地线用"⊥"表示，时钟用 CP 表示。

5）电子元器件的数值标记在相应元器件的附近

电阻和电容的文字符号和数值应标记在相应元件的附近，同时还应注明电阻和电容的单位。二极管和三极管的文字符号和型号应标在其旁边。集成芯片的文字符号和型号可标在相应图形符号中或附近。

1.1.2 仿真与修正阶段

鉴于现在计算机仿真和辅助设计方法及软件的发展与广泛应用，所以在课程设计过程中应尽可能安排仿真设计。实际上仿真设计与修正工作往往是穿插在课程设计的第一阶段来完成的。之所以单独将其列为一个环节，是为了让学生通过计算机仿真，初步掌握工具软件的使用方法和技能。一方面使学生掌握仿真软件的用法，另一方面，通过仿真来验证方案的正确性，如果发现局部不合理的地方，可以随时随地在软件环境下进行修改、完善。

1.1.3　安装与调试阶段

电子电路的安装与调试在电子电路实践和电子工程技术中都占有非常重要的地位。它不仅将理论电路转换为实际电路和电子设备，而且还是对理论设计的检验、修改和完善。

仿真工作完成后，学生即可向实验室领取所需元器件等材料，并在实验箱上（或试验板、实验台上）组装电路。此后是运用测试仪表进行调试，排除故障，调整元器件，进一步修改，使之达到设计指标要求。

1. 电子电路安装布线原则

在完成电子系统设计后，需要对电路进行安装调试。简单的电子电路可在接插板上完成，较复杂的电子电路需要制作专门的印刷电路板，此外还应考虑电路的布局、焊接、组装等工艺。电子元器件的布置和安装接线是否合理，对电路的性能有很大影响。如接线不当，则可能会引起电路中各处信号的相互耦合，使电路工作不稳定。轻则噪声增大，重则电路不能正常工作，所以，布线时首先应考虑电气性能上的合理，然后才考虑外形上的美观。因此，对元器件的布置和安装接线必须认真对待，应给予足够的重视。

整体电路的布局没有固定的模式，一般可遵循下面的原则进行布线。

1）根据元器件的形状和电路板的面积合理布置元器件的密度

① 用不同颜色的塑料导线表示电路中不同作用的连线。通常正电源线用红色，负电源线用蓝色，地线用黑色，信号线用黄色等，当然也可以用其他颜色的塑料导线。电路中的连线用不同颜色的塑料导线区分后，对电路的测试调整和进行查线都显得很方便。

② 相邻元器件就近安置，做到布置合理、密度适中。集成电路芯片在电路板上的方向要一致，最好将集成电路芯片的引脚放在左下方插入面包板。电子元器件的分布要合理，不要一些地方很密，另一些地方又很稀。注意整体布置美观，给人以美的享受。

③ 输入回路应远离输出回路。当电路的级数较多时，不要将最后一级电路和第一级电路紧靠在一起；不要将不是同一级的元器件混在一起布线；输入回路和输出回路应离得远些；信号线之间或信号线与电源线之间不要靠近平行走线；信号线不要迂回。这样才可避免前后级产生寄生耦合，强电线和弱电线应分开走。

④ 有电磁耦合的元器件，应进行自身屏蔽。对于有电磁耦合的元器件，应尽可能相互离得远些，或进行屏蔽。输入变压器和输出变压器应互相垂直放置。

⑤ 发热的元器件应靠边安装在散热条件好的地方。

⑥ 工作频率较高的电路，连线要短，且元器件应就近放置。

⑦ 各种可调的元器件应安装在便于调整的地方，所有元器件的标志一律向外。

2）地线

公共地线是所有信号共同使用的通路，如元器件布置和走线不当，则有可能通过地线将输出信号、感应信号、纹波信号耦合到其他电路上去，使电路性能变差，甚至产生寄生振荡。因此，合理布置地线对改善电路性能和提高电路工作的稳定性有重要作用。

① 地线可迂回走线。在实际中，地线往往会环绕线路板一周，为了减小地线的阻抗，要求地线要粗一些，如用铜箔板时，地线的线条要宽一些。

②地线有屏蔽作用。可用它将前级电路和后级电路相互隔开，以减少前、后级之间的耦合。

2. 电子系统的调试

电子电路设计、安装完成后，还需通过调试才能使电路达到技术指标的要求。调试除可对理论设计进行检验外，还可发现问题。通过调试、修改、再调试、再修改，可使电路设计更加完善。实际上，任何一个好的设计方案都是经过安装、调试，又经过反复试验和修改才完成的。

在对电子电路或电子设备进行调试时，故障往往是不可避免的。对一个初学者来说，在对自己设计的电子系统进行调试时，总希望能一次通电成功，完成电路的全部功能，达到预定的技术指标。然而，实际情况往往并非如此，必然有一个分析、检查和排除故障的过程。

电路出现故障时，会有一定的现象，通过对这些现象的分析，可初步判断发生故障的可能部位，并找出故障，加以排除。

在完成小型电子系统电路图和安装接线图的设计后，除应拟定一个较为完整的测试调整方案外，还应能预测出测量的结果、调试中可能出现的问题及其解决的方法等，以使电子系统的调试工作能顺利进行。下面就这几方面的方法作一些介绍。

1）调试前的直观检查和准备

①电路元器件的检查。在电路完成安装接线后，对设计电路所用元器件主要应进行以下检查：集成电路的安装位置与安装接线图上的位置是否一致、型号是否正确、集成电路插的方向是否正确；二极管、三极管、电解电容等分立元器件的极性是否接反；电路中所使用电阻的阻值是否符合设计要求。只有当元器件的位置、参数正确无误后，方可进行下一步工作。

对于数字集成电路还应检查不允许悬空的输入端。TTL 和 CMOS 数字集成电路的输入端和控制端都应根据要求接入电路，不允许悬空。

②连线的检查。完成元器件的检查后，便可检查电源线、地线、信号线以及元器件引脚之间有无短路，连接处有无接触不良。特别是电源线和地线之间不能有短路，否则将会烧坏电源。检查电源是否短路，可借助于万用表欧姆挡测量电源线和地线之间的电阻值，如电阻为零或很小，说明电源连线存在短路情况，则应从最后一部分断开电源线，逐级向前检查。先找出短路点所在的电路，再找出电源短路处，然后加以排除。

调试前，还需认真检查电路的接线是否正确，以避免接错线、少接线和多接线。多接线一般是因为接线时看错引脚，或在改接线时忘记去掉原来的接线而造成的。这种情况在实验中经常发生，而查线又很难被发现，调试中则往往会给人造成错觉，以为问题是元器件故障造成的。如把输出电平一高一低的两个 TTL 门的输出端无意中连在一起而引起输出电平下降时，则很容易错误地认为是元器件损坏了。为了避免做出错误诊断，通常采用两种方法查：一种是按照设计电路图逐一对照检查安装的线路，这种方法比较容易查出接错的线和少接的线；另一种是按照实际安装的线路对照电路原理图进行查线，把每个元件引脚连线的去向一次查清。这种方法不但可查出接错的线和少接的线，而且还可很容易地查出多接的线。

不论用哪一种方法查线，一定要在电路图上把已查过的接线做出标记，以免一些接线漏查。查线时，最好用万用表的"$\Omega \times 1$"挡来测量。

③调试前的准备。调试包括测试和调整两部分。测试是在完成安装接线后，对电路的参

数及工作状态进行测量；调整是在测试的基础上进行参数调整，使之能满足设计要求。

为了使调试能顺利进行，在调试前应准备好完整的电路原理逻辑图和元件安装接线图，并标上各点参考电压值和相应的波形图。此外，还应制订较完整的调试方案，包括应测量的主要参数、所选用的测量仪表、拟定的调试步骤、预期的测量结果、调试中可能出现的问题及其解决办法等内容。

当调试电路中包括模拟电路、数字电路和其他传感器电路时，一般不允许直接联调，而应将各部分按各自的指标分别进行调试，再经信号及电平转换电路实现整机联调。

在调试过程中应采取边测量、边分析、边解决问题、边记录的科学方法。

2）调试步骤

电子电路的调试步骤主要包括通电观察、分块调试（如运算放大器、单元门电路、触发器、基本数字部件、控制电路等的调试）和整机联调两部分。

①通电观察。接通电源后，不要急于测量数据和观察结果。首先应观察有无异常现象，包括有无冒烟和异常气味以及元器件是否发烫、电源输出有无短路等，如出现异常现象，则应立即切断电源，待故障排除后方可重新接通电源，进行电路调试。

②分块调试。电子电路按作用、功能分成若干个模块，并对这些模块按设计指标及功能进行调试。只有每个模块都达到设计要求后，才能进行整机联调。分块调试的一般步骤是：

a. 静态测试。首先用万用表测量各集成芯片电源引脚与地线引脚间的电压，如电压没有加上，则说明集成芯片电源引脚或地线引脚与连线存在接触不良或接线有错，应及时排除。

其次，不加输入信号，测试调整模拟电路的静态工作点。对数字电路，则加入固定电平，测试电路各点电位和逻辑功能，以判断电路的工作是否正常。这样可发现电路存在的问题并找出损坏的元器件。静态测量时，应选用高内阻（2×10^4 Ω/V）万用表进行测量。对于 A/D 转换器和运算放大器，则须用内阻更高的仪表（如数字电压表）进行测量。对于运算放大器，在输入信号为零时，调整调零电位器，使输出为零，就完成了运算放大器的调零工作。如果调零不起作用时，可能是外电路没有接好，也可能是运算放大器损坏。

b. 动态测试。电路的输入端输入一定频率和幅度的信号（也可外加输入脉冲信号），用示波器观察电路的输入波形、输出波形和逻辑状态，检查功能模块的各个被测参数是否满足设计要求。测试信号产生电路时，一般只观察动态波形是否符合要求。

最后还需将功能模块的静态和动态测试结果与设计指标进行比较、分析，对电路参数提出合理的修改意见。

c. 整机联调。在完成了各个模块的调试后，可进行整机联调。联调一般按信号流向进行，并逐级扩大联调范围。整机联调需要利用系统的时序信号和必要的仪表逐级进行调试，检查电路各个关键点的逻辑功能、参数和电压波形，分析并排除故障。在控制器（控制电路）的作用下，为使整机各单元电路能正常工作，首先应保证控制器及各子系统间的时序逻辑关系正常，其次要解决好各子系统输入和输出信号的相互配合。

整机联调一般只观察结果，将测得的参数与设计指标逐一对比，找出问题，然后进行电路参数的修改，直到完全符合要求为止。

3. 调试注意事项

（1）熟悉仪器的使用。调试前先要熟悉仪器的使用方法，并仔细加以检查，以避免由于仪器使用不当或出现故障而做出错误判断。

（2）将仪器和被测电路的地线连在一起。测量仪器的地线和被测电路的地线应连在一起，只有在仪器和被测量电路之间建立一个公共参考点，测量的结果才是正确的。

（3）关断电源更换元器件。调试过程中，发现元器件或接线有问题而需更换或修改时，应该先关断电源，待更换完毕并检查无误后，才可重新通电。

（4）做好调试过程的记录。调试过程中，不但要认真观察和测量，还要做好记录，包括记录观察的现象、测量的数据、波形及相位关系。必要时在记录中要附加说明，尤其是那些和设计不符的现象更要重点记录。只有根据记录的数据，才能把实际观察到的现象和理论预计的结果加以定量比较，从中发现电路设计和安装上的问题，并加以改进，以进一步完善设计方案。通过收集第一手材料，可以帮助自己不断积累丰富的知识和宝贵的经验，切不可低估记录的重要作用。

（5）用科学态度进行电路调试。安装和调试自始至终要有严谨的科学作风，不能采取侥幸心理。出现故障时，要认真查找故障原因，仔细作出判断，切不可一遇故障解决不了就拆掉线路重新安装。因为重新安装的线路仍然会存在各种问题，况且原理上的问题不是重新安装就能解决的。

4. 电子电路的故障分析和处理

在电子实践过程中，故障往往是不能避免的，通过分析故障现象、解决故障问题对动手能力的提高有很重要的作用。分析和排除故障的过程就是从故障现象出发，通过反复测试，作出分析判断，逐步分析和解决问题的过程，换言之，从一个系统或模块的预期功能出发，通过实际测量，确定其功能是否正常来判断是否存在故障，然后逐步深入，进而找出故障加以排除。

（1）常见故障原因有：实际电路与设计的原理图不符；元器件使用不当和连线错误；设计本身不满足要求；误操作等。

（2）查找故障方法。查找故障的通用方法是把合适的信号或某个模块的输出信号引到其他模块上，然后依次对每个模块进行测试，直到找到故障模块为止。查找顺序可从输入到输出也可从输出到输入。找到故障模块后，应对故障原因进行分析和检查。

1.1.4　报告撰写与答辩阶段

课程设计报告是学生对课程设计全过程的系统总结，是对学生综合和撰写技术总结报告能力的重要训练，同时也可提高学生的文字组织和语言表达能力，并将实践训练的内容上升到理论的高度，有利于提高学生学活、用活理论知识，运用所学知识解决实际问题的能力和创新意识的培养。设计报告的撰写应包含以下内容：设计电路题目、设计任务和要求、整体方案论证、单元电路设计、电路工作原理简介、元器件选择和参数计算、整体电路图及必要的波形图，组装调试的注意事项，出现的故障以及排除方法、元器件列表、参考文献等。

课程设计报告的撰写方法见本章第 1.4 节。

在整个设计过程（包括论文的撰写）都完成之后，就应马上组织学生进行答辩。答辩是对学生设计工作的一个综合的考核和评价，把它作为课程设计的一个过程来对待，是因为学生在此之前没经历过这种场合的训练，所以对每个学生来讲，这无疑是一个难得的机会。

1.2　电子电路的抗干扰技术

一台电子设备在实际使用时，自然因素和人为因素产生的电磁波会进入电路，从而产生正常工作不需要的信号；同时，电子设备内部电路也会产生影响正常工作的信号，这些信号统称为电噪声，简称噪声。影响电子电路正常工作的噪声称为电磁干扰，简称干扰。干扰是客观存在的，很难完全消除，但可设法使其强度降低，不影响电子设备的正常工作。因此，在电子设备的设计和研制过程中，应认真考虑可能出现的干扰及其抑制措施。下面我们首先简要介绍一下电磁干扰的来源，然后介绍电子电路系统中几种常见干扰的抑制方法。

1.2.1　电磁干扰的主要来源

电磁干扰的来源是错综复杂的，它可能来源于外部，也可能来源于内部，这与电子设备的使用环境密切相关。使用环境不同，各种干扰影响电子设备工作的程度也不同。因此，应根据不同的情况进行具体分析。日常遇到的干扰源主要有以下几种。

1. 自然界产生的干扰

自然界产生的干扰主要有宇宙射线、太阳黑子、雷电等。

2. 人为因素产生的干扰

(1) 来自供电电网的工频干扰，如电网某一处跳闸、接通或断开大功率负载等都会造成电网电压的波动，从而在电源线上形成较大的噪声电压，它通过电子设备的电源和地线影响电路的正常工作。

(2) 放电、接触器和继电器触点的断开和闭合引起的火花或电弧所产生的干扰。

(3) 无线电设备的辐射和电气设备引起的干扰，如广播电台、电视台、通信设备、工业高频加热炉等高频、大功率电路所产生的电磁干扰。

(4) 传输线或电路元器件之间引起的干扰。传输线没有终端匹配阻抗时所引起的振荡和过冲时产生的干扰；电子元器件走线不合理时也会产生干扰，如控制信号对数字信号的干扰、数字信号相互间的干扰等。

1.2.2　放大电路中自激振荡的消除

下面介绍几种消除放大电路自激振荡的方法。

1. 采用外部相位补偿电路

在放大电路中，以产生高频自激振荡最为常见，防止和消除高频自激振荡的基本方法是在有关放大电路中接入阻容相位校正电路，破坏总附加相移 $+180°$（或 $-180°$）的条件，从而达到消除自激振荡的目的。

2. 采用 RC 去耦电路

低频振荡主要是通过电源内阻抗的耦合引起的，因此，消除的办法应在电源端 V_{CC} 加 RC 去耦电路。

3. 正、负电源接高频旁路电容

为减少和防止公共阻抗耦合而产生自激振荡，通常在放大电路正、负电源端对地加接电解电容和 0.01~0.1 μF 的独石电容进行高、低频滤波。

4. 围绕运算放大器周围布线

为防止产生自激振荡，无源电子器件应围绕运算放大器芯片周围布线，走线越短越好，且就近接地。地线要粗一些，输出线和输入线不可平行，应远离。

1.2.3　电子电路的接地

在电子设备中，正确接地是防止和抑制干扰的重要措施之一。当接地不恰当时，常常会引入噪声而使设备工作不可靠。因此 对接地问题应引起足够的重视。

1. 安全接地

安全接地是指电子设备的金属外壳与大地(地球)相连，符号如图 2-5 所示。安全接地的主要目的在于防止设备漏电造成人员触电伤亡事故。同时，对雷电干扰还可起到屏蔽作用。因此，将设备金属外壳与大地相连可有效地保证人身安全。

对于大海中航行的舰艇，由于其船体与水等电位，因此，金属船体就是安全接地的"地"；对于与大地不直接相连的飞行体，如飞机、卫星等，其金属外壳可作为安全接地的"地"。

2. 工作接地

工作接地是指电子设备工作时或对其进行测量时的一个公共电位参考点。在一般情况下，将直流电源的某一个电极作为公共点，该点叫工作接地点。工作接地不要求与大地相连。合理设置设备的工作接地点，可减小公共阻抗产生的噪声电压以及抑制电磁耦合。工作地可以是机壳，也可以是底板。

3. 信号地线

信号地是指信号电路、逻辑电路、控制电路的地。我们知道，任何导线都有一定的阻抗，流过各段地线的电流不同时，各个接地点的电位也是不同的。因此，设计接地点的目的在于尽可能地减少各电路信号电流通过公共地线时相互间所产生的耦合干扰。

信号地线主要有一点接地、串联接地和多点接地 3 种形式。

(1) 一点接地。一点接地是将各电路的地线接在一点上的接地方式。

一点接地不适用于高频电路系统，这是因为当工作频率很高时，每个电路的地线呈现一定的感性，各地线之间也有一定的分布电容，相互间会产生干扰。因此，一点接地的地线越短越好。

(2) 串联接地。串联接地是将各电路的地线按顺序接在一条公共地线上的接线方式。

这种接法各电路之间容易产生相互干扰。为了减小各电路间的相互耦合，使用串联接地方式时应注意以下两点：

①尽量缩短各电路的接地地线；

②尽可能加粗地线的直径。

这种接地方式虽不怎么合理，但简便易行，在工业控制装置中使用较普遍。

(3) 多点接地。多点接地是将各电路用最短的导线接到离它最近的镀银地线排上的接地方式。这种接地方式的地线阻抗极低，在数字系统中常被采用，也适用于高频电路。

应当指出，在电子设备中，信号地线不是简单地采用某一种接地方式，在实际中往往综合运用上述几种接地方式。

一般说来，工作频率在 1 MHz 以下时，采用一点接地；在 1~10 MHz 时，可用多点接地。

如采用一点接地时，其地线长度应小于波长的 1/20；大于 10 MHz 时，应采用多点接地。

4.电缆屏蔽层的接地

半信号频率低于 1 MHz 时，屏蔽层应采用一点接地。这是因为当屏蔽层采用多点接地时，各接地点之间有一定的电位差，通过屏蔽层对地形成环路，容易在屏蔽层中产生噪声电流，经屏蔽层与导线(信号线)间的分布电容和分布电感耦合到信号回路中，从而在信号上形成噪声电压。因此，在敷设屏蔽编织网低频电缆或同轴电缆时，应注意屏蔽层对地绝缘，确保一点接地。

在实际中，屏蔽层可采用一点接地，也可采用两点接地，究竟采用哪一种接地方式要视具体情况而定。

由上述分析可知，屏蔽层双绞线和同轴电缆的屏蔽层必须接地，而且一端接地效果最好，只有在不得已的情况下才用两端接地。

当信号频率高于 1 MHz 或电缆长度大于干扰信号波长的 0.15 时，屏蔽层应采用两点接地或多点接地，且相邻接地点的距离应小于 0.15 m。由于高频时屏蔽层对分布电容和自身阻抗的影响较大，因此多点接地后能减小阻抗影响，使接地点处于零位。当各接地点间有电位差时，也没有什么关系，因为接地点间电位差引起的噪声电压的频率通常比信号频率低得多，故障容易被滤掉。

5.数字系统的接地

一个数字系统通常是由大量数字集成电路组成的，它们分别安装在多块印刷电路板上，而高速脉冲的宽度只有几十纳秒，其频谱很宽，可达几十兆赫。因此，数字系统应采用高频电路的接地方式。

6.系统接地方式

在一个较大的电子电路系统中，如信号地线按设计要求需要接地，那么信号地线和安全地线能否相连呢？下面对此作进一步介绍。

在工业用低频电子装置中，目前多采用"三套法"接地系统，它根据存在噪声的强弱、信号电流的大小和电源类别而将接地系统分成 3 类。

①信号地。它包括小信号电路、逻辑电路、控制电路等低电平的信号地，即工作地。

②功率地。它包括继电器、电动机、电磁阀、大电流驱动电源等大功率电路(相对信号电路而言)及噪声源的地，故又称噪声地。

③机壳地。它包括设备机壳、机柜、箱体结构等金属构件的地。

上述 3 套地线分别自成体系，最后汇接于机壳地上。有时也采用将信号地线、噪声地线接到电源地上，金属机壳则单独接大地。这种接法称为浮地，它可起到抑制干扰的作用。

1.2.4　屏蔽与隔离

1.屏蔽

利用金属板、金属网以及金属盒等把电磁场限制在一定的空间，或把电磁场削弱到一定数量级的措施称为屏蔽，称这种金属体为屏蔽体。对于小电流高电压的干扰源，其近场主要是电场。对于大电流低电压的干扰源，其近场主要是磁场。

抑制电场时，应选用导电率高的材料，如铜、铝等；抑制低频磁场时，应选用导磁率高的材料，如玻莫合金、锰合金、磁钢、铁等。由于导磁率随频率升高而降低，因此抑制高频

(1 MHz以上)磁场时，采用良导体也可获得较好的磁屏蔽效果，如铜、铝等。应当指出，对于单纯的磁屏蔽，其屏蔽体不必接地，而对于屏蔽电场或辐射场时，屏蔽体必须接地。

屏蔽体上应尽量不要开孔或开洞，如必须开孔、开洞时，可用大量小孔代替大孔，这样既可保证通风散热，又可改善屏蔽效果。

屏蔽是抑制电磁干扰的一种主要方法。它对提高实验系统和电子设备工作的可靠性有着十分重要的意义。若能和正确接地结合起来使用时，可抑制掉大部分干扰。对导线、元器件、电缆、电路或整个系统都可以进行屏蔽。如用屏蔽体将噪声源包围起来，使电磁场不向外传播，这时可防止噪声源对外界进行干扰；如用屏蔽体对接收器进行屏蔽，则可防止外界电磁辐射对被屏蔽电路的干扰。对电缆的屏蔽主要是采用编织网屏蔽的同轴电缆或屏蔽双绞线电缆，或把电缆放入接地的无缝导体管中，无缝屏蔽体比编织网的防磁效果好。

2. 隔离

采用隔离法，可使两个数字系统或模拟系统和数字系统两部分电路互相独立，而不构成回路，从而切断噪声从一个电路进入另一个电路的通路。

1.2.5　滤波与去耦

在电子设备中，有相当一部分噪声是来自直流电源，如供电电网某一处跳闸，或某一处接通或断开大功率负荷等都会造成电网电压的波动，这时，在电源线上形成了较大的噪声电压，它通过数字设备的电源和地线而影响电路的正常工作。因此，必须要用滤波和去耦的方法来削弱外部噪声的干扰。抑制来自电源的噪声通常可采用以下几种方法。

1. 采用线路滤波器

线路滤波器通常采用带阻滤波器(陷波器)，主要是为了消除 50 Hz 的工频干扰。

2. 电源的去耦

在数字系统中，使用集成门电路是比较多的。当使用 TTL 集成门电路时，在它们的输出状态转换瞬间会产生较大的尖峰脉冲电流，它可通过电源耦合到其他电路中。因此集成电路的各印刷电路的直流电源线都应加去耦电容。此时可用 LC 电路去耦，也可用电容去耦。

这里应当指出，为了减小来自电源的干扰，应选用性能好的稳压电源。

1.2.6　其他抗干扰措施

1. 印制电路板抗干扰措施

1)抑制来自电源线和地线的干扰

①在各集成器件的电源线和地线之间接入滤波电容。

②为防止模拟电路地线上的干扰信号对数字电路工作的影响，模拟电路和数字电路的地线应分别自成体系，然后接到安全地线上。

③将地线设计成一个封闭环路，在可能的情况下应尽量加宽地线。

2)合理布线

①将信号线、控制线分开走线，主要信号线应汇集于印制电路板的中央，走线应尽量交叉，或尽量短。它们的引线不要靠近平行走线，而应远离。

3)合理安置元器件

①容易发热的元器件应安置在印制电路板的上方，以便散热。

②容易产生噪声的电路，如继电器、小型电动机、开关电源、大功率晶体管开关等工作时，往往会对其他电路产生噪声干扰。因此在布线时，这些电路应和不产生噪声的电路分开，并保持一定的距离。它们走线间的距离越大、离地线越近、走线越短，则噪声的干扰越小。

2. 开关、触点干扰的抑制

在操作开关、按钮、键盘、扳键时，由于开关机械触点的摩擦和抖动，往往会产生噪声，这时可采用滤波电路或用施密特触发器作缓冲来抑制干扰。

1.3　课程设计报告撰写指南

课程设计报告是对学生综合和撰写技术总结报告能力的重要训练，同时也可提高学生的文字组织和语言表达能力，并将实践训练的内容上升到理论的高度，有利于提高学生学活、用活理论知识、运用所学知识解决实际问题的能力和创新意识的培养。

1.3.1　课程设计报告的撰写

课程设计报告是学生对课程设计全过程的系统总结。学生在完成了课程设计的理论设计、模拟仿真和安装调试等环节后，应按照规定的格式撰写课程设计报告。

1. 课程设计报告的撰写内容

电子技术课程设计报告的主要撰写内容如下：

(1)设计报告名称。

(2)设计任务与要求。

(3)设计思路与整体方框图。

(4)各单元电路设计、电路参数计算及简要说明。

(5)整体电路图(或整体逻辑电路图)及简要说明。

(6)整体电路(或整体逻辑电路图)的安装接线图。

(7)安装调试。主要包括选用仪器和仪表、测试调整步骤、实测数据和波形、故障分析和排除，并对测试结果进行分析与比较。

(8)心得体会。

(9)电子元器件清单。

(10)参考文献

2. 课程设计报告的撰写要求

下面介绍课程设计报告撰写的具体要求。

1)电路原理图和安装接线图

电子系统的电路原理图和安装接线图的区别是很大的。原理图只反映电路的功能和逻辑关系，而不反映器件和芯片的位置、管脚(引脚)排列和具体接线，不能直接用来进行安装接线。安装接线图不反映电路的逻辑关系，它是安装接线的依据，有了它，搭接电路才方便。

测试调整中如出现故障，首先应根据原理图分析出现故障的可能原因，然后对照安装接线图进行检查和测试，找出故障点，并加以消除。

2) 整体设计和单元电路设计

在整体设计中，应根据题意画出能满足设计要求的设计框图，在此基础上进行各单元模块的设计，同时画出各单元模块的原理图和总电路图并加以简要说明。

3) 表格和波形图

在课程设计报告中，应拟定好课程设计中所需的表格，如实记录测试的数据，并绘制好曲线和必要的波形图。

4) 文字说明

课程设计报告的文字说明应力求简明扼要，以能帮助设计者顺利进行测试调整，使独立工作能力得到培养和提高。文字说明主要包括电路设计思路、各单元电路的原理说明、测试调整步骤、记录测试数据的表格等。

1.3.2　课程设计总结报告范例

➢ 课程设计题目：篮球竞赛计时系统

➢ 设计内容与设计要求

一、设计内容

设计制作一个篮球竞赛计时系统。

(1) 具有显示每节 12 分钟比赛时间的倒计时功能；具有显示 24s 倒计时功能：用四个数码管分别显示分、秒，其计时间隔为 1s，并用四个 LED 分别自动指示比赛节数。

(2) 设置启动键和暂停/继续键，分别控制两个计时器的直接启动计数，暂停/继续计数功能。

(3) 设置复位键，按复位键可随时返回初始状态，时间显示电路显示分别为 12:00 和 24s。

(4) 计时器递减计数到"00:00"时，计时器停止工作，并给出报警信号。

(5) 功能扩展(自选)。

二、设计要求

设计思路清晰，给出整体设计框图；设计各单元电路，给出具体设计思路、电路器件；总电路设计；安装调试电路；写出设计报告；

➢ 目录

(1) 设计整体思路

(2) 基本原理及整体框图

(3) 单元电路设计及单元电路

(4) 安装、调试步骤

(5) 故障分析与电路改进

(6) 总结与体会

(7) 参考文献

(8) 附录(元器件清单及总电路图)

➢ 正文

一、设计整体思路

1. 课程设计要求

本课题是要求设计一个篮球竞赛计时系统，一场比赛分为四小节，每一小节开始都有一个 LED(发光二极管)自动发光，表示比赛小节。并且具有显示每一小节 12 分钟比赛时间的到计时功能和显示 24 秒到计时功能。

要求有三个操作键：

(1)小节启动键——使其回到小节的初始状态，时间显示分别为 12：00 和 24 秒；

(2)暂停/继续键——使整个计时器停止和继续；

(3)24 秒复位键——在计时器工作时的任意时刻，使 24 秒倒计时回到初始显示 24。

2．设计目的

(1)进一步熟悉和掌握常用数字电路元器件的应用。

(2)巩固加深理解数字电路的基本理论知识，学习基本理论在实践中综合运用的初步经验，掌握数字电路系统设计的基本方法及在面板上接线的方法、技术、要注意的问题。

(3)培养数字电路实物制作、调试、测试、故障查找和排除的方法。

(4)培养细致、认真做实验的习惯。

(5)培养实践技能，提高分析和解决实际问题的能力。

下面是学生设计的篮球竞赛计时系统，用 EWB 搭建一完善的能自动倒计时、自动停止、自动显示小节，以及按要求的操作键，并对其进行仿真验证。

3．设计整体思路

1)主电路

用 6 块 74LS192 同步加/减计数器来完成 24 秒倒计时及 12 分钟 60 秒倒计时功能，使用减计数来进行倒计时，时钟脉冲用 555 定时电路产生秒脉冲，控制 24 秒倒计时及 60 秒倒计时的脉冲输入。用一块 74LS194 移位寄存器控制 4 个 LED，用来自动显示比赛节数。

操作按键由三部分组成：小节启动键；暂停/继续键；24 秒复位键。

2)控制电路

小节启动键给一个信号到 74LS194 移位寄存器的 CP 脉冲输入端，使其中的一个 LED 发光。秒脉冲加给 24 秒计数器和 60 秒计数器进行减计数，当 24 秒减数器减到 0 时电路发出信号给报警电路，发出音响报警。在各个计数器都在正常工作时，24 秒复位键给出的信号能使 24 秒计数器在任意时刻回到 24 秒。当暂停/继续键为高电平时表示继续，不影响电路运行；当该键为低电平时，表示暂停，电路中不输入脉冲波，电路中的计数停止，并发出信号给报警电路，发出音响报警。当 12 分钟 60 秒的计数器递减到 00：00 时，计数器给一个信号使计时器停止工作，并给出报警信号，使其发出音响报警。

二、基本原理及框图

1．基本原理

小节启动键输出一个信号到 74LS194 移位寄存器的 CP 脉冲输入端，74LS194 数据输出端接上 4 个 LED(发光二极管)，控制输入端 SR 及 SL 的输入信号都为高电平，S0 与 S1 的信号分别为高电平与低电平，这样当脉冲输入信号出现时，数据输出端的信号将依次向右输出高电平，因此每一小结开始时，小节启动键输出的信号将使其中的一个 LED 发光。24 秒倒计时器有两个 74LS192 串联组成，低位的借位输出信号接入高位的脉冲输入端。高位的借位输出端 BO 通过逻辑电路将信号传给置 0 端 CR，并将该信号通过逻辑电路作用在计数器的脉冲输入信号上，使其在递减至 00 时停止。数据输入端的预置数为 0010 0100(为 24 的 BCD 码)。在各个计数器都在正常工作时，24 秒复位键给出的信号通过逻辑电路使 24 秒计数器在任意时刻都能使计数器回到 24。同理，12 分钟 60 秒的减计数器也是由 4 个 74LS192 串联组成，低位的借位输出信号作用在高位的脉冲输入端，并且使这 4 个计数器从高位到低位的数据输入端分别接入以下信号：0001 0010 0101 1001（及 12 和 59 的 BCD 码）。秒脉冲信号加给 24 秒计数器和 60 秒计数器的最低位的减脉冲输入端进行减计数，当 24 秒减数器减到 0 时电路发出信号给报警电路，发出音响报警。当暂停/继续键为高电平时表示继续，不影响电路运行；当该键为低电平时，表示暂停，该信号通过逻辑电路作用在计数器的脉冲输入，使得电路中不输入脉冲波，电路中的计数停止，并发出信号给报警电路，发出音响报警。当 12 分钟的计数器递减到 00∶00 时，12 分钟计数器的高位借位输出信号通过逻辑电路作用在计数器的脉冲输入端上，使计时器停止工作，并给出报警信号，使其发出音响报警。

2. 设计整体框图

设计框图如图 1 – 1 所示：

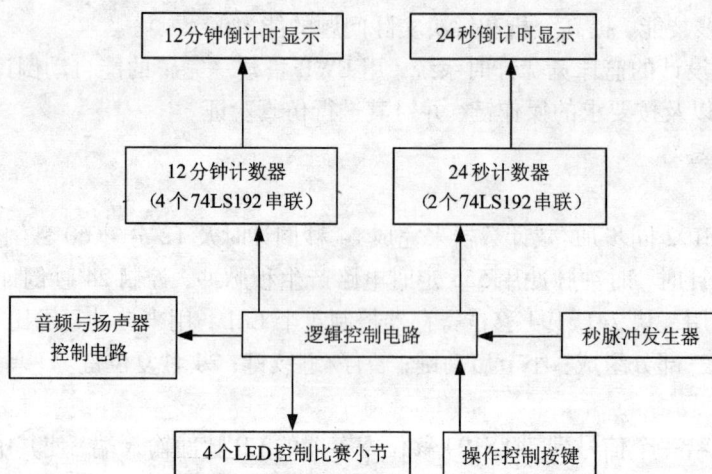

图 1 – 1　篮球竞赛计时系统设计框图

三、单元电路设计及单元电路图

1. 秒脉冲发生电路

用 555 组成多谐振荡器输出秒脉冲，工作原理如下：

接通电源 V_{CC} 后，V_{CC} 经电阻 R_1 和 R_2 对电容 C 充电，其电压 U_C 由 0 按指数规律上升。当 $U_C \geqslant 2/3 V_{CC}$ 时，电压比较器 C_1 和 C_2 的输出分别为 $U_{C1} = 0$、$U_{C2} = 1$，基本 RS 触发器被置 0，$Q = 0$，$\overline{Q} = 1$，输出 U_0 跃到低电平 U_{01}。与此同时，放电管 V 导通，电容 C 经电阻 R_2 和放电管 V 放电，电路进入暂稳态。随着电容 C 放电，u_C 下降到 $U_C \leqslant 1/3 V_{CC}$ 时，则电压比较器 C_1 和 C_2 的输出为 $U_{C1} = 1$、$U_{C2} = 0$，基本 RS 触发器被置 1，$Q = 1$，$\overline{Q} = 0$，输出 u_0 由低点平 U_{01} 跃到高电平 U_{0h}。同时，因 $\overline{Q} = 0$，放电管 V 截止，电源 V_{CC} 又经过电阻 R_1 和 R_2 对电容 C 充电。电路又返回前一个暂稳态。因此，电容 C 上的电压 U_C 将在 2/3 V_{CC} 和 1/3V_{CC} 之间来回充电和放电，从而使电路产生了振荡，输出矩形脉冲。多谐振荡器的振荡周期 T 为：

$$T = 0.7(R_1 + R_2)C$$

振荡频率 f 为：

$$f = 1/T = \frac{1}{0.7(R_1 + R_2)C}$$

用 555 组成多谐振荡器输出秒脉冲电路，功能表如下：$T \approx 1$ s，$f \approx 1$ Hz。

其电路图如图 1 - 2 所示。

2. 递减计数及数码显示电路

1）倒计时单元电路

I. 24 秒倒计时单元电路设计

电路如图 1 - 3 所示。该电路用两块 192 芯片构成 24 进制计数器，作为比赛时对控球一方控球时间的倒计数。由于比赛时，篮球是在两个队之间交替控制，因此，在比赛中 24 进制的计数器应该能在任意时刻回到起始工作时间 24 秒。当 24 秒度递减至 00 时，控球一方超过控球时间，因而犯规，比赛应该停止。此时，BO 借位输出通过一个与门电路

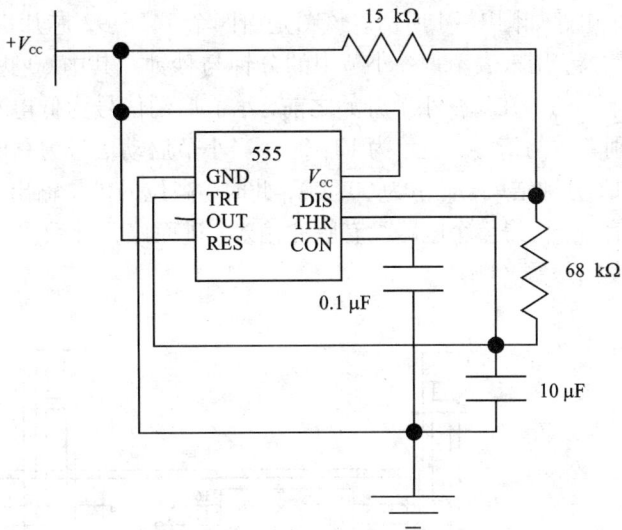

图 1 - 2　秒脉冲电路图

控制秒脉冲信号，使其停止计数，并将信号作用在报警电路，使其发出音响报警。另外，每一小节开始时，计数器也应该回到起始工作时间 24 秒，因此，置数端的信号由 24 秒复位信号和小节启动信号通过或门电路输入。

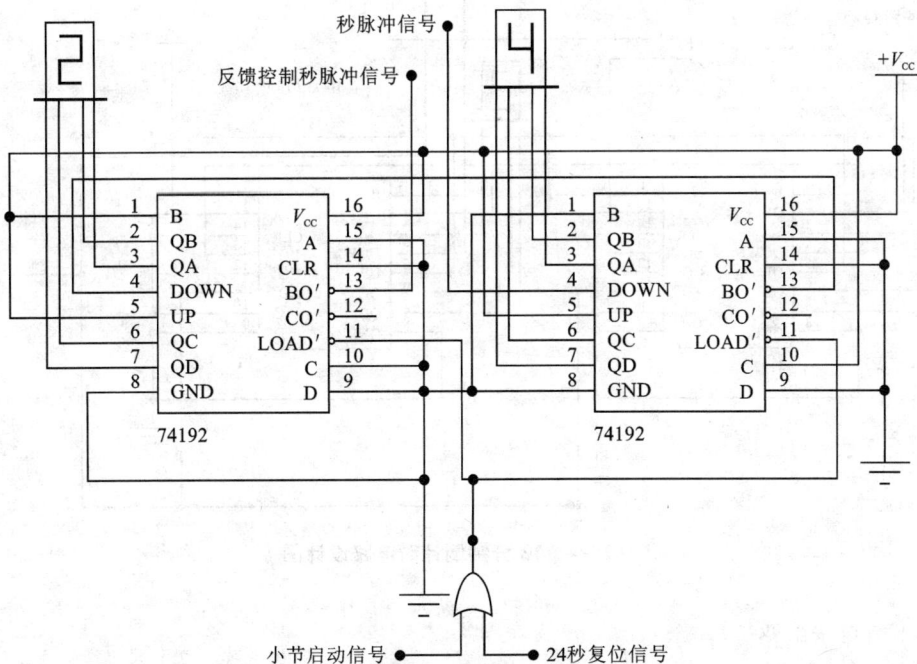

图 1 - 3　24 秒倒计时单元电路设计图

II. 12 分钟倒计时电路设计

电路如图 1 - 4 所示。该图是由四个 74LS192 芯片串联组成的 60 进制和 12 进制的递减计数器，用来表示每一小节中的分钟与秒钟。其中 60 进制的计数器是通过反馈置数的方法来循环的。在每一小节开始之前，小节启动信号为低电平，在它的作用下，此时 4 个计数器分别置数与清零，显示为 12：00。当小节启动信号为高电平时，计数器开始进行减计数。直到 12 分钟结束，显示为 00：00，此时，高位的借位输出 BO 通过一个与门电路反馈控制秒脉冲信号，使得整个电路没有脉冲输入，进而停止计数。该信号通过逻辑电路到报警电路，使其发出报警音响。

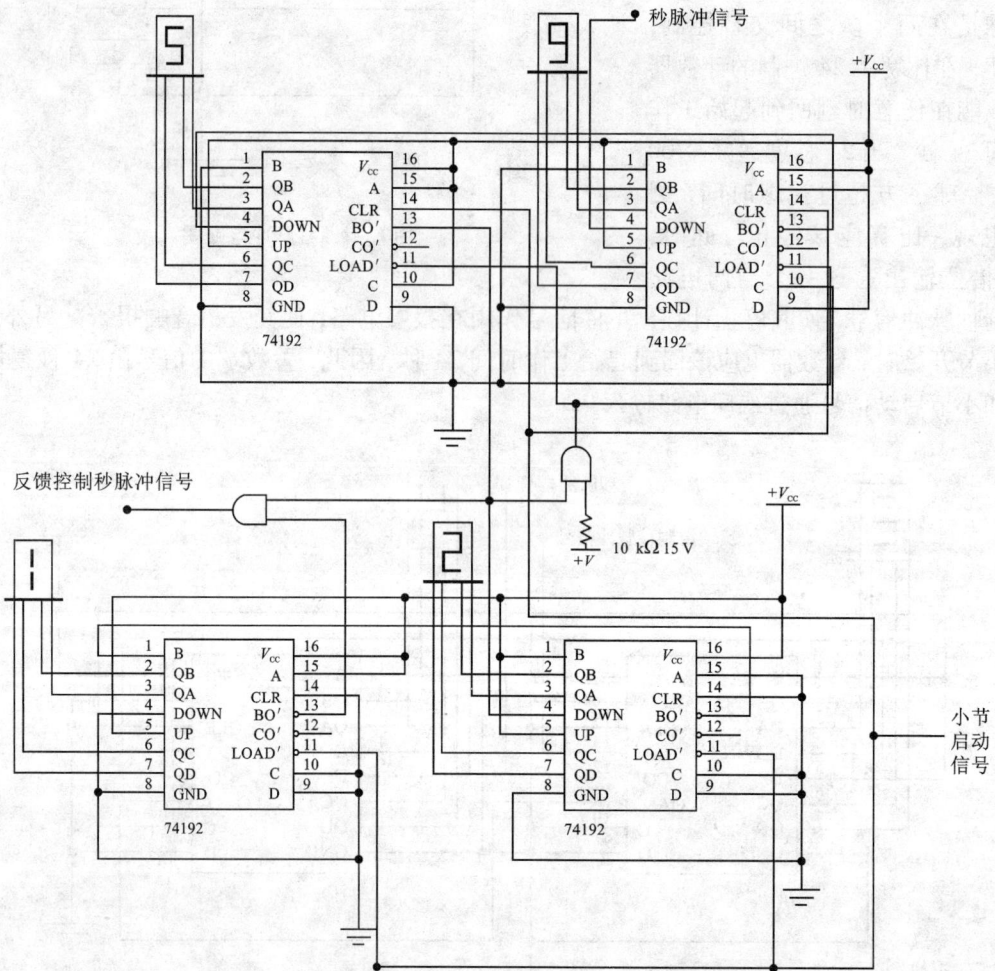

图 1 - 4　12 分钟倒计时电路设计图

2) 小节显示电路设计

电路如图 1 - 5 所示。由图不难看出 74LS194 数据输出端接上 4 个 LED(发光二极管)，控制输入端 SR 及 SL 的输入信号都为高电平，S0 与 S1 的信号分别为高电平与低电平，这样当脉冲输入信号出现时，数据输出端的信号将依次向右输出高电平(即 1000　1100　1110

1111）。因此每一小结开始时，小节启动键输出的信号将使其中的一个 LED 发光。

3. 控制电路设计

1）操作控制按键设计

Ⅰ. 小节启动控制键

由于比赛分成四小节，每一小节的启动都由该键控制。每一小节开始之前，电路显示应该为12：00　24。该控制键要控制 12 进制与 24 进制的置数端，还要控制 60 进制的清零端。由于芯片 74LS192 的置数为低有效，而清零为高有效，因此，该控制键应该可以输出高低电平。具体电路图如图 1 – 6 所示。

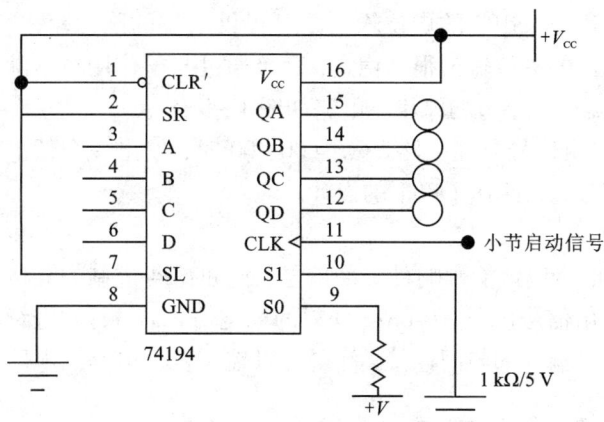

图 1 – 5　小节显示电路设计图

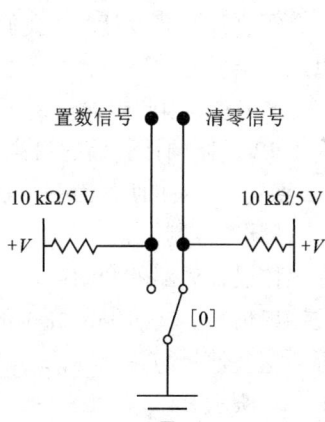

图 1 – 6　小节启动按键设计图

另外，该键的改变可以使得信号发生改变，即可以为移位寄存器提供脉冲源，因此，每场比赛开始，只能是一个 LED 发光。

Ⅱ. 24 秒复位键

电路如图 1 – 7 所示。比赛正常进行时，比赛双方控球的时间不应超过 24 秒，比赛的两队交替控球，因此，比赛中的任意时刻，24 秒计数器都应该可以回到初始显示，即 24。其按键设计与上相同。

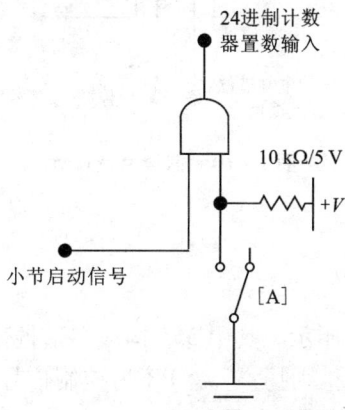

图 1 – 7　24 秒复位按键设计图

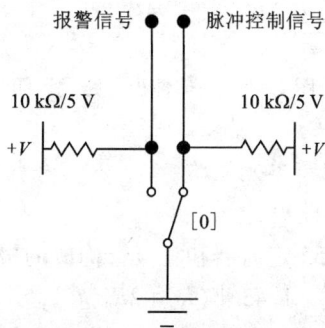

图 1 – 8　暂停/继续键设计图

Ⅲ. 暂停/继续按键设计

比赛中经常有犯规等突发情况，使比赛不得不暂停，但这并不影响比赛的时间显示。因此，该键只能控制脉冲信号，使所有的计数器没有脉冲输入，进而暂停比赛；当撤除该信号后，脉冲信号仍然正常输入到计数器，比赛继续。当该键提供的信号为低电平时，控制秒脉冲信号，高电平则为报警电路提供信号。

电路如图 1 – 8 所示。

2）反馈控制秒脉冲信号设计

Ⅰ. 反馈信号设计

在介绍倒计数器设计时，我们知道芯片 74LS192 的借位输出即可提供高位的脉冲输入，又可以反馈给秒脉冲终止计数。但是最高位的借位输出很不稳定，直接通过与门作用在秒脉冲上，很难识别，因此要通过逻辑电路来实现一小节的停止。电路如图 1 – 9 所示。

由于 12 进制的计数器的最高位借位输出信号是在电路显示为 00：00 时，发出一个低电平（很不稳定），为了使其为一个稳定的信号，因此作了以下的设计。

Ⅱ. 秒脉冲控制

在整体设计思路的介绍中可知，许多信号应该能影响秒脉冲信号，比如：24 进制的高位的借位输出信号、12 进制的高位的借位输出信号（通过 74LS74 获得的稳定信号）、暂停/继续信号等。这些信号与秒脉冲信号通过一个多输入的与门连接，使得可以控制整个电路。电路如图 1 – 10 所示。

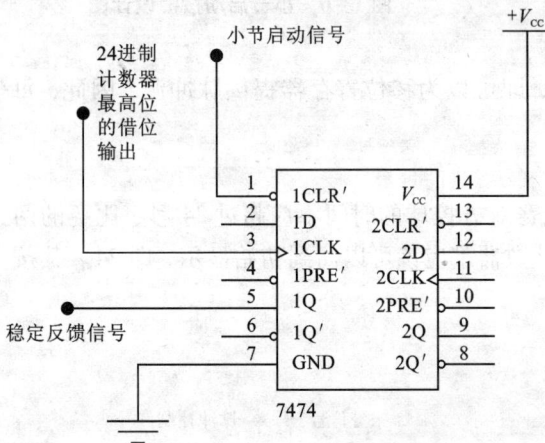

图 1 – 9　小节停止电路设计图　　　　　图 1 – 10　信号反馈设计

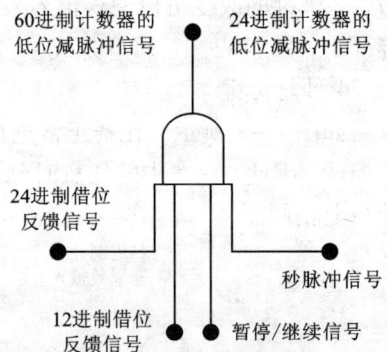

4. 报警单元电路

Ⅰ. 电路设计

由 555 定时器和三极管构成的报警电路如图 1 – 11 所示。其中 555 构成多谐振荡器，振荡频率 $f_0 = 1.43/[(R_1 + 2R_2)C]$，其输出信号经三极管推动扬声器。PR 为控制信号，当 PR 为高电平时，多谐振荡器工作，反之，电路停振。电路如图 1 – 11 所示。

Ⅱ. 输入信号设计

在比赛中，暂停、24 秒犯规及小节结束都应该发出报警声响，因此，报警电路的信号输

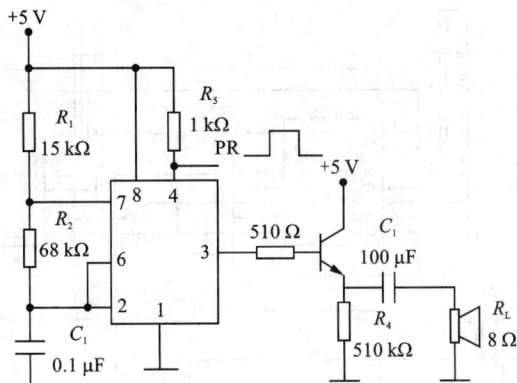

图 1 – 11　报警电路

入(高有效)是由暂停/继续信号、24 进制及 12 进制借位反馈信号通过或非门来实现的。

四、安装、调试步骤

系统总电路图如图 1 – 12 所示。设计出来以后,按以下步骤进行安装。

(1)用 555 定时器安装一个秒脉冲发生器。

(2)按照真值表和管脚图用 6 片 74LS192 安装一个 24 进制倒计数器、一个 60 进制倒计数器及一个 12 进制倒计数器。

(3)按照原理安装一片移位寄存器 74LS1194,使其能在小节控制键的作用下使得四个 LED(发光二极管)依次发光。

(4)安装一个报警器,使得工作完之后自动报警。

(5)把已插入但未连接的线理清楚,然后把它们对应地接入正确位置,使整个电路连通。

实践表明,一个电子装置,即使按照设计的电路图进行安装,往往也难以达到预期的效果。这是因为人们在设计时,不可能周全地考虑各种复杂的客观因素(如元器件的好坏,与模板接触是否良好,线的接触性能等),所以必须要通过安装后的调试和调整,来发现并纠正设计方案的不足,然后采取相应的措施加以改进,使装置达到预定的技术指标。因此,掌握调试电子电路的技能对于我们这些将从事电子技术及其有关领域工作的人员来说,是很重要的。我在这次的调试工作中,遇到了很多麻烦,就连一根线都要经过测量才敢用。在做完每一个单元后,都要验证它是否能够满足此单元的功能。有时候就是按照原理图来连接,但就是不能实现预期的功能。这就需要细心地找问题,是不是哪根线坏了,还是哪块芯片坏了或者接触不良,但有时也存在原理上的小错误等等。这说明对于一个电子装置来说,仿真仅仅是实现一个电子装置的理想模式。如果要真正成功地完成,必须要亲自动手、动脑,细心并且还要有一定的耐心。

五、故障分析与电路改进

本次课程设计在调试过程中我们遇到了各种各样的故障,因此在此介绍一下自己的体会。

1. 故障产生的原因

对于新设计安装的电路来说,调试中产生故障的原因主要有以下一些。

(1)元器件、实验电路板损坏。电子电路通常有很多元器件(包括芯片)安装在实验电路

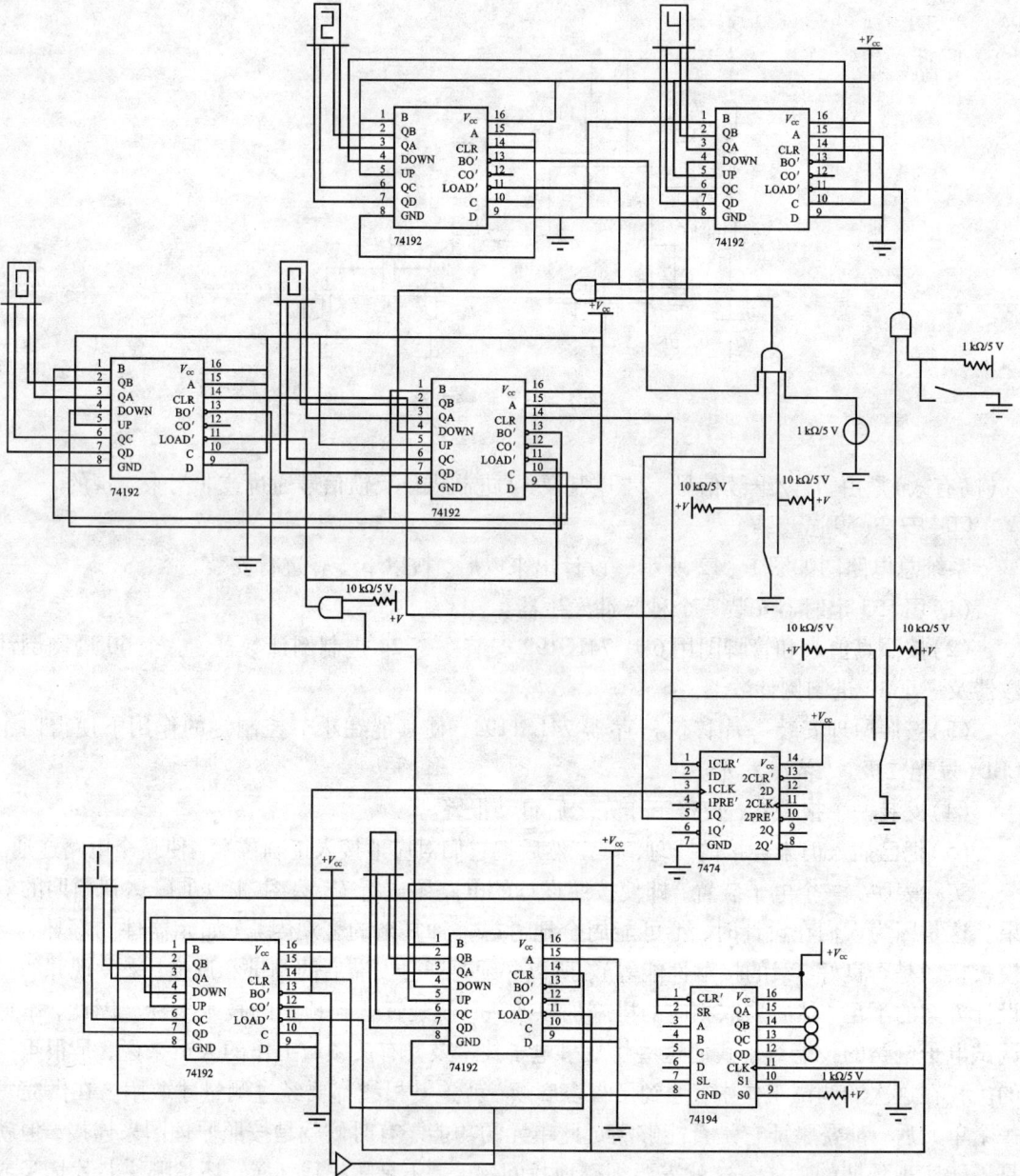

图 1 - 12　总电路图

板上，这些元器件只要有一个损坏或连线有一处断裂或接触不良，都将造成电路故障而无法正常工作。

(2)实际安装接线的电路与设计的原理不符，这主要表现为电路接线时的错误、元器件使用错误或引脚接错等，致使电路工作不正常。

(3)安装和布线不当，芯片接反或线路走向不合理(有时会接错线)，有些芯片没有接高电平和低电平，都将造成电路的故障。

(4)操作有误。

2. 故障的分析方法

在调试过程中出现各种各样的故障是难免的,在查找故障时,首先要有耐心和细心。同时要开动脑筋,进行认真的分析和判断。

(1) 在不通电的情况下,通过目测,对照电路原理图和装配图,检查每一块片是否正确,极性有无接反,管脚有无损坏,连线有无接错(包括漏错线、短路和接触不良)。

(2) 在输入电路没有问题的前提下,对输出信号进行检测。可以通过 LED 是否发光来判断其输出是否是预期的电平。

3. 电路的改进

在实际安装过程中由于各种各样的故障,使得实验设计很难达到预期的效果。当我们找出故障的原因之后,需要对电路进行改进。

(1) 实际安装中有的芯片不能实现仿真中的要求,需要对电路进行修改。我们在仿真时没有要触发器就可以达到实验的要求,而在模板上按照原理图就接不出来。后来我们对电路进行了改进,接了一个 D 触发器就达到了要求(反馈控制秒脉冲模块)。

(2) 在仿真中,我们的控制键是通过电源接电阻来获得高电平的,但在模板中,已有连接好的接触脉冲信号键,因此,方便了我们的连线。

(3) 在仿真中,其信号的输出都是理想的,较为稳定。而在实际的接线过程中,有的信号并不稳定需要通过逻辑电路来获得稳定信号。

六、总结与体会

这次我们的数字电子技术课程设计,不同以往,因为几乎要用到的电子元件我们都已经学过了。经过两个星期紧张而充实的电子实习,我受益颇多。

在开始的第一天,老师分好组布置完课题之后,我们没有到实验室去,而是整天都为了设计之事忙碌在图书馆里,我们查阅了很多关于数字电子之类的书,由于覆盖的知识面太广了怕自己记不了那么多,就把相关的资料书借回来,有时间就认真仔细琢磨,真可谓功夫不负有心人。在这几天之中,我们查阅了资料,做了充分的准备,为我们这次课程设计的成功打下了坚实的基础。

第二天,我们就到实验室里去模拟仿真。刚开始我们并不知道应该怎么去做,主要芯片和芯片不知道怎么去连接,忙了一天也没有做出什么结果来。后来我和同组的同学商量,一部分一部分地去设计,从 192 减数器做 24 秒倒计时开始,不懂的东西就去看相关的资料书,然后慢慢地去琢磨,根据任务书的设计要求,慢慢地我们有了点自己的成果。不过,我们做得还是有些复杂。通过大家的研究和讨论,我们把电路简化。星期五模拟成功之后我们把图纸打印出来,下午领了器件。

周六、周日我们就开始接线。其中,我们没忘记老师对我们说的话,他说,在你们连接线路的时候,最好是连好一部分就检查测试,如果正常工作,就再往下一步接线,如此交替进行;这样有利于我们查找错误,如果我们只知道一个劲接,到最后,当通电时电路不工作,再查找原因就不易了。一天下来,我们下午 6 点多钟才从实验室出来,但是我们的收获不少,把一部分电路接好了。后来的日子继续工作直等到接完并到调试。

通过这几天的努力,我们在第二周星期三下午,终于调试成功了。这是我们辛苦努力的结果,也是我们细心、团结的结果。团结的力量是无穷大的,只有团结和合理的分工,才能获得如此的成功。其余的几天我们就在写设计报告。

这些天，让我们感触甚深，我们深刻地体会到学好数字电子的重要性和必要性，也让我们深刻认识到数字电子技术在生活中所起的巨大作用。

在这次实习过程中，我发现相互交流学习这种方法比任何一种自学更实际，更高效。相互交流学习的过程可以说在任何时候都能体现，在制作产品时，在聊天时都能相互交流经验，相互探讨问题。前面提到我最初的制作没有成功，但是当我们把设计方法交给同组的同学检查时，问题很快就找到了，并且有一个完美的解决方法，这就是一个学习和交流的过程。交流和学习实质上是一个扬长避短的过程，是经验的相互传递过程，相互的交流学习能让人少走弯路。然而，我们交流的对象很大程度上都建立在同学们的相互交流学习上。我认为这样很有片面性，学习特别是交流和探讨，跟老师的交流更加受益，毕竟，老师在知识和技能上都在学生之上。因此，我们有必要在学习上多跟老师交流。

总的来说，这次实习让我受益匪浅。在摸索该如何设计电路使之实现所需功能的过程中，特别有趣，培养了我的设计思维，增强了我们实际操作动手能力。也让我体会到了设计电路的艰辛，更让我体会到成功的喜悦和快乐。

另外，也真诚地感谢老师在这几天中对我们的细心指导和关怀，感谢老师对我们的精心指导。

七、参考文献

(1)历雅萍、易映萍编。电子技术课程设计。

(2)彭介华主编。电子技术课程设计指导。高等教育出版社。

(3)谢自美主编。电子线路设计、实验、测试。华中理工大学出版社。

八、元器件清单(见下表)

名　称	数量	用途
74LS04	1个	六反相器
74LS32	1个	四2输入正或门
74LS08	1个	四2输入正与门
74LS194	1个	移位寄存器
74LS192	6个	双时钟加减计数器
74LS74	1个	双D触发器
电阻	3个	12(10 kΩ)、1(15 kΩ)、1(68 kΩ)
电容	2个	1(0.1 μF)、1(10 μF)
发光二极管	4个	显示小节
四段译码显示管	6个	显示计数器
扩音器	1个	报警音响

1.3.3　电路的安装、调试

1. 电路的安装与调试

安装前应先检查元器件的质量，要了解集成运放、集成功率放大器、电解电容等器件的引脚和极性。安装时要将各级电路进行合理布局，一般按照电路的顺序一级一级地布局。功放级应远离输入级，每一级的地线应尽量接在一起，连线应尽可能短，否则易引起自激。

电路安装好后应仔细检查正确无误后，方可接通电源进行调试。

2. 电路的调试

一般是先分级调试，再级联调试，最后整机调试与测量主要技术指标。

分级调试应先进行静态调试，再进行动态调试。静态调试时，将放大器输入端对地短路，测量输出端对地直流电压。本电路中各级均采用双电源供电，输出端对地直流电压均应为 0。动态调试时，将放大器输入端加规定的信号，用示波器观测输出波形，并测量各项性能指标是否满足要求。

在调试时，发现产生自激振荡，则必须加以消除。若是高频自激振荡，在输出波形上会叠加有高频毛刺，这时要检查功放级补偿电容是否连接牢靠，并可适当调整其数值，以消除高频自激振荡。若是产生低频自激振荡，会发现输出波形上下抖动，可以通过接入 RC 去耦滤波电路加以消除。

1.3.4　设计要求

(1) 根据设计任务确定整体方案，画出设计框图。

(2) 根据设计框图进行单元电路的设计，画出单元电路图，分析说明电路的工作原理，并且确定各元件参数。

(3) 画出整体电路图。

(4) 列出元器件清单。

(5) 安装调试电路。整理记录实验结果和各主要技术指标的实验数据，并绘出各有关曲线。

(6) 写出实验报告。包括设计与调试的全过程，并附上有关资料和图纸，对实验中出现的问题进行讨论，写出实验的心得体会。

第 2 章　模拟系统的设计

　　自然界中大多数信号是时间、幅度连续变化的模拟信号，可以是电流、电压，也可以是温度、位移、速度等非电量。完成对模拟信号检测、处理和变换的电子电路称为模拟系统。

　　放大、滤波、信号调理、驱动是组成模拟系统的主要单元电路。一般来讲，模拟电子系统输入电路主要完成系统与信号源的阻抗匹配、信号幅度变换的功能，输出电路则主要起到与负载或被控对象的阻抗匹配负载驱动等作用。

2.1　模拟系统的设计方法概述

　　模拟电子电路设计一般步骤如图 2-1 所示。

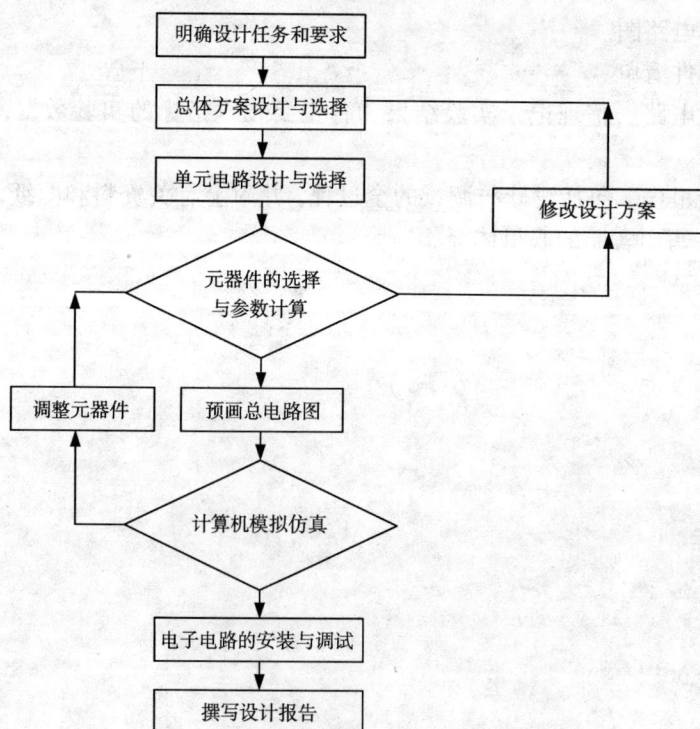

图 2-1　模拟电子电路的一般设计步骤

1. 设计要求的分析及整体方案的选择

先分析模拟电子系统的输入信号和输出信号，要将每一个输入信号的波形和幅度、频率等参数以及输出的要求都准确地弄清楚，从而明确系统的功能和各项性能指标，例如增益、频带宽度、信噪比、失真度等，作为设计的基本要求，并由此选择系统的方案。

在考虑整体方案时，应特别注意考虑方案的可行性，这是与设计数字电子系统的重要区别之处。因为数字电子系统主要完成功能设计，在工作频率不高时，通常都是能实现的，不同设计方案之间的差异充其量是电路的繁简不同而已。模拟电子系统则不然，其各个指标之间有相关性，各种方案又有其局限性，如果所提的要求搭配不当或所选择的电路不适合，有时从原理上就不可能实现或非常难以实现设计的要求。设计者应对方案进行充分的论证。此外，对模拟电子系统的设计还应重视技术指标的精度及稳定性，调试的方便性，应尽量设法减少调试工作。这些要求不能都放到设计模块时去讨论，必须从确定整体方案时就加以考虑。倘若从原理上看，所考虑的模拟电子系统的精度和稳定性就不高，则在进行模块设计时无论怎样努力也是无济于事的。

在整体方案设计完成后，应画出电子系统的框图。接着，应将某些技术指标在各级框中进行合理分配，这些指标包括增益、噪声、非线性等，因为它们都是各部分指标的综合结果。将指标分配到各模块以后，就对各模块提出了定量的要求，而不是含含糊糊的设计，只有这样才能有效地提高设计的效率。

2. 单元电路的设计

在模拟电子系统的设计过程中，这一步即为选择单元电路的具体电路，应考虑以下问题：

(1)单元电路的设计不仅应满足一般的功能和指标要求，还应特别注意技术指标的精度及稳定性，应充分考虑元器件的温度特性、电源电压波动、负载变化及干扰等因素的影响。要注意各功能单元的静态及动态指标及其稳定性，更要注意组成系统后各单元之间的耦合形式、反馈类型、负载效应及电源内阻、地线电阻等对系统指标的影响。

(2)应十分重视级间阻抗匹配的问题。例如一个多级放大器，其输入级与信号源之间的阻抗匹配有利于提高信噪比；中间级之间的阻抗匹配有利于提高开环增益；输出与负载之间阻抗匹配有利于提高输出功率与效率等。

(3)元器件选择方面应注意参数的分散性及其温度的影响。在满足设计指标要求的前提下，应尽量选择来源广泛的通用型元器件。

可供选择的元器件有：①各类晶体管；②运算放大器；③专用集成电路。属于功能块的专用集成电路有：模拟信号发生器(如单片精密函数发生器、高精度时基发生器、锁相环频率合成器等)，模拟信号处理单元(如测量放大器、RC 有源滤波器等)，模拟信号变换单元(如电压比较器、采样保持器、多路模拟开关、电压—电流变换器、电压—频率变换器、频率解码电路等)，属于小系统级的专用集成电路有调频发射机、调频接收机、手表表芯等。

3. 参数的计算

在模拟电子系统的设计过程中，常常需要计算一些参数，例如，在设计积分电路时，不仅要求出电阻值和电容值，而且还要估算出集成运放的开环电压放大倍数、差模输入电阻、转换速率、输入偏置电流、输入失调电压和输入失调电流及温漂，才能根据计算结果选择元器件。至于计算参数的具体方法，在《模拟电子技术基础》中已经学过，搞清电路原理，灵活运用计算公式。对于一般情况，计算参数应注意以下几点：

(1) 各元器件的工作电压、电流、频率和功耗等应在允许的范围内，并留有适当裕量，以保证电路在规定的条件下，能正常工作，达到所要求的性能指标。

(2) 对于环境温度、交流电网电压等工作条件，计算参数时应按最不利的情况考虑。

(3) 涉及元器件的极限参数(例如整流桥的耐压)时，必须留有足够的裕量，一般按 1.5 倍左右考虑。例如，如果实际电路中晶体三极管 C、E 两端的电压 U_{CE} 的最大值为 20 V，挑选晶体三极管时应按 $U_{(BR)CEO} \geqslant 30$ V 考虑。

(4) 电阻值尽可能选在 1 MΩ 范围内，最大一般不应超过 10 MΩ，其数值应在常用电阻标称值系列之内，并根据具体情况正确选择电阻的品种。

(5) 非电解电容尽可能在 100 pF ~ 0.1 μF 范围内选择，其数值应在常用电容器标称值系列之内，并根据具体情况正确选择电容的品种。

(6) 在保证电路性能的前提下，尽可能设法降低成本，减少器件品种，减小元器件的功耗和体积，为安装调试创造有利条件。

(7) 应把计算确定的各参数值标在电路图的恰当位置。

由于模拟电子系统在相当程度上是依赖参数之间的配合，而每一步设计的结果又总会有一定的误差，整个系统的误差是各部分误差的综合结果，其结果是可能使系统误差超出指标要求。所以对模拟电子系统而言，在完成前一步设计后，有必要重新核算一次系统的参数，看它是否满足指标要求，并有一定余地。核算系统指标的方法是按与设计相反的路径进行的。

4. 计算机的模拟仿真

随着计算机技术的飞速发展，电子系统的设计方法也发生了很大的变化。目前，电子设计自动化技术已成为现代电子系统设计的必要手段。在计算机工作平台上，利用电子设计自动化软件，可以对各种电路进行仿真、测试、修改，大大提高了电子设计的效率和准确度，同时节约了设计费用。目前电子线路辅助分析设计的常见软件有 Muhisim(或 EWB)、PSPICE、Systemview 等。当选用 ispPAC 器件时，PAC - designer 也有仿真功能。

对模拟电子系统设计而言，EDA(电子设计自动化)技术的应用主要有两个方面：一是模拟(仿真)软件的使用，这类软件有 Multisim(或 EWB)、PSPICE、Systemview 等；二是系统可编程模拟器件(ispPAC)的应用。

在系统设计阶段以及单元电路设计阶段，可使用 Multisim(或 EWB)、PSPICE 等软件进行仿真。与数字系统不同的是，模拟电路的模拟结果与其器件参数关系甚大。这是因为电路中使用的模拟器件本身参数的离散性非常大，而实际使用的物理器件的参数又常常与模拟时所使用的标准器件参数相差甚远，因而模拟的结果与实际制作的结果常会有较大差异，所以模拟的结果不如数字电子系统的逻辑模拟那样准确，但作为对设计方案的探讨，一般还是有参考价值的。如果希望模拟结果尽量靠近真实结果，可采用 PSPICE 或高版本的 Multisim，将所选用的器件用实测参数(而不是通过手册查得的参数)输入，则模拟的结果与实际情况就会较为接近。

5. 整体电路图的绘制

整体电路图是在原理框图、单元电路、参数计算和元器件的基础上绘制的，它是安装、调试、印制电路板设计和维修的依据。

6. 电路安装与调试

1) 绘制安装布线图

2) 检查电路接线

安装接线完毕后应认真检查电路中各器件有无接错、漏接、接触不良和输出端有没有短路等,确认没有错误后接通电源。

3) 观察波形

用示波器观察输出电压波形,若没有达到设计波形,应反复调节电路的参数值,直至出现正确波形为止。

4) 质量指标测量

测试所安装电路的各项质量指标是否达到设计要求。

由于电子电路种类繁多,千差万别,设计方法和步骤也因情况不同而有所差异,因而上述设计步骤需要交叉进行,有时甚至会出现多次反复。因此在设计时,应根据实际情况灵活掌握。

2.2 常用电路设计

2.2.1 放大器的设计

集成运算放大器(简称运放)是一种高增益的多级直流放大器,其内部电路组成如图2-2所示。各部分作用如下:

图 2-2 运算放大器的组成

(1) 差动输入级。要求具有尽可能高的输入阻抗和共模抑制比。

(2) 中间放大器。由多级直接耦合放大器组成,要求电压放大增益足够高。

(3) 输出级。要求幅度足够大的输出电压和输出电流及很小的输出电阻。运放输出还有过载自动保护作用。输出级通常采用互补对称推挽电路。

(4) 偏置电路。为各级电路提供合适的静态工作,通常采用恒流源偏置电路,这样可获稳定的工作点。

下面主要介绍几种由运放构成的信号放大电路。

1. 信号放大电路

1) 单电源交流放大电路

电路如图2-3所示,同相端的静态偏置约为 $V_{CC}/2$,电压放大倍数 $A_V \approx -R_2/R_1$,如输

出 U_0 出现交越失真时，可在输出端对地接一个合适的偏置电阻 R_5 加以消除。

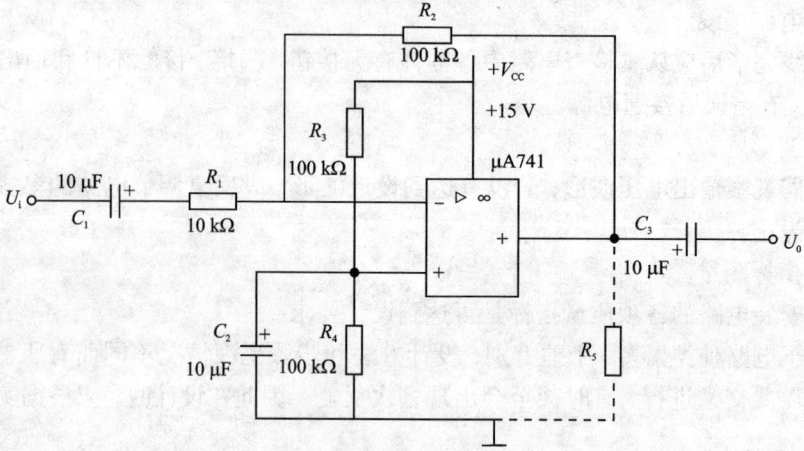

图 2 - 3　单电源交流放大器

2) 两级交流放大电路

图 2 - 4 所示为两级低频交流放大器，第一级的电压增益 $A_{u1} = 1 + (R_3/R_2) = 1 + (100/10) = 11$，第二级的电压增益 A_{u2} 也为 11。电阻 R_1 积 R_4 为偏置电阻；电容 C_1 和 C_3 为耦合电容；C_4 和 C_5 用以改善低频特性；R_2 和 R_3 为第一级放大器的负反馈电路；C_2 用于改善高频特性；R_5、R_6 和 C_2 为第二级放大器的负反馈电路。

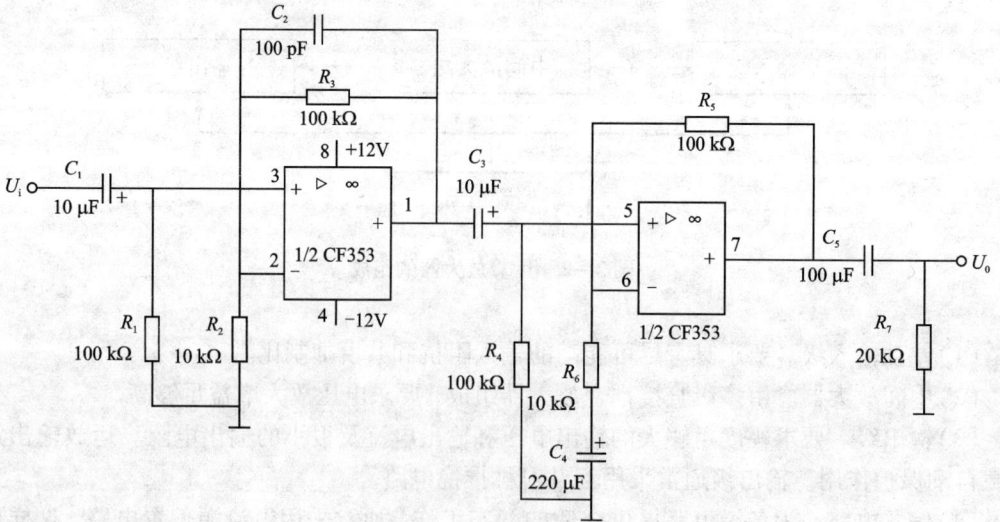

图 2 - 4　两级交流放大器

3）交流电压跟随器

图 2-5 所示为交流电压跟随器。C_1 为耦合电容，C_2 为反馈电容，对交流信号其容抗很小，这时 $U_a \approx U_o \approx U_i$，$R_1$ 上几乎没有交流信号通过，从而使 R 对跟随器输入电阻影响很小。

4）绝对值放大器

电路如图 2-6 所示，要求选用精密电阻。该电路输入阻抗高、输出阻抗低，不论输入电压的极性如何，输出电压为正比于输入电压的正值。允许输入电压的峰-峰值为 2 V，电压增益为 10。

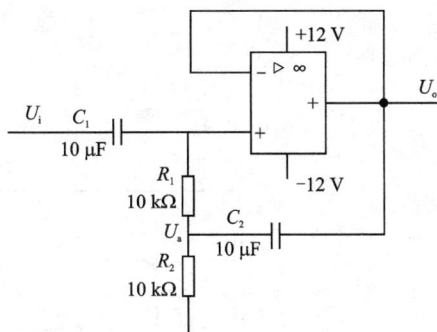

图 2-5　交流电压跟随器

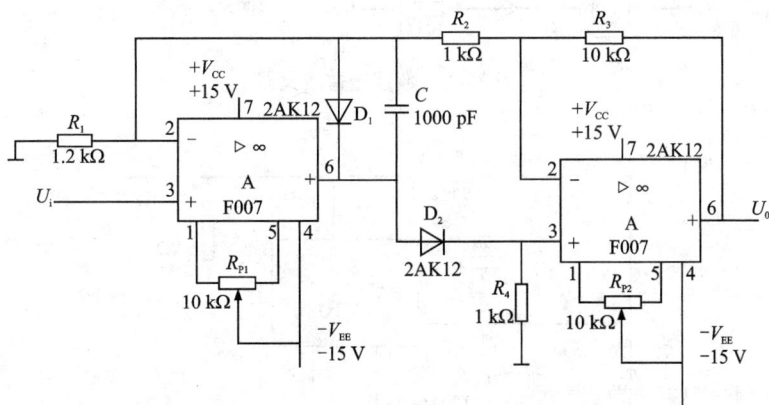

图 2-6　绝对值放大器

该放大器的共模抑制比高，零点漂移和失调电压低。调节电压器 R_{P1} 和 R_{P2} 可使输出电压为 0。调节运放 A_1 的失调电压可消除不工作区，调节运放 A_2 的失调电压，可消除输出残余电压。由于存在相互影响，应反复调节 A_1 和 A_2 的失调电压，直到最佳状态为止。如电阻失配引起误差，则可调节 R_2 和 R_3 的阻值加以消除。

5）数控增益放大器

电路如图 2-7 所示，该放大器常用于计算机控制的模拟系统中，电压放大倍数 $A_V = 1 + (R_f/R_x)$，式中尺。值为 R_2、R_3、R_4、R_5 或它们的并联组合。输入数据 $D_0 D_1 D_2 D_3$ 的 16 种组合决定了电压增益。如 $D_0 D_1 D_2 D_3 = 0011$，R_x 为 20 kΩ 和 25 kΩ 的并联值 11.1 kΩ 使，则 $A_V = 1 + (100/11.1) = 10.01$。

6）高精度光-电变化放大器

电路如图 2-8 所示。该放大器不易受电源电压变化的影响。光敏二极管 D_2 的电流大于 10 μA 时，输出为低电平。

7）光电耦合放大器

电路如图 2-9 所示。其工作频率可达 1 MHz。如传输信号频率在 200 kHz 以下时，电阻 R_3 和电容 C 可去掉。该放大器实现了输入电信号与输出电信号间既可用光来传输，又可通

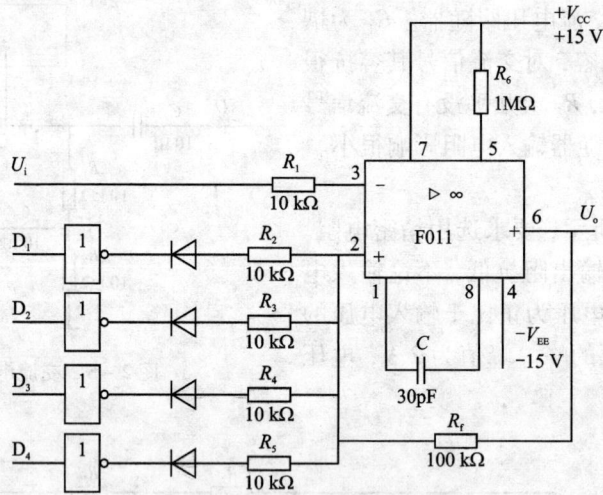

图 2 - 7　数控增益放大器

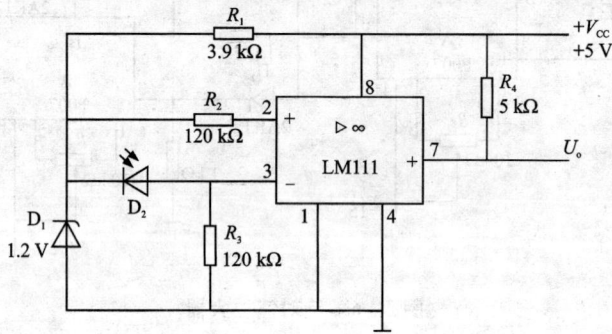

图 2 - 8　光 - 电变换放大器

过光隔离，从而提高了电路的抗干扰能力。

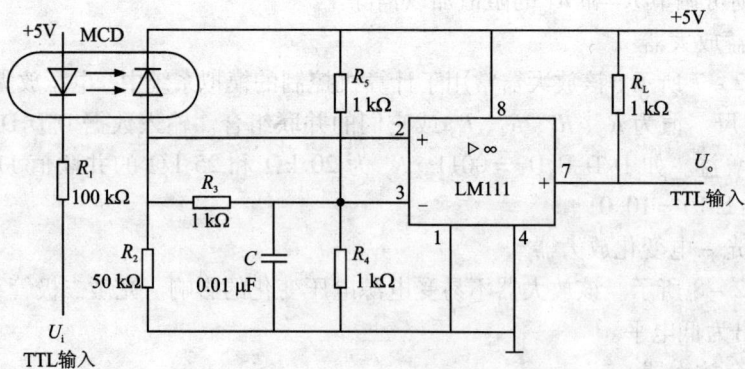

图 2 - 9　光 - 电耦合放大器

2.2.2　电源电路的设计

1. 实用稳压电源（1.5～32 V，0～3 A）

电路如图 2-10 所示。图中三端稳压器 W350 输出电压、电流范围大，且有过流、过热、短路等保护措施。输出电压由电位器 R_p 调节。在 W350 的输入端前加入预稳电路，将 W350 的输入电压和输出电压进行比较后触发晶闸管，使其处于开关状态而起到预稳作用。该电路的预稳支路不需要变压器辅助绕组，从而体积小。由于加了预稳电路，W350 的压降维持在 4.5 V 左右，故只需选 15 W 散热器。

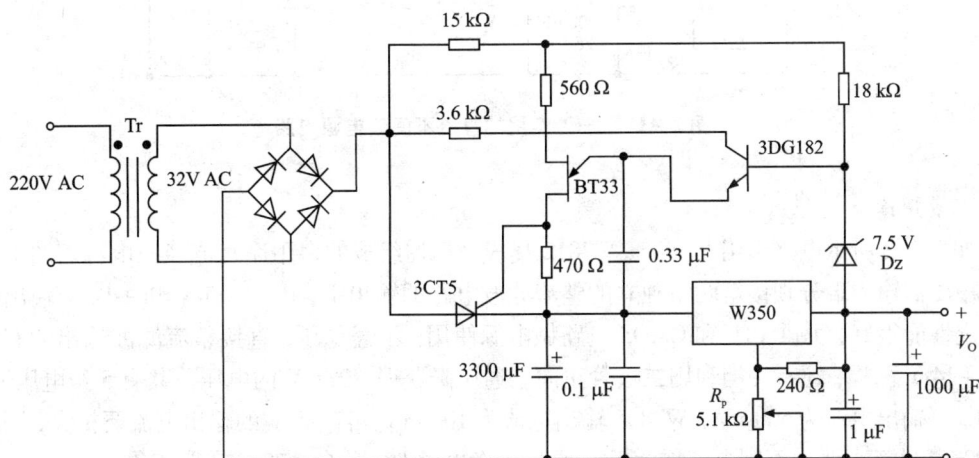

图 2-10　实用稳压电源电路（1.5～32 V，0～3 A）

该电路简单易调，工作稳定可靠，性能好，电压电流调整率达 10^{-3}，纹波电压小于 10 mV。

2. 一种实用的直流不间断电源

目前广泛使用的单板机、单片机和可编程控制器通常需要配备不间断电源。因为在使用过程中一旦发生断电等异常现象，在 RAM 中的信息就会丢失，使之无法继续工作。如图 2-11 所示电路是一种结构简单、造价低廉、性能可靠、供电时间长、无转换时间和逆变过程的微机断电保护直流不间断电源电路。

该电路由变压、整流、滤波、蓄电池充放电控制及稳压、滤波部分构成。蓄能部件是镍镉蓄电池组，在充放电控制电路中，稳压二极管 D_2 的稳压值决定了蓄电池组充电的上限电压，三极管的基极电流随着蓄电池的端电压 V_{DC} 的变化而变化。无论是交流供电还是蓄电池供电，都靠集成稳压块的调整使输出电压保持不变。

当交流供电正常时，D_6 导通，D_5 截止，经 WY 稳压和 C_2 滤波，输出稳定的直流电压供给负载，同时蓄电池组 DC 被充电。当交流断电时，D_5 导通，D_6 截止。DC 经 WY 和 C_2 输出稳定的直流电压，维持负载正常不间断工作。

该电路输出电压为 5 V，输出电流可达 3 A。在 DC 放电情况下，输出电流 1 A 可维持 1 h。

电路中 Tr 选用 220 V/17 A、50 W 的变压器。

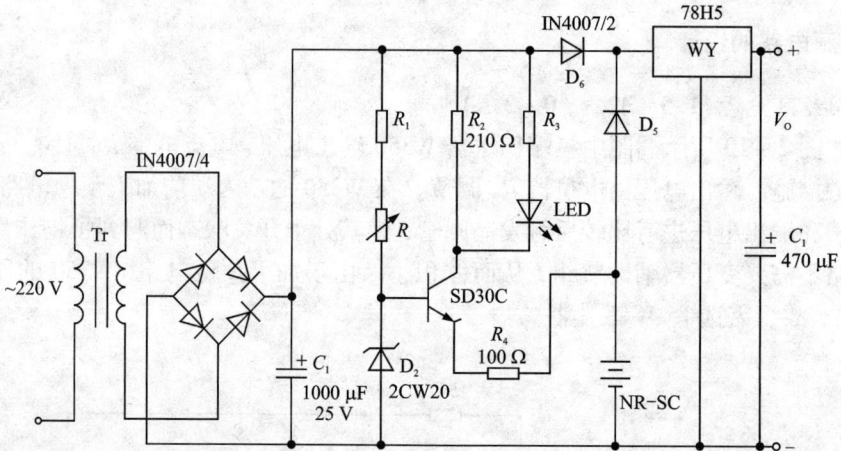

图 2 - 11　一种实用的直流不间断电源电路

3. 多用途直流稳压电源

如 2 - 12 所示电路是用 W7805、W7812 集成稳压器组成的多用途直流稳压电源。图中两块集成稳压器输入端分别接至两组独立的整流滤波电路的输出上，因而 + 5 V 和 + 12 V 输出电压的稳定性能很好，可供 TTL 和 CMOS 电路做电源使用：不经稳压，直接整流滤波输出的有 + 20 V 和 + 14 V 两挡；还有一挡利用二极管正向导通压降获得 - 2.1 V 的电压。共有 5 组电压输出。W7812 可输出电流为 500 mA；W7805 输出电流为 100 mA。若 + 5 V 的输出电流要扩大，则必须将 100 μF 电容短路，否则电流增大，R_2 两端压降也增大，影响 W7805 正常工作。

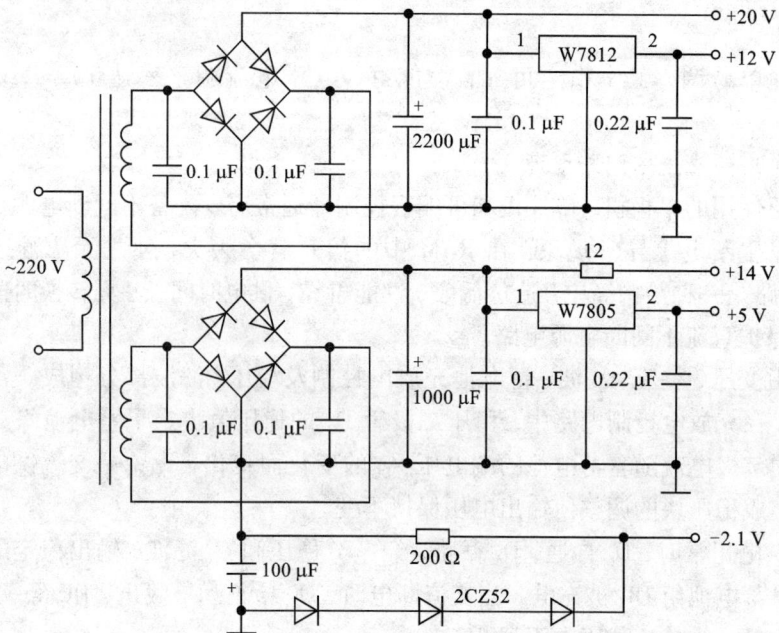

图 2 - 12　多用途直流稳压电源电路

4. +5 V、±12 稳压电源

图 2-13 所示电路为三端集成稳压器 CW7805、CW7812、CW7912 构成 +5 V、±12 三组
输出的稳压电源，它们的最大输出电流均为 1 A，需加散热片。

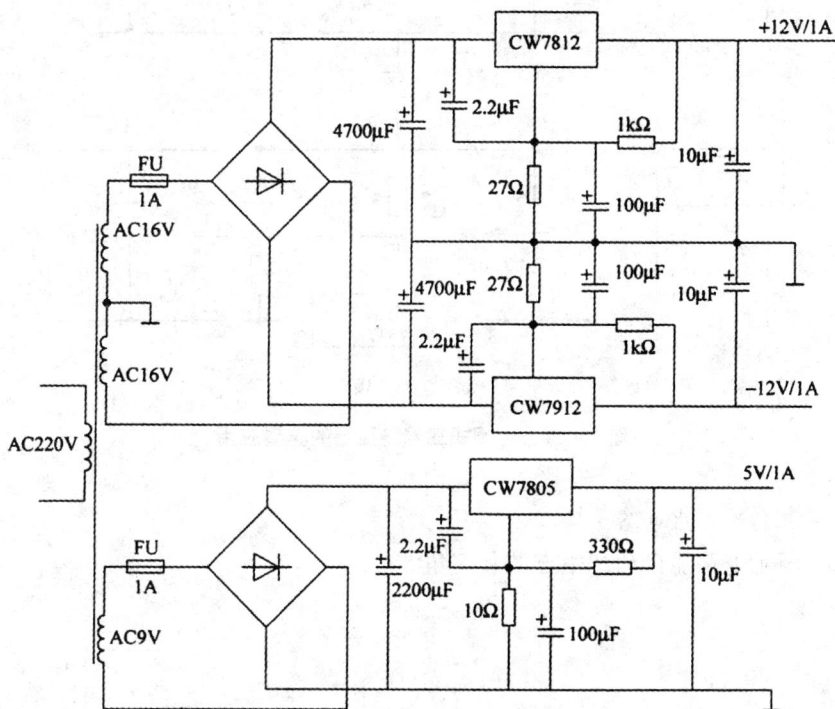

图 2-13   +5 V、±12 稳压电源

5. 可调式三端稳压器的典型应用

电路如图 2-14 所示。

集成稳压器的输出电压 V_0 与稳压电源的输出电压相同。稳压器的最大允许电流 $I_{CM} <$
I_{0max}，输入电压 V_i 的范围为

$$V_{0max} + (V_i - V_0)_{min} \leqslant V_i \leqslant V_{0min} + (V_i - V_0)_{max} \qquad (2-51)$$

式中：V_{0max} 为最大输出电压；V_{0min} 为最小输出电压；$(V_i - V_0)_{min}$ 为稳压器的最小输入、输出压
差；$(V_i - V_0)_{max}$ 为稳压器的最大输入、输出压差。

2.2.3 信号产生与变换电路设计

函数发生器能自动产生正弦波、三角波、方波及锯齿波、阶梯波等电压波形。其电路使
用的可以是分立器件也可以是集成电路。

产生正弦波、方波、三角波的方案有多种，如先产生正弦波，然后通过整形电路将正弦
波换成方波，再由积分电路将方波变成三角波；也可以先产生三角波-方波，再将三角波或
方波变成正弦波。

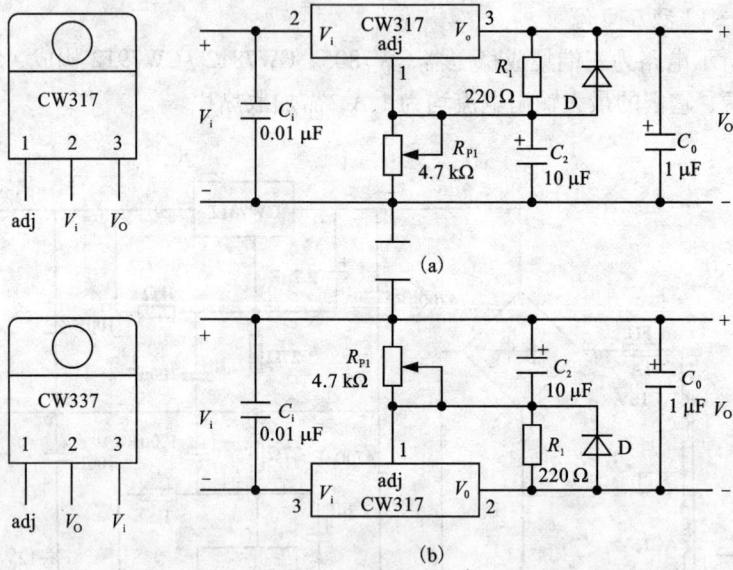

图 2-14 可调式三端稳压器的典型应用

1. 方波-三角波产生电路

图 2-15 所示电路能自动产生方波和三角波。

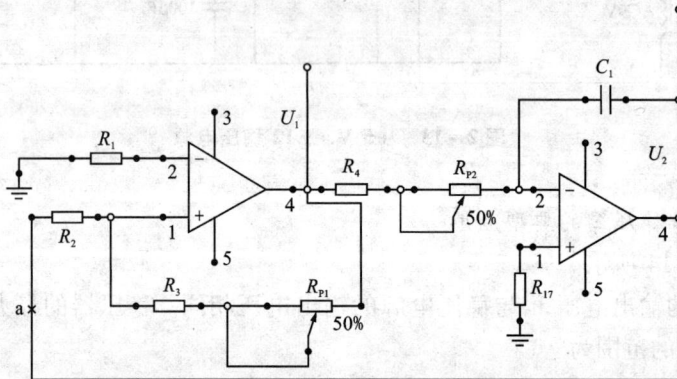

图 2-15 方波-三角波产生电路

电路工作原理如下：若 a 点断开，运放 A_1 与 R_1、R_2 及 R_3、R_{P1} 组成电压比较器，R_1 称为平衡电阻，C_1 称为加速电容，可加速比较器的翻转；运放的反相端接基准电压，及 $V_- = 0$，同相端接输入电压 V_{is}；比较器的输出 V_{O1} 的高电平等于正电源电压 $+V_{CC}$，低电平等于负电源电压 $-V_{EE}$，当比较器的 $V_+ = V_- = 0$ 时，比较器翻转，输出 V_{O1} 从 $+V_{CC}$ 跳到 $-V_{EE}$，或从 $-V_{EE}$ 跳到 $+V_{CC}$，设 $V_{O1} = +V_{CC} = 0$，则

$$V_+ = \frac{R_2}{R_2 + R_3 + R_{P1}} + (V_{CC}) + \frac{R_3 + R_{P1}}{R_2 + R_2 + R_{P1}} V_{is} = 0 \tag{2-1}$$

将上式整理，并且 $V_{O1} = -V_{EE} = 0$ 的话，分别得到

下门限电位

$$V_{\text{is}-} = \frac{-R_2}{R_3 + R_{P1}}(-V_{CC}) = \frac{-R_2}{R_3 + R_{P1}}V_{CC} \qquad (2-2)$$

上门限电位

$$V_{\text{is}+} = \frac{-R_2}{R_3 + R_{P1}}(-V_{EE}) = \frac{-R_2}{R_3 + R_{P1}}V_{CC} \qquad (2-3)$$

门限宽度

$$V_H = V_{\text{is}+} - V_{\text{is}-} = 2\frac{R_2}{R_3 + R_{P1}}V_{CC} \qquad (2-4)$$

由式(2-1)～式(2-4)可得比较器的传输特性,如图2-16所示。

a 点断开后,运放 A_2 与 R_4、R_{P2}、C_2 和 R_5 组成反向积分器,其输入信号为方波 u_{01},则积分器的输出

$$u_{02} = \frac{-1}{(R_4 + R_{P2})C_2}\int u_{01}\mathrm{d}t \qquad (2-5)$$

当 $u_{01} = +V_{CC}$ 时

$$u_{02} = \frac{-V_{CC}}{(R_4 + R_{P2})C_2}t \qquad (2-6)$$

当 $u_{01} = -V_{EE}$ 时

$$u_{02} = \frac{V_{CC}}{(R_4 + R_{P2})C_2}t \qquad (2-7)$$

可见,当积分器的输入为方波时,输出是一个上升速率与下降速率相等的三角波,其波形关系如图2-17所示。

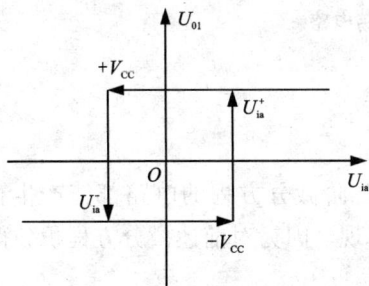

图 2 - 16　比较器电压传输特性图

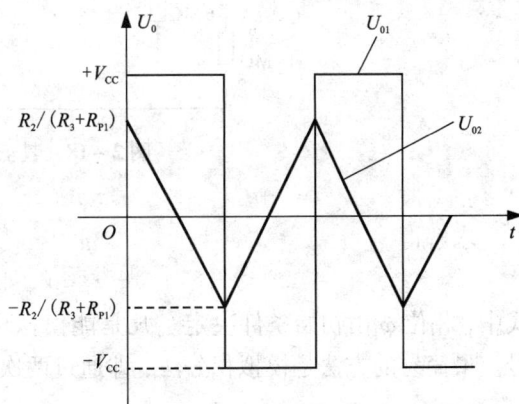

图 2 - 17　方波 - 三角波

a 点闭合后,即比较器与积分器首尾相连,形成闭环回路,则自动产生方波 - 三角波。三角波的幅度为

$$V_{02m} = \frac{R_2}{R_3 + R_{P1}}V_{CC} \qquad (2-8)$$

方波－三角波的频率为

$$f = \frac{R_3 + R_{P1}}{4R_2(R_4 + R_{P2})C_2} \qquad (2-9)$$

由此得出结论：电位器 R_{P2} 在调整波形的输出频率时一般不会影响波形幅度，若要求输出频率范围较宽，可用 C_2 改变频率的范围，R_{P2} 实现微调；方波的输出幅度约等于电源电压 $+V_{CC}$，而三角波的则不超过 $+V_{CC}$，R_{P1} 可实现幅度微调，但会影响波形的频率。

2. 甚低频桥式振荡电路

若要获得更低频率的振荡波形，则可采用图 2－18 所示的甚低频桥式振荡电路。电路中 R_1C_1 并联网络作为运放 A_1 的反馈网络，因而不受运放输入阻抗的影响，可以选用较大的 R_1 值；为满足零相移条件，需加反相放大器 A_2；二极管 D_1、D_2 起稳幅作用；该电路可获得频率为 0.001 Hz 的低频正弦波，且非线性失真小于 1%。

3. 积分式正弦波振荡器

正弦波振荡器是利用集成运放模拟求解一个二阶微分方程来得到正弦波信号。

$$\frac{d^2 u_0}{dt^2} + \omega_0^2 u_0 = 0$$

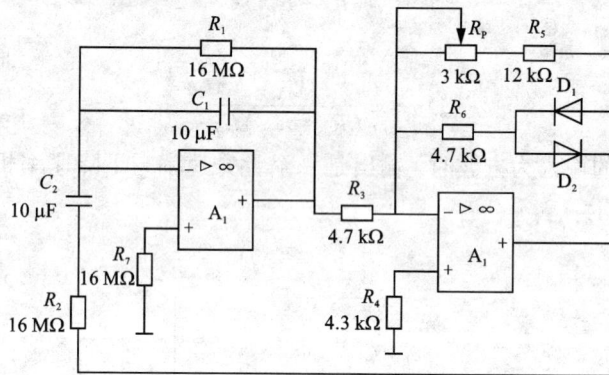

图 2－18　甚低频桥式振荡电路

求解得

$$u_0 = V_{0m}\sin(\omega_0 t + \varphi)$$

式中，相位 φ 由初始条件决定。凡是能模拟求解上面二阶微分方程的电路都能产生正弦信号。最简易的方法是模拟积分法，即通过两次积分来实现。因为对前述微分方程积分得

$$u_0 = -\omega_0^2 \int\left(\int u_0 dt\right)dt$$

由于在电路的不同输出节点上可以获得两个相位差为 $\frac{\pi}{2}$ 的正弦波，故称为正交正弦波振荡器。图 2－19 为振荡频率 1.6 Hz、失真度小于 1% 的正弦波振荡器。图中 150 kΩ 电位器调节正反馈可调节起振。

另外方波积分可得三角波，若将三角波再积分一次，则可得到正弦波，此时频率由矩形波振荡器决定。

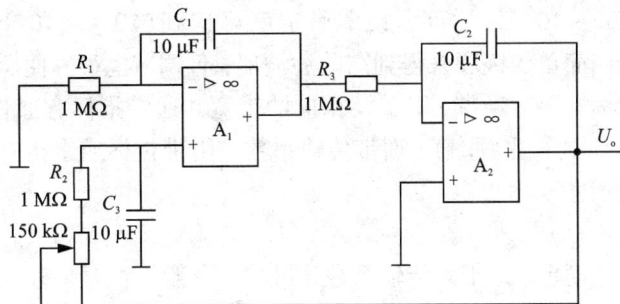

图 2 - 19　积分式正弦波振荡器

5. 多种波形发生器

图 2 - 20 所示为由函数发生器芯片 8038 构成的多种波形发生器。该电路可输出频率为 20 Hz ~ 20 kHz 连续可调的方波、三角波和正弦波三种信号。调节 10 kΩ 电位器可连续调节输出信号的频率，调节 1 kΩ 和 100 kΩ 可使输出正弦波的失真最小，调节 15 MΩ 电位器可减小输出波形失真。

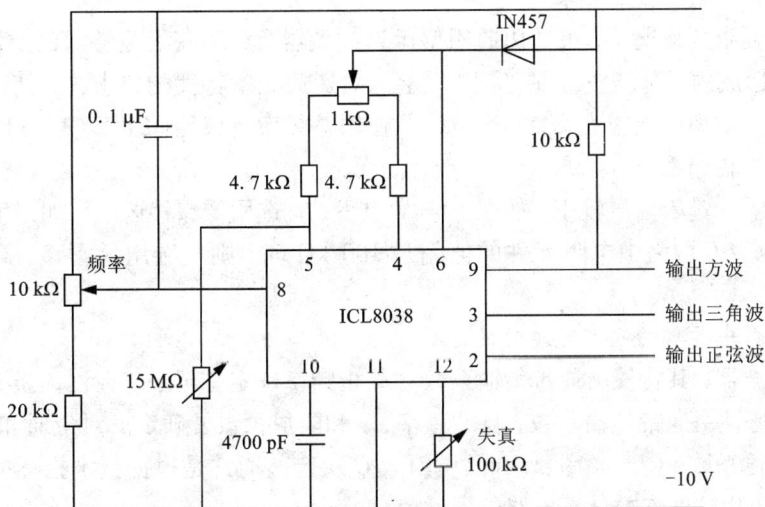

图 2 - 20　有源滤波器的设计

2.2.4　有源滤波器的设计

滤波器在通信、测量和控制系统中得到了广泛的应用。一个理想的滤波器应在要求的频带(通带)内具有均匀而稳定的增益，而在通带以外则具有无穷大的衰减。然而，实际的滤波器距此有一定的差异。为此，人们采用各种函数来逼近理想滤波器的频率特性。

用运算放大器和 RC 网络组成的有源滤波器，具有许多独特的优点。因为不用电感元件，所以免除了电感所固有的非线性特性、磁场屏蔽、损耗、体积和重量过大等缺点。由于运算放大器的增益和输入电阻高、输出电阻低，所以能提供一定的信号增益和缓冲作用。这种滤

波器的频率范围在 $10^3 \sim 10^6$ Hz 之间，频率稳定度可达到 $(10^{-3} \sim 10^{-5})/℃$，频率精度为 $\pm(3\% \sim 5\%)$，并可用简单的级联来得到高阶滤波器，且调谐也很方便。

滤波器的技术指标主要有通带、阻带及相应的带宽。通带指标有通带的边界频率(没有特殊说明时，一般为 3 dB 截止频率)、通带传输系数。阻带指标通常指对带外传输系数的衰减速度(即带沿的陡变)。

1. 滤波器类型的选择

一阶滤波器电路最简单，但带外传输系数衰减慢，一般是在对带外衰减特性要求不高的场合下选用。无限增益多环反馈型滤波器的特性对参数变化比较敏感，在这一点上它不如压控电压源型二阶滤波器。当要求带通滤波器的通带较宽时，可用低通滤波器和高通滤波器合成，这比单纯用带通滤波器要好。

2. 级数选择

滤波器的级数主要根据对带外衰减特性的要求来确定。每一阶低通或高通 RC 可获得 ± 20 dB/10 倍频的衰减，每二阶低通或高通 RC 可获得 40 dB/10 倍频的衰减。多级滤波器串接时，传输函数总特性的阶数等于各级阶数之和。当要求的带外衰减特性为 $-m$ dB/10 倍频时，则所取级数 n 应满足 $n \geqslant m/20$。

3. 有源滤波器对运放的要求

在无特殊要求的情况下，可选用通用型运算放大器。为了获得足够深的反馈，以保证所需滤波特性，运放的开环增益应在 80 dB 以上。对运放频率特性的要求，由其工作频率的上限确定。设工作频率的上限为 f_H，则运放的单位增益频率应满足：$BW \geqslant (3 \sim 5)A_F f_H$，式中 A_F 为滤波器通带的传输系数。

如果滤波器的输入信号较小，如在 10 mV 以下，宜选用低漂移运放。如果滤波器工作在超低频，以至使 RC 网络中电阻元件的值超过 100 kΩ 时，则应选用低漂移、高输入阻抗的运放。

4. 传输系数中参数的确定与元件的选择

对一阶滤波器，其特性由通带传输系数和截止频率确定。至于二阶滤波器，对高通和低通滤波器，其特性由通带传输系数、自然频率 ω_n 和阻尼系数 ξ 确定。对带通和带阻滤波器，则是由通带传输系数、中心频率 ω_0 和品质因数 Q 决定。通常是根据技术指标的要求确定这些参数，然后再由这些参数计算电路的元件值。

在设计时，经常出现待确定参数值的元件数目多于限制元件取值的参数的数目。例如，压控电压源型滤波器待确定其值的元件有 6 个，而限制元件取值的参数只有 3 个，即通带传输系数、自然频率(由通频带确定)和阻尼系数(由所需的通带内传输特性的形状确定)。因此，有许多个元件组可满足给定特性的要求。这就要从选择电容器入手，因为电容标称值的分档数较少，比较难配，而电阻易配。可根据工作频率范围按照表 2-1 初选电容值。

表 2-1 滤波器工作频率与电容取值的对应关系

f	$1 \sim 10$ Hz	$10 \sim 10^2$ Hz	$10^2 \sim 10^3$ Hz	$10^3 \sim 10^4$ Hz	$10^4 \sim 10^5$ Hz	$10^5 \sim 10^6$ Hz
C	$20 \sim 1$ μF	$0.1 \sim 0.01$ μF	$10^4 \sim 10^3$ pF	$10^3 \sim 10^2$ pF	$10^2 \sim 10^1$ pF	

表 2-1 中的频率, 对低通滤波器, 指的是上限频率; 对高通滤波器, 指的是下限频率; 对带通滤波器, 指的是中心频率。

二阶无限增益多环反馈型有源滤波器如图 2-21 所示。

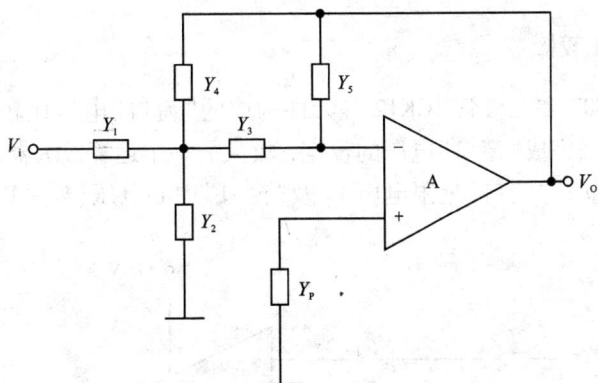

图 2-21　二阶无限增益多环反馈型有源滤波器

表 2-2 列出了如图 2-21 所示电路在低通、高通、带通三种情况下 RC 的组合、传输函数及有关含义。

表 2-2　二阶无限增益多环反馈型有源滤波器 RC 元件组合、传输函数及有关含义

参数	形式	低　通	高　通	带　通
	Y_1	$1R_1$	sC_1	$1/R_1$
RC 元件组合	Y_2	sC_2	$1/R_2$	$1/R^2$
	Y_3	$1/R_8$	sC_3	sC_3
	Y_4	$1/R_4$	sC_4	sC_4
	Y_5	sC_5	$1/R_5$	$1/R_5$
传输函数 $A_F(s)=\dfrac{V_O(s)}{V_I(s)}$		$\dfrac{A_F(0)}{\dfrac{s^2}{\omega_n^2}+2\dfrac{\xi s}{\omega_n}+1}$	$\dfrac{A_F(\infty)s^2}{s^2+2\xi\omega_n s+\omega_n^2}$	$\dfrac{A_{F0}/(Q\omega_0)}{\dfrac{s^2}{\omega_n^2}+\dfrac{\xi s}{2\omega_n}+1}$
传递函数中符号与电路元件参数关系		$A_F(0)=-R_4/R_1$　$\omega_n=\dfrac{1}{\sqrt{R_3R_4C_4C_5}}$　$\xi=\dfrac{1}{2}\sqrt{\dfrac{C_5}{C_2}}\cdot$　$\left(\sqrt{\dfrac{R_3}{R_4}}+\sqrt{\dfrac{R_4}{R_3}}+\sqrt{\dfrac{R_3R_4}{R_1}}\right)$	$A_F(\infty)=-C_1/C_4$　$\omega_n=\dfrac{1}{\sqrt{R_5R_2C_4C_3}}$　$\xi=\dfrac{1}{2}\sqrt{\dfrac{R_2}{R_5}}\cdot$　$\left(\dfrac{1}{\sqrt{C_3C_4}}+\dfrac{C_3}{C_4}+\sqrt{\dfrac{C_4}{C_3}}\right)$	$A_{F0}=\dfrac{1}{\dfrac{R_1}{R_5}\left(1+\dfrac{C_4}{C_1}\right)}$　$\omega_0=\sqrt{\dfrac{1}{C_3C_4R_5}\left(\dfrac{1}{R_2}+\dfrac{1}{R_1}\right)}$　$Q=\dfrac{\sqrt{R_5\left(\dfrac{1}{R_2}+\dfrac{1}{R_1}\right)}}{\dfrac{C_3+C_4}{\sqrt{C_3C_4}}}$

2.3　实用单元电路设计汇总

2.3.1　"窗口"电压比较器

用运算放大器 F007 和二极管 2CK12 等元件构成的"窗口"电压比较器如图 2–22 所示。该比较器采用二极管来完成"窗口"电压的设定，故只需一个运算放大器即可。图中 3 个输入端分别加上输入电压 u_1、"窗口"上限电压 V_2 及"窗口"中心电压 $(V_2+V_1)/2$，其中 V_1 是"窗口"下限电压。

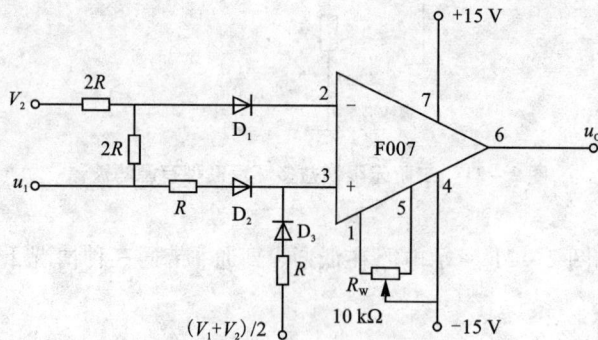

图 2–22　简易双向对讲机

当 u_1 小于 V_1 时，二极管 D_2 截止，则同相输入端的电压是 $(V_2+V_1)/2$，而反相输入端的电压是 $(V_2+u_1)/2$，后者必小于前者，运算放大器输出高电平。

当 u_1 大于 V_2 时，反相输入端的电压是 $(V_2+u_1)/2$，同相输入端电压是 u_1（D_3 截止），而 u_1 大于 $(V_2+u_1)/2$，故运放输出也是高电平。

当 $V_1 < u_1 < V_2$ 时，反相输入端电压是 $(V_2+u_1)/2$，同相输入端电压等于 u_1（u_1 高于"窗口"中心电压时），或者等于 $(V_2+V_1)/2$（u_1 低于"窗口"中心电压时），在该两种情况下均是反相输入端的电压高于同相输入端的电压，因此输出 u_0 为低电平。

该电路的阈值电压可精确到 0.1 mV，"窗口"宽度可小至毫伏级。选用参数匹配的二极管，接入调零电位器 R_W 可提高精度。

2.3.2　简易双向对讲机

该对讲机电路简单，使用元件少，采用集成双功放 KD28 作放大器。电路如图 2–23 所示，对方电路与自方电路完全相同。

话音信号经话筒 MIC 转变成电信号送入 A_1 进行放大，放大后的信号通过电位器 R_W 分别加到 A_2 的同相和反相输入端，调节 R_W 使两输入端的电压相同，由于放大器具有共模抑制能力，故在自方输出端扬声器里不会发声。同时从 A_2 的同相端引出信号送入对方 A_2 的同相端，经放大后推动对方的扬声器发声。注意话筒与扬声器的位置不可太近，以免产生自激振荡。

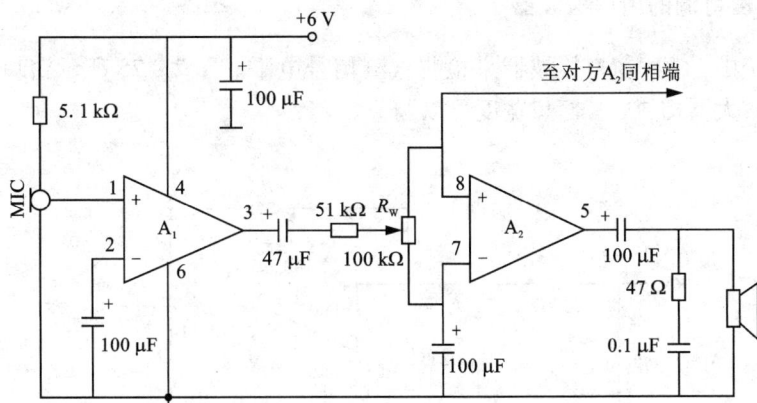

图 2 – 23 简易双向对讲机

2.3.3 调整峰值检波器

高速峰值检波器电路如图 2 – 24 所示。

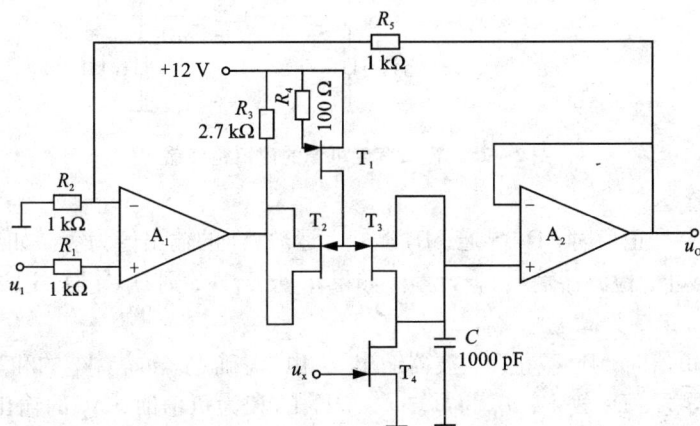

图 2 – 24 高速峰值检波器

图中 A_1 选用高速集成比较器,其特点是响应速度快,滞后时间短。A_2 选用具有场效应管作输入级的高速运算放大器,它为提高整个电路的工作速度和防止电容 C 上的保持电压下降提供了有利条件。P 沟道结型场效应管 T_1 组成电流源,它保证 C 恒流充电。当 $u_0 < u_I$ 时,比较器 A_1 输出高电位,接成二极管形式的 T_2 管关断,T_3 导通,电源通过 T_1、T_3 对 C 恒流充电,v_C 上升,u_0 上升,当 u_0 上升至大于 u_I 时,A_1 输出由高电位变为低电位,使 T_2 导通,T_3 关断,u_C 将输入峰值保持。当复位指令 u_X 使 T_4 导通,u_C 下降回零,准备下一次峰值检波。

恒流源的输出电流可根据需要调整.应能在被测信号所允许的最小脉冲内,使电容 C 能充到规定的最大被检波值电压。

2.3.4　窗口宽度可调的窗口检波器

在控制系统中，常用窗口检波器来检测被测信号电平。图 2 – 25 所示窗口检波器电路，采用两个运算放大器构成，其窗口宽度可以调节。

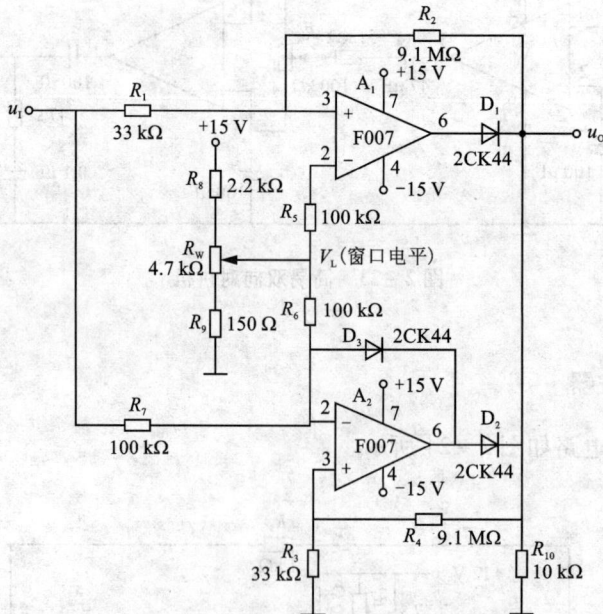

图 2 – 25　窗口宽度可调的窗口检波器

当输入电压 u_1 为正值时，D_3 导通，D_2 截止，运放 A_2 的输出值为零。如果 u_1 小于"窗口电平"V_L，则 D_1 截止，检波器输出 u_0 为零。如果 u_1 大于 V_L，则 D_1 导通，通过 D_1、R_2 构成的正反馈支路使输出 u_0，为高电平 V_{OH}。

当输入 u_1 为负值时，D_1 截止，检波器输出 u_0 由 A_2 确定。u_1 与 V_L 的和是正值时，A_2 的输出为负值，D_3 导通，D_2 截止，u_0 为零。u_1 与 V_L 的和为负值时，A_2 的输出为正值，D_2 导通。R_4、D_2 为正反馈支路，使 u_0 为 V_{OH}。

可见，当 u_1 的绝对值大于 V_L 时，检波器的输出为 V_{OH}，$|u_1|$ 小于 V_L 时，输出为零，即窗口宽度为 $2V_L$ 调节电位器 R_W 可调节窗口宽度。运放 A_1、A_2 通过二极管 D_1、D_2 使其输出彼此隔离，对输出 u_0 具有或门功能。

2.3.5　高输入电阻、高增益反相比例运算电路

用 T 形电阻网络和自举扩展原理相结合的运算电路如图 2 – 26 所示。图中 A_2 为主放大器，即具有高增益的反相放大器；A_1 为辅助放大器，接成反相器，A_2 输出通过它经 T 形电阻网络向主放大器提供输入回路电流，以便提高电路的输入电阻。电路的闭环增益可表示为

$$A_V = \frac{u_0}{u_1} = \frac{R_{F1} + R_{F2} + (R_{F1}R_{F2})/R_{F3}}{R_f}$$

补偿电阻 R_p 为

$$R_p = \frac{R_f [R_{F1} + (R_{F2} /\!/ R_{F3})]}{R_f + R_{F1} + (R_{F2} /\!/ R_{F3})}$$

电路的输入电阻为

$$R_1 = \frac{R_f [R + (R_{F2} /\!/ R_{F3})]}{R_f + R - R_{F1}}$$

通常 $R \gg (R_{F2} /\!/ R_{F3})$ ，则

$$R_1 \approx \frac{R_f R}{R_f + R - R_{F1}}$$

为了保证应用电路不发生振荡，应使 $(R_f + R) > R_{F1}$ ，若 $R_f = 100$ kΩ ，相对偏差 $(R_f + R - R_{F1})/R$ 为 0.01% ，则输入电阻高达 1000 MΩ ，而又不必采用高值电阻。

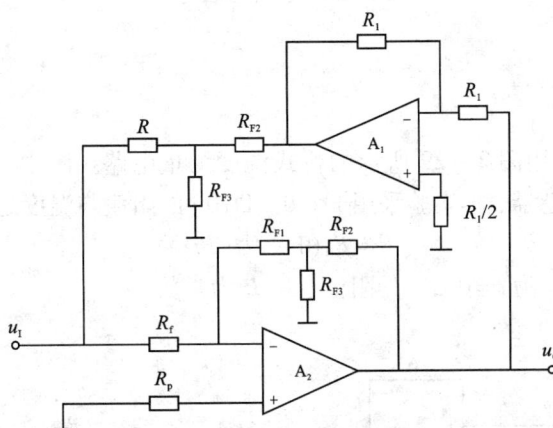

图 2 - 26　高输入电阻、高增益反相比例运算电路

2.3.6　红外遥控报警器

要求当有人遮挡红外光时应发出报警信号，无人遮挡红外光时报警器不工作，即不发声。根据要求，红外遥控器应由两部分组成，即红外发射电路和红外接受电路。图 2 - 27 为红外信号发射电路图。它由自激多谐振荡器、功率放大器、红外发光二极管组成。自激多谐振荡器产生几十千赫的不对称脉冲，此脉冲为

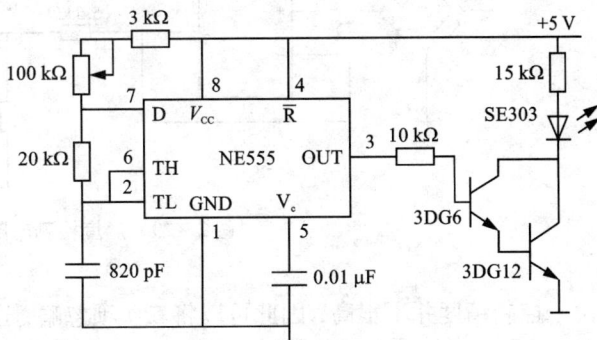

图 2 - 27　红外发射电路

红外光的调制脉冲，调制脉冲经功率放大后控制红外发光二极管发射红外脉冲。红外信号接收电路图如图 2 - 28 所示。此电路由红外光敏晶体管放大、整流、报警电路组成。把红外脉冲转换成电信号，即解调出调制脉冲，然后把此信号放大，整流变成直流信号，控制报警器

不工作。当红外脉冲被人遮挡时，则报警器工作发出报警声。

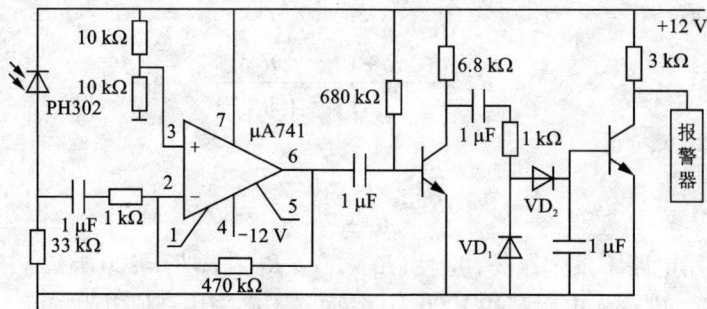

图 2-28　红外接收电路

2.3.7　温度检测电路

温度检测电路可采用图 2-29 所示的桥式温度测量电路。图中检测元件可采用铂电阻 Pt100 或其他热电阻传感器，本实验采用 Pt100。Pt100 的阻值与温度之间关系为

$$R = R_0(1 + At + Bt^2)$$

式中，t 为摄氏温度；R_0 为 $t = 0℃$ 时的阻值；A、B 为常数。

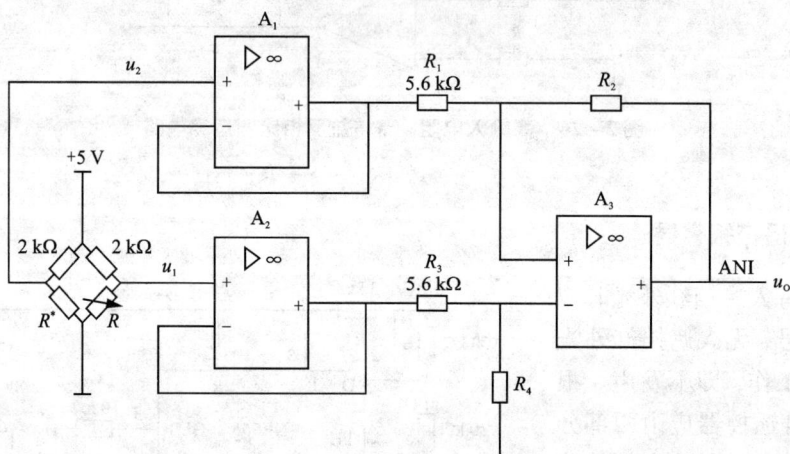

图 2-29　温度检测电路

由于控制精度并不很高，因此可以将二次项忽略，这样，Pt100 阻值与温度之间的关系可用下式表示：

$$R = 100 + 0.386t$$

式中，100 为 Pt100 在 0℃时的阻值，Ω；0.386 为 Pt100 的温度系数，Ω/℃。

要实现对水温的控制，希望将水温信号变换为电压信号，可以采用图 2-32 电路。

为使运放在静态时两输入端平衡，令 $R_1 = R_3$，$R_2 = R_4$。图中 $R^* = 100\ \Omega$，如果设 A_3 的输出为 u_0，则有

$$u_1 = 5 \times \left(\frac{100 + 0.386t}{2100 + 0.386t} \right) \quad V$$

$$u_2 = 5 \times \left(\frac{100}{2100} \right) \quad V$$

$$u_O = (u_1 - u_2) \frac{R_2}{R_1}$$

$$= K(u_1 - u_2) \qquad (其中 K = \frac{R_2}{R_1})$$

$$= K \times \left(\frac{100 + 0.386t}{2100 + 0.386t} - \frac{100}{2100} \right) \quad V$$

$$\approx 5K \times \frac{0.386t}{2100 + 0.386t}$$

$$\approx 5K \times \frac{0.386t}{2100}$$

令 $t = 100\,℃$ 时, $u_O = 5$ V, 则 $K = 54.4$, 故有 $R_2/R_1 = 54.4$, 取 $R_1 = 5.6$ kΩ, 则 $R_2 = 304.64$ kΩ, 故取 $R_1 = R_3 = 5.6$ kΩ, 取 $R_2 = R_4 = 300$ kΩ。

2.4 模拟电路设计实例

2.4.1 音响放大器的设计

设计一音响放大器, 要求具有音调输出控制、卡拉 OK 伴唱, 对话筒与录音机的输出信号进行扩音。

已知条件: $+V_{CC} = +9$ V, 话筒(低阻 20 Ω)的输出电压为 5 mV, 录音机的输出信号电压为 100 mV。电子混响延时模块 1 个, 集成功放 LA4102 1 只, 8 Ω/2 W 负载电阻 R_L 1 只, 8 Ω/4 W扬声器 1 只, 集成运放 LM324 1 只(或 mA741 3 只)。

主要技术指标:

额定功率　　　　　$P_0 \geqslant 1$ W($\gamma < 3\%$);

负载阻抗　　　　　$R_L = 8$ Ω;

截止频率　　　　　$f_L = 40$ Hz, $f_H = 10$ kHz;

音调控制特性　　　1 kHz 处增益为 0 dB, 100 Hz 和 10 kHz 处有 ±12 dB 的调节范围, $A_{VL} = A_{VH} \geqslant 20$ dB;

话放级输入灵敏度　　　5 mV;

输入阻抗　　　　　$R_i \geqslant 20$ Ω。

设计过程: 确定整机电路的级数, 根据各级的功能及技术指标要求分配电压增益, 分别计算各级电路参数, 通常从功放级开始向前级逐级计算。

解: 根据技术指标要求, 音响放大器的输入为 5 mV 时, 输出功率大于 1 W, 则输出电压 $V_o > = 2.8$ V。总电压增益 $A_{v\Sigma} = V_o/V_i > 560$ 倍(55 dB)。各级电压增益分配如图 2 - 30。

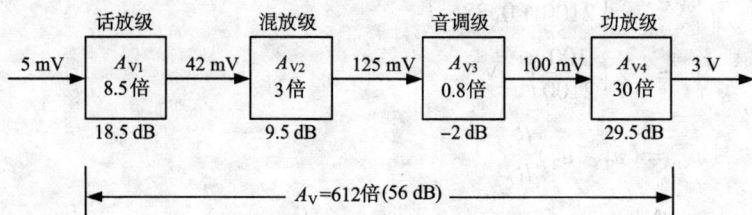

图 2-30　各级电压增益分配

1. 功放设计

集成功放的电路图如图 2-31 所示功放级的电压增益 $A_{V4} \approx R_{11}/R_F = 33$，如果出现高频自激（输出波形上叠加有毛刺），可以在 13 脚与 14 脚之间加 0.15 μF 的电容，或减小 C_D 的值。

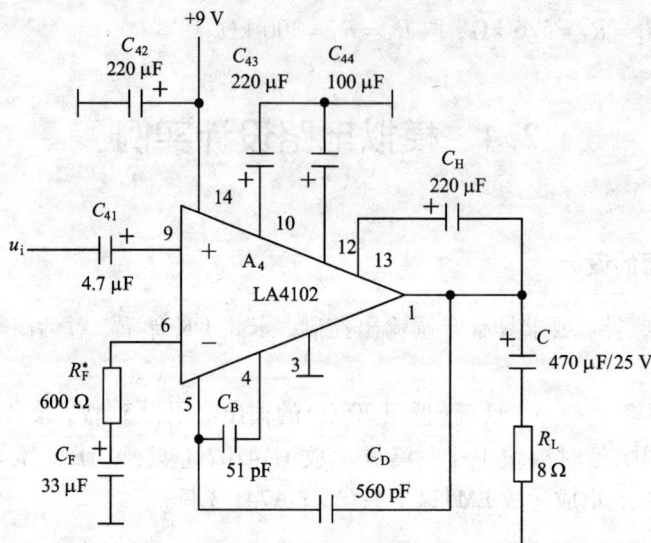

图 2-31　功率放大器

2. 音调控制器（含音量控制）设计

音调控制器的电路如图 2-32 所示。

已知：$f_{Lx} = 100$ Hz，$f_{Hx} = 10$ kHz，$x = 12$ dB。由式 $f_{L2} = f_{Lx} \cdot 2^{x/6}$ 和 $f_{H1} = f_{Hx} \cdot 2^{x/6}$ 得到转折频率 f_{L2} 及 f_{H1}；$f_{L2} = f_{Lx} \times 2^{x/6} = 400$ Hz，则 $f_{L1} = f_{L2}/10 = 40$ Hz；$f_{H1} = f_{Hx}/2^{x/6} = 2.5$ kHz，则 $f_{H2} = 10f_{H1} = 25$ kHz。

由式 $A_{VL} = (R_{P1} + R_2)/R_1$ 得 $A_{VL} = (R_{P31} + R_{32})/R_{31} \geqslant 20$ dB。其中，R_{31}、R_{32}、R_{P31} 不能取得太大，否则运放漂移电流的影响不可忽略，但也不能太小，否则流过它们的电流将超出运放的输出能力。一般取几千欧至几百千欧。现取 $R_{P31} = 470$ kΩ，$R_{31} = R_{32} = 47$ kΩ，则

$$\omega_1 = 1/(R_{P1}C_2) \text{ 或 } f_{L1} = 1/(2\pi R_{P1}C_2)$$

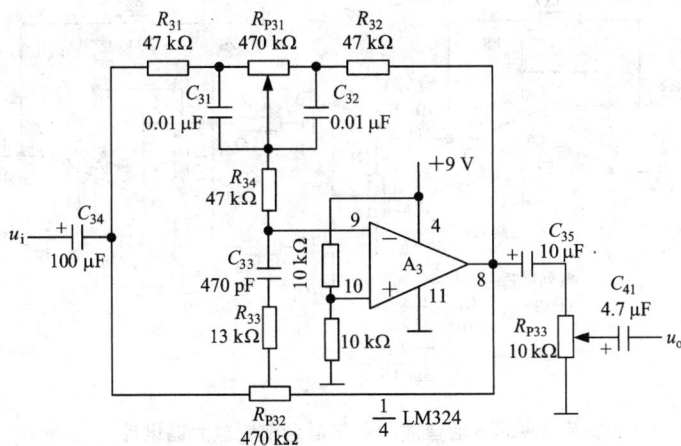

图 2-32 音调控制器

由式

$$A_{VL} = (R_{P31} + R_{32})/R_{31} = 11(20.8 \text{ dB})$$

得

$$C_{32} = \frac{1}{2\pi R_{P31} f_{L1}} = 0.008 \ \mu F$$

取标称值 0.01 μF, 即 $C_{31} = C_{32} = 0.01 \ \mu F$。

由式 $R_a = R_b = R_c = 3R_1 = 3R_2 = 3R_4$ 得 $R_{34} = R_{31} = R_{32} = 47 \ k\Omega$, 则 $R_a = 3R_4 = 141 \ k\Omega$

由式 $A_{VH} = (R_a + R_3)/R_3$ 得 $R_{33} = R_a/10 = 14.1 \ k\Omega$ 取标称值 13 kΩ

由式 $\omega_4 = 1/(R_3 C_3)$ 或 $f_{H2} = 1/(2\pi R_3 C_3)$ 得

$$C_{33} = \frac{1}{2\pi R_{33} f_{H2}} = 490 \ pF$$

取标称值 470pF；

取 $R_{P32} = R_{P31} = 470 \ k\Omega$, $R_{P33} = 10 \ k\Omega$, 级间耦合与隔直电容 $C_{34} = C_{35} = 10 \ \mu F$。

3. 话音放大器与混合前置放大器设计

图 2-33 所示电路由话音放大与混合前置放大两级电路组成。其中 A_1 组成同相放大器, 具有很高的输入阻抗, 能与高阻话筒配接作为话音放大器电路, 其放大倍数为

$$A_{V1} = 1 + R_{12}/R_{11} = 8.5(18.5 \text{ dB})$$

4 运放 LM324 的频带虽然很窄(增益为 1 时, 带宽为 1 MHz), 但这里放大倍数不高, 故能达到设计要求。

混合前置放大器的电路由运放 A_2 组成, 这是一个反相加法电路, 输出电压 V_{02} 的表达式为 $V_{02} = -[(R_{22}/R_{21})V_{02} + (R_{22}/R_{23})V_{12}]$, 根据图 2-30 的增益分配, 混合级的输出电压 V_{02} ≥125 mV, 而话筒放大器的输出 V_{01} 已经达到了 42 mV, 放大 3 倍就能满足要求。录音机的输出信号 $u_{i2} = 100 \text{ mV}$, 已经基本达到要求, 不需要在进行放大。所以取 $R_{23} = R_{22} = 3R_{21} = 30$ kΩ, 可使话筒与录音机的输出经混放级后输出相等。如果要进行卡拉 OK 唱歌, 则可在话放输出端及录音机输出端接两个音量控制电位器 R_{P11}、R_{P12}, 分别控制声音和音乐的音量。

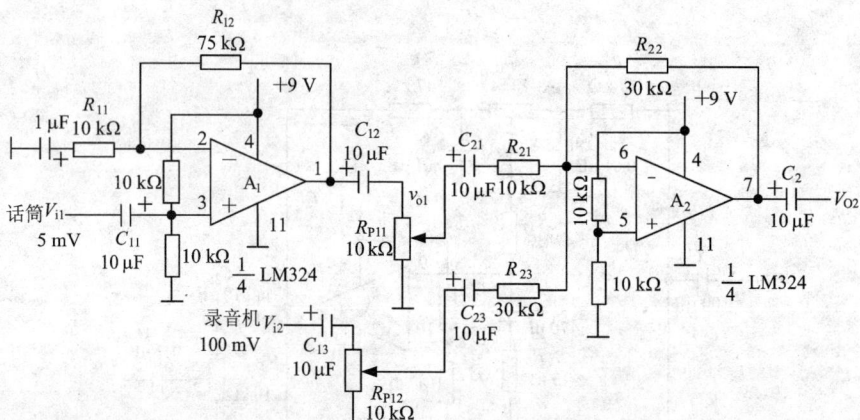

图 2-33　话音放大器与混合前置放大器设计

　　以上单元电路的设计还需经过实验调整和修改，由于各级之间的相互影响，有些参数可能还要修改。整机电路图如图 2-34 所示。

　　4. 电路安装与调试技术

　　(1) 合理布局，分级装调。音响放大器是一个小型电路系统，安装前要对整机线路进行合理布局，一般按照电路的顺序一级一级地布线，功放级应远离输入级，每一级的地线尽量接在一起，连线尽可能短，否则很容易产生自激。

　　安装前应检查元器件的质量，安装时特别要注意功放块、运算放大器、电解电容等主要器件的引脚和极性，不能接错。从输入级开始向后级安装，也可以从功放级开始向前逐级安装。安装一级调试一级，安装两级要进行级联调试，直到整机安装与调试完成。

　　(2) 电路调试技术。电路的调试过程一般是先分级调试，再级联调试，最后进行整机调试与性能指标测试。

　　分级调试又分为静态调试与动态调试。静态调试时，将输入端对地短路，用万用表测该级输出端对地的直流电压。话放级、混合级、音调级都是由运算放大器组成的，其静态输出直流电压均为 $V_{CC}/2$，功放级的输出 (OTL 电路) 也为 $V_{CC}/2$，且输出电容 C_C 两端充电电压也应为 $V_{CC}/2$。动态调试是指输入端接入规定的信号，用示波器观测该级输出波形，并测量各项性能指标是否满足题目要求，如果相差很大，应检查电路是否接错，元器件数值是否合乎要求，否则是不会出现很大偏差的。

　　单级电路调试时技术指标容易达到，但级联时由于级间相互影响，技术指标会发生很大变化，产生的主要原因有：一是布线不太合理，形成级间交叉耦合，应考虑重新布线；二是级联后各级电流都要流经电源内阻，内阻压降对某一级可能形成正反馈，应接 RC 去耦滤波电路。R 一般取几十欧姆，C 一般用几百微法大电容与 0.1 μF 小电容相并联。由于功放级输出信号较大，对前级容易产生影响，引起自激。集成块内部电路多极点引起的正反馈易产生高频自激，常见高频自激现象如图 2-35 所示。可以加强外部电路的负反馈予以抵消，如功放级①脚与⑤之间接入几百皮法的电容，形成电压并联负反馈，可消除叠加的高频毛刺。常见的低频自激现象是电源电流表有规则地左右摆动，或输出波形上下抖动。产生的主要原因是输出信号通过电源及地线产生了正反馈。可以通过接入 RC 去耦滤波电路消除。

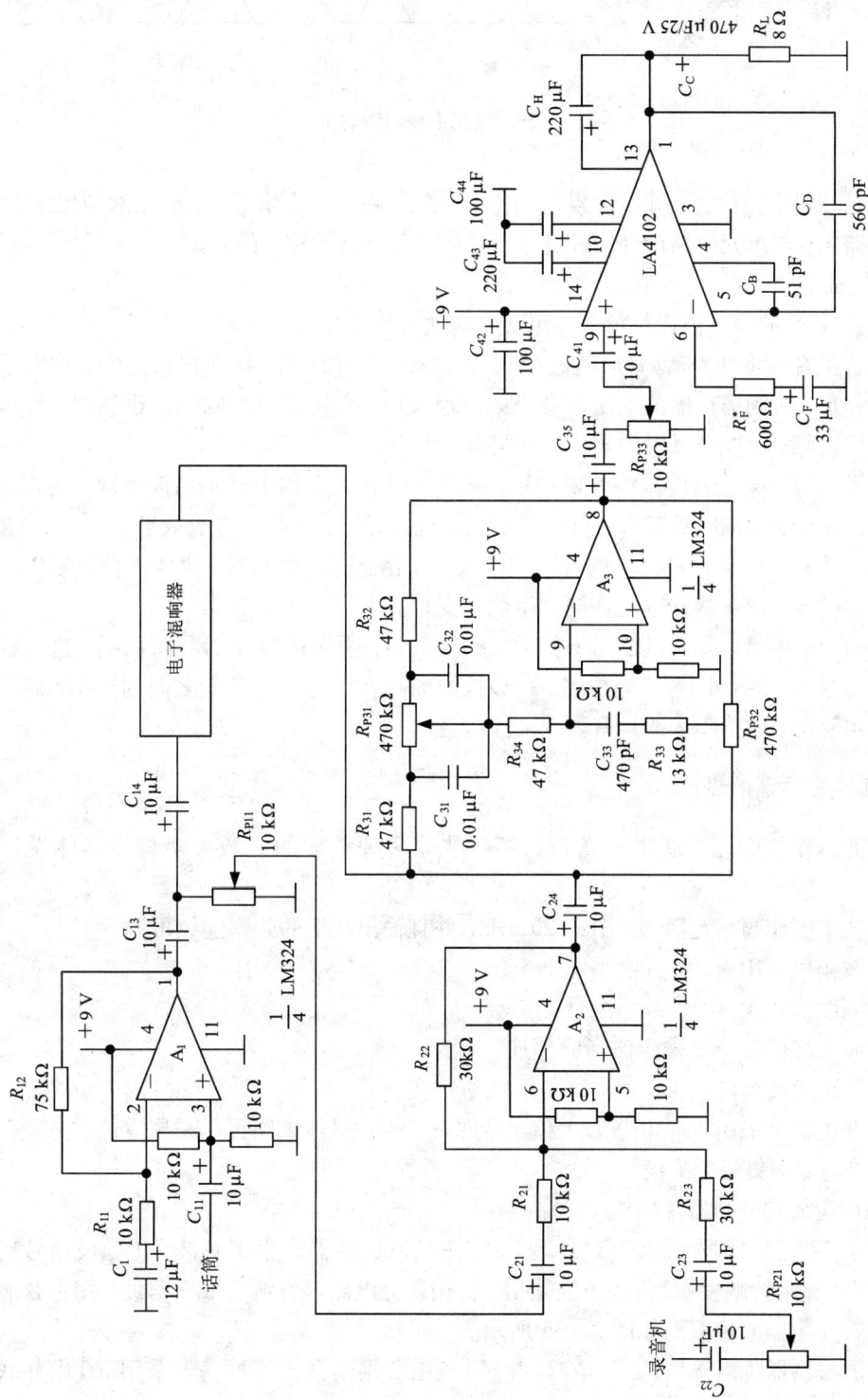

图2-34　整机电路图

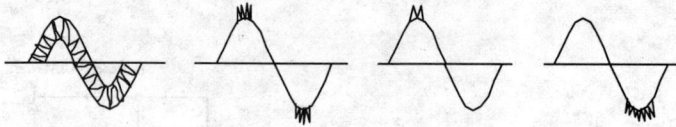

图 2 - 35　常见高频自激现象

　　为满足整机电路指标要求，可以适当修改单元电路的技术指标。图 2 - 34 为设计举例整机实验电路图，与单元电路设计值相比较，有些参数进行了较大的修改。

　　(3)整机功能试听

　　用 8 Ω/4 W 的扬声器代替负载电阻 R_L，可进行以下功能试听：

　　①话音扩音。将低阻话筒接话音放大器的输入端。应注意，扬声器输出的方向与话筒输入的方向相反，否则扬声器的输出声音经话筒输入后，会产生自激啸叫。讲话时，扬声器传出的声音应清晰，改变音量电位器，可控制声音大小。

　　②电子混响效果。将电子混响器模块按图 2 - 34 接入。用手轻拍话筒一次，扬声器发出多次重复的声音，微调时钟频率，可以改变混响延时时间，以改善混响效果。

　　③音乐欣赏。将录音机输出的音乐信号，接入混合前置放大器，改变音调控制级的高低音调控制电位器，扬声器的输出音调发生明显变化。

　　④卡拉 OK 伴唱。录音机输出卡拉 OK 磁带歌曲，手握话筒伴随歌曲歌唱，适当控制话音放大器与录音机输出的音量电位器，可以控制歌唱音量与音乐音量之间的比例，调节混响延时时间可修饰、改善唱歌的声音。

2.4.2　函数发生器的设计

　　设计并制作能产生方波、三角波、正弦波等多种波形的函数发生器。具体设计要求如下：

　　输出波形工作频率范围为 2 Hz ~ 20 kHz，并且输出波形的频率连续可调：

　　正弦波幅值 ±10 V，失真度小于 1.5%；

　　方波幅度 ±10 V；

　　三角波峰峰值 20 V，输出波形幅值连续可调。

　　1. 整体方案的确定

　　函数发生器可采用不同电路形式和元器件来实现。具体电路可以采用运放和分立器件构成，也可以用专用集成芯片设计。

　　1)采用运放和分立器件构成

　　(1)用正弦波振荡器实现函数发生器。用正弦波振荡器产生正弦波，正弦波信号通过变换电路(例如施密特触发器)得到方波输出，再用积分电路将方波变成三角波，用正弦波振荡器实现函数发生器原理框图如图 2 - 36 所示。

　　正弦波振荡器可以选用桥式(RC 串并联)正弦波振荡器。该振荡器采用 RC 串并联网络作为选频和反馈网络，其振荡频率 $f_0 = 1/(2\pi RC)$，改变 R、C 的数值，就可以得到不同频率的正弦波信号。为了使输出电压稳定，必须采用稳幅的措施。

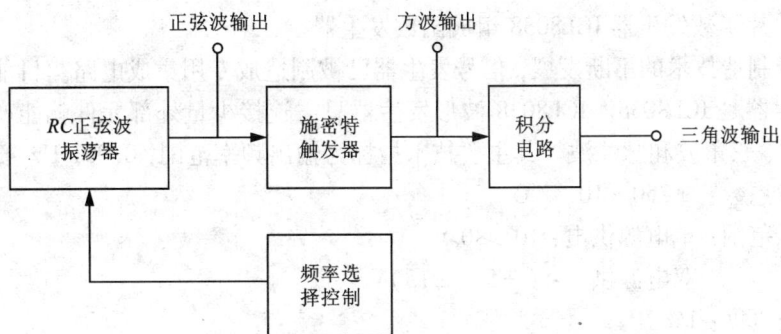

图 2－36　用正弦波振荡器实现函数发生器原理框图

（2）用多谐振荡器实现函数发生器。一种方案是首先利用多谐振荡器产生方波信号，然后用积分电路将方波变换为三角波，再用折线近似法将三角波变成正弦波，用多谐振荡器实现函数发生器的一种原理框图（一）如图 2－37 所示。

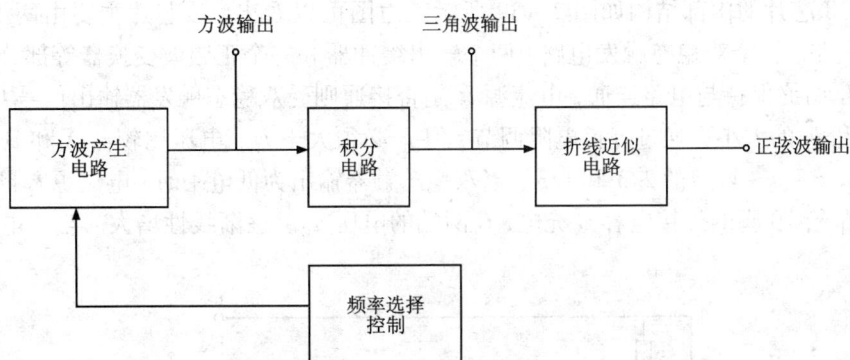

图 2－37　用多谐振荡器实现函数发生器的一种原理框图（一）

另一种方案是首先利用多谐振荡器产生方波信号，然后用积分电路将方波变换为三角波，而正弦波由方波经滤波电路得到，用多谐振荡器实现函数发生器的一种原理框图（二）如图 2－38 所示。

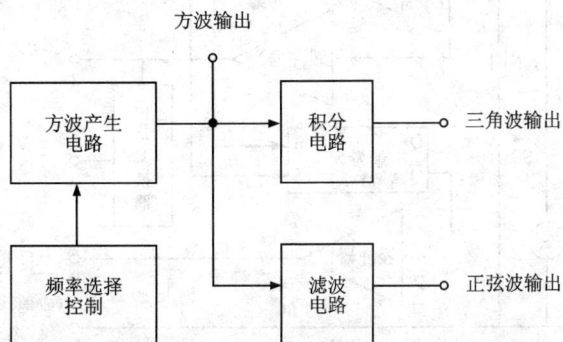

图 2－38　用多谐振荡器实现函数发生器的一种原理框图（二）

2）利用单片函数发生器 ICL8038 组成函数发生器

随着集成制造技术的不断发展，信号发生器已被制造成专用集成电路。目前用的较多的集成函数发生器是 ICL8038。ICL8038 波形发生器只需连接少量外部元件就能产生高精度的正弦波、方波、三角波和脉冲波。其主要技术指标为输出频率范围：0.001 Hz ~ 300 kHz

最高温度系数：$\pm 250 \times 10^{-6}/℃$

电源电压范围：单电源供电：10 ~ 30 V

　　　　　　　　双电源供电：$(\pm 5 ~ \pm 15)$V

正弦波失真度：1%

三角波线性度：0.1%

由上述指标可以看出，若选用 ICL8038 组成函数发生器，只要加一级放大器调节输出幅值完全能达到题目要求，而且与前几种实现方案相比较具有电路简单的明显优势，所以此处选用该方案。

2. 单元电路的设计与参数计算

1）ICL8038 内部结构、工作原理及管脚排列

ICL8038 芯片的内部结构如图 2 - 39 所示。由图可以看出，该芯片主要由两组电流源、两个比较电路、一个双稳态触发电路、两个输出缓冲器和一个正弦波变换器等部分组成。图中电流源 I_1 始终保持与电路连通，电流源 I_2 是否接通则受双稳态触发器输出信号 Q 的控制，电流源 I_1 和 I_2 的大小可通过外接电阻调节，但 I_2 必须大于 I_1。电压比较器 A 和 B 的阈值分别为 $U_R(U_R = V_{CC} + V_{EE})$ 的 2/3 和 1/3。当双稳态触器输出为低电平时，电流源 I_2 断开，此时由电流源 I_1 给 10 脚的外接电容 C 充电，C 两端的电压 u_C 逐渐线性增大。当该电压增大到

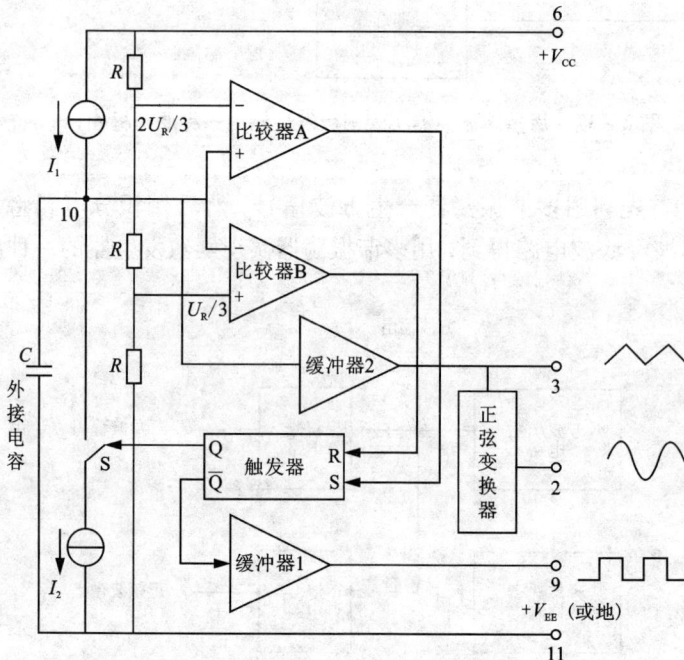

图 2 - 39　集成函数发生器 ICL8038 的原理框图

$(2/3)U_R$ 时，比较器 A 翻转并触发双稳态，使之改变状态，同时驱动开关 S 换向，电流源 I_2 接入，由于 $I_2 > I_1$，因此电容 C 开始放电，u_C 又逐渐线性减小，当该电压减小到 $(1/3)U_R$ 时，比较器 B 又翻转并触发双稳态，使之再次改变状态，并切断电流源 I_2，此后电路重新进入充电过程。如此周而复始，便可以实现振荡。

若 $I_2 = 2I_1$，触发器输出端 $\overline{Q}$ 的信号经缓冲器 1 缓冲后，由 9 脚输出方波信号，而电路充放电电压经缓冲器 2 缓冲后，由 3 脚输出三角波；同时该三角波经正弦波变换电路后，由 2 脚输出正弦波信号。当 $I_1 < I_2 < 2I_1$ 时，u_C 上升和下降的时间不相等，管脚 3 输出锯齿波。因此 ICL8038 可输出矩形波、三角波、正弦波和锯齿波等 4 种不同的波形。

ICL8038 芯片采用双列直插式封装，共有 14 个管脚，如图 2－40 所示。其中，引脚 1 和 12 为正弦波调整端；引脚 2 为正弦波输出端；引脚 3 为三角波输出端；引脚 4 和引脚 5 为占空比和频率调整端；引脚 6 为正电源输入端；引脚 7 为频率调整偏置电压的输出口，可输出一个与电源电压成比例的偏置信号；引脚 8 为频率调整信号的输入口，当该端输入随时间变化的电压信号可在输出端得到相应的调频信号；引脚 9 为方波、脉冲波输出端；引脚 10 为定时电容的接入口；引脚 11 为负电源引入端，使用单电源时，此端接地；引脚 13、14 为空脚，不用作电气连接。

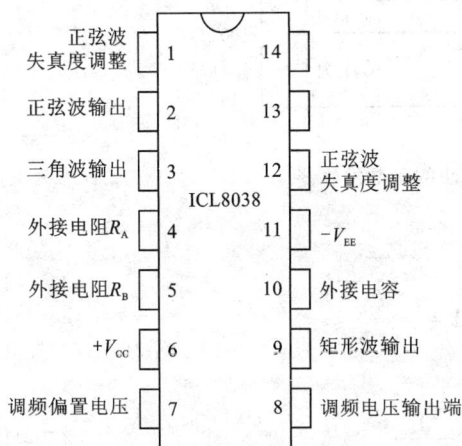

图 2－40　ICL8038 的管脚图

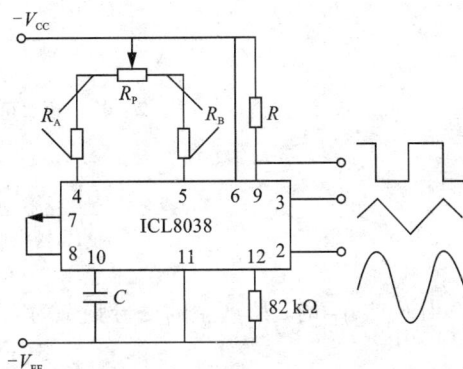

图 2－41　ICL8038 基本接法

2）ICL8038 的常用接法

图 2－41 为 ICL8038 应用电路的基本接法。其中，由于该器件的矩形波输出端为集电极开路形式，因此一般需在管脚 9 与正电源之间接一个电阻 R，其阻值在 10 kΩ 左右；电阻 R_A 决定电容 C 的充电速度，R_B 决定电容 C 的放电速度，电阻 R_A、R_B。的值可在 1 kΩ ~ 1 MΩ 内选取，电位器 R_P 用于调节输出信号的占空比；10 脚外接一定值电容 C；图中 ICL8038 的 7 脚和 8 脚短接，即 8 脚的调频电压由内部供给，在这种情况下，由于 7 脚的调频偏置电压一定，所以输出信号的频率由 R_A、R_B 和 C 决定，其频率 f 约为

$$f = \frac{3}{5R_A C \left(1 + \dfrac{R_B}{2R_A - R_B}\right)} \tag{2-10}$$

当 $R_A = R_B$ 时,所产生的信号频率为

$$f = 0.3/(R_A C) \tag{2-11}$$

若用 100 kΩ 电位器代替图中 82 kΩ 的电阻,调节它可以减小正弦波的失真度,若要进一步减小正弦波的失真度,可采用图 2-42 所示的调整电路。调整该电路可使正弦波输出信号失真度小于 0.8%。调频扫描信号输入端(8 脚)极易受到信号噪声及交流噪声的影响,因而 8 脚与正电源之间接入一个容量为 0.1 μF 的去耦电容。调整图中左边的 10 kΩ 电位器,正电源 V_{CC} 与管脚 8 之间的电压(即调频电压)变化,振荡频率随之变化,因此该电路是一个频率可调的函数发生器,其频率为

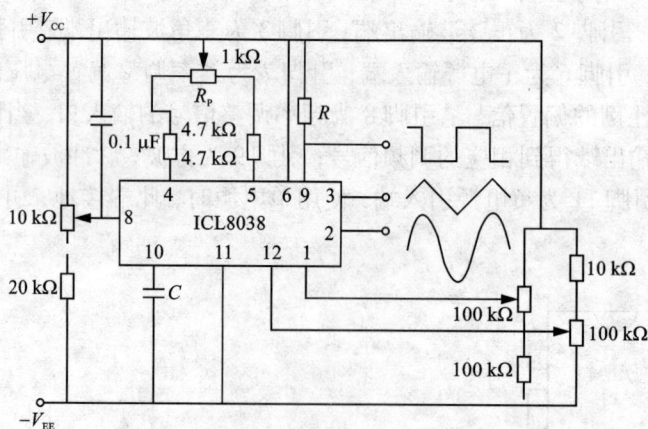

图 2-42 频率可调、失真小的函数发生器

$$f = \frac{3(V_{CC} - V_{in})}{V_{CC} - V_{EE}} \frac{1}{R_A C} \frac{1}{1 + \dfrac{R_B}{2R_A - R_B}} \tag{2-12}$$

当 $R_A = R_B$ 时,所产生的信号频率为

$$f = \frac{3(V_{CC} - V_{in})}{V_{CC} - V_{EE}} \frac{1}{2R_A C} \tag{2-13}$$

式中,V_{in} 为 8 脚的电位。

需注意的是,ICL8038 既可以接 10~30 V 范围的单电源,也可以接 ±5 ~ ±15 V 范围的双电源。接单电源时,输出三角波和正弦波的平均值正好是电源电压的一半,输出方波的高电平为电源电压,低电平为地。接电压对称的双电源时,所有输出波形都以地对称摆动。

3)具体电路的设计与参数计算

由该题目的要求可知,输出信号都是相对地电平对称的波形,所以应采用电压对称的双电源。又根据输出频率在 2 Hz ~20 kHz 范围内变化,若采用图 2-41 所示的基本电路,根据式(2-10)改变 R_A、R_B 或 C 可以改变输出信号的频率,但是要保证输出方波和三角波,需同时改变 R_A 和 R_B,并保持 $R_A = R_B$,即需要双联电位器,而且通过调节可变电容器改变电容 C 也十分不便,因此采用图 2-42 所示的频率可调的波形发生电路。考虑到仅靠改变压控电压改变频率不满足在 2 Hz ~20 kHz 宽范围内变化,为了扩展频率范围,采用分挡切换电容的方法,如图 2-43 所示。电容与频率变化范围的对应关系如表 2-3 所示。

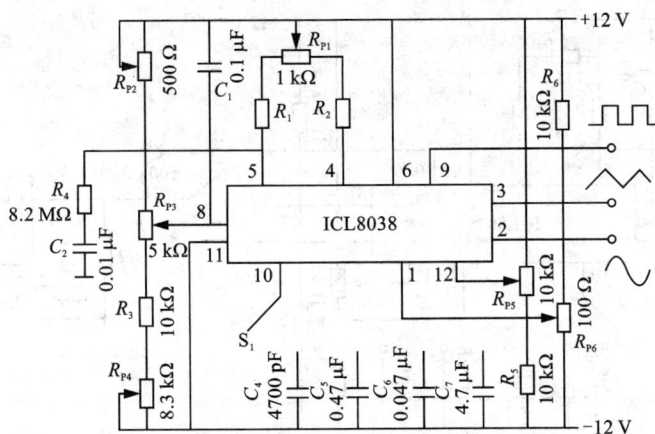

图 2 - 43 函数发生器

表 2 - 3 电容与频率变化范围的对应关系

电 容	频率变化范围
4.7 μF	2 ~ 20 Hz
0.47 μF	20 ~ 200 Hz
0.047 μF	200 Hz ~ 2 kHz
4700 pF	2 ~ 20 kHz

当 $C = 4.7$ μF 时,频率对应着最低变化范围。若 R_1、R_2 均取标称值 4.3 kΩ,R_{P1} 取 1 kΩ 的电位器($R_A = 4.8$ kΩ),电源取 ±12 V,则代入式(2 - 13)中可以算出,当频率处于 2 ~ 20 Hz 范围内时,($V_{CC} - V_{in}$)处于 0.722 ~ 7.22 V 范围内,这可以由 R_{P2}、R_{P3}、R_{P4} 和 R_3 组成的分压网络得

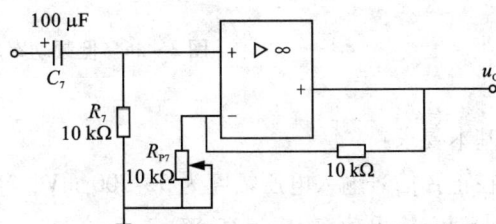

图 2 - 44 同相比例放大电路

到。频率的调节方法是:如将开关与 4.7 μF 的电容接通,先将 R_{P3} 滑动端调至最上端,改变 R_{P2} 使输出频率为 20 Hz;然后将 R_{P3} 滑动端调至最下端,改变 R_{P4} 使输出频率为 2 Hz,多次调节后,改变 R_{P3} 输出信号频率可在 2 ~ 20 Hz 范围内连续可调。其他频段的计算方法与频率调节方法类似。另外,调节 R_{P5} 和 R_{P6} 可以使正弦波的失真度满足题目要求。

为了使输出幅值满足题目要求,设计了由 LF353 组成的同相比例放大电路,如图 2 - 44 所示。调节 R_{P7} 就可以调节幅值,使之满足题目要求。

3. 总电路图

函数发生器总电路图如图 2 - 45 所示。

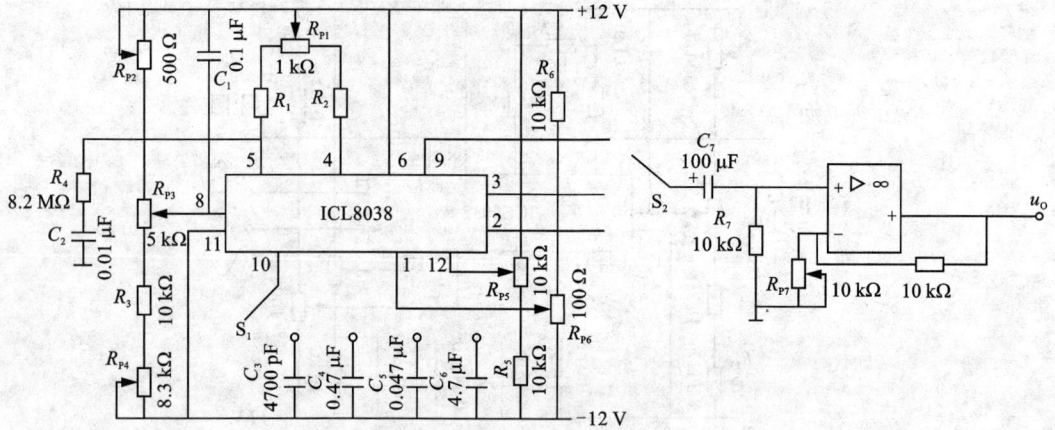

图 2 - 45　函数发生器总电路图

2.4.3　实用低频功率放大器的设计

设计具有信号放大能力的低频功率放大器,其原理示意图如图 2 - 46 所示。

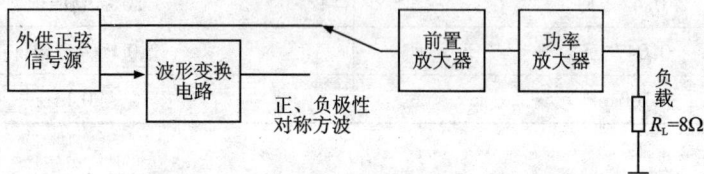

图 2 - 46　低频功率放大器原理示意图

基本要求:

在正弦信号输入电压幅度为 5 ~ 700 mV, 等效负载 $R_L = 8 \ \Omega$ 条件下, 放大器应满足:

① 额定输出功率 $P_{ON} \geqslant 10$ W;

② 带宽 $BW \geqslant 50 \sim 10000$ Hz;

③ 在满足输出功率 P_{ON} 和带宽 BW 的情况下, 非线性失真系数 $\gamma \leqslant 3\%$;

④ 在满足输出功率 P_{ON} 时, 效率 $\eta \geqslant 55\%$;

⑤ 当前置放大器输入端交流短路时, R_L 上的交流功率 $\leqslant 10$ mW。

放大器的时间响应: 由外供正弦信号经变换电路产生正、负极性的对称方波(频率为 1000 Hz、上升时间和下降时间 $\leqslant 1 \ \mu s$、峰值电压(p - p)为 200 mV)输入前置放大器, 在 $R_L = 8 \ \Omega$ 条件下, 应满足:

① 额定输出功率 $P_{ON} \geqslant 10$ W;

② 输出波形的上升和下降时间 $\leqslant 12 \ \mu s$;

③ 输出波形顶部斜降 $\leqslant 2\%$;

④ 输出波形过冲量 $\leqslant 5\%$ 。

1. 题目分析

据题目要求，本设计的整体方框图非常明了，即本设计由前置放大器、功率放大器和波形变换电路三个单元电路组成。如何实现题目中要求的指标，关键在于对两级放大器的设计，而波形变换电路的目的是将正弦信号电压变换成符合要求的方波信号电压，以用来测试放大器的时域特性指标。题目要求额定输出功率 $P_{ON} \geqslant 10$ W。当额定输出功率 $P_{ON} = 10$ W 时，在 $R_L = 8$ Ω 上的正弦波输出电压幅值为

$$U_{om} = \sqrt{2 \times P_{ON} \times R_L} = \sqrt{2 \times 10 \times 8}\,V = 12.65 \text{ V}$$

假设输入正弦波幅值为最小值 5 mV，则整个放大器的电压增益为

$$A_u = 20\lg\frac{U_{om}}{U_i} = 20\lg\frac{12.65}{5 \times 10^{-3}} = 68 \text{ dB}$$

68 dB 的增益需在 3 级放大器中分配。通常功率输出级的增益为 20 dB 左右，前置放大器要承担 48 dB 以上的增益。

指标中要求放大器的带宽 $BW \geqslant 50 \sim 10000$ Hz，对 50 Hz 的低频响应就要求各级的输入耦合电容和输出耦合电容足够大，特别是耦合到负载 $R_L = 8$ Ω 的电容 C_L 要求很大。为了满足耦合要求，C_L 应大于 $1/(\omega R_L)$ 值的 50 倍，据此估算 C_L 为 19895 μF。如此大的电容无法选用，所以只能采用没有电容 C_L 的所谓 OCL(Output Capacitor – Less) 电路。这样，电源供电就得采用对称双电源。

题目中要求的非线性失真系数 $\gamma \leqslant 3\%$ 和效率 $\eta \geqslant 55\%$ 两个指标是有联系的。如果非线性失真小，末级功放就必须工作在甲乙类，这时效率就必然降低，因此两者必须相互兼顾。

放大器的噪声主要来自于电路高频自激噪声和电源产生的交流噪声。所以，要消除或降低这类噪声电平，除了选用低纹波电压的直流稳压电源外，在电路中还必须防止产生高频自激，具体措施可以加接防振电容等。

放大器的时间响应取决于元器件的开关速度。如果采用分立元件设计放大器，则主要取决于晶体三极管的频响性能和电路设计。若采用集成运放和集成低频功率放大器组成，则时间响应就取决于器件的转换速率和低频功放的上限频率指标。

2. 单元电路的选择与设计

1) 前置放大器

前置放大器一般要求输入阻抗要高，输出阻抗要低。除此之外，由上述分析可知，前置放大器的设计上需满足增益、带宽、低噪和高速 4 个方面的要求。

就电路形式上来说，在满足指标的要求下，有晶体管、集成运放、专用集成前置放大器和可编程模拟器件构成的前置放大器可供选择。目前有大量高性能的集成运放和专用前置低频放大器的集成电路，因此前置放大器已几乎没有采用分立器件设计的了。此处可供选择的专用集成前置放大器有日本夏普公司的 IR3R18、IR3R16，NEC 公司的 μPCI228H，富士通公司的 MB3105 等。专用集成前置放大级的优点是外围元件少、调试方便，但究其内核大多采用集成运放结构集成为一体。为说明设计方法而采用集成运放设计的前置放大器电路。

采用集成运放设计前置放大级时，必须选用满足要求的集成运放芯片。可供选择型号的集成运放的参数如表 2 – 4 所示。

表 2 - 4　高速、低噪、宽带集成运放

公司	型号	片内运放数	增益带宽积 GBW/MHz	转换速率 $SR/\text{V}\cdot\mu\text{s}^{-1}$	低噪声电流 $i_0/\text{pA}\cdot\sqrt{\text{Hz}}^{-1}$	开环增益 G_{OL}/dB	R_{id}/Ω
NSC	LF347	四运放	4	13	0.01	100	10^{12}
	LF353	双运放	4	13	0.01	100	10^{12}
	LF356	单运放	5	12	0.01	100	10^{12}
	LF357	单运放	20	50	0.01	100	10^{12}
PM	OP - 16	单运放	19	25	0.01	120	6×10^{6}
	OP - 37	单运放	40	17	0.01	120	6×10^{6}
sig	NE5532	单运放	10 功率带宽 $PBW = 100\ \text{kHz}$ ($u_0 = \pm14\ \text{V}$, $R_L = 600\ \Omega$)	9	2.7	80	3×10^{5}
	NE5534	双运放	10 功率带宽 $PBW = 200\ \text{kHz}$ ($u_0 = \pm10\ \text{V}$, 直接耦合)	13	2.5	84	1×10^{5}

　　为了提高输入电阻和共模抑制性能，减小输出噪声，必须采用同相比例放大电路，如图 2 - 47 所示。

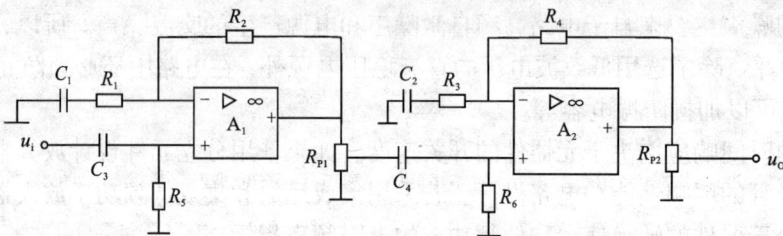

图 2 - 47　两级同相比例放大电路

　　为了尽可能保证不失真放大，图中采用两级放大电路。运放芯片可以采用单片四运放 LF347 或单片双运放 LF353、NE5532，或者采用两片单运放来实现。

　　由上述分析知，低频功率放大器的总增益为 68 dB，这两级前置放大器的增益安排在 50 dB 左右较合适，那么每级增益 25 dB 左右。这样来考虑每级的增益，就可以保证充分发挥每级的线性放大性能并满足带宽要求，从而可保证不失真，即达到高保真放大质量。

　　图中 C_1、C_2 均为隔直电容，是为满足各级直流反馈稳定直流工作点而加的，但对交流反馈 C_1、C_2 必须呈短路，即要求 C_1、C_2 的容抗远小于 R_1、R_3 的阻值。C_1、C_2 为耦合电容，为保证低频响应，要求其容抗远小于放大器的输入电阻。R_5、R_6 为各级运放输入端的平衡电阻，通常 $R_5 = R_2$，$R_6 = R_4$。

　　2）低频功率放大器

　　低频功率放大器有两种设计电路可供选择，即分立元件功率放大器和专用集成低频功率放大电路。选用合适的集成功放时必须满足题目中的技术指标，而且还要求输出功率和频响

范围有相当大的余地。同时还希望外围电路简单、不易自激,还要有完善的内部保护电路,工作安全可靠。可供选择的芯片有日本 NEC 公司的 μPCIl88H,日立公司的 HAl397 等。目前采用分立器件的低频功率放大器趋向淘汰,但由于分立器件低功放可对每级工作状态和性能逐级调整,有很大的灵活性和自由度,因此分立器件低频功放容易满足题目给出的指标,这相对于集成功放内电路已固定不变,无法仔细调试指标而言,是个明显的优点。因此,在很多指标要求高的场合,仍采用分立器件低功放电路。

分立器件低频功放电路主要有输出耦合电容的 OTI。低频功放和直接耦合的 OCL 低频功放电路。根据题目中放大器时间响应和频响的要求,采用有快速时间响应和较宽频带的直接耦合 OCL 低频功放电路,如图 2 – 48 所示。

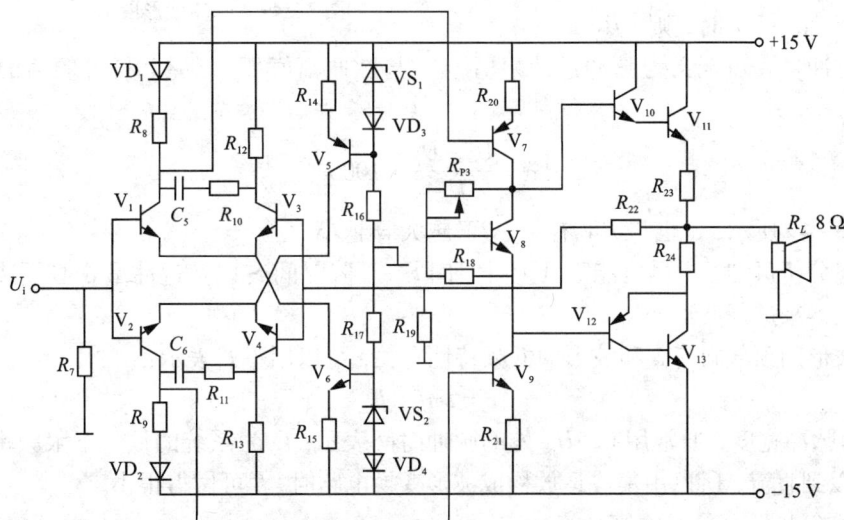

图 2 – 48 直接耦合 OCL 低频功放应用电路

该电路输入级是互补平衡差放电路,输出级是甲乙类推挽输出电路。互补差放平衡激励是该低频功放电路的关键技术。互补差放由 4 个晶体三极管 $V_1 \sim V_4$ 组成。这 4 个晶体三极管的参数应严格对称,则各管的基极电流为 $I_{b1} = I_{b2}$、$I_{b3} = I_{b4}$。显然基极电阻 R_7 和 R_{19},中无直流电流流过,因此消除了基极回路电流变化对输出的影响,同时对输入信号中的共模分量也有良好的平衡抑制作用,提高了共模抑制比,对稳定中点电位也有好处。由于互补差放电路平衡,因此可以输出幅度相等、相位相反的激励信号给 V_5、V_6,且 V_5、V_6。交替互为恒流负载,因此这种激励方法增益高、失真小,使输出级获得足够的激励,故输出功率大、效率高。

3)波形变换电路

题目中还提出了测试放大器的时间响应的要求,因此要求设计者自行设计一个波形变换电路。由正弦信号经过该变换电路产生一个满足题目中指标要求的正、负极性对称的方波,作为测试信号。题目中所提出的脉冲波形的参数:上升时间 t_r、下降时间 t_f,以及顶部斜率 δ 和波形过冲量 α 等,可以用如图2 –49所示的脉冲波形图来定义。

图中脉冲上升时间 t_r 和下降时间 t_f,是以脉冲幅度的 10% ~ 90% 的时间为测量点的。即从 $0.1U_m$。上升到 $0.9U_m$。的时间为 t_r,由 $0.9U_m$ 下降到 $0.1U_m$ 的时间为 t_f。

由频谱特性知，脉冲前后沿越陡，t_r 和 t_f 越小，则其频谱所占的带宽愈宽。如果要一个网络不失真地传输这个脉冲，它就必须要有足够的宽度。理论分析和实践证明，脉冲的 t_r，或 t_f 与带宽 BW 的关系可近似地表示为

$$t_r BW = 0.35 \sim 0.45$$

对于上式，如果脉冲的过冲量 α 较小（例如 $\alpha \leqslant 5\%$），则 $t_r BW \approx 0.35$；$\alpha > 5\%$ 时，则 $t_r BW$

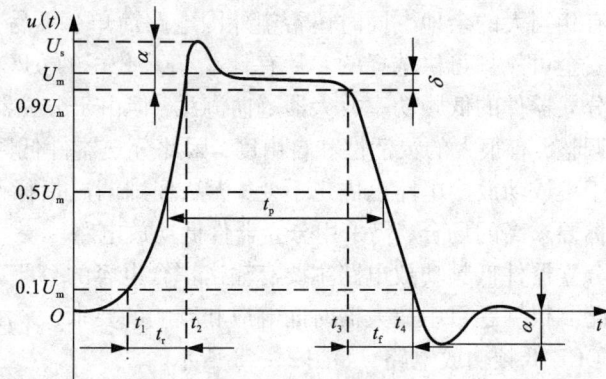

图 2-49　脉冲波形图

≈ 0.45。过冲量 α 可定义为脉冲过冲幅值 U_s。与脉冲幅值 U_m 之差和脉冲幅值的比的百分数，即

$$\alpha = \frac{U_s - U_m}{U_m} \times 100\%$$

如图 2-49 所示，α 也与 BW 有关，BW 越大 α 越小。

由上述分析可知，为尽可能降低上升时间 t_r、下降时间 t_f 以及过冲量 α 必须选用频带足够宽的放大器来进行波形变换。

脉冲波形的顶部斜率 δ 和波形的低频特性有关，可以用下式表示：

$$\delta = 2\pi f_L t_p U_m$$

式中，t_p 为脉冲宽度，通常用 $0.5U_m$ 处的脉冲时间表示；f_L 为系统的低频下限频率，一般运放的 f_L 可以到直流，所以用集成运放构成波形变换电路时，δ 可做得很小。

波形变换电路可采用施密特触发器电路，即迟滞电压比较器结构，如图 2-50 所示。图中集成运放 A_3 可采用转换频率 $SR > 10$ V/μs，增益带宽积 $GBW > 10$ MHz 的运放芯片，例如 LF357、OP-16、OP-37、NE5534 等。为保证输出方波幅度稳定，输出接两只稳压二

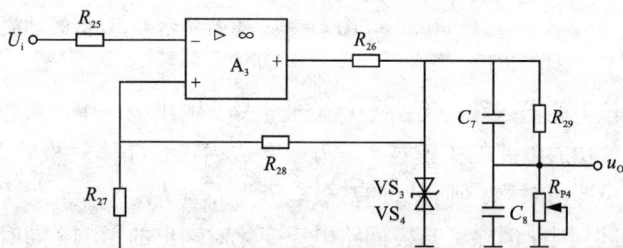

图 2-50　波形变换电路

极管 VS_3、VS_4。R_{26} 为稳压二极管的限流电阻，把流过 VS_3、VS_4 的电流限定在 6 mA 左右。C_7、C_8 为脉冲加速电容，它可以进一步减小方波脉冲上升和下降时间。R_{P4} 用于调节波形变换电路输出电压值。

3. 参数计算

1）前置放大级

前面已经指出，两级前置放大器的总增益在 50 dB 左右。集成运放的 V_{CC} 采用 ±12 V，若总增益 G_u 为 54 dB，则输入 $u_{im} = 5$ mV 时，可满足第二级输出幅度 $u_{om} = 2.5$ V 左右的要求。各级输出由 R_{P1} 和 R_{P2} 调节衰减量，在输入信号不同幅度时，即 $u_{im} = 5 \sim 700$ mV 时，满足第二

级输出幅度 $u_{om} = 2.5$ V 左右。

对第一级，要求在信号最强时，保证输出不失真。即要求 $u_{im} = 700$ mV 时，$u_{o1m} = 10$ V（低于电源电压 2 V）。所以

$$A_{u1} = \frac{u_{o1m}}{u_{im}} = \frac{10}{0.7} = 14.3$$

取 $A_{u1} = 14$，当输入信号最小，即 $u_{im} = 5$ mV 时，R_{P1} 放在最大输出位置时 u_{o1m} 为

$$u_{o1m} = A_{u1} u_{im} = 14 \times 5 \text{ mV} = 70 \text{ mV}$$

第二级要求输出为 $u_{on} \geqslant 2.5$ V，在输入信号最小为 70 mV 时，其增益为

取 $A_{u2} = 36$，根据前面列出的 A_{u1}、A_{u2} 心关系式，可确定 R_1、R_2 和 R_3、R_4 的值（标称值）分别为

$$R_1 = R_3 = 4.3 \text{ k}\Omega, \quad R_2 = 62 \text{ k}\Omega, \quad R_4 = 150 \text{ k}\Omega$$

由前面可知平衡电阻

$$R_5 = R_2 = 62 \text{ k}\Omega, \quad R_6 = R_4 = 150 \text{ k}\Omega$$

电容 C_1、C_2 可由下式确定

$$\frac{1}{\omega C_1} \leqslant \frac{1}{50} \times R_1$$

式中，$\omega = 2\pi \times 50$ rad/s，$R_1 = 4.3$ kΩ，所以可确定 $C_1 = C_2 = 33$ μF。电容 C_3、C_4 为耦合电容，由于运放同相放大器输入阻抗很高，所以可选用 1 ~ 10 μF 电容值就可以了。

2）功率放大器

上述介绍的功率放大器（见图 2-48）都是采用双电源供电的 OCL 结构，因此供电电压值可根据输出功率来进行计算确定。题目中要求在 8 Ω 负载上输出功率 $P_{ON} \geqslant 10$ W，所以可计算出负载上输出电压的峰值为

$$u_{om} = \sqrt{2 R_L P_{ON}} = \sqrt{2 \times 8 \times 10} \text{V} = 12.65 \text{ V}$$

考虑功率的管压降一般为 2 V 左右，则供电电压

$$V_{CC} = u_{om} + 2 \text{ V} = 14.65 \text{ V}$$

拟采用 $V_{CC} = \pm 15$ V 双电源供电。

前面已经指出，互补差放输入级起平衡激励作用，是直接耦合 OCL 低频功放的技术关键。因此，NPN 管 V_1、V_3 和 PNP 管 V_2、V_4 应挑选得严格对称，$\beta \geqslant 150$，$f_T \geqslant 100$ MHz。在此电路中，V_5、R_{14}、VS_1 和 VD_3 是差分放大器 V_2、V_4 的射极有源电阻，而 V_6、R_{15}、VS_2 和 VD_4 组成差分放大器 V_1、V_3 的射极有源电阻。因此，互补差放输入级的静态工作点电流可以由这两个有源电阻来确定。

电路中 $V_1 \sim V_4$ 管静态工作点电流 $I_{CQ} = 1$ mA，则 V_5、V_6 恒流源（即有源电阻）将提供静态电流为 $I_5 = I_6 = 2$ mA。稳压二极管 VS_1、VS_2 的稳定电压值 $U_Z = 5$ V，VD_3、VD_4 的导通压降与 V_5、V_6 的 BE 结导通压降相同（这里 VD_3、VD_4 对 V_5、V_6 的 U_{BE} 起温度补偿作用）。显然，R_{14} 和 R_{15} 的阻值为

$$R_{14} = R_{15} = \frac{U_Z}{I_5} = \frac{5}{2} \text{k}\Omega = 2.5 \text{ k}\Omega$$

取 $R_{14} = R_{15} = 2.4$ kΩ，稳压管电流选 $I_5 = 3$ mA，则

$$R_{16} = R_{17} = \frac{V_{CC} - U_Z - U_{on}}{I_Z} = \frac{15 - 5 - 0.7}{3} \text{k}\Omega = 3.1 \text{ k}\Omega$$

取 $R_{16} = R_{17} = 3\ \text{k}\Omega$。

激励放大级的 NPN 管 V_7 和 NPN 管 V_9 也应对称，要求其 $\beta \geqslant 120$，$f_T \geqslant 100\ \text{MHz}$，选择其静态工作点电流 $I_7 = I_9 = 5\ \text{mA}$（使 V_7、V_9 工作在甲类）。二极管 VD_1、VD_2 用作为 V_7、V_9 的 U_{BE} 的温度补偿二极管。R_{20} 和 R_{21} 上的压降即为 R_8 和 R_9 上的压降，取 $R_8 = R_9 = 1\ \text{k}\Omega$，则 $U_{R21} = R_9 \times I_{CQ} = 1 \times 10^3 \times 1 \times 10^{-3}\ \text{V} = 1\ \text{V}$，可求得 R_{20} 和 R_{21} 电阻值为

$$R_{20} = R_{21} = \frac{U_{R21}}{I_7} = \frac{1}{5 \times 10^{-3}}\Omega = 200\ \Omega$$

OCL 输出级 V_{10}、V_{11} 构成 NPN 型复合管，V_{12}、V_{13} 构成 PNP 复合管。其中 NPN 管 V_{10} 和 PNP 管 V_{12} 应对称，$\beta \geqslant 100$，$f_T \geqslant 100\ \text{MHz}$。两只 NPN 型大功率管 V_{11}、V_{13} 采用相同型号、相同参数的功率管，要求 $P_{CM} > 0.2P_{OM} = 3\ \text{W}$（$P_{OM}$ 为最大输出功率，并假设 $P_{OM} = 15\ \text{W}$）、$\beta \geqslant 30$、$f_T \geqslant 20\ \text{MHz}$。

为减少失真，输出级采用甲乙类工作状态，图中 V_8、R_{18}、R_{P3} 是为消除交叉失真而加的甲乙类偏置电路。交流状态下流过 V_{11}、V_{13} 的交流电流最大峰值，即为流过负载的最大峰值 I_{LM}。I_{LM} 可用如下关系式估算

$$I_{LM} = \sqrt{\frac{2P_{OM}}{R_L}} = \sqrt{\frac{2 \times 15}{8}}\text{A} = 1.94\ \text{A}$$

因此，要求大功率管 V_{11}、V_{13} 的 $I_{CM} \geqslant 2\ \text{A}$。甲乙类工作的两管偏置电流 I_{CQ11}、I_{CQ13} 可选取为 $50\ \text{mA}$，若 R_{23} 和 R_{24} 取为 $0.5\ \Omega$，则 R_{23} 和 R_{24} 上的压降为 $U_R = 0.05 \times 0.5\ \text{V} = 0.025\ \text{V}$。相对于偏置电压 U_{CE} 来讲 U_R 可以不计，则 V_8 的 U_{CE8} 可估算为 $3 \times 0.7 = 2.1\ \text{V}$，因为

$$U_{CE8} = \left(1 + \frac{R_{P3}}{R_{18}}\right)U_{BE8}$$

其中 $U_{BE8} = 0.7\ \text{V}$，并取 $R_{18} = 2\ \text{k}\Omega$，由上式可求得

$$R_{P3} = (3 - 1)R_{18} = 2R_{18} = 2 \times 2\ \text{k}\Omega = 4\ \text{k}\Omega$$

可以选取 $R_{P3} = 5.6\ \text{k}\Omega$ 的可调电阻。

低频功放增益为 $G_u = 68\ \text{dB}$，已经设计的前置放大级增益为 $50\ \text{dB}$，若考虑有一定余量则本级功放增益可设计成 $28\ \text{dB}$，即 25 倍左右。若取 $R_{19} = R_7 = 2.2\ \text{k}\Omega$，不难计算得 $R_{22} = 53\ \text{k}\Omega$，可取 $R_{22} = 51\ \text{k}\Omega$。

电路按图中元件值装配好后，只需调整 R_{P3} 使输出静态电流在 $60\ \text{mA}$，就可正常工作。因此，该电路装配调试极为方便。

3）波形变换电路

稳压二极管 VS_3、VS_4 稳定电压值选为 $U_Z = \pm 3\ \text{V}$。假设迟滞比较器的迟滞宽度 $\Delta U = 0.7\ \text{V}$，取 $R_{27} = 10\ \text{k}\Omega$，则 R_{28} 可用下式来确定

$$R_{28} = \left(\frac{2U_Z}{\Delta U} - 1\right)R_{27} = \left(\frac{2 \times 3}{0.7}\right) \times 10\ \text{k}\Omega = 75.71\ \text{k}\Omega$$

取 $R_{28} = 75\ \text{k}\Omega$。另外，电阻 R_{25}、R_{26}、R_{29} 可分别选为 $10\ \text{k}\Omega$、$1.5\ \text{k}\Omega$、$10\ \text{k}\Omega$，电位器 R_{P4} 选为 $5.6\ \text{k}\Omega$，电容 C_7、C_8 可分别选作 $56\ \text{pF}$、$100\ \text{pF}$。

该电路若采用集成运放 LF357，输出方波的上升和下降时间可做到小于 $0.5\ \mu\text{s}$。调节输出幅度可调节到 $200\ \text{mV}$，满足题目中指标要求。

4) 整体电路图的绘制

低频功率放大器总电路如图 2 - 51 所示。

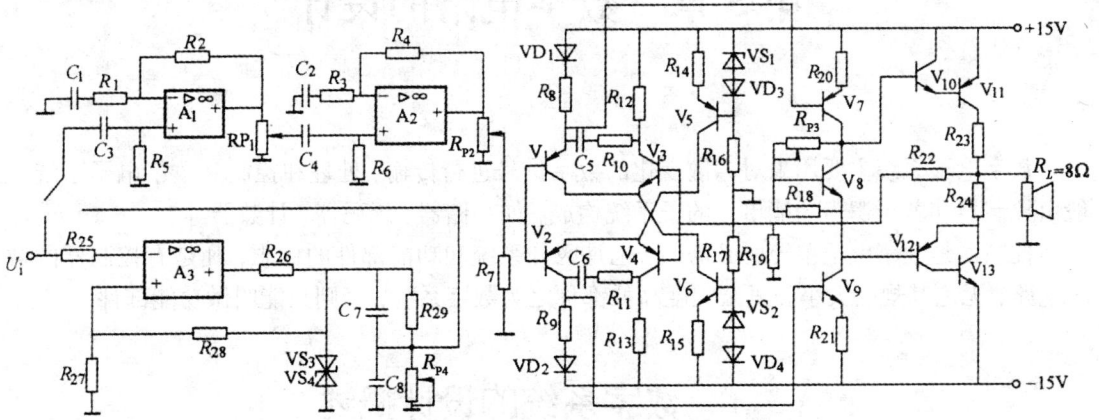

图 2 - 51　低频功率放大器总电路图

第 3 章　数字电路的设计

　　数字电子系统主要用来对离散变化的数字信号进行传输、处理和控制。数字电子系统一般由控制器和若干逻辑功能单一的子系统构成，如存储器、译码器、计数器等。

　　控制器是数字电子系统所必需的，也是区分系统和功能部件的标志，凡是有控制器的数字电路，无论其规模大小和复杂程度高低都称之为数字系统，否则只能叫做功能部件。

3.1　数字系统的设计概述

3.1.1　数字系统的一般设计方法

　　由若干能实现某种单一的特定功能的数字电路构成，按一定顺序处理和传输数字信号的设备，称为数字系统。电子计算机、数字照相机、数字电视等就是常见的数字系统。数字系统从结构上可以划分为数据处理单元和控制单元两部分，如图 3 – 1 所示。因此，数字系统中的信息也划分为数据信息和控制信息两大类。

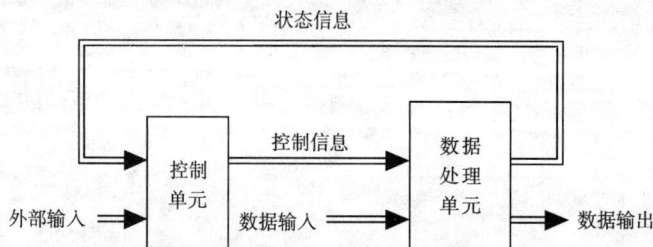

图 3 – 1　数字系统框图

　　数据处理单元接受控制单元发来的控制信号，对输入的数据进行算术运算、逻辑运算、移位操作等处理，然后输出数据，并将处理过程中产生的状态信息反馈到控制单元，数据处理单元也称为数据通路。

　　控制单元根据外部输入信号及数据处理单元提供的状态信息，决定下一步要完成的操作，并向数据处理单元发出控制信号以控制其完成该操作。

　　数字系统的设计方法可以分成两大类，即自下而上的设计方法和自上而下的设计方法。自下而上的设计方法是一种试探法：设计者根据自己的经验将规模大、功能复杂的数字系统按逻辑功能划分成若干子模块，一直分到这些子模块可以用经典的方法和标准的逻辑功能部件进行设计,最后将整个系统安装、调试达到设计要求。自上而下的设计方法是针对数字系统层次化结构的特点,将系统的设计分层次、分模块进行。通常将整个系统从逻辑上划分成控制单元和处理单元两大部分。如果控制单元和处理单元仍比较复杂,可以在控制单元和处理单元内部多重地进行逻辑划分,分解成几个子模块进行逻辑设计,给出实现系统的硬件和软件描述,最后得到所要求的数字系统。

3.1.2 数字电子系统的设计过程

数字电子系统是用来对数字信号进行采集、加工、传输和处理的电子电路。其设计步骤除了一般不需要进行参数计算外,与模拟电子系统的设计步骤大致相同,如图 3-2 所示。需要说明的是,该图中的"下载"一步是针对采用可编程器件来说的,若采用中小规模器件,则要跳过该步骤。下面着重说明以下几个设计步骤。

1. 整体方案的确定

首先明确数字系统的输入和输出以及深刻理解系统所要完成的功能,然后对可能的实现方法及其优缺点作深入研究、全面分析和比较,选择一个好的方案以保证达到所要求的全部功能与精度,同时还要兼顾工作量和成本。完成此部分后可画一张简单的流程图。

2. 单元电路设计

单元电路设计是数字电子技术课程设计的关键一步,它的完成情况决定了数字电子技术课程设计的成功与失败。它将整体方案化整为零,分解成若干个子系统和单元电路,然后逐个进行设计。在设计时要尽可能选择现成的电路,这样有利于减少今后的调试工作量。在元器件的选择上应优先选用中大规模集成电路,这样做不但能够简化设计,而且有利于提高系统的可靠性。对于规模较大或功能较特殊的模块,市场上买不到相应的产品或库中没有相应的元器件时,需要设计者自行设计。在采用 PLD 的设计方法中,设计者

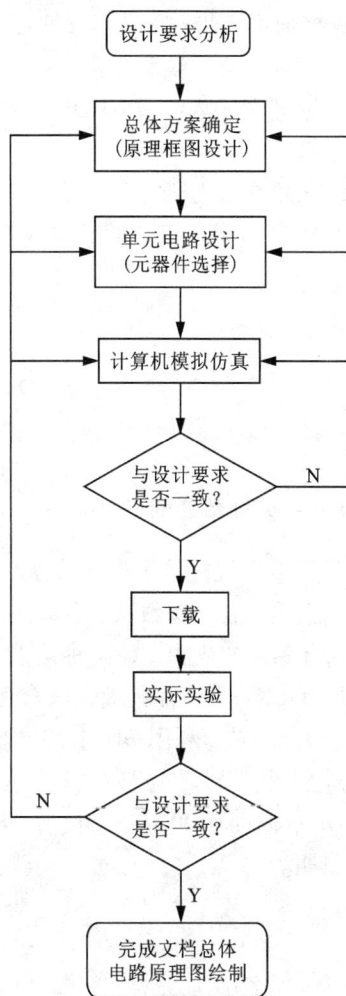

图 3-2 数字电子系统设计流程图

可以利用已有的模块组建新模块,也可用硬件描述语言来制作。无论采用什么方法,都需要对各集成功能模块相当熟悉,所以在学习过程中,应注意积累关于各种模块的使用知识,特别注意什么样的功能可使用什么样的器件实现,其优缺点如何等问题。

在单元电路中控制电路的设计尤为重要。控制电路如系统清零、复位,安排子系统的时序先后及启动停止等,在整个系统中起核心和控制作用,设计时应画好时序图,根据控制电路的任务和时序关系反复构思,选用合适的元器件,使其达到功能要求。由于控制电路在系统中只有一个,所占的资源比例很小,所以在设计时,往往不过分讲究其占用资源的多少,而是力求逻辑清楚、修改方便。

3. 绘制系统总原理草图

在单元电路设计的基础上，完成系统的总原理图。

4. EDA 仿真

完成了以上设计，接下来采用 CAD 或 EDA 软件进行仿真以验证设计电路的正误。如果仿真结果有误，则需要返回到前两步重新设计。若采用中、小规模集成电路设计，则跳过第 5 步直接到第 6 步；若采用可编程器件实现，则继续第 5 步。

5. 下载、验证结果

用原理图输入法或 VHDL 等硬件语言输入法，进行编译、仿真。待正确无误后，适配管脚并下载。

6. 电路安装与调试

在仿真结果正确或验证结果正确后根据最终确定的整体电路图完成系统硬件的安装与调试。

3.2　常用电路设计

3.2.1　各类计数器的设计

应用中等规模的集成计数器(例如：74161，74290 等)可以设计成任意进制的计数器，方法归纳为清零法、置数法、乘数法。假定已有的是 N 进制计数器，需要设计的是 M 进制计数器，则有 M < N 或 M > N 两种可能。下面以 74161 为例进行分别讨论。

1. M < N：用一片集成计数器即可

(1)清零法。利用 74161 的异步清零端进行反馈清零。图 3 - 3 是用 74161 和与非门实现的十进制计数器。电路一旦进入 1010 状态，就有 $R_D = 0$，产生一个清零信号，立即使 $Q_3 Q_2 Q_1 Q_0$ 返回 0000 状态，接着，R_D 清零信号也随之消失，74161 重新从 0000 状态开始新的计数周期。

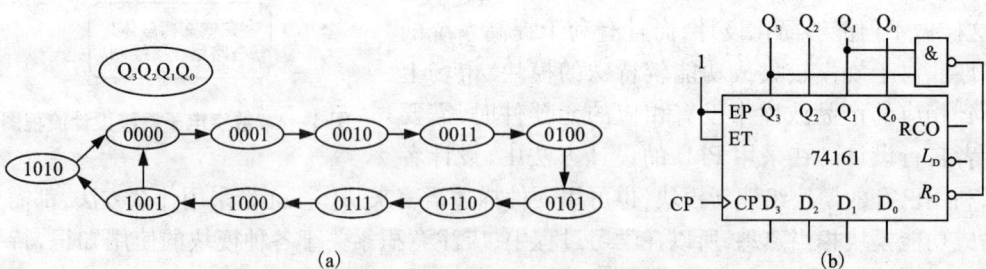

图 3 - 3　用异步清零组成十进制计数器

(a)主状态转换图；(b)逻辑电路图

(2)置数法。利用 74161 的同步置数端进行反馈置数。图 3 - 4 是用 74161 和与非门实现的十进制计数器，图 3 - 4(a)图采用置 0110 法，计数到 1111 后，预置数 16 - 10 = 6。电路从

0110 状态开始加 1 计数, 输入 9 个 CP 后到达 1111 状态, 此时 RCO = 1, $L_D = 0$, 在第 10 个 CP 作用后, Q3Q2Q1Q0 被置成 0110 状态, 同时使 RCO = 0, $L_D = 1$。新的计数周期又从 0110 开始。图 3 – 4(b)采用置 1100 法, 分析过程略。

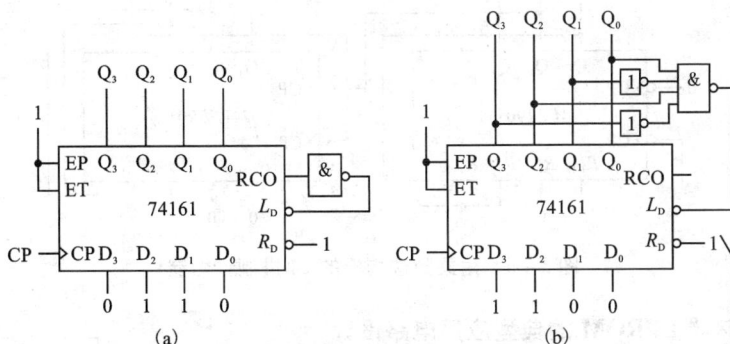

图 3 – 4　用同步置数法组成的十进制计数器

(a)置 0110 法; (b)置 1100 法

2. M > N: 必须用多片 N 进制计数器组合起来

现以两级之间的级联来作说明。若 M 为素数, 则必须采用整体清零或整体置数法, 若 M 可以分解成两个小于 N 的因数相乘, 则可采用乘数法

(1)整体清零法。所谓整体清零是首先将两片 N 进制计数器按最简单的结成一个大于 M 进制的计数器, 然后在计数器为 M 状态时给出清零信号, 将两片计数器同时清零, 其原理和 M < N 时的清零法是一样的。图 3 – 5 是用 74LS290 实现的 24 进制计数器, 计数器输出状态为 0010 0100 时, 应清零, 将第 1 片的 Q_2 和第 2 片的 Q_1 分别接至两芯片的 $R_0(1)$ 和 $R_0(2)$ 端, 使计数器立即返回 0000 0000 状态。这样构成二十四进制计数器。

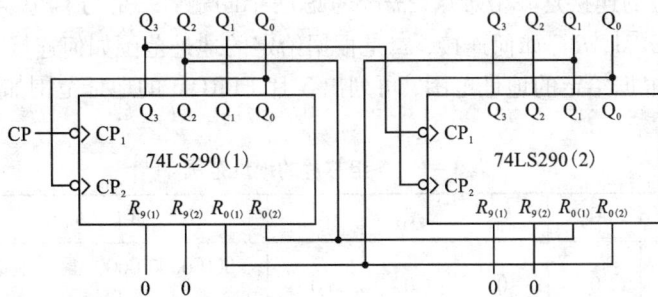

图 3 – 5　用整体反馈清零法构成的 24 进制计数器

(2)整体置数法。与 M < N 时的置数法类似。图略。

(3)乘数法。若 M 可以分解为两个小于 N 的因数相乘, 即 $M = N_1 \times N_2$, 则可采用串行进位方式或并行进位方式将一个 N_1 进制计数器和一个 N_2 进制计数器连接起来, 构成 M 进制计数器。图 3 – 6 是用两片 74LS290 构成的 24 进制计数器: 第 1 片构成 4 进制计数器, 第 2 片构成 6 进制计数器, 先将 74LS290 接成 10 进制计数器, 计数到 $Q_3Q_2Q_1Q_0 = 0110$ 时清零。第

2 片的 CP1 接第 1 片的 Q_2，因第一片计数由 011 变为 000 时 Q_2 由 1 到 0 有一个负脉冲，可使第二片翻转，即构成了 4×6 进制计数器。

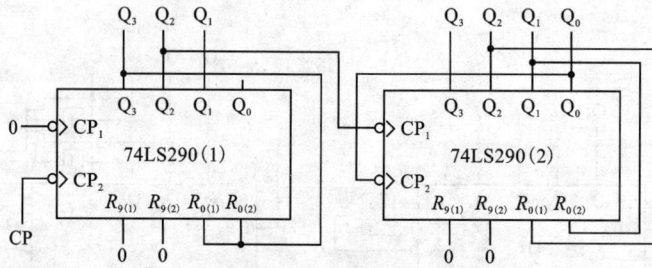

图 3 - 6　用乘数法构成的 24 进制计数器

3.2.2　只读存储器 EPROM 的典型应用电路设计

2716 是 $2 \text{ k} \times 8$ 位的 EPROM，它的主要参数：电源电压 $V_{CC} = +5 \text{ V}$、编程高电压 $V_{PP} = 25 \text{ V}$，工作电流最大值 $I_M = 105 \text{ mA}$、维持电流最大值 $I_S = 27 \text{ mA}$、读取时间 $T_{RM} = 350 \text{ ns}$。2716 的引脚见图 3 - 7，地址线为 $A_0 \sim A_7$；数据线为 $D_0 \sim D_7$；控制线为 $\overline{CS}$、$\overline{OE}$，以及电源 V_{CC}、V_{PP} 和地 GND 等。

设计任务 1：设某 8 位机系统需装 6 kB 的 ROM，地址范围安排在 0000 H ～ 17FFH。请画出使用 EPROM 芯片 2716 构成的连接线路图。

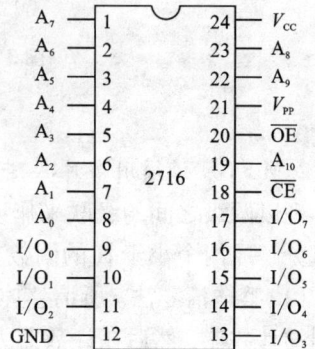

图 3 - 7　2716 引脚图

2716 的容量为 $2 \text{ k} \times 8$，需用 3 片进行字扩展。2716 有 8 条数据线（$O_7 \sim O_0$）正好与 CPU 的数据总线（$D_7 \sim D_0$）连接；11 条地址线（$A_{10} \sim A_0$）与 CPU 的低位地址线（$A_{10} \sim A_0$）连接。2716 选片信号（CS）的连接是一个难点，需要考虑两个问题：一是与 CPU 高位地址线（$A_{15} \sim A_{11}$）和控制信号（$\text{IO}/\overline{M}$，$\overline{R_D}$）如何连接，二是根据给定的地址范围如何连接。

选择译码法，根据给定的地址范围，可列出 3 片 EPROM 的地址范围如表 3 - 1 所示。

表 3 - 1　各组芯片的地址范围

芯片	A_{15}	A_{14}	A_{13}	A_{12}	A_{11}	$A_{10} \sim A_0$	地址范围
EPROM1	0	0	0	0	0	000 0000 0000（最低地址） 111 1111 1111（最高地址）	0000H 07FFH
EPROM2	0	0	0	0	1	000 0000 0000（最低地址） 111 1111 1111（最高地址）	0800H 0FFFH
EPROM3	0	0	0	1	0	000 0000 0000（最低地址） 111 1111 1111（最高地址）	1000H 17FFH
74LS138	G2B	G2A	C	B	A	$G_1 = \overline{\overline{R_D} + \text{IO}/\overline{M}}$	

设计任务 2：利用 EPROM2716 设计一个可以输出三角波、正弦波、梯形振荡波等 8 种波形的波形发生器。

以三角波为例，说明波形发生器的实现方法。

三角波如图 3-8 所示，图中共取 256 个值代表这个三角波的变化情况。将水平方向顺序取值，按二进制码送入 2716 的地址端 $A_0 \sim A_7$；垂直方向的取值也转换成二进制数，以用户编程的方式，写入对应的存储单元中，如表 3-2 所示。表中 $A_{10} = A_9 = A_8 = 0$，占用存储器的地址空间为 000 0000 0000 ~ 000 111 1111，共 256 个。

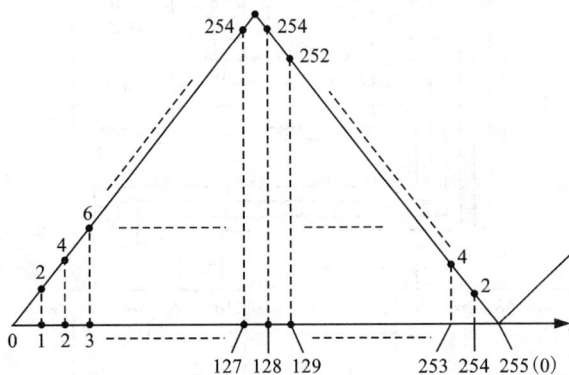

图 3-8 三角波

表 3-2 三角波存储单元数据表

十进制数	二进制数			存字单元内容	
	A_{10}	...	$A_1 A_0$	D_7 ...	$D_1 D_0$
0	000	0000	0000	0000	0000
1	000	0000	0001	0000	0010
2	000	0000	0010	0000	0100
⋮		⋮			⋮
127	000	0111	1111	000	1110
128	000	1000	0000	000	1100
129	000	1000	0001	000	1100
⋮		⋮			⋮
253	000	1111	1101	0000	0100
254	000	1111	1110	0000	0010
255	000	1111	1111	0000	0000
0	000	000	000	0000	0000

用 8 位二进制加法计数器的输出推动 $A_7 \sim A_0$，输入地址码则按 0 ~ 255 顺序加 1，加到 255 再从 0 开始，不断循环。对应的三角波取值也就顺序从 $D_7 \sim D_0$ 输出，并不断循环。再将数字量转换成模拟量的数模转换器，即可在 V_0 获得周期性重复的三角波。

整个波形发生器的电路图如图 3 – 9 所示。

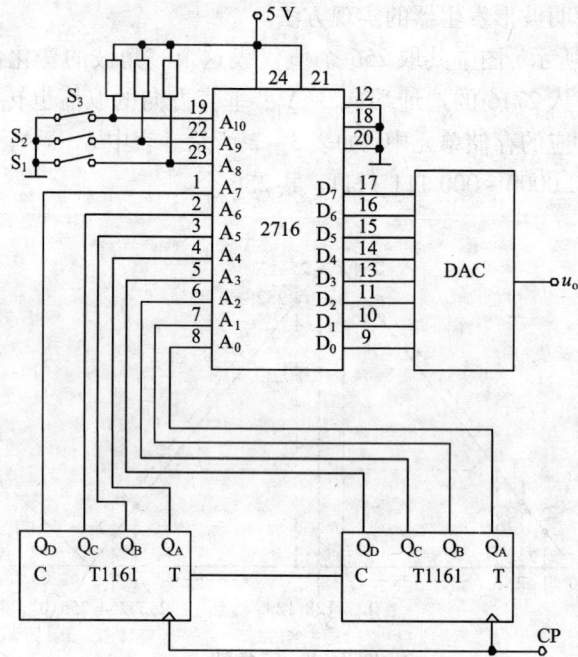

图 3 – 9　波形发生器电路图

图中 A_{10}、A_9、A_8 分别通过开关 S_3、S_2、S_1 接地。改变开关的通断，可以得到 8 个不同的地址空间。若在这 8 个地址空间分别写入 8 种波形的数据，则可显示 8 种不同的波形，如表 3 – 3。

表 3 – 3　开关通断与地址空间、输出波形关系表

开关通断 S_3	S_2	S_1	地 址 空 间 $A_{10} \cdots A_1 A_0$	波　形
通	通	通	000 0000 0000 – 000 111 1111	三角波
通	通	断	001 0000 0000 – 001 111 1111	正弦波
⋮			⋮	⋮
断	断	断	111 0000 0000 – 111 111 1111	钟形波

3.2.3　A/D 与 D/A 变换的典型应用电路设计

由于数字电子技术的迅速发展，尤其是计算机在自动控制、自动检测以及许多其他领域中的广泛应用，用数字电路处理模拟信号的情况也更加普遍了。为了能够使用数字电路处理模拟信号，必须将模拟信号转换成相应的数字信号，方能送入数字系统进行处理。同时，往往还要求将处理后得到的数字信号再转换成相应的模拟信号，作为最后的输出。这就要用到

A/D 与 D/A 转换器。

1. D/A 转换的典型应用电路设计

设计任务 1：用 DAC0808 设计一个单极性 D/A 转换器，要求电压输出范围为 0 ~ 9.96 V。

DAC0808 的输出形式是电流，一般可达 2 mA，外接运算放大器后，可将其转换成电压输出。其基本参数为：

电源电压 $V_{CC} = + 4.5 ~ + 18$ V，典型值为 $+5$ V，$V_{EE} = - 4.5 ~ - 18$ V，典型值为 -15 V；输出电压范围 $-10 ~ +18$ V；参考电压 $V_{REF(max)}$；恒流源电流 $I_O = \dfrac{V_{REF}}{R} < 5$ mA。

DAC0808 的引脚图如图 3 - 10 所示。

图中 $D_0 ~ D_7$ 是数字信号输入端，I_O 是求和电流输出端，COMP 是外接补偿电容端，V_{CC}、V_{EE} 是正、负电源输入端，GND 是接地端，$V_{REF(+)}$、$V_{REF(-)}$ 是基准电压输入端。

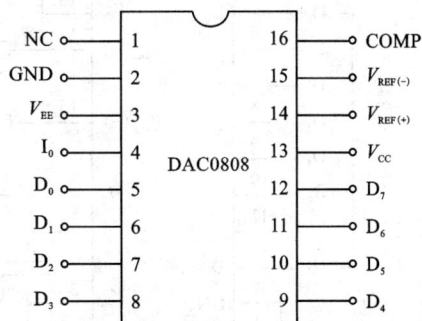

图 3 - 10　DAC0808 的引脚图

设计的电路如图 3 - 11 所示，其输出 $u_O = \dfrac{R_f V_{REF}}{2^8 R_R} D$。

取 $V_{REF} = 10$ V、$R_R = R_f = 5$ kΩ，则 $u_O = \dfrac{10}{2^8} D$，当输入的数字量在全 0 和全 1 之间变化时，输出模拟电压的变化范围为 0 ~ 9.96 V。

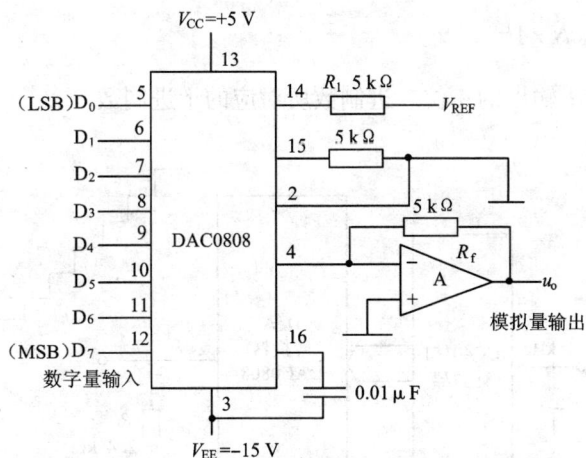

图 3 - 11　DAC0808 的单极性输出应用电路

设计任务 2：用 DAC0808 设计一个双极性 D/A 转换器，要求电压输出范围为 $-5 ~ +5$ V。

设计电路如图 3 - 12 所示。输出电压 $u_O = \left(\dfrac{V_{REF}}{R} + \dfrac{V_S}{R_S} \right) \dfrac{R_f}{2^8} N$。

图中 $R = R_f = 5 \ k\Omega$，V_S 和 R_S 用于设置偏移，以获得双极性的输出（在输入为 10000000 时，调节 V_S 或 R_S，使 $V_0 = 0$）。

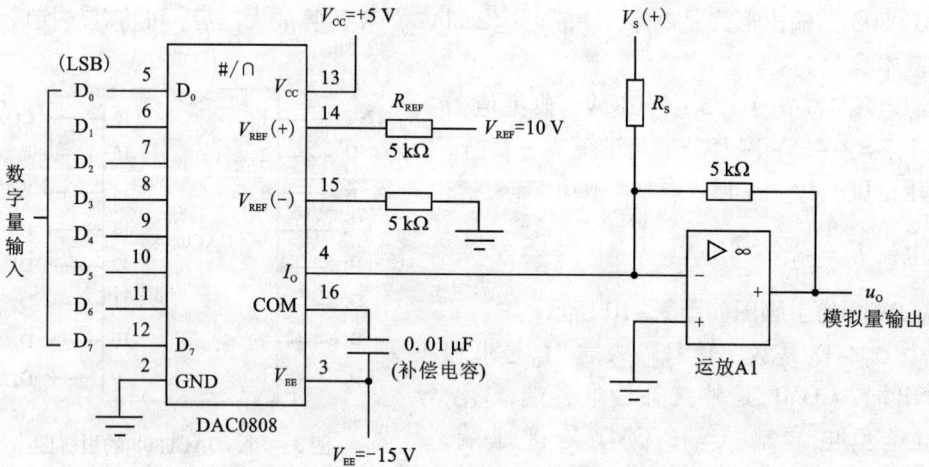

图 3 – 12   DAC0808 的双极性输出应用电路

设计任务 3：用 DAC0808 构成阶梯波产生器。

阶梯波产生器的原理图如图 3 – 13 所示，将 4 位二进制加法计数器 CC40161 的输出端按高位到低位的顺序，对应地接到 DAC0808 的数字输入端的高 4 位，低 4 位接地（也可将 CC40161 的输出端对应地接到 DAC0808 的数字输入端的低 4 位，高 4 位接地）。

输出 $u_0 = \dfrac{R_f}{2^8} \dfrac{V_{REF}}{R} \times N \times 16$。

其中 N 是 CC40161 输出的 4 位二进制数所对应的十进制数。

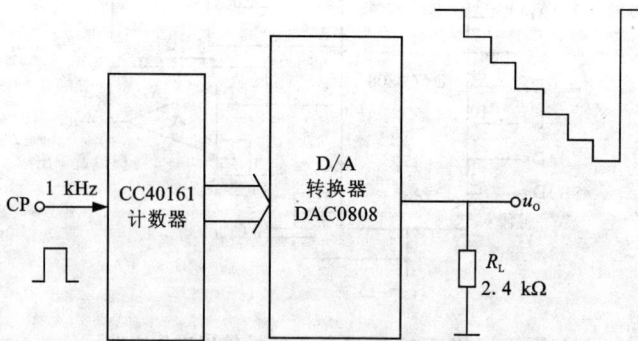

图 3 – 13   阶梯波产生器的原理图

2. A/D 转换的典型应用电路设计

设计任务：用双积分型 A/D 转换芯片 CC14433 组成 3 位半直流数字电压表。

CC14433 是美国 Motorola 公司推出的单片 3 位半 A/D 转换器，其中集成了双积分式 A/D 转换器所有的 CMOS 模拟电路和数字电路。它具有外接元件少，输入阻抗高，功耗低，电源电压范围宽,精度高等特点,并且具有自动校零和自动极性转换功能,只要外接少量的阻容件即可构成一个完整的 A/D 转换器,其主要功能特性如下:

精度:读数的 ±0.05% ±1 字;

模拟电压输入量程:1.999 V 和 199.9 mV 两挡;

转换速率:2 ~ 25 次/s;

输入阻抗:大于 1000 MΩ;

电源电压:±4.8 V ~ ±8 V;

功耗:8 mW(±5 V 电源电压时,典型值)。

采用字位动态扫描 BCD 码输出方式,即千、百、十、个位 BCD 码分时在 $Q_0 \sim Q_3$ 轮流输出,同时在 $DS_1 \sim DS_4$ 端输出同步字位选通脉冲,很方便实现 LED 的动态显示。

它的引脚图如图 3 – 14 所示。

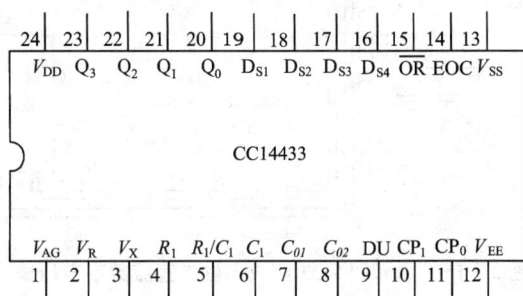

图 3 – 14　CC14433 引脚图

设计的电路如图 3 – 15 所示。被测直流电压 V_X 经 A/D 转换后以动态扫描形式输出,数字量输出端 Q_0 Q_1 Q_2 Q_3 上的数字信号(8421 码)按照时间先后顺序输出。位选信号 DS_1 DS_2,DS_3、DS_4 通过位选开关 MC1413 分别控制着千位、百位、十位和个位上的四只 LED 数码管的公共阴极。数字信号经七段译码器 CC4511 译码后,驱动四只 LED 数码管的各段阳极。这样就把 A/D 转换器按时间顺序输出的数据以扫描形式在四只数码管上依次显示出来,由于选通重复频率较高,工作时从高位到低位以每位每次约 300 μs 的速率循环显示。即一个 4 位数的显示周期是 1.2 ms,所以人的肉眼就能清晰地看到四位数码管同时显示 3 位半十进制数字量。

当参考电压 $V_R = 2$ V 时,满量程显示 1.999 V;$V_R = 200$ mV 时,满量程为 199.9 mV。可以通过选择开关来实现对相应的小数点显示的控制。

最高位(千位)显示时只有 b、c 二根线与 LED 数码管的 b、c 脚相接,所以千位只显示 1或不显示,用千位的 g 笔段来显示模拟量的负值(正值不显示),即由 CC14433 的 Q_2 端通过 NPN 晶体管 9013 来控制 g 段。当输入负电压时,$Q_2 = 0$,“ – ”点亮;若输入正电压,$Q_2 = 1$,“ – ”熄灭。

A/D 转换需要外接标准电压源作参考电压。标准电压源的精度应当高于 A/D 转换器的精度。本设计采用 MC1403 集成精密稳压源作参考电压,MC1403 的输出电压为 2.5 V,当输入电压在 4.5 ~ 15 V 范围内变化时,输出电压的变化不超过 3 mV,一般只有 0.6 mV 左右,输出最大电流为 10 mA。

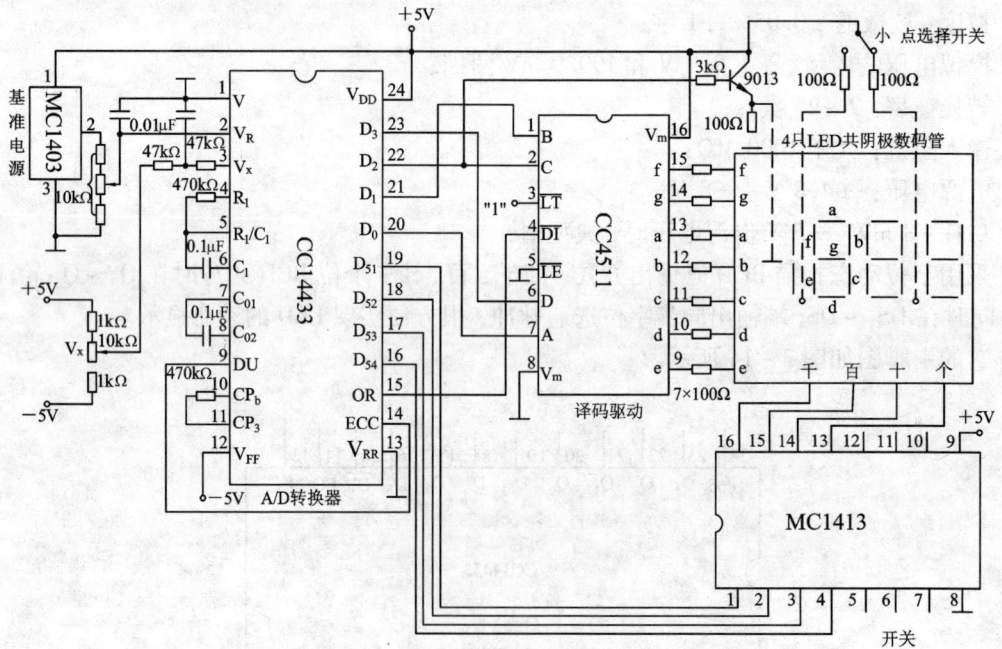

图 3-15　用 CC14433 组成 3 位半直流数字电压表

3.3　实用单元电路设计汇总

3.3.1　1 Hz 时钟信号源

1 Hz 时钟信号源实际上就是秒信号源，它是许多仪器、仪表和自动控制电路中十分重要和不可缺少的时钟信号。电路如图 3-16 所示，采用 14 位二进制串行计数/分频和振荡器 CD4060 与钟表用 32.768 kHz 石英晶体组成的精密石英振荡器，产生 32.768 kHz 的方波，通过 CD4060 内部 14 级分频后输出 2 Hz 的方波信号，再经过由 CD4027 组成的双稳态触发器进行 2 分频，最后在输出端得到 1 Hz 的秒信号。电路中 C_2 为微调电容，用来调整晶体振荡器的振荡频率，电路组装好后用标准频率计进行校准，微调 C_2 使本电路与标准频率计的振荡频率一致。由于石英晶体有很高的稳定性和谐振频率精度，所以用它组成的石英振荡器所产生的秒时钟信号具有很高的精确度和稳定性。

3.3.2　数显星期历电路

在一些功能完善的电子钟表中，常带有星期历。这种星期历除了钟表集成电路自身带有这种功能外，还有的是通过另外增设星期历显示电路实现的。星期历电路实际上是一种 7 进制计数器电路，它完全可由通用数字电路通过逻辑组合来实现。组合的方法也有多种多样的。下面介绍一种实用星期历显示电路。

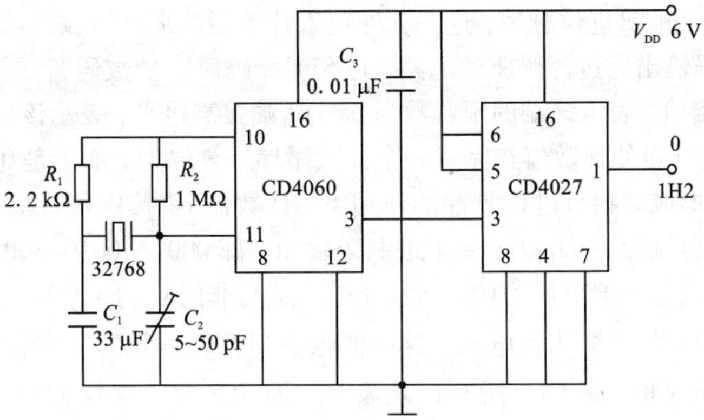

图 3 – 16　1 Hz 时钟信号源

图 3 – 17 是一种数显星期历电路，它由 4 块数字电路组成，具有计数、译码、驱动和显示功能，用通用 LED 数码管来显示。

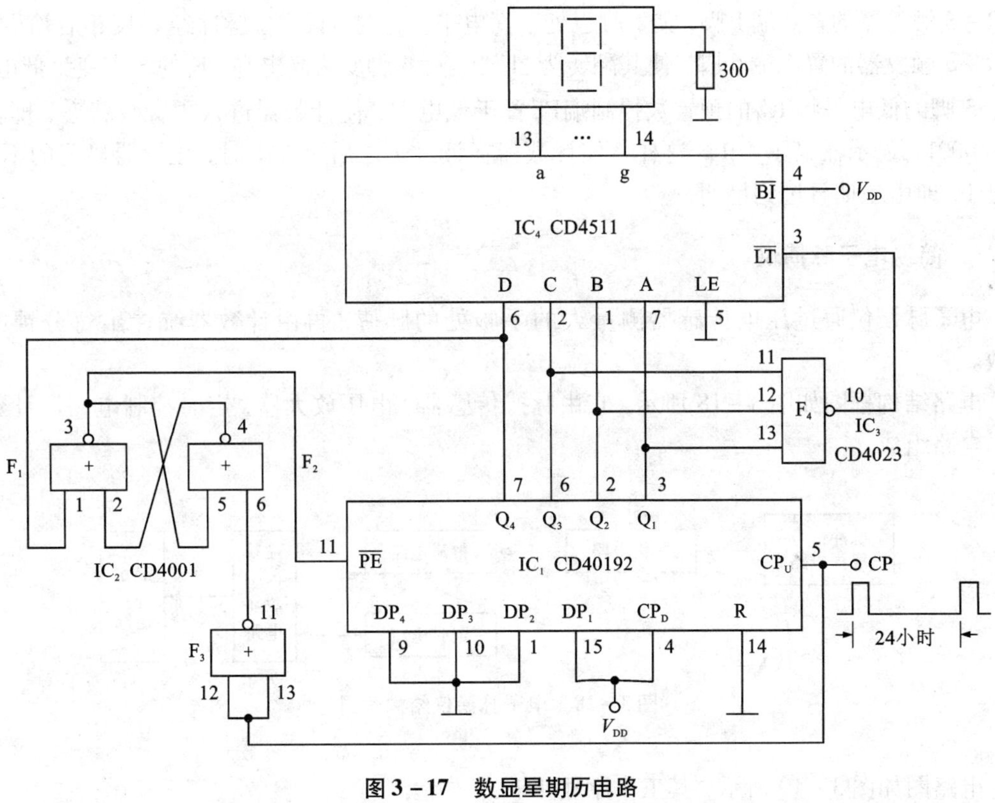

图 3 – 17　数显星期历电路

LED 数码管中的"8"字和汉字的日字很相似，因此在星期历显示中常用 8 字代替星期日。这样，在这个 7 进制计数的循环中，须将"7"字跨过。这是星期历电路中要解决的一个问题。

（1）日计数电路。日计数器 IC_1 为可预置 4 位二进制加减计数器 CC40192。计数器的计数脉冲取自电子钟表的日进位脉冲，这一脉冲输入计数器的加计数输入端 CPU，使计数器作加计数 4 位 BCD 码输出通过译码驱动电路 CD4511 译码后驱动数码管显示。IC$_1$ 的 4 个预置数端中 DP$_2$—DP$_4$ 接地，表示该端的预置数为 0，DP$_1$ 端接高电平，表示该端的预置数为 1，即预置数为 0001。这样可使计数器在完成一个计数循环进复位为 1 而不是 0。

（2）"日"字的形成。在日进位脉冲的作用下，计数器 IC$_1$ 按照每日加 1 的计数方式循环计数，它的 4 个输出端 Q$_4$～Q$_1$ 以二－十进制码输出，即 0001→0010→0011→0100→0101→0110→0111→……当计数器输出为 0111 时，3 输入端与非门 F$_4$ 的 3 个输入端 11、12、13 均为高电平，使 F$_4$ 的输出端 10 变为低电平。这一低电平 LED 数码管的"灯测试"端 $\overline{LT}$。由于 LED 数码管当 $\overline{LT}$ 为低电平时，数码管所有段均发光，即为 8 字。这样就实现了星期日功能的显示。

（3）7 进制的形成。计数器 IC$_1$ 的 7 进制功能是通过 R－S 触发器来实现的。当计数器在 1～7 的计数范围内时，其输出端 Q$_4$～Q$_1$ 输出范围为 0001～0111，即 Q$_4$ 的输出一直为 0，由于 Q$_4$ 的输出端接 R－S 触发器的置 0 端，使触发器一直保持 0 状态，在 0 状态下，F$_2$ 的 4 脚为低电平，F$_1$ 的 3 脚为高电平。3 脚的高电平将计数器的预置数控制端 $\overline{PE}$ 置于高电平，计数器正常计数。当第 8 个日进位脉冲输入后，IC$_1$ 的输出变为 1000，即变为高电平。由于 Q$_4$ 输出端接 R－S 触发器的置 0 端 1 脚，使 1 脚也处于高电平。这时，日进位脉冲经 F$_3$ 反相后输出，输入 R－S 触发器的置 1 端 6 脚，使其翻转为"1"状态，4 脚变为高电平，F$_1$ 的 3 脚变为低电平。由于 3 脚的低电平将 IC$_1$ 的预置数控制端 $\overline{PE}$ 置于低电平，使计数器进入预置数状态，即输出变为 0001，显示器显示为 1。这样就使计数器在计过 7 之后再加 1 时，显示器显示的不是 8 而是 1，即由星期日进到星期一。

3.3.3　简易电子脉搏仪

电子脉搏仪通过压电传感器测量人的手腕处的脉搏，再由计数器统计出每分钟的脉搏数。

电路结构框图如图 3－18 所示，它由脉搏传感器、电压放大器、定时控制电路和计数与显示电路组成。

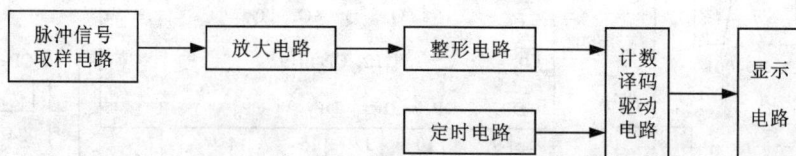

图 3－18　电子脉搏仪结构框图

电路图如图 3－19 所示，其工作原理如下：

（1）脉搏传感器。本设计采用压电陶瓷片作为脉搏传感器，这种元件在受到外界压力或振动时会因压电效应而产生微弱电流，在脉搏传感器中利用人体脉搏的搏动对压电元件的压力和振动，使其产生微弱的电流，利用电压放大器将其放大作为计数脉冲输入计数器，便可用来测量人的脉搏。

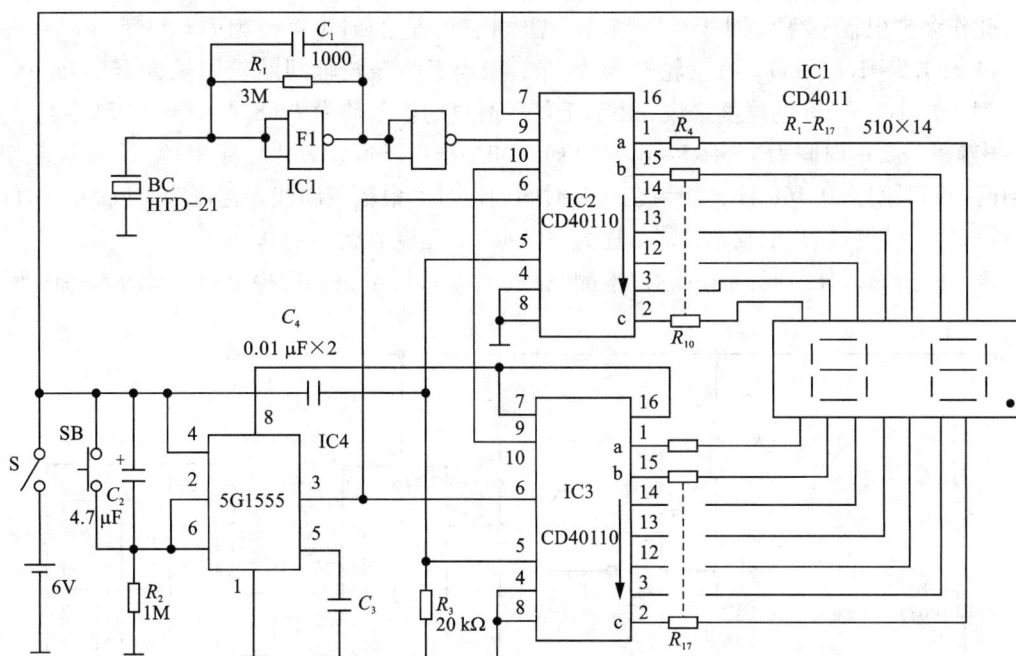

图 3 – 19 电子脉搏仪电路图

(2)电压放大器。由与非门 CD4011 的一个门 F_1 和 C_1、R_1 组成各分式电压放大器,将传感器所接收到的脉搏脉冲电流加以放大,经 F_2 反相和整形后输入三合一电路 CD40110 的计数输入端。

(3)定时控制器。脉搏的测定都是用每分钟多少次来确定的,如果将脉搏仪比作频率计,这个频率计的门控信号不是秒而是分。本电路采用 5G7555(IC_4)组成的单稳态触发器作为门控信号,它的暂稳时间为 60 s。IC_4 的输出端接三合一计数电路的锁定端 LE,平时(稳态时)IC_4 输出高电平,将计数电路锁定使其不能计数。当测定开始时按下启动按钮 SA_1,IC_4 进入暂稳态,它的输出端 3 脚输出低电平将其锁定解除,计数器开始计数。60 s 后 IC_4 翻转进入稳态,3 脚输出高电平将计数器锁定,计数结束,完成一次测试。

(4)计数译码显示电路。由三合一电路 CD40110 组成,其中 IC_2 作个位计数,IC_3 作十位计数。IC_2 的进位输出端 Q_{CO} 接 IC_3 的计数输入端 CP。C_4、R_3 组成微分电路产生清零脉冲,接通电源后产生清零脉冲,输入计数器的 R 端使计数器清零,然后开始计数。直到定时器输出门控信号使其停止计数。

测试仪使用时应将传感器压在人的手腕处脉搏跳动比较明显的部位。接通电源后按下 SA_1 即可进行测试。

3.3.4 摩托车速度表

电子速度表是通过测量在单位时间内通过传感器的轮辐数折算出车轮走过的距离,即每秒通过多少根辐条等于 1 km/h 的速度。

假定车速为 1 km/h,那么车轮每秒走过的距离为 100000 cm/3600 s ≈ 27.8 cm/s。在电子测速表中采用测量每秒通过光电传感器的轮辐数来测量速度较为方便，因此须将 27.8 cm/s 化作多少根辐条/秒。对于重庆雅马哈型摩托车，它的前轮直径为 $D = 53.5$ cm，$C = \pi D$ $= 3.14 \times 53.5 \approx 168(\text{cm})$，该轮轮辐为 36 条，相当于两条轮辐间的轮周长为 $168/36 \approx 4.67$ cm。对于每小时 1 km 的速度来说，相当于每秒通过的辐条数为 $27.8/4.67 \approx 5.95(\text{根})$，每通过 1 根辐条需要的时间为 $1/5.95 \approx 0.168(\text{s})$。如果把电子速度表比作频率计，那么该频率计的闸门控制时间为 0.168 秒。如果在这个时间内通过 1 根辐条即代表速度为 1 km/h，速度表就显示 001，若通过 50 根辐条，则车速为 50 km/h，速度表就显示 050。

该电路由三部分组成：速度脉冲检测电路、计数译码电路和门控电路，如图 3 – 20 所示。

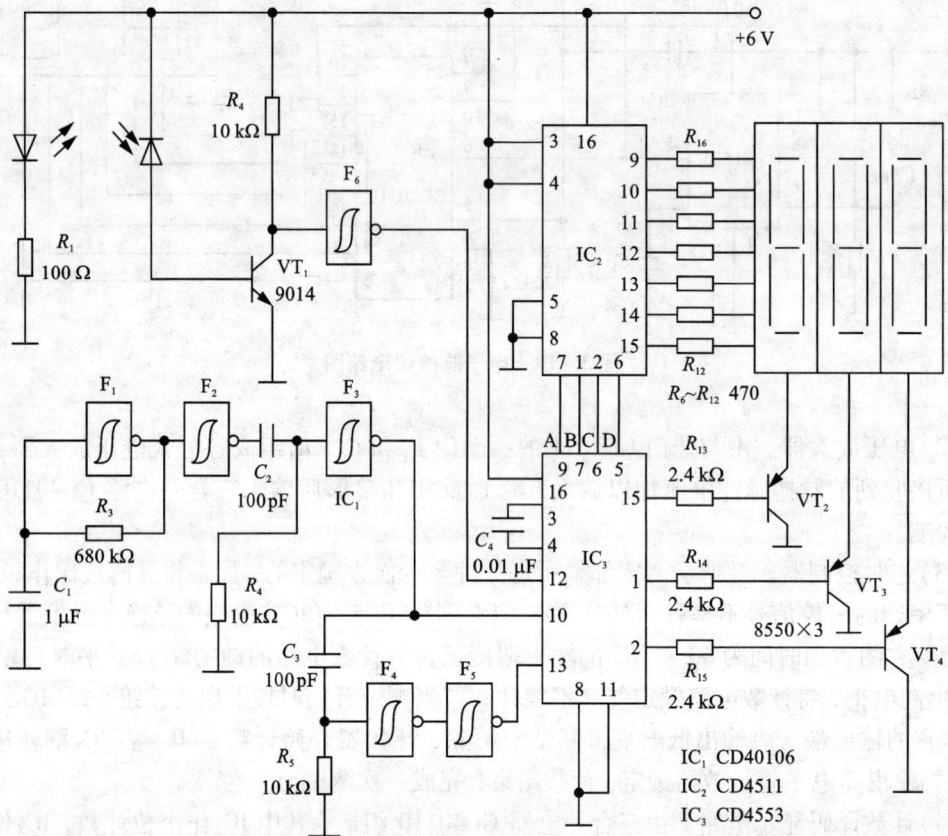

图 3 – 20　摩托车速度表电路

工作原理如下：

(1)速度检测电路。采用主动式红外光电传感器，由一个红外发射管和红外光电接收管组成。分别固定于摩托车前轮的两侧，当车轮转动时，每条轮辐集中将红外光遮挡一次，光电传感器输出一个计数脉冲。由于车轮轮辐为 36 条，每轮一周传感器输出 36 个脉冲，经施密特触发器 F_6 整形后输入计数器 IC_3 的 CP 端。

(2)计数译码电路。由 3 位 BCD 计数器 CD4553 和 BCD 锁存/7 段译码器 CD4511 及 3 位共阴极数码显示管组成。

CD4553 是一只 3 位二 – 十进制计数器,它只有一组 BCD 码输出端 $Q_0 \sim Q_3$,但通过分时控制可形成 3 位十进制数字显示,不仅节省了译码器,也使电路结构简化。它的工作频率高达 7 MHz,而且具有锁存功能,适合于作多位计数器使用。

CD4553 内部有 3 个 BCD 计数器,它们以同步方式级联,与内部锁存器和转换器配合,由 4 个输出端输出 BCD 码。数字选择端 $\overline{DS_1}$(2 脚)、$\overline{DS_2}$(1 脚)、$\overline{DS_3}$(15 脚)提供分时同步输出控制信号,形成动态扫描工作方式。LE(10 脚)为锁存控制端,高电平时执行锁存,低电平时执行送数,锁存器与转换器配合完成 3 组 BCD 计数器数值的分时输出。数字选择输出端 $\overline{DS_1} \sim \overline{DS_3}$ 为低电平有效,当 $\overline{DS_1}$ 为低电平时 VT₄ 导通,$Q_0 \sim Q_3$ 输出个位计数 BCD 码,数码管个位显示。当 $\overline{DS_2}$ 为低电平时 VT₃ 导通,$Q_0 \sim Q_3$ 输出十位计数 BCD 码,数码管十位显示。当 $\overline{DS_3}$ 为低电平时 VT₂ 导通,$Q_0 \sim Q_3$ 输出百位计数 BCD 码,数码管百位显示。在同一时刻,它们之间只有一个为低电平,周期形成连续显示。由于频率较高,几乎看不到断续或闪烁现象。

图 3 – 20 中用到多个施密特触发的反相器。其中 F_1 与 R_3、C_1 组成多谐振荡器,产生门控脉冲,其振荡频率 $f = \dfrac{4}{R_3 C_1}$。F_2 为输出缓冲级。R_4、C_2 构成的微分电路将输出脉冲微分并经 F_3 整形后作为锁存信号加到 IC_2 的锁存控制端 $\overline{LE}$,使 IC_2 的计数值锁存。F_4、F_5 与 R_5、C_3 构成微分电路产生复位脉冲,使 IC_3 复位。

电路组装后只须调整门控脉冲振荡器即可,方法是:用一个标准的 1 kHz 信号源输入 IC_3 的 12 脚,然后调整 R_3 使显示器显示数为 168 s × 1 kHz = 168。

3.3.5　家电密码开关

家电密码开关共设 10 个输入按键,其中 4 个为有效按键,6 个为伪码按键,电路如图 3 – 21 所示。由密码输入按键、密码控制电路和执行电路组成。

(1) 密码输入电路。由 10 个按键组成,其中 SB₉、SB₂、SB₇、SB₄ 为有效按键,即预置密码为 9274,其余 6 个键为伪码按键。

(2) 密码控制电路。由十进制计数器 CD4017 和双 D 触发器 CD4013 以及 VD₁ ~ VD₄ 组成。密码按键 SB₉、SB₂、SB₇、SB₄ 与 VD₁ ~ VD₄、R_3、C_2 组成密码按键的脉冲输入电路。当按照密码顺序 9274 按动按键时,计数器 IC_3 的计数脉冲输入端输入计数脉冲,它的输出端按 $Q_1 \rightarrow Q_2 \rightarrow Q_3 \rightarrow Q_4$ 的顺序依次输出高电平。图中 VD₅ ~ VD₈ 为隔离二极管,R_4 是 C_2 的放电回路,当按下按键时,电源经按键、VD₅ ~ VD₈、R_3 向 C_2 充电并向计数器输入计数脉冲,当松开按键后,C_2 通过 R_4 放电,为下次的按键输入作准备。

(3) 执行电路。由 D 触发器 $IC_{1-1} \sim IC_{2-2}$ 和二极管 VD₁ ~ VD₄ 组成的与门电路是功率开关电路 TWH8778 的控制电路。当 4 个 D 触发器的 Q 端均为高电平时,与门电路输出高电平将功率开关 TWH8778 接通。4 个 D 触发器的 D 端受 4 个密码键的控制,当按下 4 个密码键时,4 个 D 端被置为高电平。4 个 D 触发器的 CP 受计数器 IC_3 的输出 $Q_1 \sim Q_4$ 的控制,当按下某一密码键时,一方面使它对应的 D 触发器的 D 端变为高电平,另一方面使计数器的对应的 Q 端输出高电平,这一高电平加至 D 触发器的 CP 端,从而使它的 Q 端输出高电平。当按照设定的密码 9274 按下输入按键后,$IC_{1-1} \sim IC_{2-2}$ 的 Q 端均变为高电平,VD₁ ~ VD₄ 截止并输出高电平将 TWH8778 接通,执行继电器通电吸合,接通被控电源。

　　4 个 D 触发器的复位端 R 与 6 个伪码键相连，如果在按键过程中按动任何一个伪码键，4 个 D 触发器和 IC_3 均复位，前面按下的有效键全部无效，这也提高了电路的安全性。

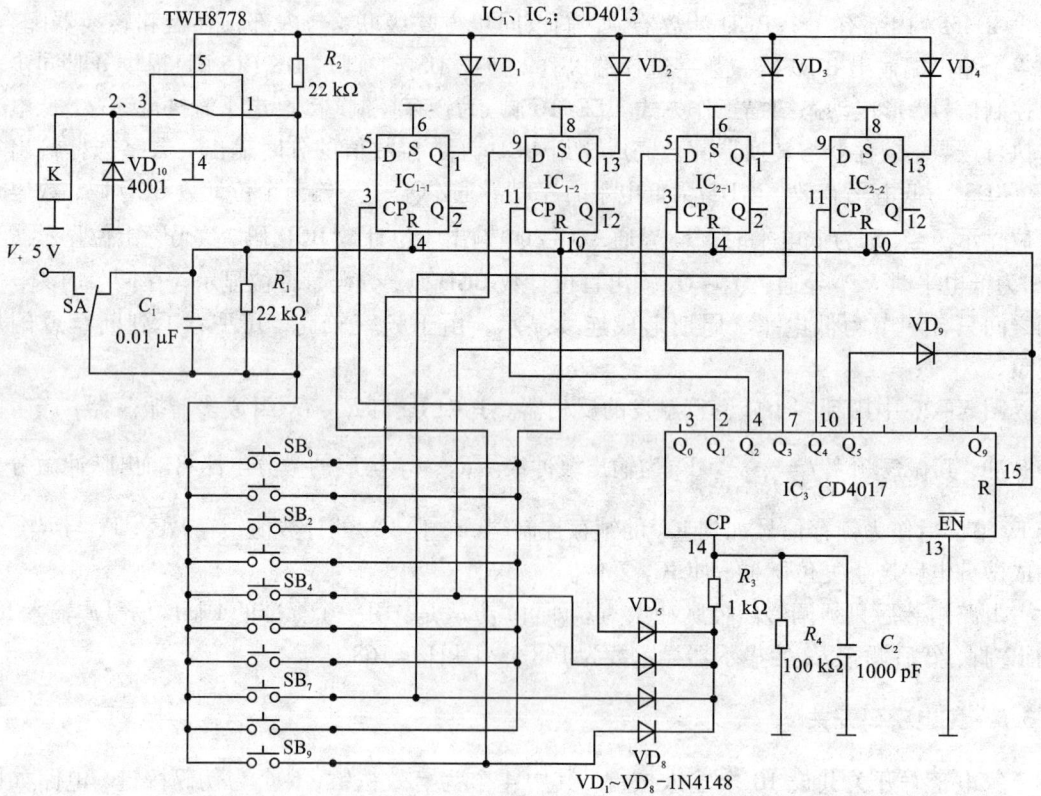

图 3-21　家电密码开关电路

3.3.6　三路循环式 LED 彩灯电路

　　这是一个以 4D 触发器 CD40175 为中心控制器，以 4-2 输入与非门 CD4011 组成时钟脉冲发生器和控制门的 3 路循环式 LED 彩灯。

　　电路如图 3-22 所示，它由 CD40175 中的 3 个 D 触发器组成一个环形计数器，再用与非门 F_C、F_D 组成与非反相控制门，使电路形成每输入一个时钟脉冲只有一只 LED 发光，并在时钟脉冲的作用下形成循环式的发光状态。在电路中，由于 $D = \overline{Q_1} \cdot \overline{Q_2}$，即只有在 Q_1、Q_2 都为 0 时，才能使 $D_1 = 0$，而在其余情况下，D_1 均为 0。

　　由与非门 F_A、F_B 及电容 C、电阻 R_1 及电位器 R_P 组成的多谐振荡器，为环形计数器提供时钟脉冲，通过 R_P 来调节振荡频率，用来改变彩灯的循环速度。

　　电路中，SB 为彩灯熄灭按键，当按下 SB 时，电源通过 R_2 加至每个触发器的 R 端，使所有触发器置 0，Q 端为低电平，LED 熄灭。

3.3.7　多变流水灯控制器

　　用本电路制作的多变化节日彩灯，可安装在建筑物的适当场所，用来增添节日气氛。所

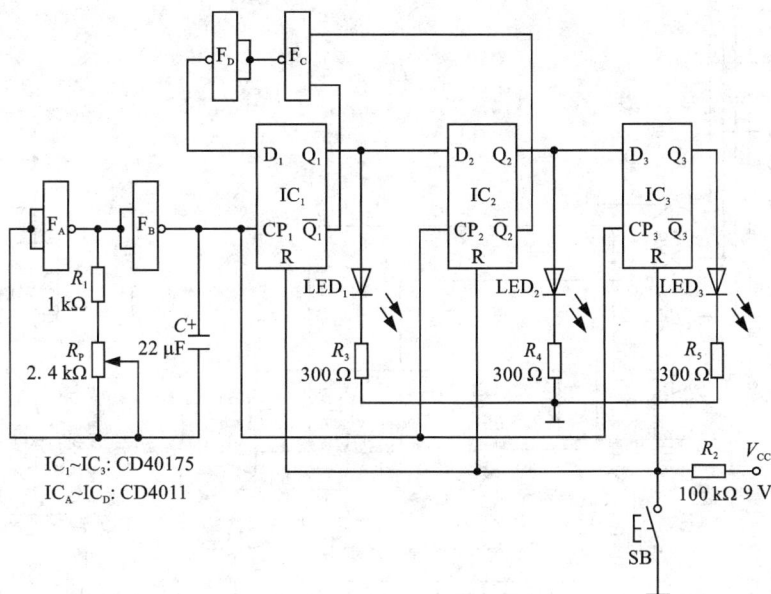

图 3 - 22　3 路循环式彩灯控制器

用彩灯数可根据需要加装，彩灯变化花样达 8 种，循环流动。

电路如图 3 - 23 所示，它由可变频率时钟脉冲发生器、二进制编码器、灯光变化控制器和灯光驱动电路组成。

(1)可变频率时钟脉冲发生器。由 F_1、F_2 与 R_2、C_6 等组成的多谐振荡器为基本时钟脉冲发生器，根据电路参数 R_2 及 C_6 的数值，它的振荡频率为 2 Hz。由 IC_4 与 VT_1、R_3、VD_1 与基本时钟脉冲源共同组成 3 位频时钟脉冲发生器，它的振荡频率为 6 Hz。

基本时钟脉冲发生器产生的 2 Hz 脉冲，一方面由 F_2 输出作为 IC_3 的编码输入脉冲；另一方面由 F_1 输出，输入到分频器的 IC_4 的 CP 端，经 IC_4 分频后控制着 VT_1 的导通和截止，使 3 倍频电路工作或停止工作。

分频器 IC_4 有 3 路输出，一路由 Q_8 输出，分频系数为 128，即 IC_4 的 CP 端每输入 128 个脉冲，VT_1 导通和截止各一次，在前 64 个脉冲期间，VT_1 截止，基本脉冲发生器输出 2 Hz 的基本脉冲，在后 64 个脉冲期间，VT_1 导通，将 R_3 接入振荡电路与 R_2 并联，3 倍频电路工作，发出 6 Hz 的时钟脉冲。

分频器 IC_4 的 Q_9、Q_{10} 的输出通过 VD_2、VD_3 与 R_5 组成的或门电路控制着模拟开关 IC_6 的通断。在 IC_4 输入 256 个脉冲时，Q_9 输出高电平，一方面直接加至 IC_3 的加减控制端 U/D，另一方面通过 VD_2 使 IC_6 的 4 个开关同时导通。

当 IC_4 输入 512 个脉冲时，Q_{10} 输出高电平，通过 VD_3 使 IC_6 的 4 个开关同时导通。

(2)二进制编码器。由 IC_3 组成，IC_3 是可预置数的二 - 十进制加、减计数器电路 CD4510，在不断输入的时钟脉冲的作用下，它的输出端 $Q_1 \sim Q_4$ 依次输出 4 位二进制码。IC_3 的预置数端 DP_1、DP_2 接电源高电平，DP_3、DP_4 接地，使它的预置数为 0011，它的预置控制端 PE 受 IC_5 的 Y_9 输出端的控制，当 Y_9 输出高电平时，IC_3 的输出编码为预置数 0011。IC_3

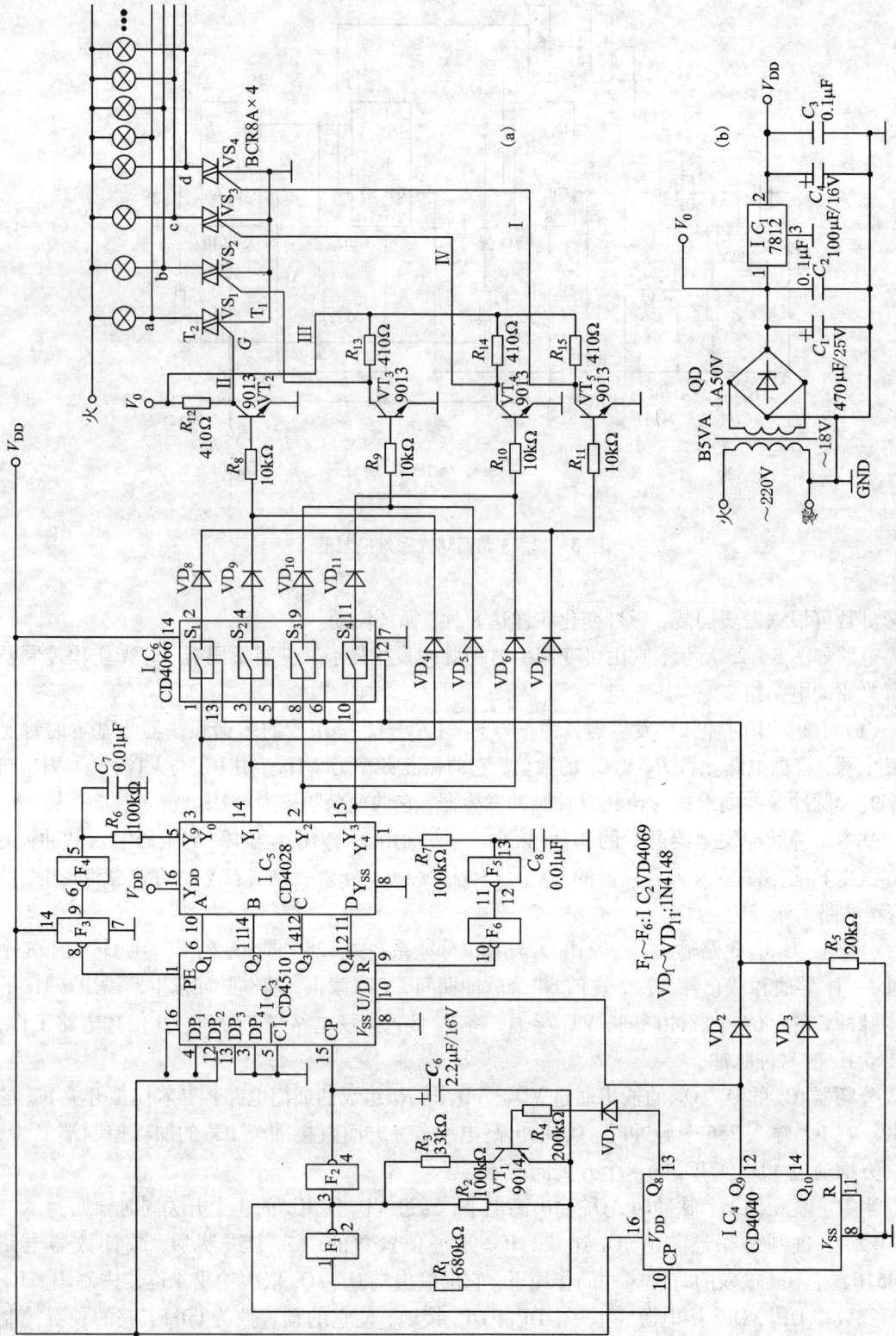

图3-23　多变流水灯控制器

的加、减控制端 U/D 受 IC$_4$ 的 Q$_9$ 输出端的控制；当 Q$_9$ 输出高电平时，IC$_3$ 作加计数，输出端依 Q$_4$ ~ Q$_1$ 顺序输出编码；当 Q$_9$ 输出低电平时，IC$_3$ 作减计数，输出端依 Q$_4$ ~ Q$_1$ 顺序输出编码，IC$_3$ 的 R 受 IC$_4$ 的 Y$_4$ 输出端的控制，当 Y$_4$ 输出高电平时，IC$_3$ 清零。

（3）灯光变化控制器。由 IC$_5$ 和 IC$_6$ 组成，IC$_5$ 是二 - 十进制译码器 CD4028，它能将输入的二 - 十进制码转换为 Y$_0$ ~ Y$_9$ 10 个依次输出的高电平。IC$_6$ 为 4 双向模拟开关 CD4066。IC$_5$ 的每一路输出控制着两个驱动晶体管的开、关。Y$_0$ 输出一路通过模拟开关 S$_1$、VD$_8$、R$_{11}$ 使 VT$_5$ 导通，另一路通过 VD$_4$、R$_8$ 使 VT$_2$ 导通。Y$_1$ 输出一路通过模拟开关 S$_2$、VD$_9$、R$_8$ 使 VT$_2$ 导通，另一路通过 VD$_5$、R$_9$ 使 VT$_3$ 导通。Y$_2$ 输出使 VT$_3$、VT$_4$ 导通，Y$_3$ 输出使 VT$_4$、VT$_5$ 导通。IC$_5$ 的 Y$_4$ 输出还控制编码器 IC$_3$ 的工作状态，当 Y$_4$ 输出高电平时，通过 F$_5$、F$_6$ 两级反相和整形后输入 IC$_3$ 的 R 端使 IC$_3$ 复位。当 IC$_5$ 的 Y$_9$ 输出高电平时，通过 F$_4$、F$_3$ 使 IC$_3$ 的 PE 端获得高电平，IC$_3$ 输出端输出预置数 0011。VD$_1$ ~ VD$_4$ 为隔离二极管。

（4）灯光驱动电路。由开关管 VT$_2$ ~ VT$_5$ 及双向可控硅 VS$_1$ ~ VS$_4$ 组成，开关管 VT$_2$ ~ VT$_5$ 采用集电极输出，对双向可控硅采用反相控制法使其导通。4 只可控硅通过 4 路组合，每一路可根据需要接入若干只彩色灯泡，4 路用 4 种着色，每路所接灯泡按 4 只间隔连续排列。

每只可控硅应按照所接彩灯功率选择应留有足够的功率余量。在制作中，电路板上的地端必须与交流电源的零线对应连接，以保证安全。

按照控制电路的输出状态，流水灯的工作状态为：快流、慢流、正流、逆流、二灯流、三灯流 6 种状态。根据 IC$_4$ 的输出端 Q$_8$、Q$_9$、Q$_{10}$ 的输出状态，整个流水灯的工作循环为：慢逆 3、快逆 3、慢正 2、快正 2、慢逆 2、快逆 2、慢正 2、快正 2。由于整个工作周期没有对称性，给人一种新奇的感觉。

3.3.8　数显记忆式门铃

本门铃电路能对来客次数进行计数，并通过数码管显示出来。当主人外出时按下记忆功能开关，计数电路工作，将来客次数记下，平时，记忆电路只计数不显示，为的是节约能源，当需要了解来客次数时，按下显示按键，数码管显示；当主人在家时，断井计数电路电源，计数器不工作，只作普通电子门铃使用。

电路如图 3 - 24 所示，它由门铃电路、挥动次数计数器与显示器、计数触发器组成。

（1）门铃电路。由集成化门铃电路 KD253B 及扬声器组成，该电路内储存有"叮咚"声，当按下按键 SB$_1$ 时门铃电路被触发，发出双音"叮咚"声。

（2）按动次数计数器与显示器。由一十进制计数/7 段译码器 CD4026 和 LED 数码管组成。当主人外出时按下电源 SA，接通计数器工作电源，电源经 C$_2$、R$_5$ 首先使计数器清零进入工作状态。由于计数器中控制显示的输入端 DEI 通过 R$_6$ 接地，并由开关 SB$_2$ 使其与电源断开，DEI 端处于低电平。计数器只计数，显示输出端全部输出低电平，数码管不显示。当需要了解来客次数时，按下 SB$_2$ 使 DEI 端变为高电平，IC$_3$ 的显示输出端输出所计数的各段值，数码管显示来客次数。

（3）计数触发器。由 5G7555 和 VT$_1$ 组成，5G7555、R$_3$、C$_1$ 组成一个脉冲触发单稳态触发器，脉冲宽度为 $t_w = 1.1R_3C_1 \approx 186$ s ≈ 3 min。

IC$_2$ 的 2 脚受脉冲下降沿的触发有效，平时 IC$_2$ 处于稳态，它的输出端 3 脚为低电平。当按下 SB$_1$ 时，电源经 R$_1$ 为 VT$_1$ 提供基极电流，VT$_1$ 导通，集电极电压下降，输出脉冲的下降

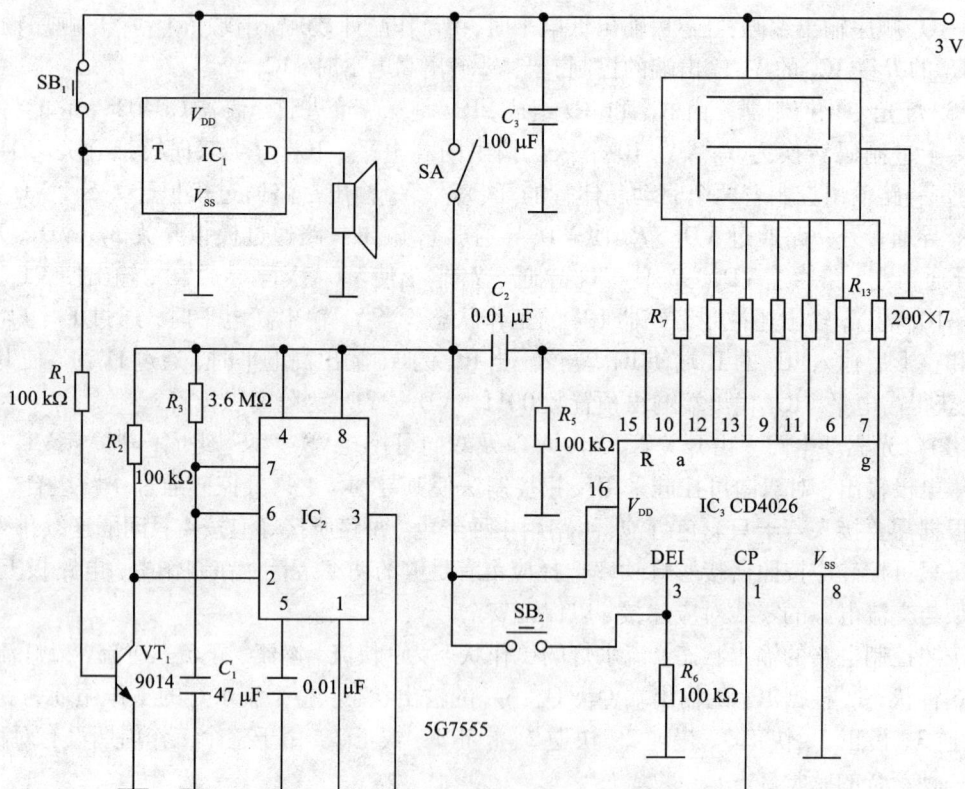

图 3-24　数显记忆式门铃

沿将 IC$_2$ 触发，使其翻转，3 脚输出高电平。此高电平输入计数器 IC$_3$ 的 CP 端，计数器加 1。当 IC$_2$ 被触发后进入暂稳态，由于暂稳态时间为 3 min，所以在这段时间内再按动 SB$_1$，电路将不再起作用，这样就可有效地防止了因一人按动多次后重复计算来人次数的问题。

3.3.9　高分辨率判别第一的电路

智力竞赛抢答器的主要功能是用来确定和判别谁是第一个按下抢答器的参赛人。本电路的分辨率可达 0.1 s，参赛人数可达 16 人，是可由多人参赛的高分辨率抢答器电路。

电路组成如图 3-25 所示，它由时钟脉冲发生器、16 位互锁电路和反馈封锁电路组成。

(1)时钟脉冲发生器。由 4-2 输入与非门 74LS00 中的 3 个门 F$_1$~F$_3$ 组成一个环形多谐振荡器，为互锁 D 触发器提供时钟脉冲。这种环形振荡器是利用门电路的固有的传输延迟时间的特性工作的，而且由于门电路的传输延迟时间极短，因此，组成的多谐振荡器频率极高，使电路的高分辨率成为可能。

(2)16 位互锁电路。它由两只 8D 触发器 74LS273 组成，其为上升沿触发。

当按下 SB 后，与该键相连的 D 端变为低电平，在时钟脉冲的作用下，与该 D 端对应的 Q 端就会变为低电平。这样，与该 Q 端相连的指示灯就会发光。例如，当按下 SB$_1$ 时，1D 端变为低电平，1Q 端输出低电平，L$_1$ 指示灯发光。

(3)反馈封锁电路。由两只 8 输入与非门 74LS30 和一只 4-2 输入或非门 74LS02 组成。

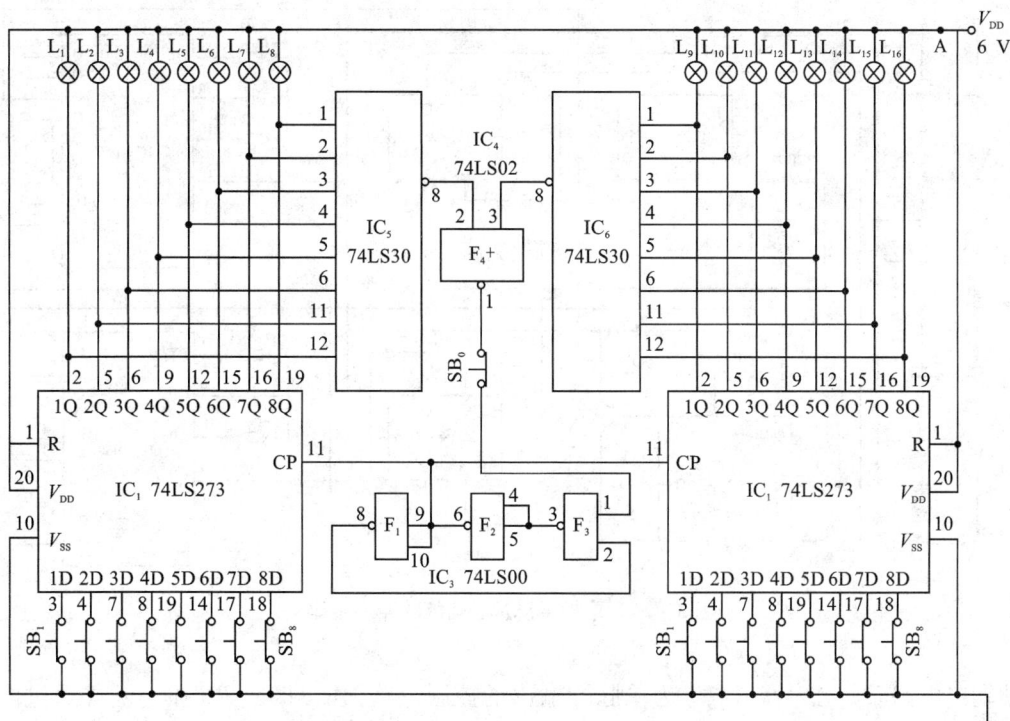

图 3 – 25　高分辨率判别第一的电路

当按下 SB_1 使 1Q 端输出低电平并使 L_1 指示灯发光的同时，也使 8 输入端与非门 IC_5 的一个输入端 12 脚变为低电平。它的输出端 8 脚变为高电平，或非门 F_4 输出低电平，通过 SB_0 加至时钟脉冲发生器 F_3 的输入端 1 脚，使脉冲发生器停止振荡，电路锁闭，使 L_1 保持发光状态。这时如果再按下 SB_1 - SB_{16} 中任何一个按键，电路也不会有变化，除非按下 SB_0 切断加至 F_3 的输入端 1 脚的低电平，使电路解除锁闭状态，系统恢复功能。

由于从按下按键到电路锁闭通过几级传输门只需极短的延迟时间，因此，本电路具有很高的分辨率，可达 10^{-7} s。

3.3.10　单键单脉冲、连续脉冲发生器

本电路采用单按键可产生单脉冲或连续脉冲，主要用于对电子仪表的调校，用来直接驱动计数器。脉冲输出采用双端输出，可方便地用来触发 R – S 触发器或 J – K 触发器。

电路组成如图 3 – 26 所示，它由触发按键、单脉冲形成电路和连续脉冲形成电路组成。

(1)触发按键。由按钮 SB 及晶体管 VT_1 组成。当未按下 SB 时，VT_1 截止，集电极输出高电平。此高电平加至 IC_{1A}、IC_{1B}、IC_{2A} 及 IC_3 的复位端 R，使电路复位，IC_{1A}、IC_{1B}、IC_{2A} 的 $\overline{Q}$ 端输出高电平。IC_{1A} 的 $\overline{Q}$ 端输出的高电平加至 IC_4 的复位端 R，使之复位。

当按下 SB 时，VT_1 导通，集电极输出低电平，上述 IC 解除复位进入工作状态。按键电路中的 $C_1 \sim C_3$ 起消除按键抖动的作用。

(2)单脉冲形成电路。由 IC_{1B}、IC_{2A} 和 IC_3 组成，其中 D 触发器 IC_{2A} 接成 T 触发器，作为

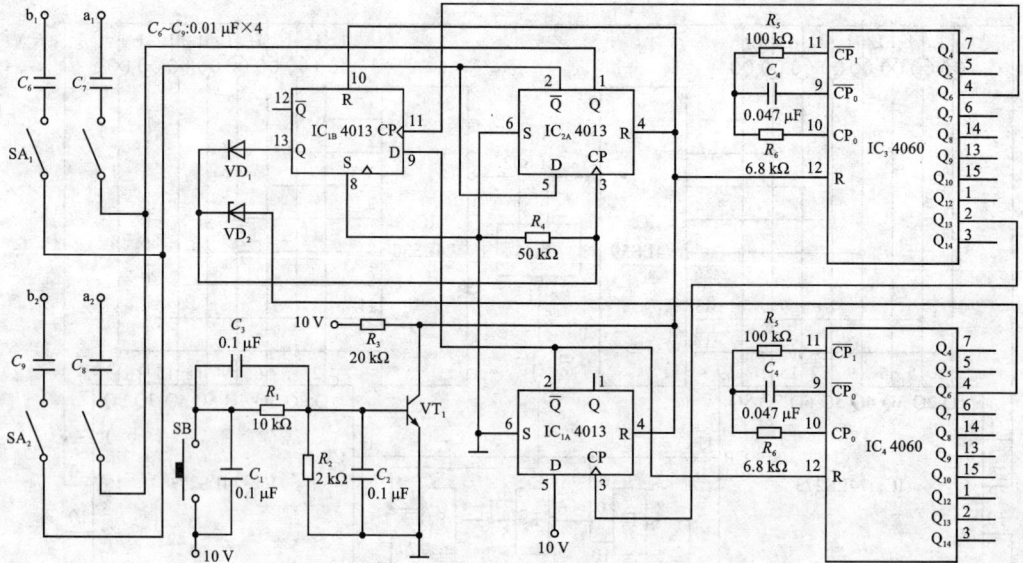

图 3-26　单键单脉冲、连续脉冲发生器

脉冲输出电路。D 触发器 IC_{1B} 作为单脉冲输出的控制电路。IC_3 接成 RC 振荡器并通过内部分频取得延时输出，以防止因按键造成误触发。

按下 SB 后，由 IC_3 产生的触发脉冲由 Q_6 输出加至 D 触发器 IC_{1B} 的 CP 端，使 IC_{1B} 翻转，Q 端变为高电平。这一高电平通过 VD_1 又加至 IC_{2A} 的 CP 端，使 T 触发器 IC_{2A} 翻转，Q 端输出高电平。松开 SB 后，VT_1 输出高电平，使所有触发器复位，振荡器停振。输出电路 IC_{2A} 复位后 Q 端变为低电平，$\overline{Q}$ 端变为高电平。这样，在按下一次按键后就使电路输出一个单脉冲。

（3）连续脉冲形成电路。由 IC_{1A}、IC_{2A} 和 IC_4 组成，其中 D 触发器 IC_{1A} 为控制电路，IC_{2A} 仍作为脉冲输出电路，IC_4 接成 RC 振荡器，用来产生脉冲，其脉冲周期 $T = 2.2R_8C_5 = 1.4$ ms，频率为 $f = \dfrac{1}{T} = 714$ Hz，由于 IC_4 产生的脉冲由 Q_6 输出，这就使得由 Q_6 输出的脉冲频率为 $714/32 \approx 22$ Hz。

当按下 SB 超过 3 s 后，首先是 IC_3 的 Q_{13} 输出脉冲，此脉冲加至 IC_{1A} 的 CP 端使其翻转，$\overline{Q}$ 输出低电平。它一方面加至 IC_4 的 R 端，使 IC_4 解除复位，开始振荡，并通过内部分频后由 Q_6 输出频率为 22 Hz 的脉冲；另一方面这一低电平加至 D 触发器 IC_{1B} 的 D 端，使它的 Q 端保持低电平，将单脉冲输出控制电路封锁。

由 IC_4 的 Q_6 输出的 22 Hz 的脉冲经 VD_2 加至 IC_{2A} 的 CP 端，由于 IC_{2A} 被接成 T 触发器，它可以对输入的脉冲进行 2 分步。这样，由 IC_4 输入的 22 Hz 的脉冲就被分频为 11 Hz 的连续脉冲从 Q 端输出，由此达到输出连续脉冲的目的。

脉冲的输出采用双端输出方式，由 IC_{2A} 的 Q、$\overline{Q}$ 端引出，通过 SA_1、SA_2 两个双刀开关引到被调仪器的调整端。

本电路可通过改变 IC_3 的输出端改变延迟时间，也可通过 IC_4 的输出端改变输出脉冲的频率，十分方便。也可将双端输出的任意一端拉地，构成单端脉冲输出。

3.3.11　8 路轻触式互锁开关控制器

在某些多台设备集中控制的工作场所有时要求在同一时间内只允许一台设备工作，其余设备必须停机。这时就需要一个能实现多只工作开关互锁的控制电路，这种控制电路可称互锁开关控制电路。它可用数字电路来组成。

本电路采用一只带时钟输入端的 8D 触发器 74LS374 作为控制电路的核心器件。具体电路如图 3 - 27 所示。

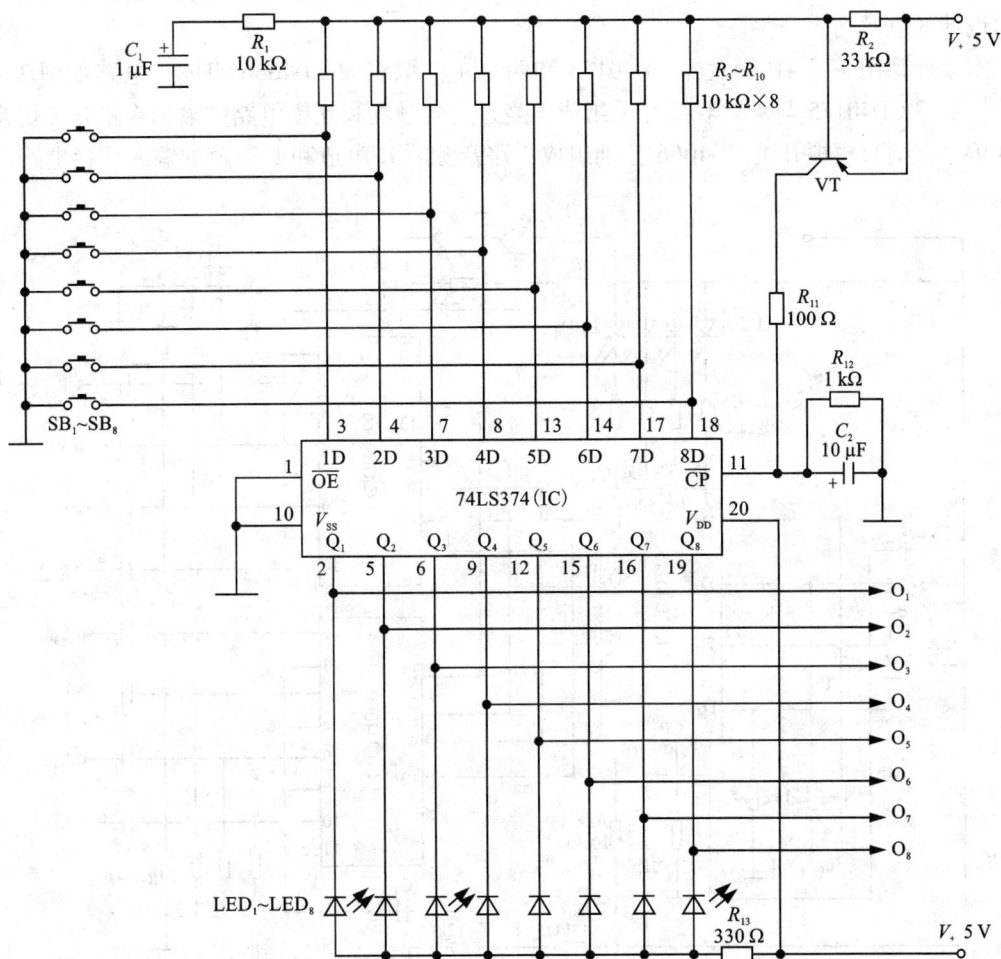

图 3 - 27　8 路互锁开关控制器

$SB_1 \sim SB_8$ 为 8 个轻触按钮，$LED_1 \sim LED_8$ 为其对应的挡位接通指示灯。当按下 $SB_1 \sim SB_8$ 其中之一时，晶体管 VT 的基极通过 $R_3 \sim R_{10}$ 之中某一电阻及所按按钮接地，使 C_1 放电，基极电位降低，VT 导通。电源将通过 VT 和 R_{11} 向 C_2 充电，在 IC 的 CP 端产生一个正向脉冲。该脉冲输入 IC 后，经施密特触发器整形后送至内部各 D 触发器。由于所按下按钮对应的 D 端接地，其对应的 Q 端也跳变为低电平并锁存。它所对应的 LED 发光，并输出控制信号至开关驱动电路。在图中，C_2 与 R_{12} 为触发脉冲提供一定的延迟时间，以防在换挡时产生误动作。

该电路的输出端 $O_1 \sim O_8$ 输出的控制信号为低电平，可根据开关驱动电路的需要通过反相器变为高电平。

3.3.12   4 路电子切换开关

随着电子技术的发展，音响节目源越来越多，将多个音响节目源输入同一台音响放大器，需要一种切换开关。传统的机械式切换开关在使用一段时间后，会因磨损而产生接触不良，出现噪声。采用电子式切换开关即可避免此类缺点。在一些高级音响设备中，采用的是专门设计的电子切换开关。

本设计采用一只 4D 触发器 CD40175 和两只 4 模拟双向 CD4066 组成。电路如图 3 – 28 所示。一只 CD40175 与 4 只双掷开关组成 4 路开关的触发和互锁电路并输出 4 路开关切换的控制信号。两只模拟开关 CD4066 分别组成 4 路音源的 R 声道和 L 声道的输入切换电路。

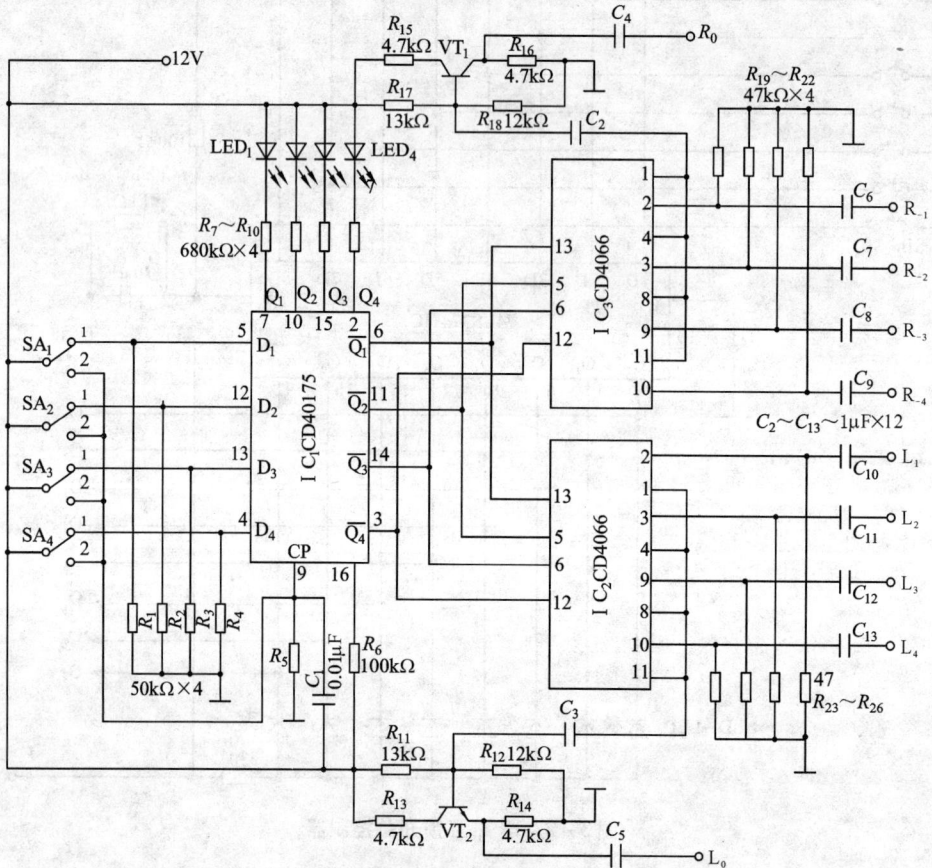

图 3 – 28   4 路电子切换开关

图中，4 个 D 触发器的数据输入端 $D_1 \sim D_4$ 接双掷开关的 1 端，并通过 $R_1 \sim R_4$ 接地。平时双掷开关 $SA_1 \sim SA_4$ 拨向 1 端，使 $D_1 \sim D_4$ 接电源，为高电平。这时 4 个输出端 $Q_1 \sim Q_4$ 为高电平，$\overline{Q_1} \sim \overline{Q_4}$ 为低电平，所有模拟开关不接通。

将某一双掷开关，例如 SA_1 拨向 2 端，由于 D_1 端通过 R_1 接地变为低电平，在 SA_1 拨向 2 端后，电源通过 R_5、C_1 产生一个正向脉冲输入 CP 端。这时 $\overline{Q_1}$ 输出高电平，将模拟开关的第一开关 S_1 接通，第一通道音源信号的 R_1 和 L_1 声道信号，通过模拟开关 S_1 输入晶体管 VT_1 和 VT_2 的基极，通过两个射极跟随器的阻抗变换，由发射极输入并分别输入功率放大器的 R 和 L 声道输入端。同时 IC_1 的 Q_1 端输出低电平，通道指示灯 LED_1 发光，指示第一通道的音源信号正在输入放大器。

3.3.13　篮球比赛记分显示器

根据篮球比赛的实际情况，有得 1 分、2 分、3 分的情况，还有减分的情况，电路要具有加、减分及显示的功能，如图 3-29 所示。

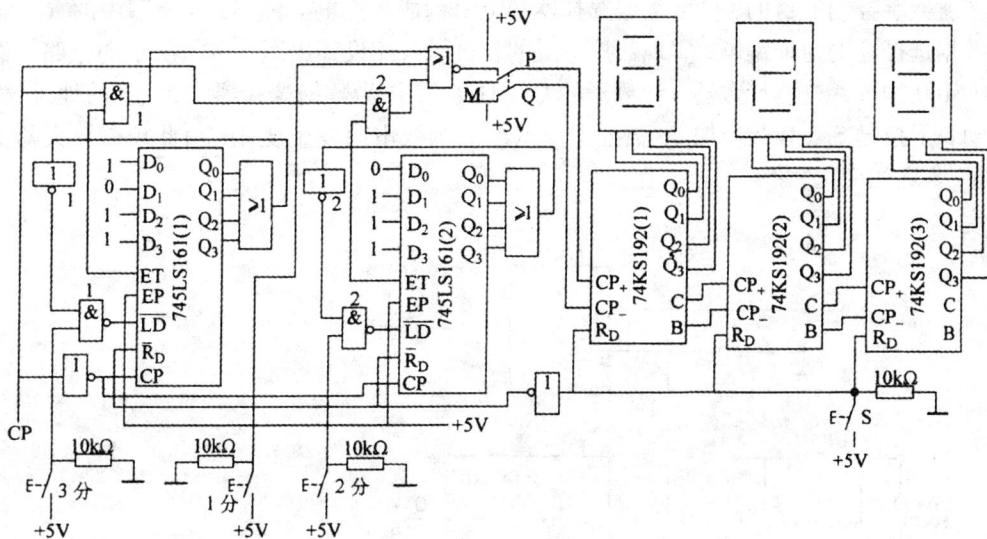

图 3-29　篮球比赛记分显示器

用两片四位二进制加法计数器 74LS161 分别组成二进制、三进制计数器，控制加 2 分、3 分的计数脉冲。3 片十进制可逆计数器 74LS192 组成的加、减计数器用于总分累加，最多可计 999。译码器、显示器用于显示得分。

开始计分时，按一下复位钮 S，使计数器 74LS192 和 74LS161 全部清零。以 2 分球为例：当进一个 2 分球时，按一下 2 分按钮，使 LD = 0，计数器 74LS161(2)预置 1110，$Q_3Q_2Q_1Q_0$ 通过或门输出 1，使与门 2 打开，让加分计数脉冲通过，同时使 74LS161(2)的 T 端为 1，并且经过非门 2 输出 0，使 $\overline{LD}$ = 1，这时 74LS161(2)开始计数，计两个脉冲后，$Q_3Q_2Q_1Q_0$ 状态为 0000，使或门输出 0，封锁与门 2，阻止第 3 个以后的加分脉冲通过，同时使 74LS161 的 T 端为 0，使计数器保持状态不变，并通过与门 2 输出 1，使非门 2 打开，完成了计 2 分过程，等待下一次 2 分按钮按下。计 3 分同理，计 1 分更为简单。

3.3.14 数控增益放大器

按照要求，放大器的增益应在 $1 \sim 8$ 之间，因此，可选择图 $3-30$ 所示的同相输入比例放大器，其电压增益为

$$A_{uf} = 1 + \frac{R_2}{R_1}$$

如果取 $R_1 = 10 \text{ k}\Omega$，则可以通过改变 R_2 实现增益的改变，当 $R_2 = 0$ 时，$A_{uf} = 1$；当 $R_2 = 10 \text{ k}\Omega$，$A_{uf} = 2$；当 $R_2 = 20 \text{ k}\Omega$，$A_{uf} = 3$；依此类推，当 $R_2 = 70 \text{ k}\Omega$，$A_{uf} = 8$。为达到放

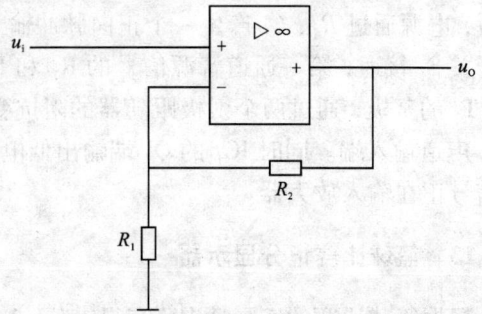

图 $3-30$ 同相输入比例放大器

大器增益数字控制的目的，可由数据选择器和电阻构成数控电阻网络，代替图中的 R_2，通过改变数据选择器的地址编码，实现数控电阻的目的，由此设计出图 $3-31$ 所示的电路。图中用 74LS160 构成八进制计数器，计数器的 Q_2、Q_1、Q_0 作为数据选择器 CC4051 的地址输入。每按动一下按键 S_1，计数器加 1，数控电阻网络的等效电阻发生变化，由此控制放大器的增益在 $1 \sim 8$ 之间变化。

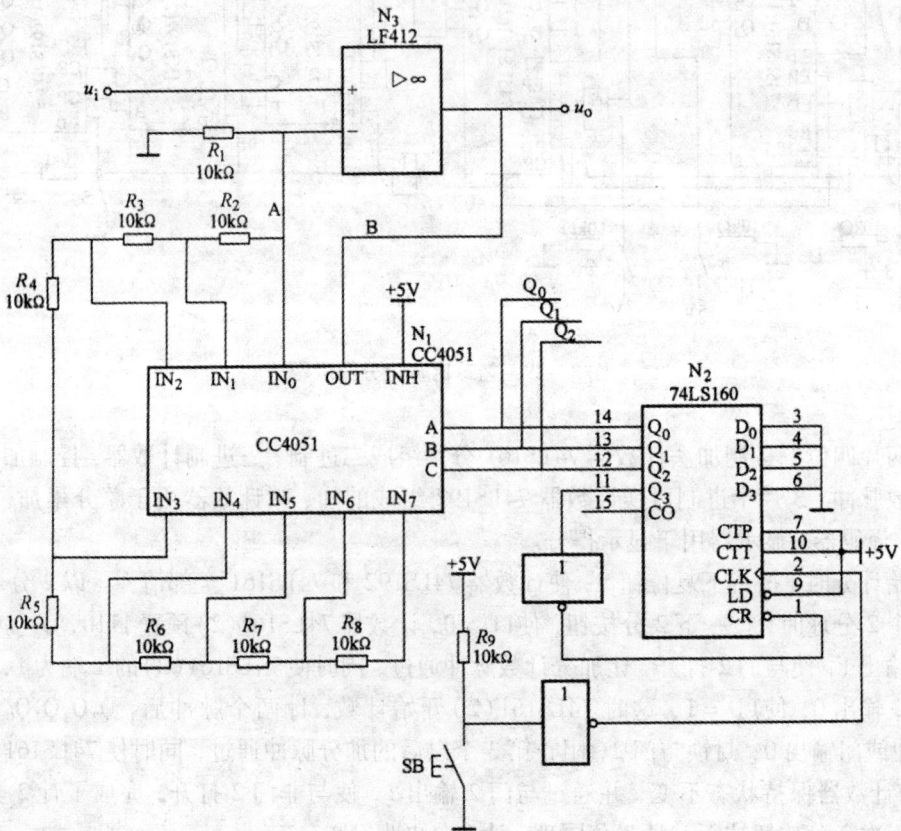

图 $3-31$ 数据增益放大器

为了直观地显示放大器的增益,译码/显示电路如图 3 – 32 所示。图中 74LS283 为二进制加法器,通过加一运算,将计数器的值转换为电压放大倍数。

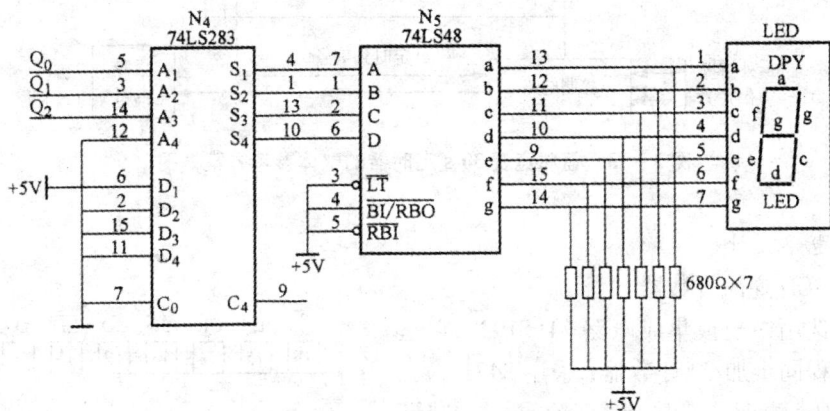

图 3 – 32　译码/显示电路

3.4　数字系统设计实例

3.4.1　篮球竞赛 30 s 定时器

定时电路是数字系统中的基本单元电路,它主要由计数器和振荡器组成。在实际工作中,定时器的应用场合很多,例如,篮球比赛规则中,队员持球时间不能超过 30 s,就是定时电路的一种具体应用。

3.4.1.1　设计任务与要求

(1)设计一个 30 s 计时电路,并具有时间显示的功能。

(2)设置外部操作开关,控制计时器的直接清零、启动和暂停/连续计时。

(3)要求计时电路递减计时,每隔 1 s,计时器减 1。

(4)当计时器递减计时到零(即定时时间到)时,显示器上显示 00,同时发出光电报警信号。

3.4.1.2　设计原理与参考电路

1. 分析要求,画出原理框图

30 s 定时器的整体参考方案框图如图 3 – 33 所示。它包括秒脉冲发生器、计时器、译码显示电路、报警电路和控制电路等五个部分组成。其中计时器和控制电路是系统的主要部分。计数器完成 30 s 计时功能,而控制电路完成计数器的直接清零、启动计数、暂停/连续计数、译码显示电路的显示与灭灯、定时时间到报警等功能。

秒脉冲发生器产生的信号是电路的时钟脉冲和定时标准,但本设计对此信号要求并不太高,电路可采用 555 集成电路构成。

译码显示电路可用 74LS48 和共阴极七段 LED 显示器组成。报警电路可用发光二极管实现。

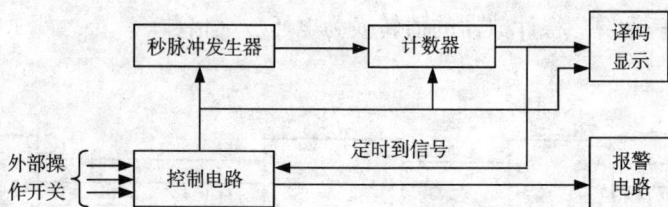

图 3 – 33　篮球竞赛 30 s 定时器的整体参考方案框图

2. 单元电路设计

1) 8421BCD 递减计数器

计数器选用中规模集成电路 74LS192，它是十进制可编程同步加/减计数器，采用 8421 码二－十进制编码，并具有直接清零、置数、加/减计数功能。图 3 – 34 是 74LS192 引脚图。图中 CP_U、CP_D 分别是加计数、减计数的时钟脉冲输入端(上升沿有效)。$\overline{LD}$ 是异步并行置数控制端(低电平有效)，$\overline{CO}$、$\overline{BO}$ 分别是进位、借位输出

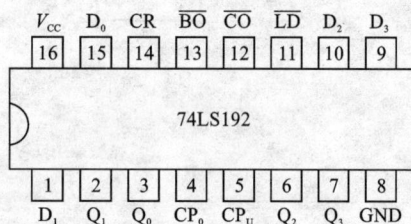

图 3 – 34　74LS192 的引脚图

端(低电平有效)，CR 是异步清零端，$D_3 \sim D_0$ 是并行数据输入端，$Q_3 \sim Q_0$ 是输出端。

74LS192 的功能表如表 3 – 4 所示。74LS192 的工作原理是：当 $\overline{LD}=1$，CR $=0$ 时，若时钟脉冲加到 CP_U 端，且 $CP_D=1$，则计数器在预置数的基础上完成加法计数功能，当加计数到 9 时，$\overline{CO}$ 端发出进位下跳变脉冲；若时钟脉冲加到 CP_D 端，且 $CP_U=1$，则计数器在预置数的基础上完成减法计数功能，当减计数到 0 时，$\overline{BO}$ 端发出进位下跳变脉冲。

表 3 – 4　74LS192 的功能表

CP_U	CP_D	$\overline{LD}$	CR	操作
×	×	0	0	置数
↑	1	1	0	加计数
1	↑	1	0	减计数
×	×	×	1	清零

由 74LS192 构成的 30 进制递减计数器如图 3 – 35 所示，其预置数为 N = (0011 0000)$_{8421BCD}$ = (30)$_{10}$。它的工作原理是：只有当低位 $\overline{BO_1}$ 发出借位脉冲时，高位计数器才作减计数。当高、低位计数器处于全零，且 CP_D 为 0 时，置数端 $\overline{LD_2}=0$，计数器完成并行置数，在 CP_D 端的输入时钟脉冲作用下，计数器再次进入下一循环减计数。

2) 控制电路

为了保证系统的设计要求，在设计控制电路时，应正确处理各个信号之间的时序关系。从系统的设计要求可知，控制电路要完成以下四项功能：

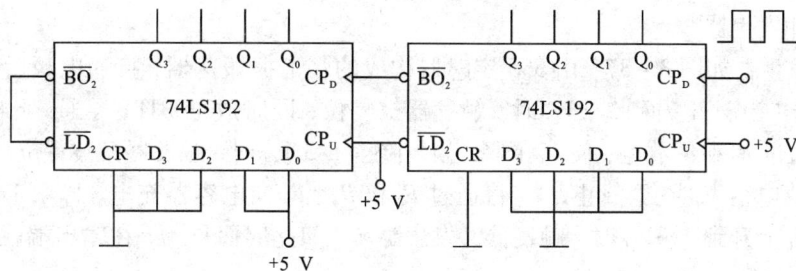

图 3 – 35　8421BCD 码 30 进制递减计数器

①操作"直接清零"开关时,要求计数器清零。

②闭合"启动"开关时,计数器应完成置数功能,显示器显示 30 s 字样;断开"启动"开关时,计数器开始进行递减计数。

③当"暂停/连续"开关处于"暂停"位置时,控制电路封锁时钟脉冲信号 CP,计数器暂停计数,显示器保持原来的数不变,当"暂停/连续"开关处于"连续"位置时,计数器继续累计计数。另外,外部操作开关都应采取去抖动措施,以防止机械抖动造成电路工作不稳定。

④当计数器递减计数到零(即定时时间到)时,控制电路应发出报警信号,使计数器保持零状态不变,同时报警电路工作。

图 3 – 36 是控制电路图。图(a)是置数控制电路,$\overline{LD}$ 接 74LS192 的预置数控制端,当开关 S_1 合上时,$\overline{LD} = 0$,74LS192 进行置数;当开关 S_1 断开时,$\overline{LD} = 1$,74LS192 处于计数工作状态,从而实现功能②的要求。图(b)是时钟脉冲信号 CP 的控制电路,控制 CP 的放行与禁止。当定时时间未到时,74LS192 的借位输出信号 $\overline{BO_2} = 1$,则 CP 受"暂停/连续"开关 S_2 的控制,当 S_2 处于"暂停"位置时,门 G_3 输出 0,门 G_2 关闭,封锁 CP 信号,计数器暂停计数;当 S_2 处于"连续"位置时,门 G_3 输出 1,门 G_2 打开,放行 CP 信号,计数器在 CP 作用下,继续累计计数。当定时时间到,$\overline{BO_2} = 0$,门 G_2 关闭,封锁 CP 信号,计数器保持零状态不变,从而实现了功能③、④的要求。功能①的要求,可通过控制 74LS192 的异步清零端 CR 实现。

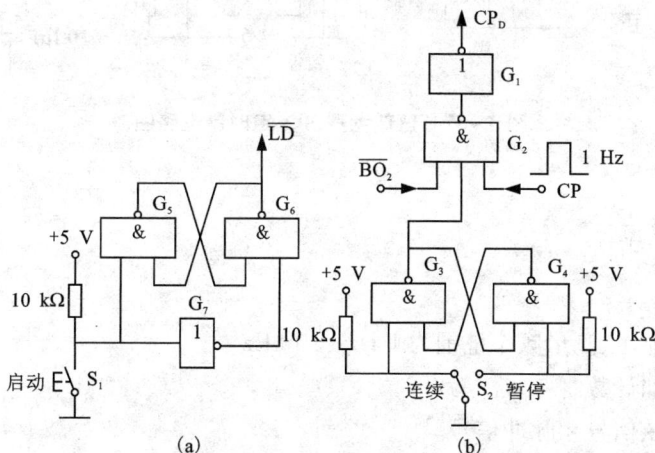

图 3 – 36　控制电路图

(a)置数控制电路;(b)时钟信号控制电路

3）秒脉冲发生器

秒脉冲发生器如图 3-37，由 555 定时器构成的多谐振振荡器，接通电源后，电容 C_1 被充电，V_C 上升，当 V_C 上升到 $2/3 V_{CC}$ 时，触发器被复位，同时放电 BJTT 导通，此时 V_0 为低电平，电容 C 通过 R_2 和 T 放电，使 V_C 下降，当下降至 $1/3 V_{CC}$ 时，触发器又被置位，V_0 翻转为高电平。当 C 放电结束时，T 截止，V_{CC} 将通过 R_2 和 R_1、R_E 向电容器充电，V_C 由 $1/3 V_{CC}$ 上升到 $2/3 V_{CC}$。当 V_C 上升到 $2/3 V_{CC}$ 时，触发器又发生翻转，如此周而复始，在输出端就得到一个周期性的方波，其频率为：$f = 1.43/[(R_1 + 2R_2)C]$。

在这里我们选择 $R_1 = 15\ \text{k}\Omega$，$R_2 = 68\ \text{k}\Omega$，$C_1 = 10\ \mu\text{F}$，即可输出 1 Hz，达到要求。

3. 整体电路

根据前面的分析和图 3-29，可以画出篮球 30 秒定时器的电路图。其整体电路如图 3-37 所示。

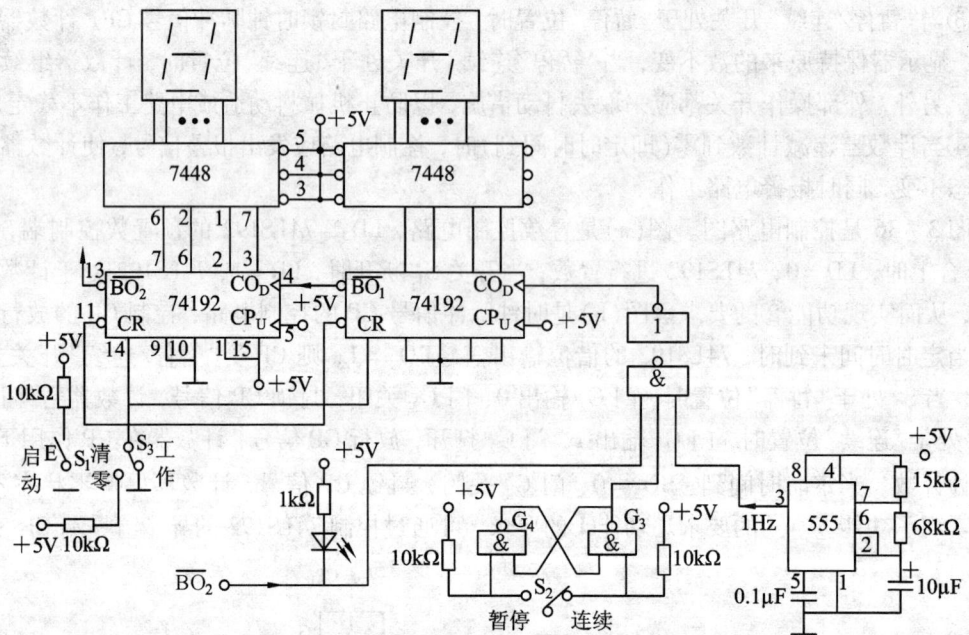

图 3-37　篮球竞赛 30 s 定时器电路图

3.4.2　简易数字频率计

3.4.2.1　设计任务

（1）四位数字显示，测量频率范围为 1 Hz ～ 10 kHz。

（2）可进行累加计数。

（3）可测量正弦信号和脉冲信号。

（4）测量灵敏度为 1 V。

（5）手动清零、手动测量。

（6）测量误差为 ±1 个数字。

3.4.2.2　整机框图

频率测量是通过在单位时间内对被测信号进行计数来实现的。工作原理框图如图 3 – 38 所示。

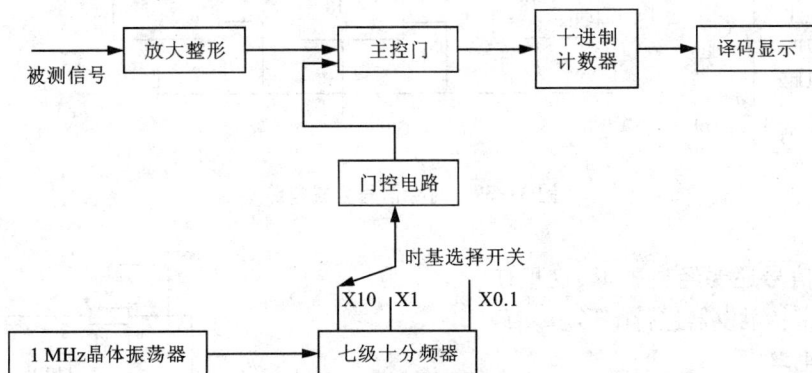

图 3 – 38　数字频率计原理框图

从图 3 – 38 中可知被测信号是经过放大整形电路后加到主控门的一个输入端,这样可保证频率计测量不同类型和幅度的波形。主控门由门控信号打开,门控信号是由时基信号触发门控电路得到的。晶体振荡器经过分频后可得到各挡的标准时间,再经过时基选择开关选出所需要的时标信号去触发门控电路。选择不同的时基信号可扩大频率计的测量范围,它可改变测频精度。若门控信号为 1 s,测试结果频率为 10 Hz,假设计数误差是 ±1 Hz,则测试精度 $\varepsilon = 10\%$。为提高精度可选 10 s 的门控信号,这样测试精度为 1%。当经放大整形后的被测信号和受时基控制的门控信号同时出现在主控门的输入端时,主控门打开,这时通过此门输出的被测信号作为计数脉冲送到计数器直接计数。门控信号用来控制开门的时间,当门控信号为 1 s 时,计数器所记录的脉冲数即是被测信号的频率。

3.4.2.3　各部分电路设计

1. 秒脉冲电路

为了获得频率稳定的时标脉冲,以减小测量误差,本电路采用石英晶体振荡器。标准的时标信号可由对 1 MHz 的石英晶体振荡器进行分频获得,如图 3 – 39 所示。G_1 为非门 4069,用于产生振荡,G_2 为施密特触发器 40106,用于对信号进行整形,在 G_2 门的输出端输出标准的脉冲信号。由于十进制计数器最高位的输出信号是输入信号的十分频,所以可以用十进制计数器 4518 组成十分频电路,最后获得标准的时标脉冲。使用 3 片 4518 可进行 6 级十分频,最后一位 4518 的 Q_3 端输出的是 1 Hz 的标准脉冲。当然不同 4518 的 Q_3 端可输出不同的时标信号。

2. 放大整形电路

为了扩大测量信号的幅度范围,被测信号首先经过放大电路。如图 3 – 40 所示,波形幅度放大的倍数由 R_F 和 R_W 确定,所以调节电位器 R_F 可改变输出信号幅度的大小,同时调节 R_W 可使电平偏移。

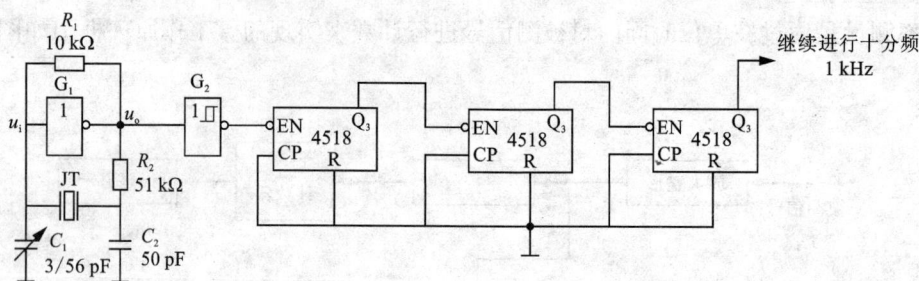

图 3-39 时标信号生成电路

放大后信号还要经过整形,这里使用 40106 施密特触发器进行整形。

3. 门控电路

对于数字频率计门控信号即标准宽度的脉冲信号,这里选 1 秒宽脉冲信号,它使被测信号在 1 秒钟的时间里通过主控门送计数器进行计数,即得到被测信号的频率。1 秒宽的正脉冲信号由 1 Hz 的秒脉冲信号经过双 D 触发器 4013 得到,电路如图 3-41 所示。工作原理简述如下:

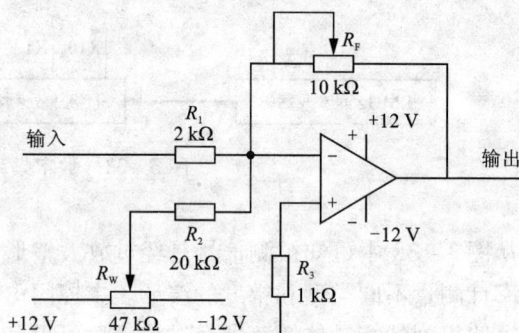

图 3-40 波形放大整形电路

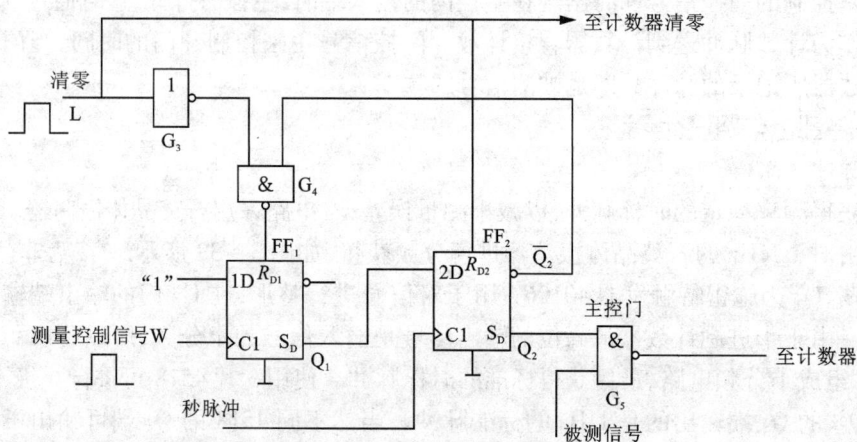

图 3-41 门控信号生成电路

测量前先用清零信号 L 的高电平将触发器 FF_1 和 FF_2 清零,即使得 $Q_1 = Q_2 = 0$。测量时按一下测量按钮 W,获得一个测量正脉冲,由于 FF_1 的 1D 输入端接 1,因此,测量脉冲的上升沿到来后,Q_1 由 0 变 1。紧接着一个秒脉冲的上升沿到来后,Q_2 由 0 翻转为 1 状态,即 $Q_2 = 1$,$\overline{Q_2} = 0$,$\overline{Q_2}$ 的低电平 0 经 G_4 门输出高电平,使 FF_1 的 R_{D1} 变为高电平,将 FF_1 又重新置 0,即 2D

的 $Q_1 = 0$，此状态一直维持到下一个秒脉冲到来。而 FF_2 只有在下一个秒脉冲的上升沿到来后才重新置 0。因此，Q_2 输出的高电平时间是两个秒脉冲上升沿之间的时间间隔（即秒脉冲的周期），即 Q_2 输出的是 1 秒宽的门控信号。

如果需要自动测量被测信号的频率，可在 FF_1 的时钟端加某一频率的脉冲信号，Q_2 端会不断地输出 1 s 宽的脉冲信号。此时加入被测信号进行测量，计数器会对被测频率进行累加，累加的间隔时间由 FF_1 的时钟端所加的脉冲信号决定，当此脉冲信号频率大于 1 Hz 时，累加的间隔时间是 1 s；小于 1 Hz 时的间隔时间大于 1 s。

4. 主控门

主控门是一个由门控信号控制的闸门，门控信号为高电平期间，主控门打开，被测信号脉冲通过主控门；反之，主控门关闭，被测信号停止通过主控门。图 3 – 42 所示与非门 4011 作为主控门。

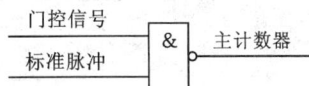

图 3 – 42　主控门电路

5. 计数器和显示器

计数器的作用是将主控门输出的被测脉冲进行累加计数并在数码管上显示出来。

为了实现对 1 ~ 10 kHz 的脉冲进行测量，需要用 4 位十进制数码显示，计数器采用 4 级十进制加法计数器，分别代表十进制数的个位、十位、百位和千位。具体电路由 4 片十进制加减计数器/驱动集成电路 40110 实现，如图 3 – 43 所示。CP_U 为加法输入端，当有脉冲输入时，计数器作加法计数；CR 为清零端，高电平有效。即当 CR = 1 时，计数器清零，显示 0；当 CR = 0 时，计数器工作。CO 为进位输出端，出现进位信号时为高电平。$Y_a \sim Y_g$ 为译码器输出端，高电平有效，可直接驱动数码管显示数据。

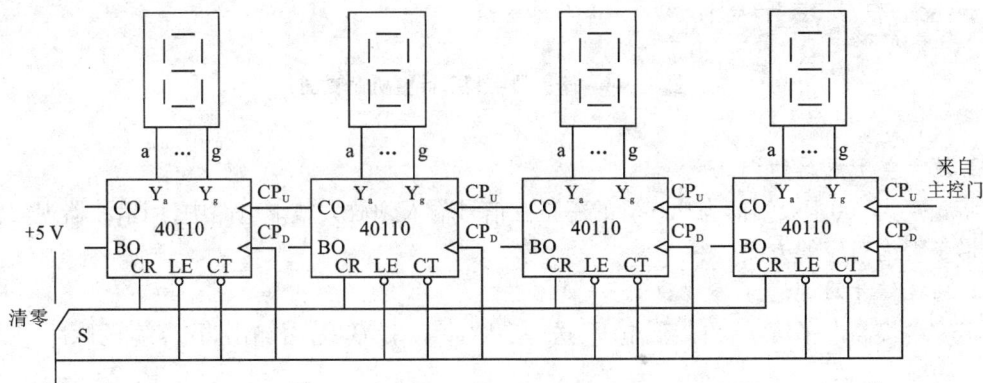

图 3 – 43　计数器和显示器

3.4.2.4　整机电路

整机电路图如图 3 – 44 所示。

3.4.2.5　调试要点

1. 时基信号的调试

用示波器观察石英晶体振荡器经 CD4518 分频输出的脉冲信号是否为标准的时基脉冲。

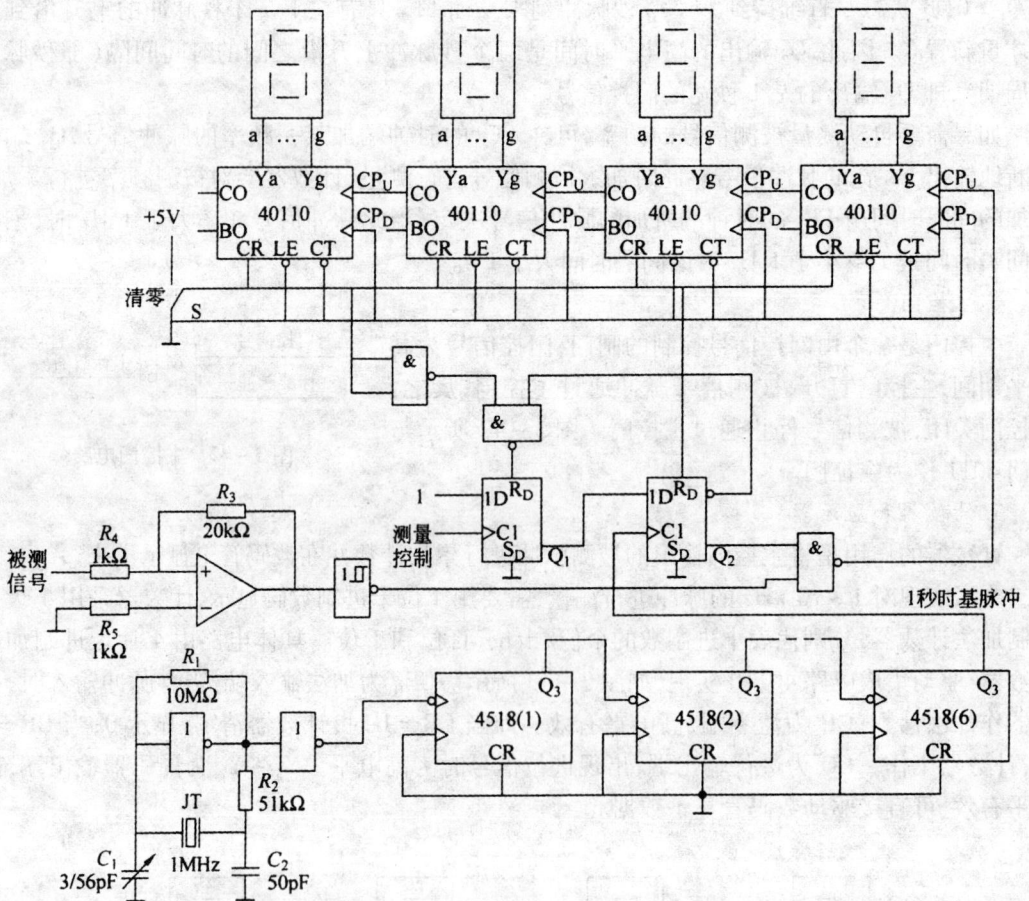

图 3 - 44　简易数字频率计整机逻辑图

2. 放大整形电路的调试

将频率为 100 Hz、幅值为 0.5 V 的一正弦信号输入到放大整形电路中,用示波器观察输出的波形是否为对应的方波。

3. 门控信号的调试

清零端接高电平清零,再接低电平,送一个脉冲 W 看 Q_2 是否输出为 1 s 宽的脉冲。

3.4.3　数字脉冲周期测量仪

3.4.3.1　设计任务

(1)两位数字显示,测量脉冲周期范围为 1 ~ 99 ms;

(2)可进行脉冲周期时间的测量和累加;

(3)测量灵敏度为 1 V;

(4)手动清零,手动测量;

(5)测量精度为 ± 1 ms。

3.4.3.2　整机框图

数字脉冲周期测量仪用于测量脉冲的周期,由标准的周期为 1ms 的脉冲信号对被测脉冲进行测量。其原理框图如图 3 – 45 所示。

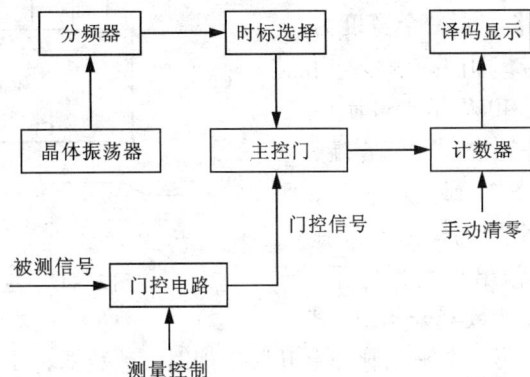

图 3 – 45　数字脉冲周期测量仪原理框图

由图 3 – 45 可知，在测量控制信号作用下被测脉冲经过门控电路生成门控信号控制主控门。当被测周期性脉冲信号频率小于 1000 Hz 时，经过门控电路后生成一个宽度为被测信号一个周期的脉冲，即为门控信号。此门控信号打开主控门的时间为被测脉冲的一个周期，这时通过时标开关选择频率为 1000 Hz 的时标脉冲，在主控门打开时，时标脉冲通过主控门，计数器开始对时标脉冲计数；当门控信号结束时，主控门关闭，计数器停止计数，此时显示器上显示的数字是在门控信号打开主控门的时间内通过主控门的时标脉冲数，即为被测脉冲周期时间。当被测信号频率大于 1000 Hz 时，通过时标选择开关选择频率为 10000 Hz 的时标脉冲，这样可对被测信号进行测量。在本设计中，时标脉冲的频率 $f = 1000$ Hz。

3.4.3.3　各部分电路设计

1. 时标脉冲电路

测量仪用于精确测量周期，这里采用 1 MHz 石英晶体振荡器经分频产生时标脉冲信号。为了得到频率为 1000 Hz 的标准脉冲，可对 1 MHz 的石英晶体进行分频。如图 3 – 46 所示，G_1 和 G_2 为非门 4069，G_2 用于对 1 MHz 信号进行整形。由于十进制计数器最高位的输出信号是输入信号的十分频，所以可以用十进制计数器 4518 组成十分频电路，最后获得标准的时标脉冲。这里 $R_1 = 10$ MΩ，$R_2 = 51$ kΩ，$C_2 = 50$ pF，$C_1 = 3 \sim 56$ pF。使用两片 4518 组成三级十分频，第三级 Q_3 端输出 1000 Hz 的时基脉冲，其周期为 1 ms。

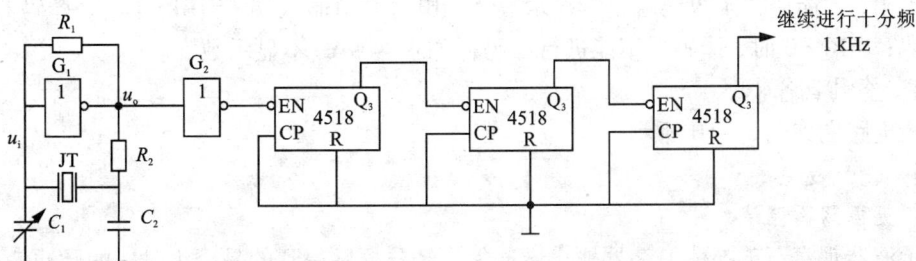

图 3 – 46　时标脉冲信号生成电路

2. 门控电路

门控信号是被测信号经门控电路生成的。被测信号经门控电路生成一个宽度为被测信号周期的脉冲信号，即门控信号，门控电路如图 3 – 47 所示，4017 是十进制计数器/脉冲分频器，CR 是计数器的清零端，由开关 S 控制。当开关 S 打到高电平时，计数器清零，4017 的十个译码输出中只有 Y_0 输出为高电平，其他输出均为低电平。当开关 S 打到低电平时，计数器开始对 CP

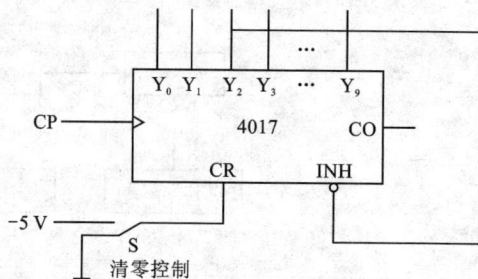

图 3 – 47　主控门电路

端输入的被测信号计数。第 1 个被测脉冲上升沿出现时，计数器计 1，Y_1 输出高电平，其他均输出低电平。第 2 个被测脉冲上升沿到来时，Y_1 输出高电平变为低电平，此时 Y_2 输出为高电平，同时它使 INH 也为高电平，被测信号无法送入计数器，计数器保持原来的状态，即 Y_1 输出为一个被测脉冲周期的门控信号。这样通过控制开关 s 首先为高电平清零，再打向低电平使计数器工作，就可控制在 Y_1 输出端输出一个宽度为被测脉冲周期的门控信号。

3. 主控门

主控门是一个由门控信号控制的闸门，门控信号打开主控门，时标脉冲信号通过主控门；反之，主控门关闭，时标脉冲信号停止通过主控门，电路如图 3 – 48 所示，用与非门 4011 作为主控门。

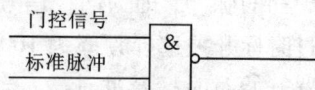

图 3 – 48　主控门电路

4. 计数器和译码器

计数器的作用是将主控门输出的时标脉冲进行累加计数并能够在数码管上显示。

为了实现对 1 ~ 10000 Hz 的被测信号进行测量，需要实现 4 位十进制数码显示，计数器采用二级十进制加法计数器，分别代表十进制数的个位、十位。具体电路由 2 片十进制异步计数器 7415290 实现，如图 3 – 49 所示，R_{0A}、R_{0B} 是异步清零端，当这两端同时为高电平时，计数器清零，当其中之一或都为低电平时可进行计数。CP_0 是十进制计数器的时钟输入端，下降沿有效。Q_0、Q_1、Q_2、Q_3 是计数器的输出端，当十进制计数时 CP_1 与 Q_0 相连。计数器的输出经过译码器译码就可驱动数码管显示，这里使用 74L549 共阴极译码器。

4 线 – 7 段译码器/驱动器 74LS49 输出高电平有效，OC 输出，无上拉电阻，使用时需加接上拉电阻，才能使共阴数码管正常显示数字。$\overline{BI}$ 为消隐输入端，当 $\overline{BI} = 1$ 时，译码器工作，正常译码；当 $\overline{BI} = 0$ 时，译码器不能进行译码，这时 Y_a ~ Y_g 不显示数字。

3.4.3.4　整机电路

整机电路图如图 3 – 50 所示。

3.4.3.5　调试要点

1. 石英振荡器调试

用示波器观察石英晶体振荡器输出脉冲信号经分频后得到的是否为时标的脉冲信号。

2. 门控电路调试

控制开关 S，用示波器观察门控电路是否输出一个被测信号周期长度的正脉冲。

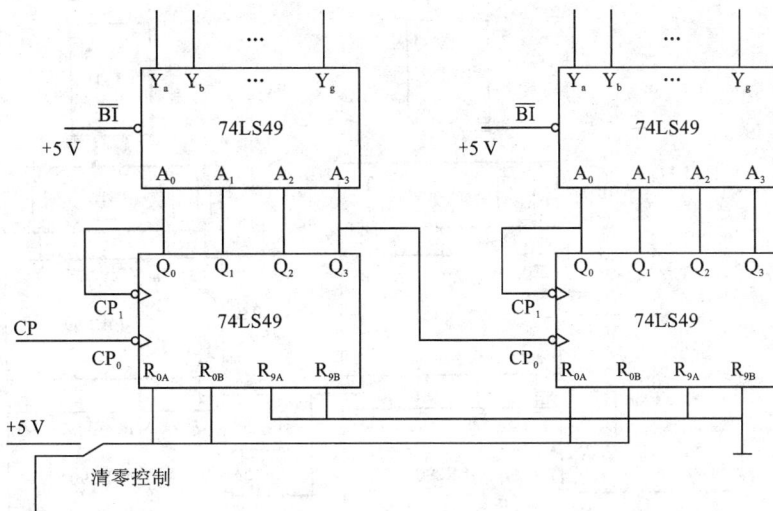

图 3 - 49　计数器和译码电路

　　3.计数译码显示电路调试

　　计数器的清零端接高电平,看数码管显示是否都为零。清零端接低电平,断开主控门和计数器的连线,把不同频率的时基脉冲信号输入到计数器个位的输入端,观察计数器能否准确计数。

　　4.整机调试

　　计数器准确计数后,把所有的电路连接好,调试整个电路,测试被测信号的周期。

3.4.4　智力竞赛抢答器

3.4.4.1　设计任务

　　(1)8 名选手参加比赛,编号分别为 0,1,…,7,每人一个抢答按钮。

　　(2)节目主持人用开关控制系统的清零和抢答开始。

　　(3)抢答器具有锁存和显示第一个抢答者的编号并禁止其他选手抢答的功能。

　　(4)抢答器在主持人启动后开始抢答,具有 30 s 倒计时的功能,在 30 s 内抢答有效,停止计时并显示抢答时刻。

　　(5)30 s 内无人抢答时,本次抢答无效,并禁止选手抢答。

3.4.4.2　整机框图

　　按功能要求,抢答器应该由抢答电路、控制电路、锁存电路、译码显示电路、定时电路和报警电路等几部分组成,其原理框图见图 3 - 51。其中抢答电路的作用是在外加信号的控制下对抢答者的输入信号进行编码,编码后经锁存电路锁存并送译码显示电路显示出抢答者的编号。另外,优先编码器的优先扩展输出端还可作为定时电路的控制信号,即当一个抢答者在 30 s 之内按下抢答按钮时,则其余人的抢答输入将无效,并且秒计数器也随之停止计数。这样,当主持人按下开始按钮时,外部清除/起始信号进入门控电路,产生编码选通信号,使编码器开始工作,等待数据输入。此时一旦抢答者按下按钮,则产生的低电平信号立即被优

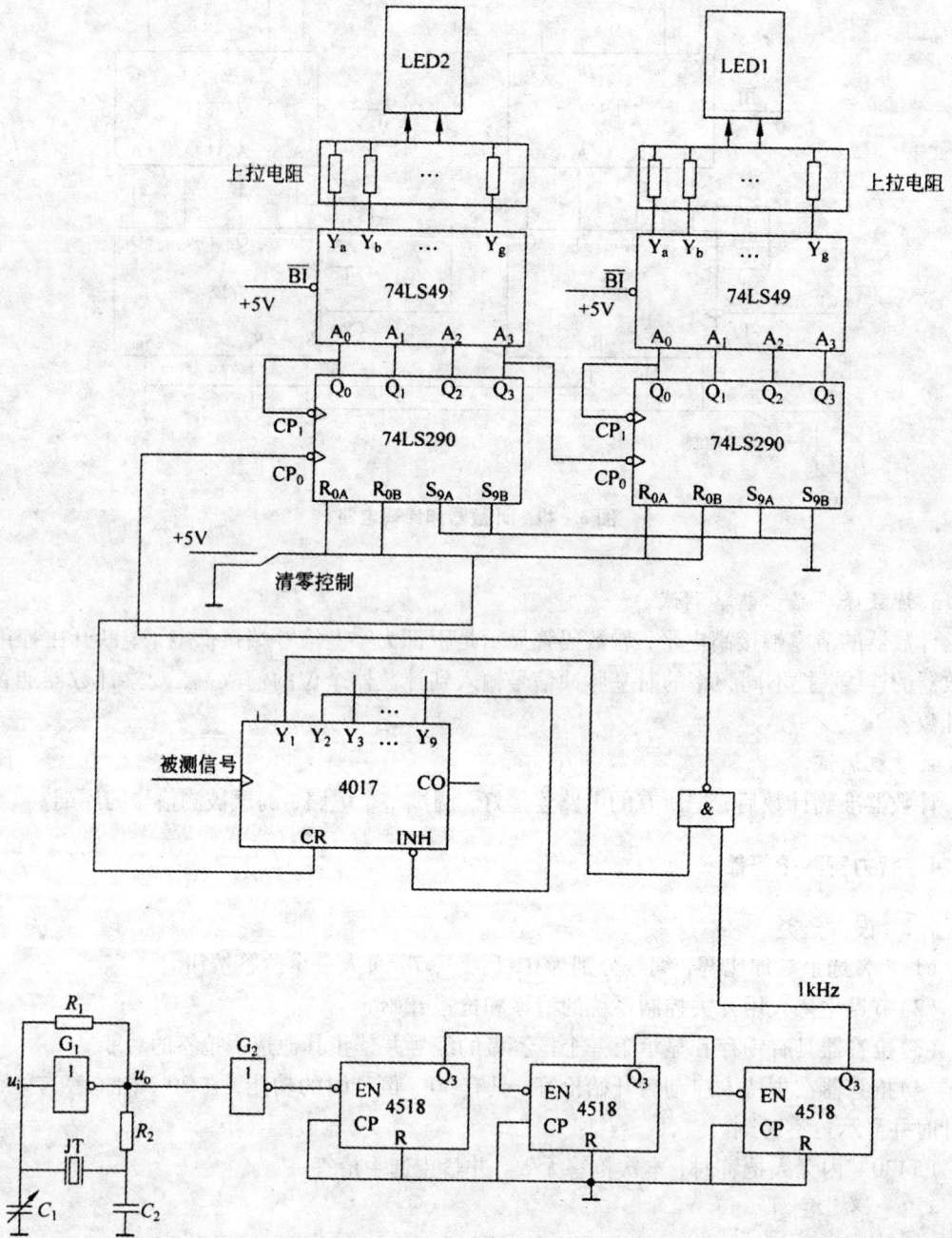

图 3-50 数字脉冲周期测量仪整机逻辑图

先编码器编码，经过锁存电路锁存并通过显示译码器到 LED 显示器上显示相应数字，同时发出声音报警。与此同时，将编码器的优先扩展输出端引回门控电路，使门控电路的输出反相，优先编码电路被禁止工作，直到主持人再次按下开始按钮才进入下一次抢答。

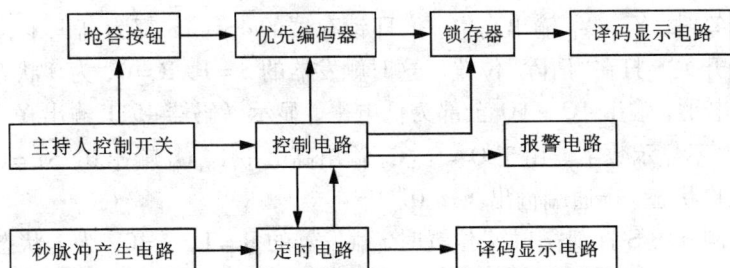

图 3-51　智力竞赛抢答器原理框图

3.4.4.3　各部分电路设计

1. 抢答电路

抢答电路的主要作用是分辨出抢答者按键按下的先后，锁存并显示抢答者的号码，同时能使后抢答者的按键无效。电路如图 3-52 所示。它主要由以下几部分组成：①由与非门组成的基本 RS 触发器；②8 线-3 线优先编码器 74HCl48；③$\overline{R}-\overline{S}$锁存器 74HC279；④4 线-7 段显示译码器 4511 和共阴 LED 显示器。这部分的工作原理如下：

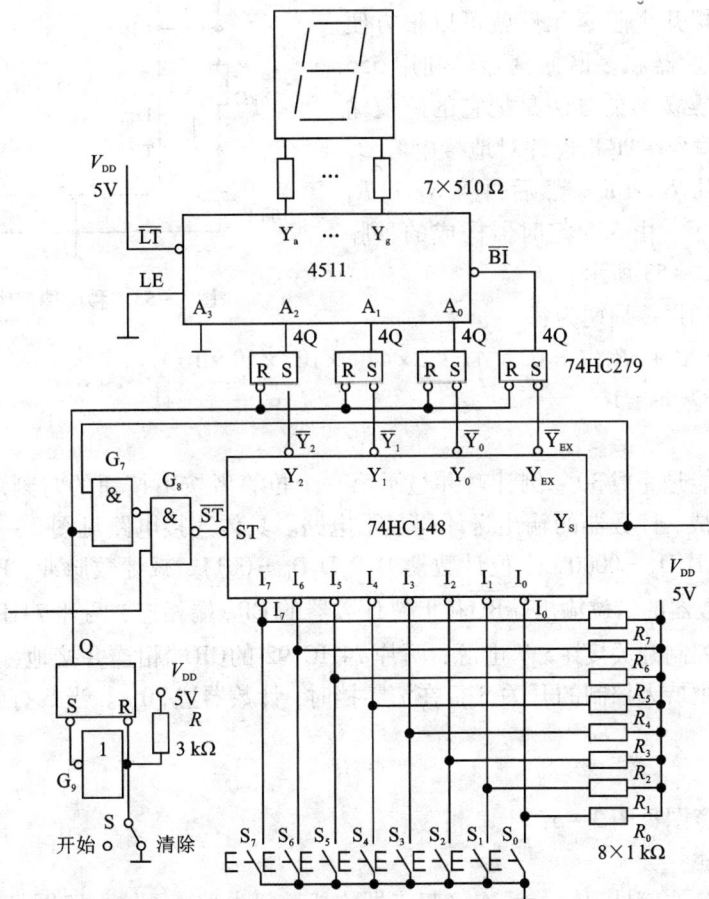

图 3-52　抢答电路

当没有人抢答时，$\overline{Y}_2 \sim \overline{Y}_0$ 输出高电平，即锁存器的 $4\overline{S} \sim 1\overline{S}$ 都为高电平，$\overline{Y}_{EX}$ 为高电平。同时主持人控制开关 S 打在"清除"位置。这时触发器的 $\overline{S} = 1$，$\overline{R} = 0$，为 0 状态，$Q = 0$，锁存器 $4\overline{R} \sim 1\overline{R}$ 为低电平，输出 $4Q \sim 1Q$ 全部为低电平，显示译码器 4511 输出 $Y_a \sim Y_g$ 均为低电平，显示器灭灯，不显示数字。由于 $Q = 0$，G_7 输出高电平 1，G_8 输出 0，$\overline{ST} = 0$。优先编码器 74HC148 处于工作状态，选通端输出 $Y_S = 0$。

当主持人控制开关 S 打到"开始"位置时，触发器的 $\overline{R} = 1$，$\overline{S} = 0$，为 1 状态，$Q = 1$，这时 $Y_S = 0$，使 $\overline{ST} = 0$，优先编码器 74HC148 和锁存器 74HC279 处于工作状态。当按下 S_2 按键时，74HC148 输出 $\overline{Y}_2\overline{Y}_1\overline{Y}_0 = 101$，扩展端 $\overline{Y}_{EX} = 0$，74HC279 输出状态为 $4Q3Q2Q = 010$，$1Q = 1$，$\overline{BI} = 1$，显示译码器 4511 工作，显示器显示抢答者的编号 2。由于这时 74HC148 选通输出端 $Y_S = 1$，使 $\overline{ST} = 1$，74HC148 处于禁止状态，封锁了其他抢答者按键送出的抢答信号。它保证了第 1 个抢答者的优先地位。当松开按键 S_2 时，74HC148 的禁止状态不会改变。当主持人控制开关 S 打到"清除"位置时，抢答电路复位，为下一轮抢答做准备。

2. 秒脉冲产生电路

秒脉冲产生电路采用 555 定时器来实现。555 定时器是一种多用途集成电路，应用相当广泛，通常只需外接几个阻容元件就可以很方便地构成施密特触发器和多谐振荡器。利用 555 定时器构成多谐振荡器的方法是把它的阈值输入端 TH 和触发输入端 $\overline{TR}$ 相连并对地接电容 C，对电源 V_{DD} 接电阻 R_1 和 R_2，然后再将 R_1 和 R_2 接 DIS 端就可以了。由 555 定时器构成的秒脉冲产生电路如图 3 – 53 所示。

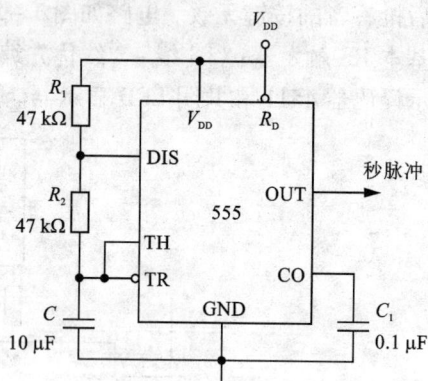

图 3 – 53　秒脉冲产生电路

多谐振荡器的振荡周期为：

$$T = 0.7(R_1 + 2R_2)C = 0.7(47 + 2 \times 47) \times 10^3 \times 10 \times 10^{-6}$$
$$= 987 \text{ ms} \approx 1 \text{ s}$$

3. 定时器

定时器的功能是完成 30 s 倒计时并显示第一个抢答者按下按钮的时刻，计数器由两片 74HC192 级联构成，计数器的输出送译码显示电路。具体连接电路见图 3 – 54。由图可知，个位计数器 $D_3D_2D_1D_0 = 0000$，十位计数器 $D_3D_2D_1D_0 = 0011$，减计数脉冲 CP 由个位的 $\overline{CPD}$ 端输入，个位计数器的借位输出端 $\overline{BO}$ 和十位计数器的 $\overline{CP}_D$ 端相连，两片 74HC192 的 $\overline{LD}$ 端相连并通过主持人控制开关接 +5 V 电源，两片 74HC192 的 $\overline{CR}$ 端相连并接地，构成 30 进制的减法计数器。当主持人控制的开关 S 打在清零挡时，计数器置 30 s。当 S 打到开始挡时，则可进行抢答。

4. 报警电路

报警电路示意图见图 3 – 55。

3.4.4.4　整机电路

将上述几部分按信号逻辑关系连接起来即构成整机电路，具体电路图见图 3 – 56 图中，与非门 $G_1 \sim G_9$ 的作用是保证信号之间的相互关系能满足电路的逻辑要求。抢答器的工作原理如下：

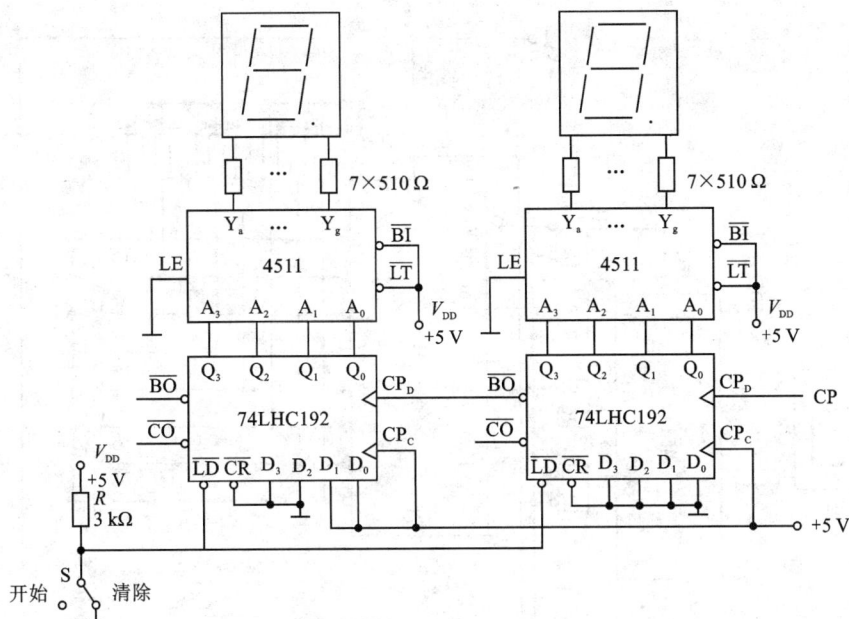

图 3-54 定时器电路

当主持人将开关 S 打到"清零"挡时，计数器置 30，显示器显示 30 s。如将 S 打到"开始"挡时，计数器进行倒计时，$\overline{BO_1}$ 和 $\overline{BO_2}$ 中至少有一个输出高电平，G_3 输出高电平，发光二极管 LED_1 不发光，而这时 $Y_S = 0$，G_8 输入端为高电平，$\overline{ST} = 0$，优先编码器处于工作状态。当 $S_0 \sim S_7$ 中任一个按钮开关按下时，Y_S 由低电平 0 变为高电平 1，G_{10} 输出低电平，发光二极管 LED_2 发光，这时倒计时停止，并显示抢答者的编号。

如在 30 s 倒计时期间无人抢答时，则当计数器计到 00 时，$\overline{BO_1}$ 和 $\overline{BO_2}$ 同时输出低电平 0，G_3 输出低电平，发光二极管 LED_1 发光。

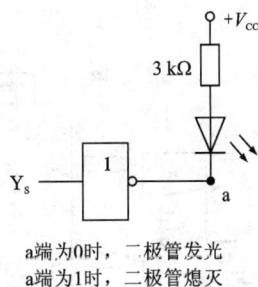

a端为0时，二极管发光
a端为1时，二极管熄灭

图 3-55 报警电路

3.4.4.5 调试要点

检查整机电路无误后，可进行各部分电路的调试。

1. 秒脉冲电路调试

接通电源 V_{DD} 后用示波器观察 OUT 端输出波形，其振荡周期 $T \approx 1$ s。

2. 抢答电路调试

接通电源 V_{DD} 并将开关 S 打在清除位置，触发器处于 0 状态，Q 为低电平，$\overline{ST}$ 为低电平，这时 $\overline{Y}_2 \sim \overline{Y}_0$ 和 $\overline{Y}_{EX}$ 都为高电平，4Q～1Q 端均为低电平，LED 数码显示器灭灯（不显示任何数字）。如按抢答开关 S_2 时，$\overline{Y}_2 \sim \overline{Y}_0 = 101$，4Q3Q2Q = 010，LED 数码显示器显示 2，说明电路工作基本正常。

3. 定时器调试

接通电源 V_{DD} 后，使两片 74HC192 置数 30，显示器显示 30，在 CP_D 端输入 1 s 的秒脉冲

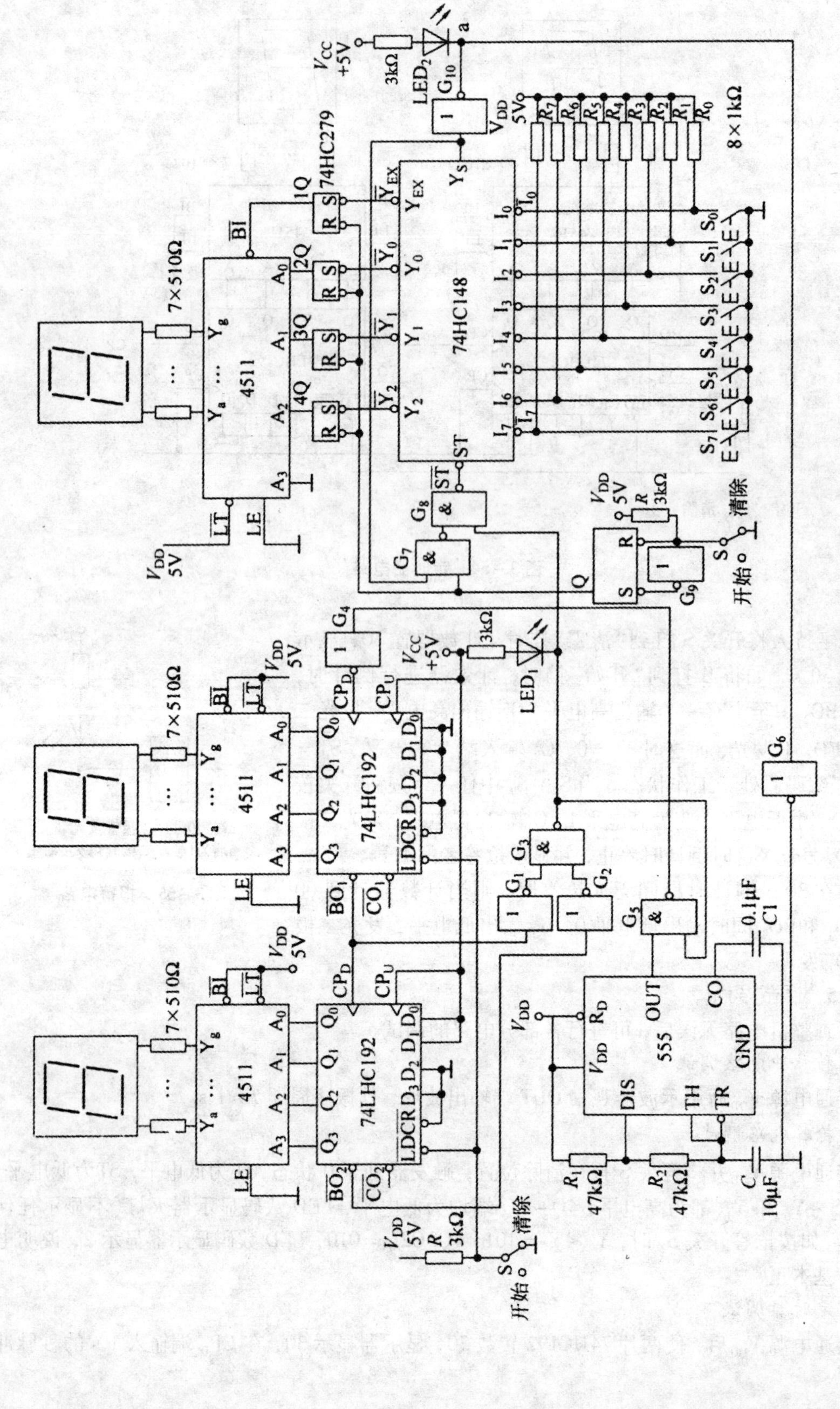

图3-56 多组竞赛抢答器原理图

信号，计数器应开始倒计时。

将上述各部分电路连接成整机电路再进行整机调试。

3.4.5　交通灯控制器

3.4.5.1　设计任务

设计一个十字路口交通信号灯控制器。其要求如下：

(1)满足如图 3－57 所示的顺序工作流程。

由图 3－57 交通灯工作顺序流程图可以看出：主、支干道交替通行，主干道每次放行 20 s，支干道每次放行 12 s；每次绿灯变红灯前，黄灯先亮 4 s，此时另一干道上的红灯不变。

它们的工作方式，有些必须是同时进行的：主干道绿灯亮、支干道红灯亮；主干道黄灯亮、支干道红灯亮；主干道红灯亮、支干道绿灯亮；主干道红灯亮、支干道黄灯亮。

(2)满足如图 3－58 的时序工作流程。

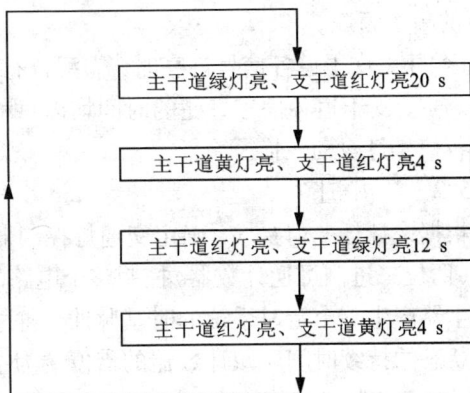

图 3－57　交通灯工作顺序流程图

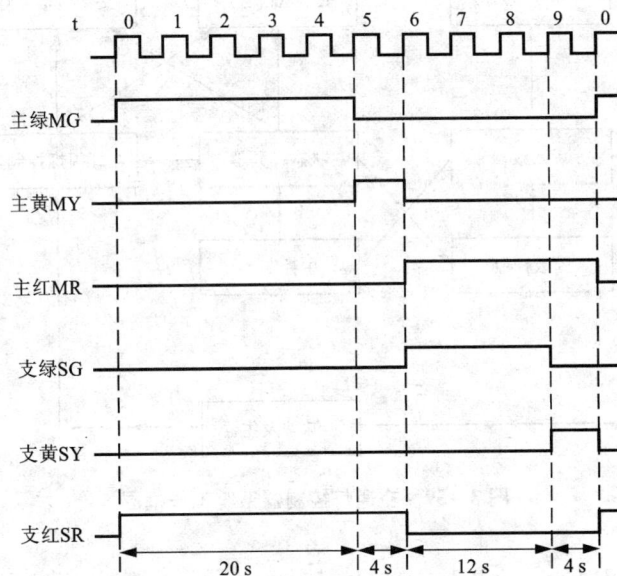

图 3－58　交通灯工作时序流程图

图中，t 表示时间(假设每个单位脉冲周期 ⎍ 为 4 s)，MG 表示主干道绿灯，MY 表示主干道黄灯，MR 表示主干道红灯，SG 表示支干道绿灯，SY 表示支干道黄灯，SR 表示支干道红灯。

由图 3 - 58 的交通灯工作时序流程图可以看出，交通灯应满足两个方向的工作时序：主干道绿灯和黄灯亮的时间等于支干道红灯亮的时间；支干道绿灯和黄灯亮的时间等于主干道红灯亮的时间。若假设每个单位脉冲周期为 4 s，则主干道绿灯、黄灯、红灯分别亮的时间为 20 s、4 s、16 s，支干道红灯、绿灯、黄灯分别亮的时间为 24 s、12 s、4 s，一次循环为 40 s。

（3）主干道黄灯亮时，支干道红灯以 1 Hz 的频率闪烁；支干道黄灯亮时，主干道红灯以 1 Hz 的频率闪烁。

（4）主、支干道各信号灯亮时，需配合有时间提示，以数字显示出来，方便行人与机动车观察。主、支干道各信号灯亮的时间均以每秒减"1"的计数方式工作，直至减到"0"后主、支干道各信号灯自动转换。

3.4.5.2　整机框图

根据设计任务与要求，确定交通灯控制器的系统工作框图如图 3 - 59 所示。通过主控制电路（两位二进制可逆计数器）控制整个电路的运转以及红、黄、绿三种信号灯的转换。秒脉冲发生器产生整个定时系统的时基脉冲，通过减计数器对秒脉冲的减计数，达到控制每一种工作状态的持续时间。减计数器的借位端为主控制电路提供翻转的脉冲信号以完成状态的转换，同时主控制电路的输出状态又决定了减计数器下一次计数的初始值。减计数器的十位和个位分别通过译码器与两个七段数码管相连以作为时间倒计时显示。在某一干道黄灯亮期间，状态译码器将秒脉冲引入红灯控制电路，使另一干道红灯以 1 Hz 的频率闪烁。

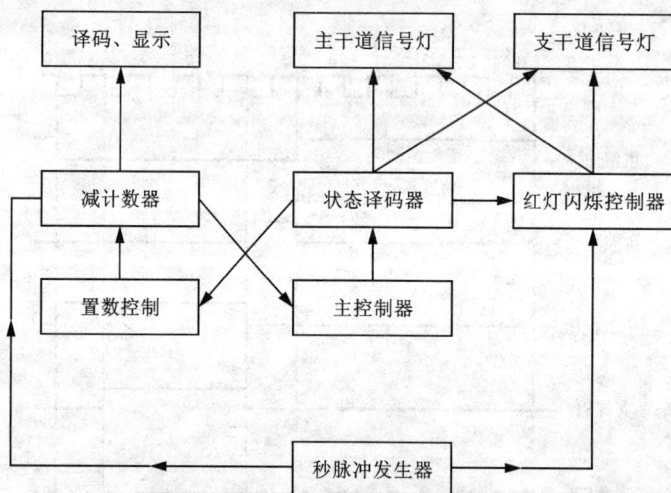

图 3 - 59　交通灯控制器系统工作框图

3.4.5.3　各部分电路设计

1. 秒脉冲发生器电路

采用石英晶体振荡器输出的脉冲经过整形、分频获得 1 Hz 的秒脉冲，如图 3 - 60 所示。该电路用晶体振荡器 32768 Hz 经 14 分频器分频为 2 Hz（采用 4060 完成），再经一次分频（采用 4013 双 D 触发器完成），即可得到 1 Hz 标准秒脉冲，供计数器使用。

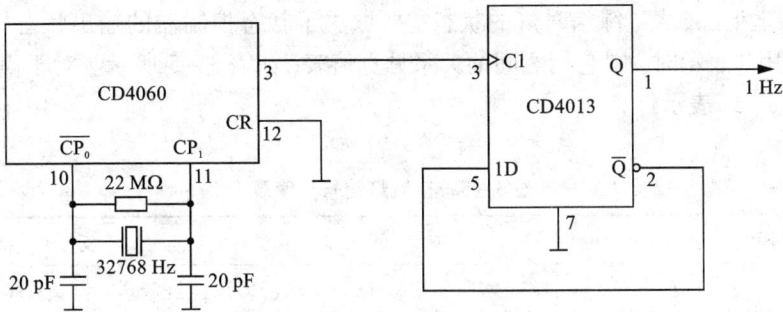

图 3 − 60　秒脉冲产生电路

2. 状态控制器电路

由图 3 − 61 交通灯工作顺序流程图可知，若交通信号灯四种不同的状态分别用 S_0（主干道绿灯亮、支干道红灯亮）、S_1（主干道黄灯亮，支干道红灯闪烁）、S_2（主干道红灯亮，支干道绿灯亮）、S_3（主干道红灯闪烁，支干道黄灯亮）表示，则其状态编码及状态转换图如图 3 − 61 所示。由此可看出这是一个二进制计数器，二进制计数器有很多，这里我们采用集成计数器 74HC163 构成状态控制器，电路如图 3 − 62 所示。

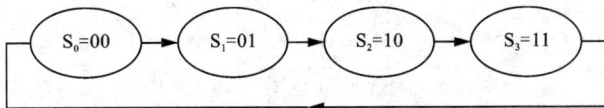

图 3 − 61　交通灯状态转换图

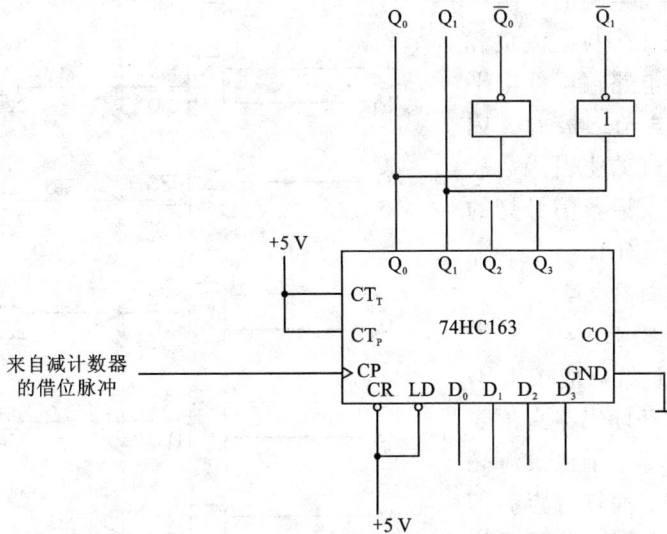

图 3 − 62　交通灯状态控制器电路

3. 状态译码器电路

主、支干道上红、黄、绿信号灯的状态主要取决于状态控制器的输出状态。例如灯亮用 1 表示,灯灭用 0 表示时,则它们之间的关系见真值表,如表 3 – 5 所示。对于信号灯的状态, "0"表示灯灭,"1"表示灯亮。

表 3 – 5　交通灯信号真值表

状态控制器输出		主干道信号灯			支干道信号灯		
	Q_1	Q_0	红(MR)	黄(MY)	绿(MC)	红(SR)	黄(SY)	绿(SG)
S_0	0	0	0	0	1	1	0	0
S_1	0	1	0	1	0	1	0	0
S_2	1	0	1	0	0	0	0	1
S_3	1	1	1	0	0	0	1	0

根据真值表,可写出各交通信号灯的与非逻辑函数表达式如下:

$$MR = Q_1 \cdot \overline{Q_0} + Q_1 \cdot Q_0 = Q_1 \qquad \overline{MR} = \overline{Q_1}$$

$$MY = \overline{Q_1} \cdot Q_0 \qquad\qquad\qquad \overline{MY} = \overline{\overline{Q_1} \cdot Q_0}$$

$$MG = \overline{Q_1} \cdot \overline{Q_0} \qquad\qquad\qquad \overline{MG} = \overline{\overline{Q_1} \cdot \overline{Q_0}}$$

$$SR = \overline{Q_1} \cdot \overline{Q_0} + \overline{Q_1} \cdot Q_0 = \overline{Q_1} \qquad \overline{SR} = \overline{\overline{Q_1}}$$

$$SY = Q_1 \cdot Q_0 \qquad\qquad\qquad \overline{SY} = \overline{Q_1 \cdot Q_0}$$

$$SG = Q_1 \cdot \overline{Q_0} \qquad\qquad\qquad \overline{SG} = \overline{Q_1 \cdot \overline{Q_0}}$$

现选择半导体发光二极管模拟交通信号灯,由于门电路的带灌电流负载的能力一般比带拉电流负载的能力强,要求门电路输出低电平时,点亮相应的发光二极管。因此,由上述各信号灯的逻辑函数表达式可得出主、支干道各信号灯的电路图,如图 3 – 63 所示。

4. 红灯闪烁控制器电路

根据设计任务要求,当一干道黄灯亮时,另一干道红灯应按 1 Hz 的频率闪烁。从状态译码器真值表中可以看出,无论哪一干道黄灯亮时, Q_0 必为高电平,而红灯点亮信号与 Q_0 无关。现利用 Q_0 信号去控制与非门,当 Q_0 为高电平时,将秒信号脉冲引到驱动红灯的与非门的

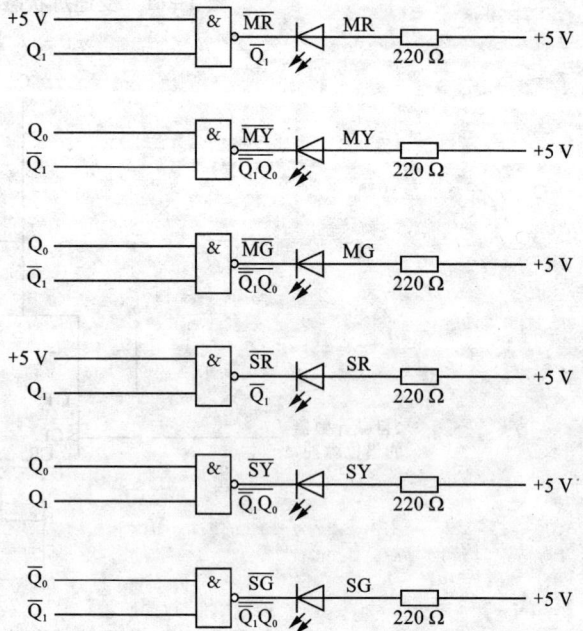

图 3 – 63　主、支干道信号灯电路

输入端，使红灯在黄灯亮期间闪烁；反之将其隔离，红灯信号不受黄灯信号的影响。主、支干道红灯闪烁电路如图 3-64 所示。

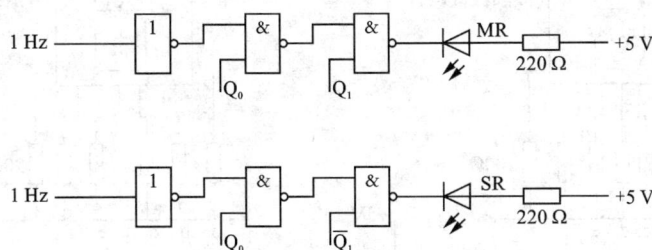

图 3-64　主、支干道红灯闪烁电路

5. 定时器电路

根据设计要求，交通灯控制系统要有一个能自动进入不同定时时间的定时器，以完成 20 s、12 s、4 s 的定时任务。该定时器采用由两片 74HC192 构成二位十进制可预置减法计数器完成（两片十进制可预置减法计数器进行级联后可变为二位十进制可预置减法计数器）；时间状态由两片 74HC47 和两只 LED 数码管对减法计数器进行译码显示（需注意共阳极数码管与共阴极数码管的区别：74HC47 用于驱动共阳极数码管）；预置到减法计数器的时间常数通过 3 片 7 输入缓冲器 74HC244 来完成。3 片 74HC244 的输入数据分别接入 20、12、4 三个不同的数字，任一输入数据到减法计数器的置入由状态译码器的输出信号控制不同 74HC244 的选通信号来实现。

（1）主干道的黄灯控制启动输入数据为 12 s 的 74HC244，使下一轮支干道绿灯亮时以 12 s 减计数：将 $\overline{MY}$ 端接入输入数据为 12 s 的 74HC244 的使能控制端 $\overline{1G}$ 和 $\overline{2G}$，当主干道黄灯亮时，即 $\overline{MY}=0$ 时，因为 74HC244 的使能控制端为低电平有效，所以将启动该片 74HC244，使数据 12 预置到减法计数器中，当减法计数器在主干道黄灯亮完后的下一轮支干道绿灯亮时，因为置数端数据为 12，将以 12 s 开始减计数。主干道红灯亮、支干道绿灯亮 12 s 的减计数置数电路如图 3-65 所示。

（2）支干道的黄灯控制启动输入数据为 20 s 的 74HC244，使下一轮主干道绿灯亮时以 20 s 减计数：将 $\overline{SY}$ 端接入输入数据为 20 s 的 74HC244 的使能控制端 $\overline{1G}$ 和 $\overline{2G}$，当支干道黄灯亮时即 $\overline{SY}=0$ 时，因为 74HC244 的使能控制端为低电平有效，所以将启动该片 74HC244，使数据 20 预置到减法计数中，当减法计数器在支干道黄灯亮完后的下一轮主干道绿灯亮时，因为置数端数据为 20，将以 20 s 开始减计数。

（3）任一干道的绿灯控制启动输入数据为 4 s 的 74HC244，使下一轮该干道黄灯亮时以 4 s 减计数：将 $\overline{MG}$ 和 $\overline{SG}$ 端作为输入接上与门后的输出接入第三片输入数据为 4 s 的 74HC244 的使能控制端 $\overline{1G}$ 和 $\overline{2G}$，当任一干道绿灯亮时即 $\overline{MG}=0$ 或 $\overline{SG}=0$ 时，因为 74HC244 的使能控制端为低电平有效，所以将启动该片 74HC244，使数据 4 预置到减法计数器中，当减法计数器在某一干道绿灯亮完后的下一轮该干道黄灯亮时，因为置数端数据为 4，故以 4 s 开始减计数。整个定时器电路见整机电路图 3-66 中所包含部分。

3.4.5.4　整机电路

根据图 3-59 交通灯控制器的系统工作框图，按照信号的流向顺序将各单元电路连接起

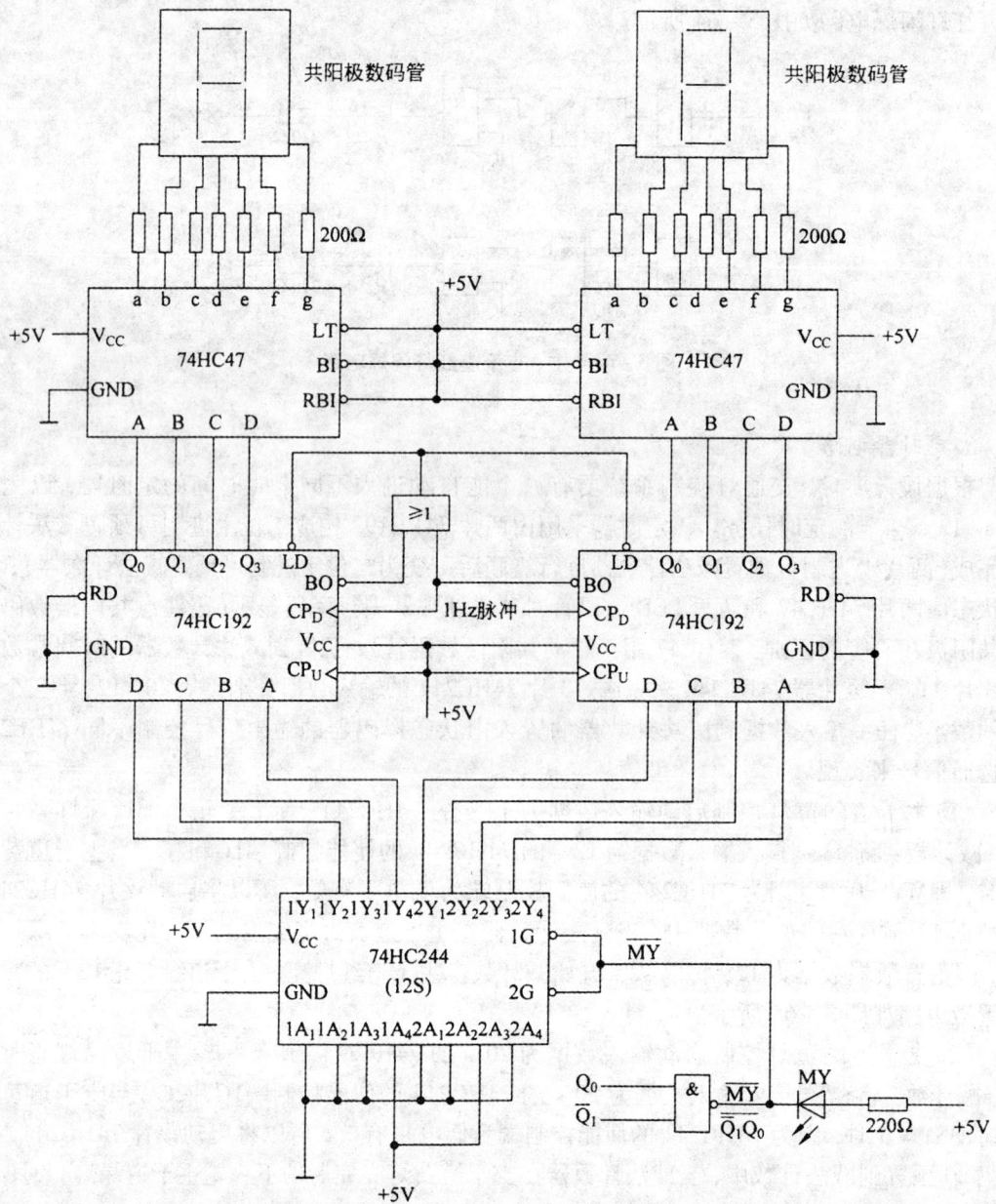

图 3 - 65　主干道红灯亮、支干道绿灯亮 **12 s** 的减计数置数电路

来, 形成完整的交通灯控制器数字系统电路, 其电路如图 3 - 66 所示。

3.4.5.5　调试要点

检查整机接线无误后, 方可进行各部分电路的调试。

1. 首先调试秒脉冲信号发生器电路

用示波器观察秒信号发生器的输出, 其输出信号的周期为 1 s。

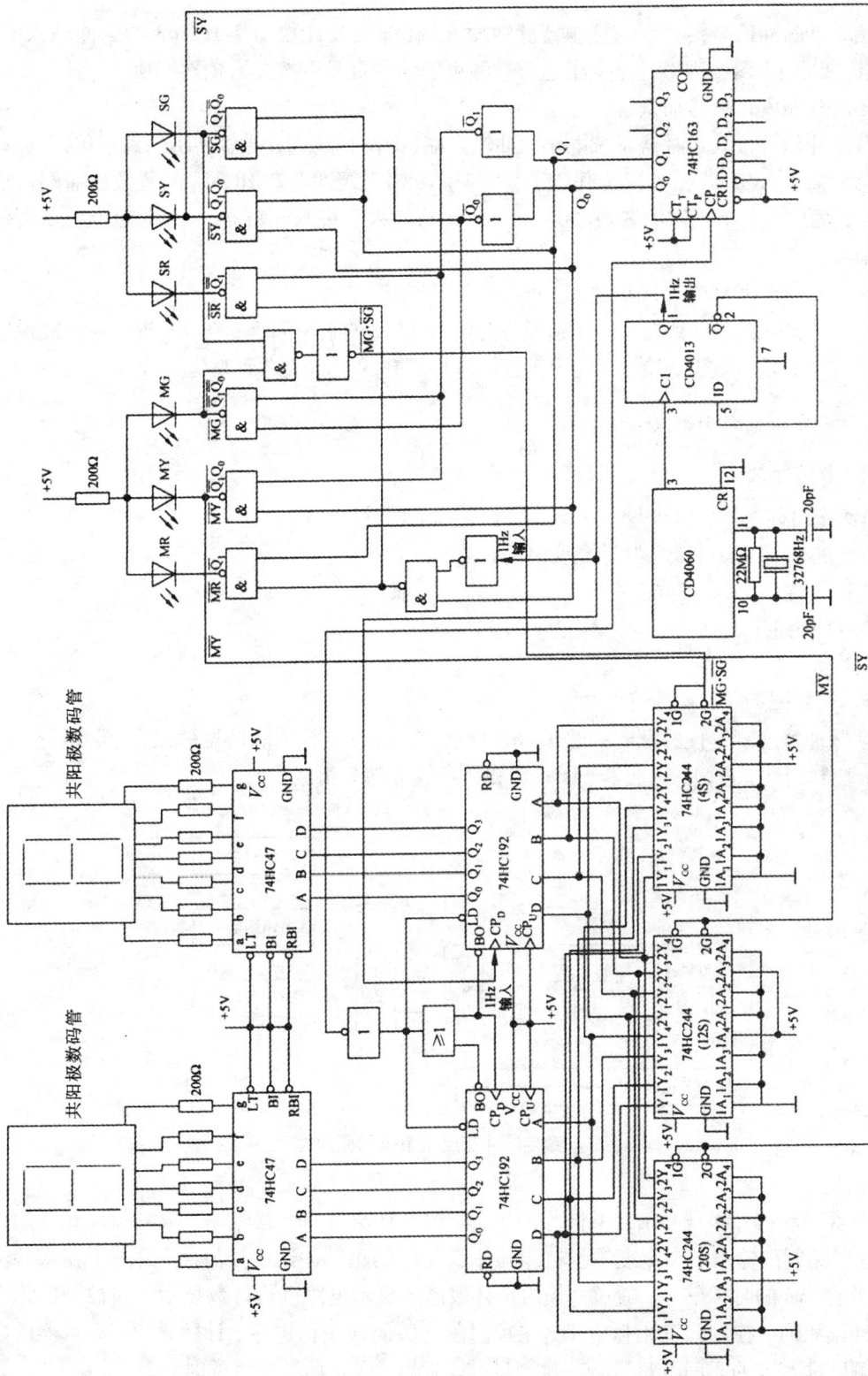

图3-66 交通信号灯控制器逻辑图

2. 主、支干道调试

直接将秒脉冲信号接入状态控制器脉冲输入端（即集成计数器 74HC163 的脉冲输入 CP 端），在该脉冲作用下，观察主、支干道三种颜色的信号灯是否按要求依次转换。

3. 定时器和减计数器调试

将秒脉冲信号接入定时器系统电路脉冲输入端（即两片集成计数器 74HC192 中的个位计数器的脉冲输入 CPD 端），在脉冲作用下，将 3 片 8 输入缓冲器 74HC244 的置数选通端依次接地，计数器应以 3 个不同的置数（20 s、12 s、4 s）输入十进制计数器，完成减法计数，两位数码管应有相应的显示。

4. 把各个单元电路互相连接起来，进行系统总调试

其中主、支干道红灯需在另一干道黄灯亮时以 1 Hz 的频率闪烁；在 0 ~ 99 s 内任意设定 3 片 74HC244 的输入数据，使主、支干道各信号灯灯亮的时间随之而改变。

3.4.6　数字脉冲宽度测量仪

3.4.6.1　设计任务

（1）测量时间范围：1 ~ 9999 ms；

（2）测量单个正脉冲或负脉冲宽度时间；

（3）测量误差：±1 字数字；

（4）手动测量；

（5）手动清零。

3.4.6.2　整机框图

数字脉冲宽度测量仪的框图如图 3 - 67 所示，它主要由石英晶体振荡器、分频电路、控制电路、控制门、主控门、计数器、译码器和显示器等部分组成。

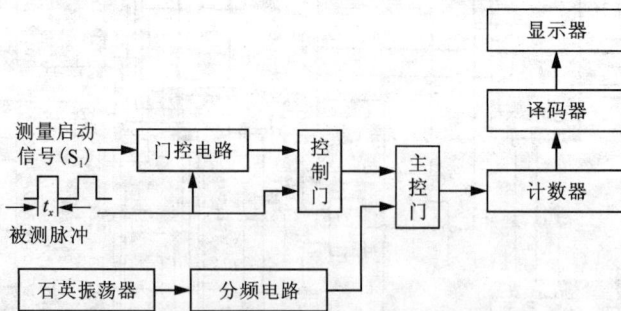

图 3 - 67　数字脉冲宽度测量仪的原理框图

在测量启动信号和被测信号共同作用下，门控电路输出一个宽度等于被测脉冲周期的正脉冲，这时控制门输出一个宽度等于被测脉冲宽度 t_x 的正脉冲给主控门，其另一个输入端输入周期 $T = 1$ ms 的时标信号，通过主控门送计数译码显示电路进行计数显示。当被测的第一个正脉冲结束时，控制门输出低电平，主控门随之关闭输出低电平，计数结束，显示器的数字为被测脉冲宽度的时间。每进行一次测量，只能测一个正脉冲宽度的时间。

时标信号是由石英晶体振荡器输出的脉冲信号经若干次分频后获得周期 $T = 1$ ms（$f = 1$

kHz)的脉冲。由于石英晶体振荡器输出脉冲的频率准确而稳定,因此,时标脉冲的周期 $T=1$ ms 是很准确的,用其作为计时标准,可提高计时的精确度。如对计时精度要求不高时,则时标脉冲可由普通振荡器获得。

3.4.6.3　各部分电路设计

1. 石英晶体振荡器

为了提高测量时间的精度,可采用石英晶体振荡器产生标准计量时间,即时标脉冲,电路如图 3 - 68 所示。石英晶体的频率为 1 MHz,非门 G_1 和 G_2 用 74HC04,也可采用 CMOS 与非门 4011 组成,R_1 为反馈电阻,用以确定 G_1 的工作点,使其工作在静态电压传输特性的转折区,以保证电路振荡,R_1 可在 1 MΩ ~ 30 MΩ 的范围内选取。本电路取 $R_1 =$ 5.1 MΩ。反馈系数取决于 C_1 和 C_2 的比值。C_1 还可用来微调振荡频率,使其为

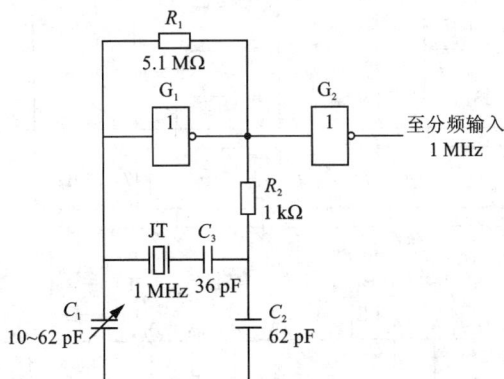

图 3 - 68　石英晶体振荡器

1 MHz。C_3 用以减小分布电容对电路的影响。反相器 G_2 用以整形,其输出 1 MHz 很好的矩形脉冲送分频电路进行分频。

2. 分频电路

由于石英振荡器输出信号的频率为 1 MHz,为了获得周期 $T=1$ ms 的时标脉冲,需采用三级十分频电路,如图 3 - 69 所示。三级十分频电路可由 CMOS 十进计数器 4518(5) ~ (7) 组成,分频信号由 EN 端输入,经三级十分频电路后,最后一级分频电路便输出 1 kHz 的脉冲信号,即 $T=1$ ms。

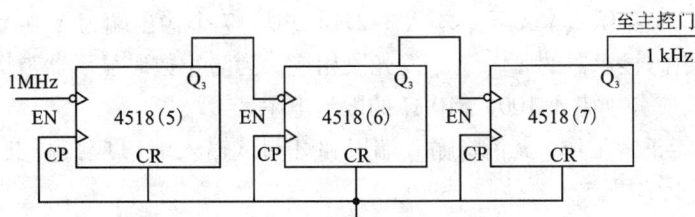

图 3 - 69　三级十分频电路

3. 计数器、译码器和显示器

电路如图 3 - 70 所示。由于计数器的最大计数容量为 9999 ms,因此,需采用 4 位十进制计数器进行计数,从高位到低位分别为千位、百位、十位和个位。它们由同步计数器 4518 (4) ~ 4518(1)组成。计数脉冲由 EN 端输入,为来自主控门输出的时标脉冲,这时 CP 端接低电平(地)。进位信号由低位计数器 Q_3 端送到相邻高位计数器的 EN 端。当计到 9 时,计数器状态为 $Q_3Q_2Q_1Q_0 = 1001$,当计到 10 时,计数器回到初始的 0 状态,即 $Q_3Q_2Q_1Q_0 = 0000$,同时 Q_3 送出一个负跃变的进位信号,使相邻高位计数器进行加 1 计数,从而实现了十进制计

数。计数器输出8421BCD码。S_2 为清零控制开关。当按下 S_2 时，4 位计数器的清零控制端接高电平 +5 V，计数器清零，$Q_3Q_2Q_1Q_0 = 0000$；当松开 S_2 时，计数器清零端 CR 接低电平地，计数器处于计数状态。

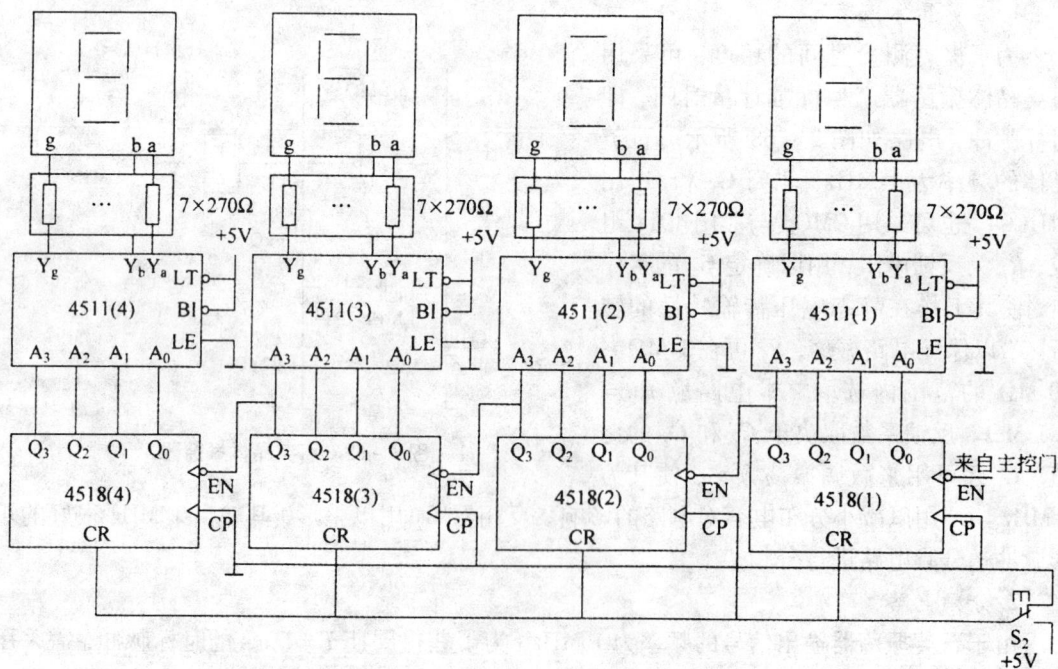

图 3 – 70　计数 – 译码 – 显示电路

4 位译码器选用 BCD 输入的 4 线 – 7 段锁存译码器/驱动器 4511，可直接驱动 LED 数码显示器。其代码输入端为 $A_3A_2A_1A_0$，输入 8421BCD 码。7 个输出端为 $Y_a \sim Y_g$，高电平有效，分别和共阴 LED 数码显示器的 $a \sim g$ 7 个发光段相连。为防止数码显示器被烧坏，7 个发光段与译码器输出之间应分别串入 $100 \sim 510\ \Omega$ 的限流电阻。

为保证 4511 能正常工作，其消隐输入端 $\overline{\text{BI}}$ 和灯测试输入端 $\overline{\text{LT}}$ 应接高电平，而数据锁存控制端 LE 则应接低电平。

4. 测量控制电路

电路如图 3 – 71 所示，它由清零控制门、控制电路和控制门组成，其工作原理如下：

当按下清零控制开关 S_2 时，清零控制门 G_3 输入高电平，其一路送触发器 FF_2 和计数器 4518(1) ~ 4518(4) 的清零端，使 4 位计数器和触发器 FF_2 同时清零；另一路经 G_3 反相输出低电平，使 G_4 输出高电平，触发器 FF_1 也清零，这时，$Q_1 = Q_2 = 0$、$\overline{Q_2} = 1$。放开 S_2 时，G_3 输入接低电平地，输出高电平，这时 G_4 输出低电平 0。FF_1 和 FF_2 处于工作状态。当按下测量控制开关 S_1，FF_1 时钟端 CP 输入为负跃变，不起作用。当放开 S_1 时，FF_1 的时钟端输入正跃变，其由 0 状态翻到 1 状态，$Q_1 = 1$，即 FF_2 的 $D_2 = 1$，在输入被测正脉冲 u_x 的上升沿同时送到 FF_2 的时钟端和控制门的输入端，FF_2 由 0 状态翻到 1 状态，$Q_2 = 1$，控制门输出高电平，这时 $\overline{Q_2} = 0$，使 FF_1 清零，$Q_1 = 0$，即 $D_2 = 0$。当被测正脉冲 u_x 结束时，即 u_x 负跃到低电平，控制门关闭,输出随之回到低电平。在下一个正脉冲 u_x 的上升沿到达时,FF$_2$ 由 1 状态回到 0 状态。$Q_2 = 0$、$\overline{Q}_2 = 1$,因此,当被测信号为周期性矩形脉冲时,控制门只能输出一个宽度等于被测脉冲 u_x 宽度的正脉冲。

触发器可选用 CMOS 集成触发器 4013,G_3、G_4 选用与非门 4011。

5. 主控门

电路见图 3 – 71。主控门 G_6 为正与门,它的一个输入信号来自控制门 G_5 的输出,另一个输入信号为时标脉冲。当控制门 G_5 输出高电平时,主控门 G_6 打开,周期 $T = 1$ ms 的时标脉冲通过主控门送入计数器进行计数。当控制门 G_5 输出低电平时,主控门 G_6 关闭,输出低电平,时标脉冲不能通过主控门,计数器停止计数。主控门可选用集成 CMOS 与门 74HC11、4073,也可由与非门 4011 构成。

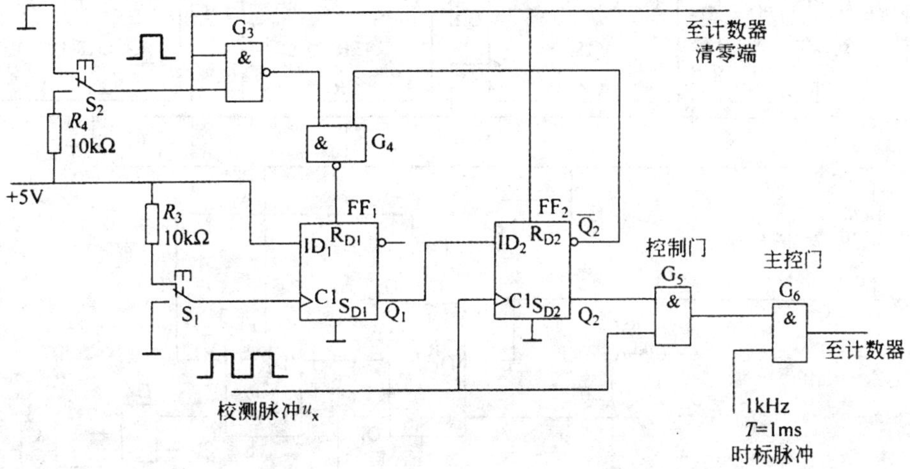

图 3 – 71　测量控制电路

3.4.6.4　整机电路

根据脉冲宽度测量仪的原理框图将上述各部分电路连接起来,可画出图 3 – 72 所示的整机逻辑图。

3.4.6.5　调试要点

1. 检查安装接线

(1) 用万用表 ×1Ω 挡测量电源端和地线端间的电阻,以排除电源短路。

(2) 检查电路安装接线。集成芯片安插的方向是否一致;电路连线是否有错;电子元器件的插接或焊接的极性是否正确。如二极管、三极管、电解电容安装是否正确;要特别注意检查集成芯片使能端的连接和门电路闲置输入端的连接是否正确。检查接线无误后,可接通电源开始调试。

2. 振荡与分频电路的调试

用示波器观察石英晶体振荡器是否已振荡,输出波形是否正常。石英晶体振荡器正常工作时,G_1 输出波形峰 – 峰值约为 3 V,频率为 1 MHz,经 G_2 整形后,输出脉冲的幅度不小于

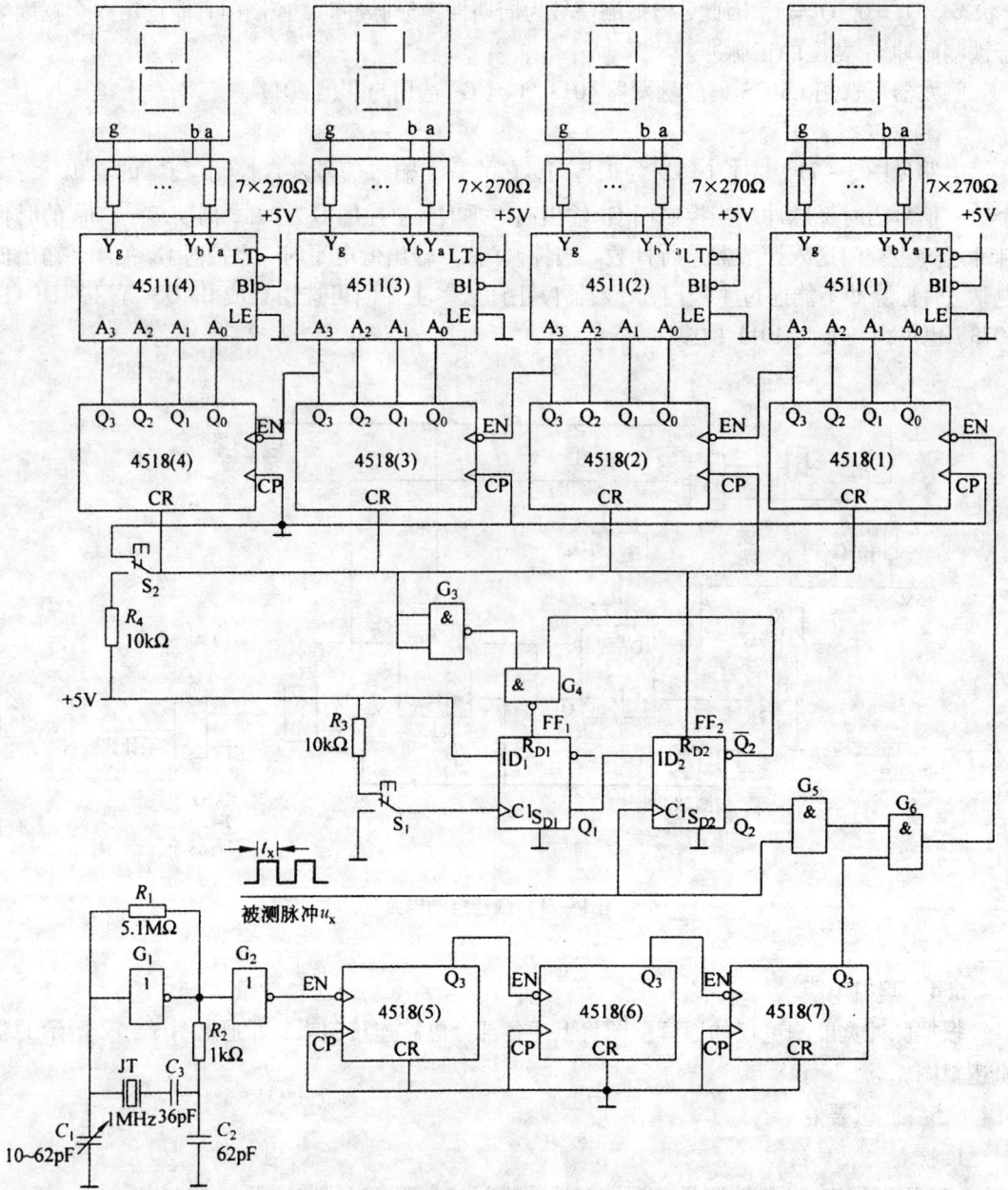

图 3-72　数字式脉冲宽度测量及逻辑图

4 V, 并送分频电路进行分频。

　　分频电路由三级十分频电路(十进制计数器)4518(5)～4518(7)组成, 其输入来自石英晶体振荡器输出 1 MHz 的脉冲信号。正常工作时, 每经一级十分频电路, 输出脉冲的频率降低十倍(即十分频)。因此, 三级十分频电路输出脉冲的频率分别为 100 kHz、10 kHz、1 kHz。

3. 计数器、译码器和显示器的调试

将各位计数器的进位线断开,在输入端输入幅度在 4.5 V 左右的 1 Hz 脉冲信号,观察数码显示器显示的数字是否正常。如各级计数器、译码器和显示器工作正常时,可连通各级计数器的进位线,第 1 级计数器输入 4.5 V 的 100 Hz 脉冲信号,观察各位显示器工作是否正常。

4. 测量控制电路的调试

(1)按下清零控制开关 S_2,G_3 输入为高电平,用万用表测量 Q_1 和 Q_2 端的电压,应为低电平。

(2)按下测量控制开关 S_1 并放开,用万用表测量 Q_1 端电压,应为高电平。

(3)用万用测量控制门 G_5 的输出电压,当输入被测正脉冲时,如万用表指针晃动一次,则说明测量控制电路的工作正常。

5. 整机调试

(1)各部分电路调试都能正常工作后,可按整机框图连接起来进行整机调试。

(2)输入端输入被测脉冲,首先按下清零控制开关 S_2,观察 4 位数字显示情况,如都显示 0,说明清零功能正常。

(3)按下并放开测量控制开关 S_1,观察 4 位数码显示器是否有数字显示,如连续进行多次测量,且每次测量显示的数字相同,或相差仅为 ±1 个数字时,则说明设计的脉冲宽度测量仪工作正常。

第 4 章　EDA 技术课程设计

现代电子设计技术的核心是 EDA(Electronic Design Automation)技术。EDA 技术使得设计者的工作可以利用硬件描述语言和 EDA 软件来完成对系统硬件功能的实现。EDA 技术已是一门综合性学科,它融合多学科于一体,又渗透于各学科之中,它代表了电子设计技术和应用技术的发展方向。作为 EDA 技术最终实现目标的 ASIC,可以通过如图 4-1 所示的三种途径来完成。

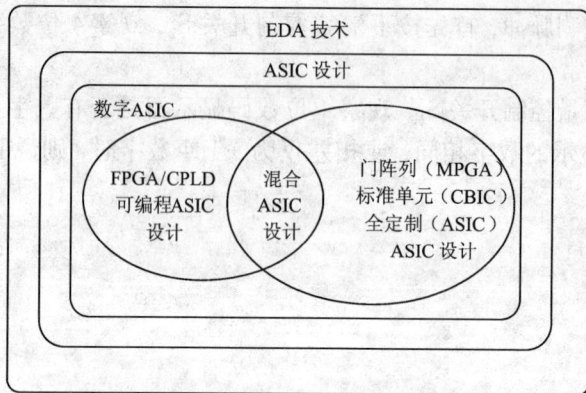

图 4-1　EDA 技术实现目标

其中,FPGA 和 CPLD 是实现这一途径的主流器件,特点是直接面向用户,具有极大的灵活性和通用性,特别是在现代电子系统研究与开发中具有特别重要的地位。

4.1　现代数字系统设计精要

传统的数字系统设计是采用自下而上的设计方法,利用真值表、布尔方程和状态图等进行的电路级设计,已经不适于完成当今大规模集成数字系统设计。基于强大的 EDA 技术的支持,以 VHDL 为主要设计手段,充分开发利用 CPLD 芯片丰富而灵活的逻辑资源,成为当前数字系统设计的主要发展方向。大量采用 ASIC 芯片的现代数字系统设计是采用自顶向下的设计方法,利用 EDA 工具和 VHDL 设计技术完成系统级设计。

4.1.1　基于 VHDL 的自顶向下设计方法

从整体上来看,自顶向下的设计方法就是把一个复杂的系统划分为由一个小规模的时序控制机和一些受控模块构成的子系统(如图 4 - 2 所示)分别进行设计描述,进而由 EDA 软件平台自动完成各子系统的逻辑综合、逻辑适配与优化、门级的布局布线、映射下载等工作,直至系统的硬件实现。

VHDL 语言具有很强的电路描述和建模能力,能从多个层次对数字系统进行建模和描述,从而大大简化了硬件设计任务,提高了设计效率和可靠性。基于 VHDL 的数字系统的自顶向下设计流程如图 4 - 3所示。

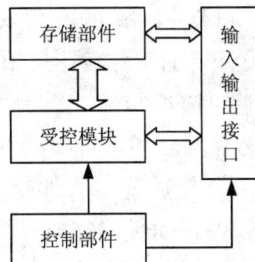

图 4 - 2　FPGA 的 EDA 开发设计流程图

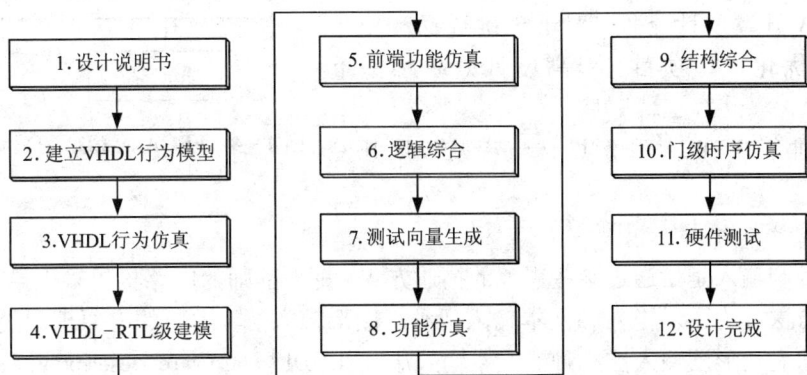

图 4 - 3　基于 VHDL 的数字系统的自顶向下设计流程

与传统的手工设计方法相比,EDA 技术有很大不同,其优点主要体现在:

(1)采用硬件描述语言作为设计输入。

(2)库(Library)的引入。

(3)设计文档的管理。

(4)强大的系统建模、电路仿真功能。

(5)具有自主知识产权。

(6)标准化、规范化及 IP 核的可利用性。

(7)自顶向下设计方案。

(8)自动设计、仿真和测试技术。

(9)对设计者的硬件知识、经验要求低。

(10)高速性能好(与以 CPU 为主的电路系统相比)。

(11)纯硬件系统的高可靠性。

4.1.2　FPGA 开发设计流程

一般来说,完整的 FPGA 设计流程就是一个自顶向下的设计过程,包括设计构思、电路设计与输入、功能仿真、设计综合、综合后仿真、适配(布局布线)、时序分析与仿真、板级仿真与验证、编程下载与硬件测试等主要步骤。在完成设计构思后利用 EDA 开发工具,针对目标器件为 CPLD/FPGA 的开发设计流程如图 4 - 4 所示,其中设计者的工作仅限于利用软件工具完成对系统硬件功能的描述与输入,为 EDA 开发软件选定具体的目标芯片型号和设置。而在设计中至为关键和繁杂的逻辑综合与适配、器件仿真与下载等过程均由 EDA 开发软件自动优化完成。可见,在强大而丰富的 EDA 工具支持下,设计者在实验室就能够自己设计出合适的 ASIC 芯片,并立即投入实际应用中,使 ASIC 的设计周期大大缩短,降低了产品的前期投资风险。使用 FPGA,与传统电子设计过程有很大不同,完整地了解 FPGA 开发设计流程,对于正确选择和使用 EDA 软件、优化设计项目、提高设计效率都是重要的。

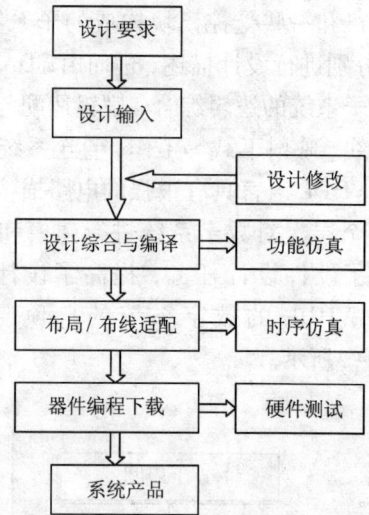

下面详细介绍 FPGA 开发设计流程及所用开发工具。

图 4 - 4　FPGA 的 EDA 开发设计流程图

1. 电路设计与输入

电路设计与输入是指通过某些规范的描述方式,将工程师的电路构思输入给 EDA 工具,常用的设计方法分为图形输入和文本输入两种。图形输入法,常用的有原理图设计输入法、状态图输入法和波形图输入法三种。文本输入法,如 HDL(Hardware Description Language,硬件描述语言)设计输入法。

原理图输入方法,指利用 EDA 工具提供的图形编辑器以原理图的方式进行输入。原理图输入方式比较容易掌握,直观且方便,所画的电路原理图与传统的器件连接方式完全一样,很容易被人接受(但要注意,这种原理图与利用 Protel 画的原理图有本质的区别),而且编辑器中有许多现成的单元器件可以利用,自己也可以根据需要设计元件,是掌握了传统电路设计的人员最常用的设计方法。但随着设计规模增大,设计的易读性迅速下降,并且一旦完成,电路结构的改变将十分困难,且移植困难、入档困难、交流困难、设计交付困难。

状态图输入方法,是根据电路的控制条件和转换方式,用绘图的方法,把状态图画出来输入计算机的方法。当填好时钟信号名、状态转换条件、状态机类型等要素后,就可以自动生成 VHDL 程序。这种设计方式简化了状态机的设计,但只能设计状态机。

波形图输入法,是将待设计电路的输入和输出时序波形图画出来,输入计算机的方法。要求分析出了输入输出时序关系才能进行设计。

目前进行大型工程设计时,最常用的设计方法是 HDL 设计输入法,它利用自顶向下设计方法,可以进行模块的划分与复用,可移植性和通用性好,设计不因芯片的工艺与结构的不同而变化,更利于向 ASIC 移植。除 IEEE 标准中 VHDL 与 Verilog HDL 两种形式外,尚有各 FPGA 厂家推出的专用语言,如 Quartus 下的 AHDL。

HDL 语言描述在状态机、控制逻辑、总线功能方面较强,其描述的电路能在特定综合器(如 Synopsys 公司的 FPGA Compiler II 或 FPGA Express)作用下以具体硬件单元较好地实现;而原理图输入在顶层设计、数据通路逻辑、手工最优化电路等方面具有图形化强、单元节俭、功能明确等特点。另外,在 Altera 公司 Quartus 软件环境下,可以使用 Memory Editor 对内部

memory 进行直接编辑置入数据。

常用方式是以 HDL 语言为主, 原理图为辅, 进行混合设计以发挥两者各自特色。

2. 功能仿真

设计输入完成后, 要用仿真工具对电路进行功能仿真(Functional Simulation), 验证电路功能是否符合设计要求。功能仿真又称前仿真(Pre - simulation)。通过仿真能及时发现设计中的错误, 加快设计进度, 提高设计的可靠性。

3. 设计综合

设计综合(Synthesis), 也称逻辑综合, 是指将 HDL 语言、原理图等设计输入翻译成由基本门、RAM、触发器等基本逻辑单元组成的逻辑网表, 并根据目标与要求(约束条件)优化所生成的逻辑网表, 输出标准格式的网表文件, 供 FPGA 厂商的适配器(布局布线器)进行实现。

设计综合要根据给定的电路实现功能和实现此电路的约束条件, 如速度、功耗、成本及电路类型等, 通过计算机进行优化处理, 获得一个能满足上述要求的电路设计方案。被综合的文件是源文件, 如 HDL 文件, 综合的依据是逻辑设计的描述和各种约束条件, 综合的结果则是一个硬件电路的实现方案, 该方案必须同时满足预期的功能和约束条件。对于综合来说, 满足要求的方案可能有多个, 综合器将产生一个最优的或接近最优的结果。因此, 综合的过程也就是设计目标的优化过程, 最后获得的结果与综合器的工作性能有关。因此, 综合也叫综合优化。

4. 综合后仿真

综合后仿真(Post Synthesis Simulation)的作用是检查综合出的结果与原设计是否一致。综合后仿真时, 要把综合生成的标准延时格式 SDF(Standard Dela Format)文件反标注到综合仿真模型中去, 可估计门延时带来的影响。综合后仿真虽然比功能仿真精确一些, 但是只能估计门延时, 不能估计线延时, 仿真结果与布线后的实际情况还有一定差距, 并不是十分准确。目前主流综合工具日益成熟, 对于一般性设计, 如果设计者确信自己表述明确, 没有综合歧义发生, 则可以省略综合后仿真步骤。

5. 适配

适配, 也称结构综合。因为逻辑综合后得到的结果是一些由基本门、触发器、RAM 等基本逻辑单元组成的逻辑网表, 与芯片实际的配置情况还有较大差距, 要使用适配器, 将综合输出的逻辑网表配置到具体的 FPGA 器件上, 这个过程叫做适配(Implementation)。通常可分为如下五个步骤:

(1)转换。将多个设计文件进行转换并合并到一个设计库文件中。

(2)映射。将网表中逻辑门映射成物理元素, 即把逻辑设计分割到构成可编程逻辑阵列内的可配置逻辑块与输入输出块及其他资源中的过程。

(3)布局与布线适配过程中最主要的过程是布局布线(P&R)。所谓布局(Place)是指将逻辑网表中的硬件原语或底层单元合理地适配到 FPGA 内部的固有硬件结构上, 布局的优劣对设计的最终实现结果(包括速度和面积两个方面)影响很大; 所谓布线(Route)是指根据布局的拓扑结构, 利用 FPGA 内部的各种连线资源, 合理正确地连接各个元件的过程。一般情况下, 用户可以通过设置参数指定布局布线的优化准则。整体来说, 优化目标主要有两个方面——面积和速度。一般根据设计的主要矛盾, 选择面积或速度或平衡两者等优化目标, 但是当两者冲突时，一般满足时序约束要求更重要一些，此时选择速度或时序优化目标效果更佳。

（4）时序提取。产生一反标文件，供后续的时序仿真使用。

（5）配置。产生 FPGA 配置时的需要的位流文件。

适配完成后，可以利用适配所产生的仿真文件做精确的时序仿真，同时产生了可用于编程的文件（也就是说适配后就可以编程了）。适配只能使用硬件厂家提供的工具完成。

6. 时序分析与仿真

在适配过程中，在映射后需要对一个设计的实际功能块的延时和估计的布线延时进行时序分析，而在布局布线后，也要对实际布局布线的功能块延时和实际布线延时进行静态时序分析。静态时序分析是整个 FPGA 设计中最重要的步骤之一，设计者可以详尽地分析所有关键路径并得出一个有次序的报告，而且报告中含有其他调试信息，比如每个网络节点的扇出或容性负载等。静态时序分析器可以用来检查设计的逻辑和时序，且不要求用户产生输入激励或测试矢量。与综合过程相似，静态时序分析也是一个重复的过程，它与布局布线步骤紧密相连，通常要进行多次，直到时序约束得到很好的满足。在综合与时序仿真过程中交互使用时序分析工具，如 PrimeTime 进行时序分析，满足设计要求后即可进行 FPGA 芯片投片前的最终物理验证。

在编程下载前，要利用适配生成的仿真文件进行的模拟测试，也就是时序仿真（Timing Simulation）。时序仿真，也称布局布线后仿真，简称后仿真，是计算机根据一定的算法和一定的仿真库，将布局布线的延时信息反标注到设计网表中所进行的仿真。布局布线后生成的 OF 文件包含的延时信息最全，不仅包含门延时，还包含实际布线延时，所以布局布线后仿真最准确，能较好地反映出芯片的实际工作情况。一般来说，时序仿真步骤必须进行，通过布局布线后仿真能检查设计时序与 FPGA 的实际运行情况是否一致，确保设计的可靠性与稳定性。

7. 板级仿真与验证

在有些高速设计情况下，还需要使用第三方的板级验证工具进行仿真与验证，这些工具通过对设计的 IBIS、HSPICE 等模型的仿真，能较好地分析高速设计的信号完整性、电磁干扰等电路特性等。

8. 编程下载

FPGA 设计开发流程中的编程下载（Program & Configure），就是把适配后生成的下载或配置文件，通过编程器或编程电缆写入 FPGA 或其配置器件，以便进行硬件测试（Hardware Debugging）。

9. 硬件测试

FPGA 设计开发流程的最后步骤就是编程下载后，进行在线调试或将生成的配置文件写入芯片中进行硬件测试。

4.1.3　算法状态机(ASM)

算法状态机图(Algorithmic State Machine(ASM) Charts)是一种描述时序数字系统控制过程的算法流程图，被业界认为是描述时序数字系统最好的方法。它不仅描述了数据流，同时也描述了数据控制流。

ASM 图的结构形式类似于计算机中的程序流程图，但用算法流程图描述系统时，并未严格地规定完成各操作所需的时间及操作之间的时间关系，仅规定了操作的顺序。而对于采用同步时序结构的控制器，它在时钟脉冲的驱动下将产生一系列的控制信号，使数据处理单元完成各种操作。为此应该对各操作间的时间关系作出严格的描述。算法状态机 ASM（Algorithmic State Machine）图就是一种描述时钟驱动的控制器的工作流程的方法，它采用类似于流程图的形式来描述控制器在不同的时间内应完成的一系列操作，反映了控制条件及控制器状态的转换。这种描述方法和控制器硬件的实施有很好的对应关系。因此，ASM 图表示事件有时间概念，而一般软件流程图只表示事件序列，没有时间概念。

传统的数字系统设计方法虽然也可以采用 ASM 图的方法来描述系统功能，但由于实现时采用标准数字电路芯片，设计过程缺乏灵活性。随着硬件描述语言（HDL）和可编程逻辑器件（PLD）的发展，现代数字系统设计采用自顶向下的设计方法，可方便地利用 ASM 图来进行现代数字系统设计，其主要步骤有三步：首先用 ASM 图进行系统功能描述，然后将 ASM 图翻译成 VHDL，最后用 FPGA/CPLD 器件来实现。

ASM 图有三种基本符号：状态框、判断框和条件输出框。ASM 图就是由状态块、判别块、条件输出块以及指向线组成的。

状态块的符号是一个矩形块，它用于表示控制器的一个状态。该状态的名称及二进制代码（如果已经进行了状态分配）分别标在状态块的左、右上角，块内标明该状态下数据处理单元应进行的操作以及控制器的相应输出。

判别块的符号是一个菱形，用于表示状态分支的判别，判别变量（分支变量）写入菱形框内，在判别块的出口处写明满足的条件。

条件输出块用椭圆或两边为圆弧线的条件输出框表示条件输出，条件输出块位于满足状态分支条件的支路上，条件输出的名称写在框内，条件块的输入总是来自判别块，仅当相应判别条件满足时才进行框中表明的操作，而且是在条件满足时立即执行的。

指向线（箭头线）用于把状态块、判别块、条件输出块有机地连接起来，构成完整的ASM 图。

在 ASM 图中还有标注，如$\overline{CS}$表示 CS 是低电平有效，"CP1 ↑↓"表示 CP1 输出一个正脉冲等。

图 4-5 是一个乘法器控制单元的框图及相应它的算法流程图。图 4-6 是该乘法器控制单元相应的 ASM 图。

4.1.4　提高设计效率的方法

在现代电子系统设计中，提高设计效率的主要方法是采用自顶向下的设计方法，利用EDA 工具进行设计，采用 PLD 芯片来实现。而在 FPGA 开发设计中，又如何来提高设计效率呢？这可以从以下几个方面来考虑。

1. 正确选择实现设计的 PLD 芯片及相应的 EDA 开发工具

PLD 芯片的正确选择对设计来讲，具有非常重要的意义，选择得不好，可使设计中遭遇资源不够，或性能满足不了要求的致命打击。在 FPGA 和 CPLD 的开发应用中选型，必须从以下几个方面来考虑。

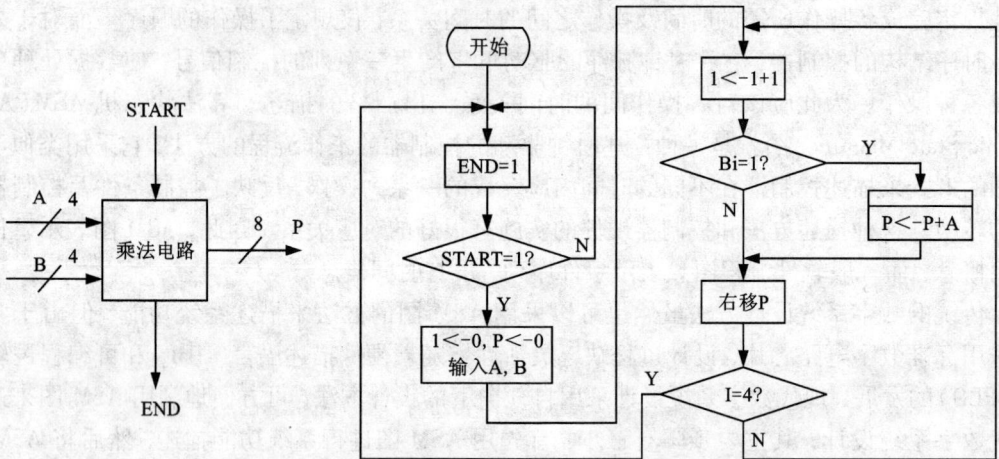

图 4-5　乘法器控制单元的框图及算法流程图

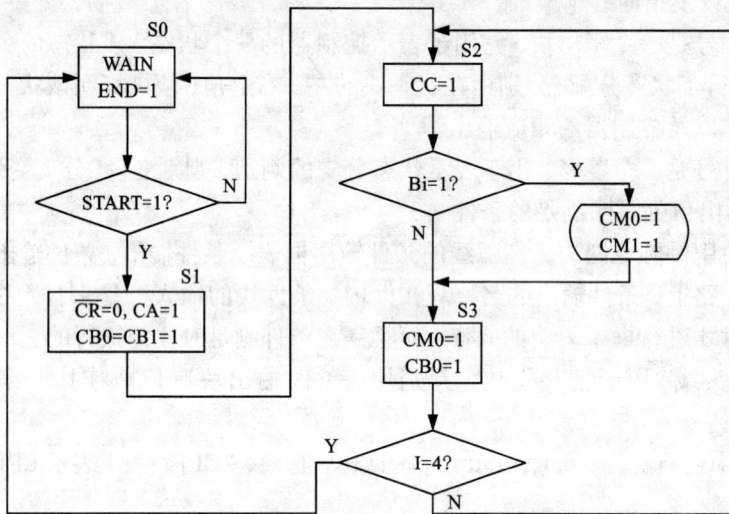

图 4-6　乘法器控制单元的 ASM 图

1）应用需要的逻辑规模

应用需要的逻辑规模，首先可以用于选择 CPLD 器件还是 FPGA 器件。CPLD 器件的规模在 10 万门级以下，而 FPGA 器件的规模已达 1000 万门级，两者差异巨大。10 万门级以上，不用考虑，只有选择 FPGA 器件；在万门以下，CPLD 器件是首选，因为它不需配置器件，应用方便，成本低，结构简单，可靠性高；在上万门级，CPLD 器件和 FPGA 器件逻辑规模都可用的情况下，需要考虑其他因数，在 CPLD 器件和 FPGA 器件之间作出权衡，如速度、加密、芯片利用率、价格等。

其次，可用于器件系列和品种的选择。典型厂家的系列和品种规模各有不同，应用的逻辑规模一定，对应的器件系列和品种也就大致有了范围，再结合其他参数和性能要求，就可筛选确定器件系列和品种。

2）应用的速度要求

速度是 PLD 的一个很重要的性能指标，各机种都有一个典型的速度指标，每个型号都有一个最高工作速度，在选用前，都必须了解清楚。设计要求的速度要低于其最高工作速度，尤其是 Xilinx 公司的 FPGA 器件，由于其采用统计型互连结构，延时不确定性，设计要求的速度要低于其最高工作速度的三分之二。

3）功耗

功耗通常由电压也可反映出来，功耗越低，电压也越低，一般来说，要选用低功耗、低电压的产品。

4）可靠性

可靠性是产品最关键的特性之一，结构简单，质量水平高，可靠性就高。CPLD 器件构造的系统，不用配置器件，具有较高的可靠性；质量等级高的产品，具有较高的可靠性；环境等级高的型号产品，如军用（M 级）产品具有较高的可靠性。

5）价格

要尽量选用价格低廉，易于购得的产品。

6）开发环境和开发人员熟悉程度

应选择开发软件成熟、界面良好、开发人员熟悉的产品。

利用第三方软件，通常是提高设计效率的好方法。现在利用多种 EDA 工具进行协同处理，同时使用 FPGA 快速设计专用系统或作为检验手段已经成为数字系统设计中不可或缺的一种方式。

下面以 Altera 公司的 FPGA 为目标器件，通过一个 8 – bit RISC CPU 的设计实例，介绍 FPGA 的选择方法，以及开发过程中如何使用各种 EDA 工具。

CPU 是一个复杂的数字逻辑电路，但其基本部件的逻辑并不复杂，可将其分为 8 个模块，为了对所设计的 CPU 进行仿真测试，还需要建立一些必要的外围虚拟器件模型，包括装载测试数据的 RAM、存储测试程序 的 ROM 和用于选通 RAM 或 ROM 的地址译码器 ADDRDEC。在仿真测试中，建立一个 Testbench 模块，用这些虚拟器件来代替真实的器件对所设计的 CPU 进行验证，检查各条指令的执行是否正确，与外围电路的数据交换是否正常。这些虚拟器件模型都可以用 VerilogHDL 描述，由于不需要被综合成具体的电路，所以只要保证这些虚拟器件模型的功能和接口信号正确即可。初步估算出其逻辑规模在 10 K 以下，不考虑速度，可选 EPF10K10TC144 – 4。EPF10K10TC144 – 4 具有 144 个 IO 引脚，其中可分配的有 96 个，内部具有 576 个逻辑宏单元。

EDA 工具选择，可以选用 Modelsim，Synplify，QuatrusII 协同进行设计。

首先在 Modelsim 中，对所有的设计输入文件进行编译，编译通过后，对 Testbench 模块进行仿真。

综合工具选择 Synplify，为了便于及时发现综合中出现的问题，综合工作应分阶段进行，首先对构成 CPU 的各个子模块进行综合以检查其可综合性，然后再对整体的 CPU 模块进行综合优化。

布局布线工具选择 QuatrusII，对 Synplify 综合器输出的 edf 文件进行全编译。全编译是指从分析、综合、适配（布局布线）、编程到时序分析的全过程。实际上，设计在 Synplify 中已经综合好了，但分析与综合对于 QuatrusII 来说是必需的，主要是用来生成数据库文件。由于

QuatrusII 中还内嵌了综合工具,所以也可以使用 QuartusII 来完成从综合到布局布线的全过程(即全编译)。全编译完成后,QuartusII 会自动生成布局布线后的网表文件和标准延时格式 SDF 文件。

要完成时序仿真,首先要将功能仿真时 Modelsim 工程中的 RTL 级设计文件替换为 QuartusII 布局布线后生成的网表文件,并编译通过。在 Modelsim 中,加入事先编译好的 Altera 仿真库文件和延时反标 SDF 文件,对 Testbench 模块进行仿真。

时序仿真通过后,选择 QuatrusII 下载工具,首先选择器件、分配管脚,然后执行全编译。全编译后会生成一些数据文件,其中扩展名为 hex 的是十六进制输出文件,它包含了布局布线后的器件、逻辑单元和管脚分配等编程信息。通过下载线将计算机的 COM 口与实验板的 COM 口连接起来,使用 QuatrusII 自带 Programer 工具将 hex 文件下载到 EPF10 KIOTC144 - 4 中,接下来就可以进行硬件测试了。

2. 应用宏功能模块与 IP 核

宏功能模块是硬件厂商提供的具有特定功能并可配置的电路模块,如 Altera 公司的 LPM 模块,设计者可以根据自己的设计需要,选择 LPM 库中堵塞适当模块,并为其设定适当的参数,就可以使用元件一样通过元件例化调用宏功能模块,宏功能模块的应用可极大地提高电子设计的效率和可靠性。

除了硬件厂商提供的宏功能模块外,还有许多免费或收费的电路模块(称 IP 核,知识产权核)可以使用,使设计人员可以使用优秀电子工程技术人员的硬件设计成果,极大地减少重复劳动,提高设计效率。

宏功能模块与 IP 核的调用,参见有关资料手册。

3. 各种设计技巧(Design Tips)的学习与应用

FPGA 的开发设计,是一项非常具有技巧性的脑力劳动,各种设计技巧(Design Tips)的应用能够极大地提高设计的效率和质量,如时序逻辑电路中的速度瓶颈问题(Speed Bottleneck in Sequential Logic),组合逻辑中平衡问题(Balance of The Combinatorial Logic Blocks)、管线设计、节省综合时间等,这些对设计效率和设计质量都有影响。需要在理论与实践中积累经验。

4.2　基本单元电路的 VHDL 设计

一个完整的 VHDL 程序通常包括实体(Entity)、结构体(Architecture)、配置(Configuration)、包(Package)和库(Library)五个部分。在这五个部分中,前 4 种是可编译的源设计单元。

实体是 VHDL 程序的基本单元,用于描述所设计系统的外部接口信号。结构体用于描述系统的行为、系统数据的流程或者系统组织结构形式。

配置用于从库中选取所需单元来组成系统设计的不同规格的不同版本,使被设计系统的功能发生变化。包集合存放各设计模块能共享的数据类型、常数、子程序等。

库用于存放已编译的实体、结构体、包集合、配置。库有两种,一种是用户生成的 IP 库,有些集成电路设计中心开发了大量的工程软件,有不少好的设计范例,可以重复引用;另一类是 PLD、ASIC 芯片制造商提供的库。比如常用的 74 系列芯片、RAM、ROM 控制器、Counter 计数器等标准模版。用户可以直接引用，而不必从头编写。

4.2.1　基本组合逻辑电路设计

在 VHDL 语言中，可以使用并行语句或进程（Process）两种方法描述组合逻辑电路。使用进程可以大大提高程序的可读性，特别是在算法比较复杂的情况下，例如乘法器，通常只有使用进程才能后处理。

1. 逻辑门

逻辑门包括与门、或门、非门、与非门、或非门、异或门等，它们是最基本的组合逻辑单元。在 VHDL 语言中，共有 6 种逻辑运算符，见表 4 - 1。

下面的 VHDL 程序是采用并行语句描述二输入与门的模型，该模型计算两个输入信号 a 和 b 的逻辑与，运算结果送输出 c。

表 4 - 1　逻辑运算符

运算符	功能
AND	与
OR	或
NOT	非
NAND	与非
NOR	或非
XOR	异或

```
library ieee;
use ieee. std_logic_1164. all;
entity test1 is
port ( a, b: in std_logic;
          c: out std_logic);
end test1;
architecture test1_body of test1 is
begin
c < = a and b;
end test1_body;
```

并行语句"c < = a and b"采用逻辑运算符"and"实现 a 和 b 两信号的逻辑"与"功能。同样，采用表 4 - 1 中的其他逻辑运算符可以完成基本逻辑门的设计。

上面的程序还可以采用进程的形式描述二输入与门。

```
library ieee;
use ieee. std_logic_1164. all;
entity test1 is
port ( a, b: in std_logic;
          c: out std_logic);
end test1;
architecture test1_body of test1 is
begin
  and2; process( )
  begin
    if a = '1' and b = '1' then
```

```
      c < = '1';
   else
      c < = '0';
   end if;
  end process and2;
end test1_body;
```

这段代码中尽管使用了进程，但 EDA 综合工具可以检测到 if 的两个分支上进行的都是数据操作，综合后仍然形成了组合逻辑电路。

2. 缓冲器

在三态缓冲器中，通过使能端 en 控制信号的输出。当 en 为 1，则缓冲器的输入信号 a 的电平状态被复制到输出端 b；如果使能端 en 为 0 时，缓冲器的输出为高阻态。下面的 VHDL 代码给出了三态缓冲的模型。

```
library ieee;
use ieee. std_logic_1164. all;
entity buffer1 is
port(a, en: in std_logic;
    b: out std_logic)
end buffer1;
architecture tri_body of buffer1 is
begin
  b1: process(in1, en)
  begin
    if en = '1' then      b < = a;
    else                  b < = 'Z';
    end if;
  end process b1;
end tri_body
```

在 IEEE 的 1164 标准程序包中，用 Z 表示高阻态，EDA 综合工具通常根据这种描述综合得到三态器件。

3. 选择器

在数字系统设计中，多路选择器又称数据选择器或者多路开关，这是一种与非门或者与或门为主体的组合逻辑电路，在选择信号的控制下，从若干路输入信号选择一路作为输出。下面的 VHDL 源代码是四选一电路。

```
library ieee;
use ieee. std_logic_1164. all;
Entity test1 is
port (in1, in2: in std_logic;
    in3, in4: in std_logic;
    sel1, sel2: in std_logic;
```

```
        d：out std_logic）；
    end test1；
    architecture test1_body of test1 is
    begin
    d ＜ = in1 when sel1 = '0' and sel2 = '0' else
          in2 when sel1 = '0' and sel2 = '1' else
          in3 when sel1 = '1' and sel2 = '0' else
          in4；
    end test1_body；
```

上面的程序采用并行语句实现四选一功能，也可以用进程的方式改写上面的程序。其次，若选择器的数据宽度超过 1 位，则可以采用 std_logic_vector 数据类型来定义。下面的 VHDL 源代码采用进程语句实现四选一电路，选择器的宽度为 4。

```
    library ieee；
    use ieee. std_logic_1164. all；
    Entity test1 is
    port（in1，in2，in3，in4：in std_logic_vector(3 downto 0)；
            sel：in std_logic_vector(1 downto 0)；
            d：out std_logic_vector(3 downto 0))；
    end test1；
    architecture test1_body of test1 is
    begin
      mux4：process( sel，in1，in2，in3，in4)
      begin
        case sel is
          when "00" = ＞ d ＜ = in1；
          when "01" = ＞ d ＜ = in2；
          when "10" = ＞ d ＜ = in3；
          when "11" = ＞ d ＜ = in4；
          when others = ＞ NULL；
        end case；
    end process mux4；
    end test1_body；
```

在上面的程序中，case 语句中的条件表达式的值必须举穷尽，又不能重复。对于不能穷尽的条件表达式的值用 others 表示。NULL 是空语句，类似汇编的 NOP，其作用是不进行任何操作。

4. 译码器

译码器将输入代码的状态翻译成相应的输出信号，以表示其原意。其中二进制译码器的输入为 N 位二进制代码，输出为 2^N 个表征代码原意的状态信号，即输出信号的 2^N 位中有且只有一位有效。译码器常见的用途是把二进制表示的地址转换为单线选择信号。二 – 四译码器的模型可以用下面的 VHDL 代码来描述。

```
library ieee;
use ieee. std_logic_1164. all;
entity decoder1 is
port( in1: in std_logic_vector( 1 downto 0);
d: out std_logic_vector( 3 downto 0));
end decoder1;
architecture test of decoder1 is
begin
decorder2_4: process( in1)
begin
case in1 is
when "00" = >d < = "0001";
when "01" = >d < = "0010";
when "10" = >d < = "0100";
when "11" = >d < = "1000";
when others = >NULL;
end case;
end process decorder2_4;
end architecture test;
```

5. 运算器

运算器是构成微处理器的核心组件之一，这里主要介绍加法器与乘法器。

（1）全加器。加法器是最基本的运算单元。加法器中最小的单元是一位运算的全加器。全加器有多种形式，用异或门等构成的全加器。

$S = A \oplus B \oplus Ci$

$Co = (A \oplus B) Ci + AB$

$\quad = AB + (A + B) Ci$

全加器的 VHDL 描述如下源程序：

```
library ieee;
use ieee. std_logic_1164. all;
entity full_adder is
port ( a, b, c_in: in std_logic;
sum, c_out: out std_logic);
end full_adder;
architecture arc_df of full_adder is
begin
sum < = a xor bxor c_in;
c_out < = ( a and b) or ( a and c_in)
or ( b and c_in);
```

end arc_df;

这个全加器中有两个数据输入端 a 和 b，一个进位输入端 c_in；输出端包括一位和 sum 输出端和一个进位输出端。当求和运算的数据宽度大于 1 位时，可以用这个全加器级联构成。但是在操作数的字长较大时，由于进位要经过多次传递，限制了这种级联电路的速度。并且输出和的各位产生的时刻不同。可以采用行波进位加法器解决这个问题。请看下面的 VHDL 语言的硬件描述：

```
library ieee;
use ieee. std_logic_1164. all;
entity ripple_carry_adder is
port (in1, in2: in std_logic_vector (3 downto 0);
carry_in: in std_logic;
sum: out std_logic_vector (3 downto 0);
carry_out: out std_logic);
end ripple_carry_adder;
architecture add_r of ripple_carry_adder is
signal g, p, c: std_logic_vector (3 downto 0);
begin
p(0) < = in1(0) xor in2(0);
p(1) < = in1(1) xor in2(1);
p(2) < = in1(2) xor in2(2);
p(3) < = in1(3) xor in2(3);
g(0) < = in1(0) and in2(0);
g(1) < = in1(1) and in2(1);
g(2) < = in1(2) and in2(2);
g(3) < = in1(3) and in2(3);
c(0) < = g (0) or ( p (0) and carry_in);
c(1) < = g (1) or ( p (1) and g (0))
or ( p (1) and p (0) and carry_in);
c (2) < = g (2) or (p (2) and g (1)) or (p (2) and p (1) and g (0))
or (p (2) and p (1) and p (0) and carry_in);
c (3) < = g (3) or (p (3) and g (2)) or (p (3) and p (2) and g (1))
or (p (3) and p (2) and p (1) and g (0))
or (p (3) and p (2) and p (1) and p (0) and carry_in);
carry_out < = c (3);
sum (0) < = in1 (0) xor in2 (0) xor c (0);
sum (1) < = in1 (1) xor in2 (1) xor c (1);
sum (2) < = in1 (2) xor in2 (2) xor c (2);
sum (3) < = in1 (3) xor in2 (3) xor c (3);
end add_r;
```

以上为四位行波加法器的模型，其中 in1 和 in2 是两个输入操作数，sum 为求和的结果，carry_in 和 carry_in 分别表示进位输出和输入。

（2）乘法器。乘法器是数字系统中重要基本运算，实现乘法器有多种算法。这里介绍在加法器、移位器的基础上适当添加一些硬件构成乘法器。下面的代码是原码移位乘法器的 VHDL 语言程序。

```
library ieee;
use ieee. std_logic_1164. all;
entity multiplier is
port( in1, in2: in std_logic_vector(3 downto 0);
product: out std_logic_vector(7 downto 0);
done: out std_logic);
end multiplier;
architecture acr_m of multiplier is
begin
m1: process( in1, in2)
variable a, b, m: std_logic_vector(3 downto 0);
variable count: integer;
begin
a: = in1;
b: = in2;
count: = 0;
m: = "0000";
done < = '0';
while count <4 loop
if in1(0) = '1' then
m: = m + b;
end if;
a: = m(0) & a(3 downto 1);
m: = '0' & m(3 downto 1);
count: = count + 1;
end loop;
product < = m & a;
done < = '1';
end process m1;
end acr_m;
```

这个模型中 in1 和 in2 是输入的两个 4 位操作数，product 是 8 位乘积项，done 是工作信号。当 done 为 1 时表示一次乘法运算结束。进程中的 count 用来表示迭代次数，经过 4 次移位相加得到乘法结果。移位相加的过程中，部分积之和保存在 m 和 a 连成的进位链中。

4.2.2　基本时序电路的设计

1. 触发器

触发器是最基本的时序电路单元，在时钟的边沿(上升沿或下降沿)引起输出信号改变的一种时序逻辑单元。常见的触发器包括 D 触发器、T 触发器、JK 触发器等。在这些触发器中根据有无复位、置位信号，以及复位、置位信号与时钟信号是否同步，可以分为许多种触发器。

(1)简单的触发器

```
library ieee;
use ieee. std_logic_1164. all;
entity dff is
port ( clk: in std_logic;
d: in std_logic;
q: out std_logic
);
end dff;
architecture d_arch of dff is
begin
process( clk, d)
begin
if clk'event and clk = '1' then
q < = d;
end if;
end process;
end d_arch;
```

上面的程序中，语句"clk'EVENT and clk = '1'"表示 clk 信号的上升沿。这是最简单的 D 触发器，没有置位和复位信号，在每个时钟信号 clk 的上升沿，输出信号 q 值变为输入信号 d，否则，触发器输出信号 q 保持原值。

(2)带异步置位的 D 触发器

当置位信号 set 为 1(有效)时，D 触发器的输出立即置 1；如果置位信号 set 为 0(无效)时，并且当时钟信号 clk 出现上升沿时，D 触发器的输出变为输入信号 d，否则，D 触发器的输出保持原值。这个时序逻辑单元可以用下面的 VHDL 语言来描述：

```
library ieee;
use ieee. std_logic_1164. all;
entity dff_set is
port ( clk: in std_logic;
set: in std_logic;
d: in std_logic;
q: out std_logic);
```

```
end dff_set;
architecture d_arch of dff_set is
begin
process(clk, set)
begin
if (set = '1') then
q < = '1';
elsif (clk'event and clk = '1') then
q < = d;
end if;
end process;
end d_arch;
```

2. 寄存器

1)通用寄存器

在时钟控制下，将输入数据暂存，在满足输出条件时输出数据。其 VHDL 语言的硬件描述如下：

```
library ieee;
use ieee. std_logic_1164. all;
entity reg8 is
port (
data: in std_logic_vector (7 downto 0);
clk: in std_logic;
enable: in std_logic;
q: out std_logic_vector (7 downto 0)
);
end reg8;
architecture reg_arch of reg8 is
begin
process(clk)
begin
if clk'event and clk = '1' then
if enable = '1' then
q < = data;
end if;
end if;
end process;
end reg_arch;
```

在时钟 clk 的上升沿，如果输出使能信号 enable 有效(高电平)，则输入信号 data 送到寄存器中，输出信号 q 为输入信号 data 值，否则输出信号 q 维持原值不变，即起到锁存数据的作用。

2) 移位寄存器

在每个时钟上升沿, 移位寄存器根据移位控制信号(移位的位数)将输入数据左移相应位输出。

下面是 VHDL 语言描述移位寄存器的源代码, 输入信号 count(3 位)表示移位数, 在时钟 clk 上升沿的控制下, 将输入信号 data 左移 count 位送给输出信号 q。

```vhdl
library ieee;
use ieee. std_logic_1164. all;
entity reg8_shift is
port (
data: in std_logic_vector (7 downto 0);
clk: in std_logic;
count: in std_logic_vector(2 downto 0);
q: out std_logic_vector (7 downto 0));
end reg8_shift;
architecture reg_arch of reg_shift is
signal q_temp: std_logic_vector(7 downto 0);
begin
process( clk)
variable ctl: std_logic_vector(2 downto 0);
begin
ctl: = count;
if clk'event and clk = '1' then
case ctl is
when "000" = >q_temp < = data;
when "001" = >q_temp < = data(6 downto 0) & '0';
when "010" = >q_temp < = data(5 downto 0) & "00";
when "011" = >q_temp < = data(4 downto 0) & "000";
when "100" = >q_temp < = data(3 downto 0) & "0000";
when "101" = >q_temp < = data(2 downto 0) & "00000";
when "110" = >q_temp < = data(1 downto 0) & "000000";
when "111" = >q_temp < = data(0) & "0000000";
when others = >q_temp < = "00000000";
end case;
end if;
end process;
q < = q_temp;
end reg_arch;
```

4.2.3　动态扫描显示电路的驱动设计

动态扫描显示是最常用的显示方式之一。它是把所有数码管的 8 个笔画段 a ~ h 的相同段名端相互并接在一起，接到字段输出口上。为了防止各个数码管同时显示相同的数字，各个数码管的公共端 COM 接到位输出口上。

对于一组 LED 数码管显示器需要由两组信号来控制：一组是字段输出口输出的字形代码，用来控制显示的字形，称为段码；另一组是位输出口输出的控制信号，用来选择第几位数码管工作，称为位码。在这两组信号的控制下，可以一位一位地轮流点亮各个数码管显示各自的段码，以实现动态扫描。

例如要显示一组数字，各位数码管依次从左到右(或从右到左)轮流点亮一遍，过一段时间再依次轮流显示一遍，如此不断重复。在轮流点亮一遍的过程中，每位数码管点亮的时间则是非常短暂的(约 1ms)，一闪而过。由于 LED 具有余辉特性以及人眼残留视觉作用，尽管各位数码管实际上是分时断续地显示，但只要适当选择扫描频率，给人眼的视觉印象就会是在连续稳定地显示，并不觉得有闪烁现象。

图 4 - 7 所示的是 8 位数码扫描显示电路原理框图，其中每个数码管的 8 个段：h，g，f，e，d，c，b，a(h 是小数点)都连在一起，8 个数码管分别由 8 个选通信号 k1，k2，…，k8 来选

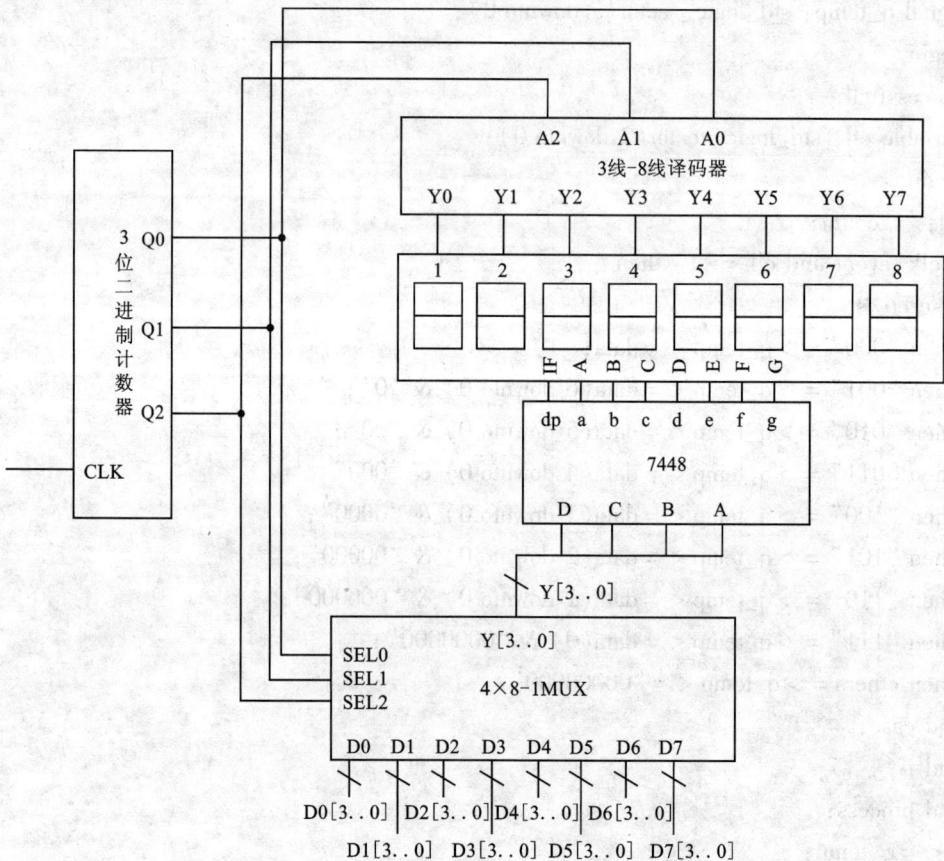

图 4 - 7　8 位数码扫描显示电路原理框图

择。被选通的数码管显示数据。例如，在某一时刻，k3 为高电平，其余选通信号为低电平，这时仅 k3 对应的数码管显示来自段信号端的数据，而其他 7 个数码管呈现关闭状态。根据这种电路状况，如果希望在 8 个数码管显示希望的数据，则须使得 8 个选通信号 k1，k2，…，k8 分别被单独选通，并与此同时，在段信号输入口加上希望在该对应数码管上显示的数据（该数据可以通过不同方式锁入，如来自 A/D 采样的数据、来自分时锁入的数据、来自串行方式输入的数据等），于是随着选通信号的扫变，就能实现扫描显示的目的。

其 VHDL 参考程序（SCAN_LED. VHD）如下：

```
LIBRARY IEEE;
USE IEEE. STD_LOGIC_1164. ALL;
USE IEEE. STD_LOGIC_UNSIGNED. ALL;
ENTITY SCAN_LED IS
PORT ( CLK: IN STD_LOGIC;
d0, d1, d2, d3, d4, d5, d6, d7: in STD_LOGIC_VECTOR(3 DOWNTO 0);
SG: OUT STD_LOGIC_VECTOR(6 DOWNTO 0);
BT: OUT STD_LOGIC_VECTOR(7 DOWNTO 0) );
END;
ARCHITECTURE one OF SCAN_LED IS
SIGNAL CNT8: STD_LOGIC_VECTOR(2 DOWNTO 0);
SIGNAL A: STD_LOGIC_VECTOR(3 DOWNTO 0);
BEGIN
P1: PROCESS( CNT8 )
BEGIN
CASE CNT8 IS
WHEN "000" = > BT < = "00000001"; A < = d0;
WHEN "001" = > BT < = "00000010"; A < = d1;
WHEN "010" = > BT < = "00000100"; A < = d2;
WHEN "011" = > BT < = "00001000"; A < = d3;
WHEN "100" = > BT < = "00010000"; A < = d4;
WHEN "101" = > BT < = "00100000"; A < = d5;
WHEN "110" = > BT < = "01000000"; A < = d6;
WHEN "111" = > BT < = "10000000"; A < = d7;
WHEN OTHERS = > NULL;
END CASE;
END PROCESS P1;
P2: PROCESS(CLK)
BEGIN
IF CLK'EVENT AND CLK = '1'
THEN CNT8 < = CNT8 + 1;
END IF;
END PROCESS P2;
P3: PROCESS( A )
BEGIN
```

```
CASE A IS
WHEN "0000" = > SG < = "0111111"; WHEN "0001" = > SG < = "0000110";
WHEN "0010" = > SG < = "1011011"; WHEN "0011" = > SG < = "1001111";
WHEN "0100" = > SG < = "1100110"; WHEN "0101" = > SG < = "1101101";
WHEN "0110" = > SG < = "1111101"; WHEN "0111" = > SG < = "0000111";
WHEN "1000" = > SG < = "1111111"; WHEN "1001" = > SG < = "1101111";
WHEN "1010" = > SG < = "1110111"; WHEN "1011" = > SG < = "1111100";
WHEN "1100" = > SG < = "0111001"; WHEN "1101" = > SG < = "1011110";
WHEN "1110" = > SG < = "1111001"; WHEN "1111" = > SG < = "1110001";
WHEN OTHERS = > NULL;
END CASE;
END PROCESS P3;
END;
```

4.2.4 交通灯故障监视电路

在图4-8所示的一个交通信号灯的控制电路中，每组信号由红、黄、绿三盏灯组成。正常情况下，任何时刻只有一盏灯亮，若出现故障，则控制电路应发出故障的指示信号。

设输入变量红、黄、绿为 R、A、G；灯亮为1，灭为0。故障信号为输出变量 Z，正常工作 output 为 0，发生故障 output 为 1。

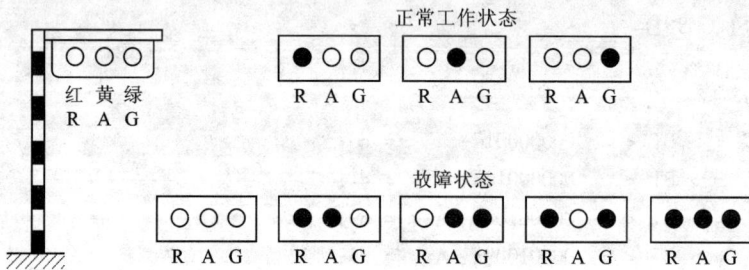

图4-8 交通灯故障示意图

逻辑函数式 Z = R'A'G' + R'AG + RA'G + RAG' + RAG。

逻辑函数的化简如图4-9所示。

图4-9 逻辑函数的化简

化简后的逻辑表达式为 Z = R'A'G' + AG + RG + RA。

对应的逻辑图如图 4 - 10 所示。

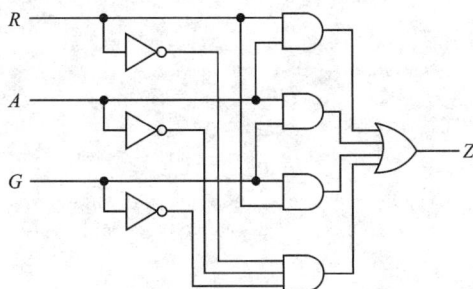

图 4 - 10　交通灯故障门电路实现

下面是 VHDL 语言描述上述模型的源代码：

```
library IEEE;
use IEEE. std_logic_1164. all;
entity traffic_light_mon is
port（ R：in STD_LOGIC;
A：in STD_LOGIC;
G：in STD_LOGIC;
Z：out STD_LOGIC）;
end traffic_light_mon;
architecture monitor_arch of traffic_light_mon is
begin
Z < =（（not R）and（not A）and（not G））or（A and G）or（R and G）or（R and A）;
end monitor_arch
```

4.2.5　4 位二进制码转换为 BCD 码

BCD 码是十进制数代码表示中最常见的编码，也称"8421"码或二 – 十进制码（Binary – Coded Decimal）。它是将十进制的每个数字符号用四位二进制表示，但是和普通的转化有一点不同，每一个十进制的数字 0 ~ 9 都对应着一个四位的二进制码，对应关系如下：十进制 0 对应二进制 0000；十进制 1 对应二进制 0001；……十进制 9 对应二进制 1001。接下来的 10 就用两个上述的码来表示，即 10 表示为 0001 0000；也就是 BCD 码是遇见 1001 就产生进位，不像普通的二进制码，到 1111 才产生进位 1 0000。

下面的 VHDL 语言源代码描述了二进制码转换为 BCD 码的模型。

```
library IEEE;
use IEEE. std_logic_1164. all;
entity tobcd is
port（ bin4：in STD_LOGIC_VECTOR（3 downto 0）;
b：out STD_LOGIC_VECTOR（3 downto 0）;
```

```
        c: out STD_LOGIC_VECTOR (3 downto 0));
    end tobcd;
    architecture tobcd_arch of tobcd is
    begin
    with bin4 select
    b < = "0000" when "0000",
        "0000" when "0001",
        "0000" when "0010",
        "0000" when "0011",
        "0000" when "0100",
        "0000" when "0101",
        "0000" when "0110",
        "0000" when "0111",
        "0000" when "1000",
        "0000" when "1001",
        "0001" when "1010",
        "0001" when "1011",
        "0001" when "1100",
        "0001" when "1101",
        "0001" when "1110",
        "0001" when "1111",
        "0000" when others;
    with bin4 select
    c < = "0000" when "0000",
        "0001" when "0001",
        "0010" when "0010",
        "0011" when "0011",
        "0100" when "0100",
        "0101" when "0101",
        "0110" when "0110",
        "0111" when "0111",
        "1000" when "1000",
        "1001" when "1001",
        "0000" when "1010",
        "0001" when "1011",
        "0010" when "1100",
        "0011" when "1101",
        "0100" when "1110",
        "0101" when "1111",
        "0000" when others;
    end tobcd_arch;
```

上面的程序中，输入信号 bin4 表示待转换的二进制码，采用两个输出信号 b、c 分别表示 BCD 码的十位与个位。这里用到了两个选择信号代入语句，根据条件信号 bin4 的值将不同的值分别代入输出信号 b 和 c 中。

4.2.6　8 位二进制可逆计数器

计数器是记忆输入脉冲个数的电路单元，有许多种类。下面是采用 VHDL 语言对 8 位二进制可逆计数器进行硬件描述的源代码。

```
library ieee;
use ieee. std_logic_1164. all;
use ieee. std_logic_unsigned. all;
entity count8 is
port( rst, clk: in std_logic;
con: in std_logic;
output: out std_logic_vector(7 downto 0) );
end entity count8;
architecture behave of count8 is
begin
process( rst, con, clk)
variable temp1: std_logic_vector(7 downto 0);
begin
if rst = '1' then temp1: = (others = > '0');
else
if clk'event and clk = '1' then
if con = '0' then
if temp1 < 255 then temp1: = temp1 + '1';
else temp1: = (others = > '0');
end if;
else
if temp1 > 0 then temp1: = tcmp1 - '1';
else temp1: = (others = > '1');
end if;
end if;
end if;
end if;
output < = temp1;
end process;
end architecture behave;
```

程序中，当复位信号 rst 有效(高电平)时，输出信号 output 全为 0。当复位信号 rst 无效(低电平)时，若控制信号 con 为 0(低电平)时，计数器对时钟信号 clk 增一计数；若控制信号 con 为 1(高电平)时，计数器对时钟信号 clk 减一计数。

4.2.7　有限状态机的设计与模拟

数字系统一般可分为控制单元和数据通道，数据通道通常由组合逻辑和逻辑电路构成，而控制单元通常由时序逻辑电路构成。控制单元的每一个控制态可以看作一种状态，而状态之间的转换条件指定了下一个状态和输出信号，因此采用有限状态机（Finite State Machine，FSM）可以非常清楚地描述时序电路之间的状态转换模式和状态转换的条件。

有限状态机根据输出信号与当前以及输入信号的关系来分，可以分为 Moore 型和 Mealy 型两种：输出信号只和当前状态有关的状态机称为 Moore 型状态机；输出信号不仅与当前状态有关，而且也和输入信号有关的状态机称为 Mealy 型状态机。

从现实的角度，这两种状态机都可以实现同样的功能，但是它们的时序不同，选择哪种有限状态机要根据实际情况进行具体分析。例如：在串 – 并转换电路中，在串行信号的最后一位到来之前，当前的输出并行数据不受输入信号影响，直到在串行信号的最后一位到来之后并行数据才立即输出，所以输出数据不能直接与输入信号关联，故选择 Moore 型状态机。

建立有限状态机主要有两种方法：状态转移图（状态图）和状态转移表（状态表）。它们是等价的，相互之间可以转换。将用实例详细阐述各自的表示方法。

（1）一般状态机的 VHDL 设计

用 VHDL 设计有限状态机有多种描述方案，有一段式、二段式或三段式等编写风格，通常建议用二段式或三段式的编写风格 避免使用一段式编写风格。因为两段式和三段式可以将组合逻辑部分和时序部分分开，有利于综合工具综合出更优的结果。

这里重点介绍两段式的编写风格，主要包括说明部分、主控时序进程和主控组合进程三个部分。

说明部分中使用 TYPE 语句定义枚举型数据类型，其元素是状态机的状态名。然后定义状态变量为新的枚举型数据类型，便于状态信息传递。说明部分位于 architecture 和 begin 之间。

主控时序进程是指负责状态机运转以及在时钟驱动下状态机转换的进程。状态机在外部时钟信号的有效跳变沿到来时，将代表次态的状态变量（nextstate）中的内容送入现态信号（current state）。这里代表次态的状态变量（nextstate）中的内容是在其他进程中根据实际情况决定的。该进程主要描述时序逻辑，包括状态寄存器的工作和寄存器的输出。

主控组合进程根据外部输入的控制信号或当前状态值确定次态（nextstate）的取值内容，以及对外输出或对内部其他进程输出的信号内容。

（2）有限状态机的描述实例

例 1　设计一个简单的空调控制系统的有限状态机。系统由两个输入 t_high 和 t_low 分别表示室内温度超过高温阈值和低于低温阈值，二者不会同时有效（高电平）。系统由两个输出 hot 和 cool 分别控制空调器的制热和制冷，高电平有效。

根据题意分析，存在三种状态：

S1 表示室内温度刚刚好，空调器不用制热和制冷。输入：t_high = 0，t_low = 0；输出：hot 和 cool 均无效，hot = 0，cool = 0。

S2 表示室内温度太低，空调器制热。输入：t_high = 1，t_low = 0；输出：hot = 1，cool = 0。

S3 表示室内温度太高，空调器制冷。输入：t_high = 0，t_low = 1；输出：hot = 0，cool = 1。

建立有效状态机的状态图如图 4 – 11 所示。

根据以上的有限状态机转换图，其 VHDL 描述的源代码如下：

```
LIBRARY IEEE;
USE IEEE. std_logic_1164. all;
```

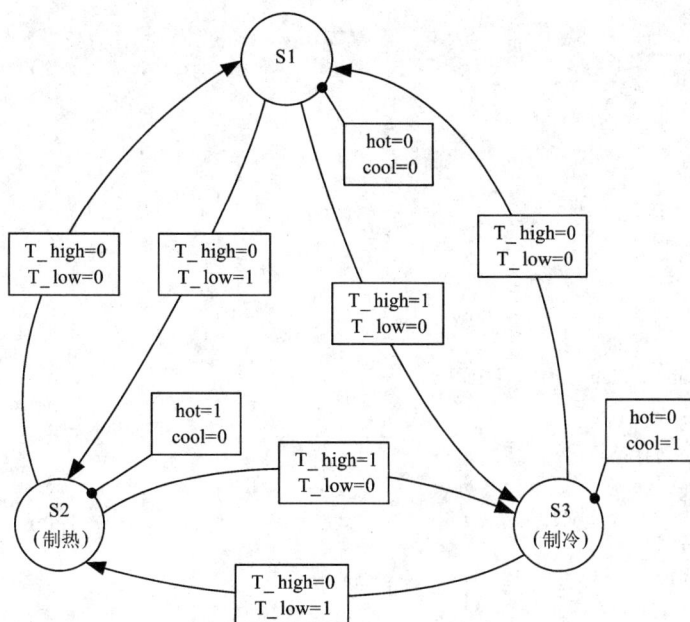

图 4 - 11　空调控制系统有限状态机的状态图

```
ENTITY temprature IS
PORT ( clk: IN STD_LOGIC;
t_high: IN STD_LOGIC;
t_low: IN STD_LOGIC;
hot: OUT STD_LOGIC;
cool: OUT STD_LOGIC);
END temprature;
ARCHITECTURE behave_e OF temprature IS
type state_type is ( s1, s2, s3);
SIGNAL current_state, next_state: state_type;
BEGIN
nxtstate: PROCESS(clk)
BEGIN
IF clk'EVENT and clk = '1' THEN
current_state < = next_state;
END IF;
END PROCESS nxtstate;
control_output: PROCESS( current_state)
BEGIN
CASE current_state IS
WHEN s1 = >
hot < = '0';
cool < = '0';
```

```
IF t_high = '1' THEN
next_state < = s3;
ELSIF t_low = '1' THEN
next_state < = s2;
ELSE
next_state < = s1;
END IF;
WHEN s2 = >
hot < = '1';
cool < = '0';
IF (t_low = '0' and t_high = '0') THEN
next_state < = s1;
ELSIF t_low = '1' THEN
next_state < = s2;
ELSE
next_state < = s3;
END IF;
WHEN s3 = >
hot < = '0';
cool < = '1';
IF (t_low = '0' and t_high = '0') THEN
next_state < = s1;
ELSIF t_high = '1' THEN
next_state < = s3;
ELSE
next_state < = s2;
END IF;
WHEN others = > NULL;
hot < = '0'; cool < = '0';
next_state < = s1;
END CASE;
END PROCESS control_output;
END behave_e;
```

4.3 实用单元电路设计汇总

4.3.1 存储器的设计

半导体存储器的种类很多, 从功能上可以分为只读存储器(READ_ONLY MEMORY, 简称 ROM)和随机存储器(RANDOM ACCESS MEMORY, 简称 RAM)两大类。

1. ROM

只读存储器在正常工作时只能读取数据，不能快速地修改或重新写入数，适用于存储固定数据的场合。

用 VHDL 设计一个容量为 256 × 4 的 ROM，该 ROM 有 10 位地址线 ADDR(9) ~ ADDR(0)，8 位数据输出线 DOUT(7) ~ DOUT(0)级时钟使能信号 CLK。

```
——ROM. VHD
LIBRARY IEEE;
USE IEEE. STD_LOGIC_1164. ALL;
USE IEEE. STD_LOGIC_ARITH. ALL;
USE IEEE. STD_LOGIC_UNSIGNED. ALL;
ENTITY ROM IS
PORT( ADDR – IN STD_LOGIC_VECTOR(9 DOWNTO 0);
CLK: IN STD_LOGIC;
DOUT: OUT STD_LOGIC_VECTOR (7 DOWNTO 0));
END ENTITY ROM,
ARCHITECTURE ART OF ROM IS
BEGIN
PROCESS( CLK)
BEGIN
IF( CLK' EVENT AND CLK = '1' )THEN
CASE ADDR IS
WHEN "0000000000" = > DOUT < = "01011000"; ——000H —— 58H
WHEN "0000000001" = > DOUT < = "00110010"; ——001H —— 32H
WHEN "0000000010" = > DOUT < = "00100011"; ——002H —— 23H
WHEN "0011010101" = > DOUT < = "11110110"; ——0D5H —— F6H
WHEN "0011010110" = > DOUT < = "11110111"; ——0D6H —— F7H
WHEN "0011010111" = > DOUT < = "11110111";
WHEN "0011100000" = > DOUT < = "11111010";
WHEN "0011100001" = > DOUT < = "11111010"; ——0E1H —— FAH
WHEN "0011101011" = > DOUT < = "11111101";
WHEN "0011101100" = > DOUT < = "11111101";
WHEN "0011111101" = > DOUT < = "11111111";
WHEN "0011111110" = > DOUT < = "11111111";
WHEN "0100000000" = > DOUT < = "11111111";
WHEN "0100000010" = > DOUT < = "11111111";
WHEN "0100000011" = > DOUT < = "11111111";
WHEN "0100010001" = > DOUT < = "11111110";
WHEN "0100010100" = > DOUT < = "11111101";
WHEN "0100111001" = > DOUT < = "11110000";
WHEN "0101000101" = > DOUT < = "11101000";
WHEN OTHERS = > DOUT < = "00000000";
END CASE;
```

```
END IF；
END PROCESS；
END ARCHITECTURE ART；
```

2. SRAM

SRAM 和 ROM 的主要区别在于 RAM 描述上有读和写两种操作，而且在读写上对时间有较严格的要求。

用 VHDL 设计一个 8×8 位的双口 SRAM 的 VHDL 程序。

```
——DPRAM. VHD
LIBRARY IEEE；
USE IEEE. STD_LOGIC 1164. ALL；
USE IEEE. STD_LOGIC_ARITH. ALL；
USE IEEE. STD_LOGIC_UNSIGNED. ALL；
ENTITY DPRAM IS
GENERIC(WIDTH：INTEGER：=8；
DEPTH：INTEGER：=8；
ADDER：INTEGER：=3)；
PORT(DATAIN：IN STD_LOGIC_VECTOR(WIDTH – 1 DOWNTO 0)；
DATAOUT：OUT STD_LOGIC_VECTOR(WIDTH – 1 DOWNTO 0)；
CLOCK：IN STD_LOGIC；
WE，RE：IN STD_LOGIC；
WADD：IN STD_LOGIC_VECTOR(ADDER – 1 DOWNTO 0)；
RADD：IN STD_LOGIC_VECTOR(ADDER – 1 DOWNTO 0))；
END ENTITY DPRAM；
ARCHITECTURE ART OF DPRAM IS
TYPE MEM IS ARRAY(DEPTH – 1 TO 0) OF
STD_LOGIC_VECTOR(WIDTH – 1 DOWNTO 0)；
SIGNAL RAMTMP：MEM；
BEGIN
——写进程
PROCESS(CLOCK) IS
BEGIN
IF (CLOCK'EVENT AND CLOCK = '1') THEN
IF(WE = '1')THEN
RAMTMP(CONV_INTEGER(WADD)) < = DATAIN；
END IF；
END IF；
END PROCESS；
——读进程
PROCESS(CLOCK) IS
BEGIN
IF(CLOCK'EVENT AND CLOCK = '1')THEN
IF (RE = '1') THEN
```

```
DATAOUT < = RAMTMP(CONV_INTEGER(RADD));
END IF;
END IF;
END PROCESS;
END ARCHITECTURE ART;
```

3. FIFO

FIFO 是先进先出堆栈，作为数据缓冲器，通常其数据存放结构完全与 RAM 一致，只是存取方式有所不同。

设计一个 8×8 先进先出堆栈 FIFO 的 VHDL 程序。

```
——MYFIFO. VHD
LIBRARY IEEE;
USE IEEE. STD_LOGIC_ 1164. ALL;
USE IEEE. STD_LOGIC_ARITH. ALL;
USE IEEE. STD_LOGIC_UNSIGNED. ALL;
ENTITY MYFIFO IS
GENERIC(WIDTH: INTEGER: =8;                    ——栈宽常数
    DEPTH: INTEGER: =8;                        ——栈深常数
    ADDR: INTEGER: =3);                        ——地址位数常数
PORT(DATAIN: IN STD_LOGIC_VECTOR(WIDTH – 1 DOWNTO 0);
                                               ——输入数据
    DATAOUT: OUT STD_LOGIC_VECTOR(WIDTH – 1 DOWNTO 0);
                                               ——输出数据
    ACLR: IN STD_LOGIC;                        ——清零信号
    CLOCK: IN STD_LOGIC;                       ——工作时钟信号
    WE: IN STD_LOGIC;                          ——写使能信号
    RE: IN STD_LOGIC;                          ——读使能信号
    EF: OUT STD_LOGIC;                         ——栈空信号
    FF: OUT STD_LOGIC);                        ——栈满信号
END ENTITY MYFIFO;
ARCHITECTURE ART OF MYFIFO IS
TYPE MEM IS ARRAY(DEPTH – 1 TO 0) OF STD_LOGIC_VECTOR(WIDTH – 1 DOWNTO 0);
SIGNAL RAMTMP: MEM;                            ——内部数据寄存器
SIGNAL WADD: STD_LOGIC_VECTOR(ADDR – 1 DOWNTO 0);
                                               ——写地址信号
SIGNAL RADD: STD_LOGIC_VECTOR(ADDR – 1 DOWNTO 0);
                                               ——读地址信号
SIGNAL W, W1, R, R1: INTEGER RANGE 0 TO 8;
BEGIN                                          ——写指针修改进程
WRITE_POINTER: PROCESS(ACLR, CLOCK) IS
BEGIN
IF ( ACLR = '0') THEN
WADD < = (OTHERS = > '0');
```

```
ELSIF (CLOCK'EVENT AND CLOCK = '1') THEN
IF (WE = '1') THEN
IF (WADD = 7) THEN
WADD < = (OTHERS = > '0');
END IF;
END IF;
W < = CONV_INTEGER(WADD);
WI < = W - 1;
END PROCESS WRITE_POINTER;                     ——写操作进程
WRITE_RAM: PROCESS(CLOCK) IS
BEGIN
IF (CLOCK'EVENT AND CLOCK = '1') THEN
IF (WE = '1') THEN
RAMTMP(CONV_INTEGER(WADD)) < = DATAIN;
END IF;
END IF;
END PROCESS WRITE_RAM;                          ——读指针修改
READ_POINIER: PROCESS(ACLR, CLOCK) IS
BEGIN
IF (ACLR = '0') THEN
RADD < = (OTHERS = > '0');
ELSIF (CLOCK'EVENT AND CLOCK = '1') THEN
IF (RE = '1') THEN
IF (RADD = 7) THEN
RADD < = (OTHERS = > '0');
ELSE
RADD < = RADD + '1';
END IF;
END IF;
END IF;
R < = CONV_INTEGER(RADD);
R1 < = R - 1;
END PROCESS READ_POINIER;                       ——读操作进程
READ_RAM: PROCESS(CLOCK) IS
BEGIN
IF (CLOCK'EVENT AND CLOCK = '1') THEN
IF (RE = '1') THEN
DATAOUT < = RAMTMP(CONV_INTEGER(RADD));
END IF;
END IF;
END PROCESS READ_RAM;                           ——产生满标志进程
FFLAG: PROCESS(ACLR, CLOCK) IS
BEGIN
```

```
IF ( ACLR = '0' ) THEN
FF < = '0';
ELSIF ( CLOCK' EVENT AND CLOCK = '1' ) THEN
IF ( WE = '1' AND RE = '0' ) THEN
IF ( W = R 1 ) OR( ( WADD = CONV_STD_LOGIC_VECTOR( DEPTH – 1, 3 ) )
AND( RADD = "000" ) ) THEN
FF < = '1';
END IF;
ELSE
FF < = '0';
END IF;
END IF;
END PROCESS FFLAG;                              ——产生空标志进程
EFLAG: PROCESS( ACLR, CLOCK ) IS
BEGIN
IF ( ACLR = '0' ) THEN
EF < = '0';
ELSIF ( CLOCK' EVENT AND CLOCK = '1' ) THEN
IF ( RE = '1' AND WE = '0' ) THEN
IF ( R = W 1 ) OR( ( RADD = CONV_STD_LOGIC_VECTOR( DEPTH – 1, 3 ) )
AND ( WADD = "000" ) ) THEN
EF < = '1';
END IF;
ELSE
EF < = '0';
END IF;
END IF;
END PROCESS EFLAG;
END ARCHITECTURE ART;
```

4.3.2　可变模值计数器的设计

1)可变模值计数器

下面的文本是一个可控的模值分别为 3, 5, 6, 8 的计数器, 请读者弄懂它, 并画出它的状态转换图。

```
LIBRARY ieee;
USE ieee. std _ logic _ 1164. all;
USE ieee. std _ logic _ unsigned, all;
ENTITY cnt variabl 3568 IS
PORT ( clk, nclr, en: IN STD LOGIC;
sel: IN STD LOGIC VECTOR ( 1 DOWNTO 0 );
qout: OUT STD _ LOGIC _ VECTOR ( 2 DOWNTO 0 ) );
END cnt_ variabl 3568;
```

```
ARCHITECTURE a OF cnt variabl 3568 IS
SIGNAL count：STD LOGIC VECTOR (2 DOWNTO 0)；
BEGIN
PROCESS (clk, nclr, sel)
BEGIN
IF nclr = '0' THEN count < - "000"；                    ——异步复零
ELSIF (clk'EVENT AND clk = '1') THEN
IF en - '1' THEN
IF sel = 0 THEN
IF count > = 2 THEN count < = "000"；               ——sel = 0，模值为 3
ELSE count < = count + 1；
END IF；                                            ——END IF count > = 2
ELSIF sel = 1 THEN
IF count > = 4 THEN count < = "000"；               ——sel = 1，模值为 5
ELSE count < = count + 1；
END IF；                                            ——END IF count > = 4
ELSIF sel = 2 THEN
IF count > = 5 THEcN count < = "000"；              ——sel = 2，模值为 6
ELSE count < = count + 1；
END IF；                                            ——END IF count > = 5
ELSIF sel = 3 THEN
IF count > = 7 THEN count < = "000"；               ——sel = 3，模值为 8
ELSE count < = count + 1；
END IF；                                            ——END IF count > = 7
END IF；                                            ——END IF sel
END IF；                                            ——END IF en = '1'
END IF；END IF nclr = '0'
END PROCESS；
qout < = count；
END a；
```

2）多功能可变模计数器设计

该多功能可变模计数器，具有清零、置数、使能控制、可逆计数和可变模功能。其电路符号如图 4 - 12 所示，clk 为时钟脉冲输入端，m 为模值输入端，clr 为清零控制端，s 为置数控制端，d 为置数输入端，en 为使能控制端，updn 为计数方向控制端，q 为计数输出端，co 为进位输出端。

多功能可变模计数器的 VHDL 代码如下所示：

```
LIBRARY IEEE；
USE ieee. std_logic_1164. ALL；
USE ieee. std_logic_unsigned. ALL；
USE ieee. std_logic_arith. ALL；
ENTITY counter IS
```

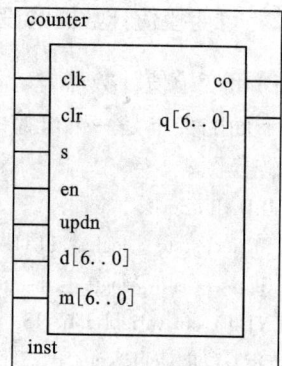

图 4 - 12　多功能可变模
计数器的电路符号

```
PORT( clk, clr, s, en, updn: in std_logic;
d: in integer range 0 to 99;
m: in integer range 0 to 99;
co: OUT std_logic;
1: buffer integer range 0 to 99);
END counter;
ARCHITECTURE one OF counter IS
——定义计数最大值 m_temp
signal m_temp: integer range 0 to 99;
BEGIN
PROCESS( clk, clr, m)
BEGIN
m_temp < = m – 1;                              ——清零功能
if clr = '1' then q < =0; co < = '0';          ——以时钟信号的上升沿为计数触发条件
elsif clk'event and clk = '1' then             ——置数功能
if s = '1' then q < = d;                        ——防止计数失控
elsif q > m_temp then q < = m_temp;            ——计数使能控制功能
elsif en = '1' then
if updn = '1' then                             ——加法计数
if q = m_temp then q < =0; co < = '1';
else q < = q + 1; co < = '0';
end if;
if updn = '0' then                             ——减法计数
if q = 0 then q < = m_temp; co < = '1';
else q < = q – 1; co < = '0';
end if;
end if;
end if;
end if;
END PROCESS;
END ARCHITECTURE one
```

值得注意的是，这里所设计的多功能可变模计数器具有如下特点：

（1）该设计的多功能可变模计数器具有多个功能控制端。因此各个控制端的优先权顺序就成为设计的关系，经过理论分析和传真调试，最终确认的优先权顺序为：clr（清零）→clk（时钟触发）→s（置数）→en（使能）→updn（计数方向）。这个优先权顺序可以有效地保证各个功能的完整实现，以及技术器的稳定运行。

（2）为了防止出现计数失控，大多数计数器采用给计数器增加一个复位控制端的办法，当发现计数输出 q 发生了计数失控时，通过复位控制端将计数器复位来排除计数失控。这种方法虽然有效，但是每次出现计数失控都要手动控制复位，给实际使用带来了不便。该设计的多功能可变模计数器中，将当前的计数输出 q 与当前的计数最大值 m_temp 进行比较，如果 q 比 m_temp 大，则强制将 m_temp 赋给 q，这样就可以自动避免计数失控，不必再增加手动的复位控制端。

4.3.3　数控分频器的设计

1. 数控分频器的功能

当在输入端给定不同输入数据时，将对输入的时钟信号有不同的分频比，它是用并行预置加法计数器完成分频器的功能，方法是将计数溢出位与预置数加载输入信号相接即可。

```
LIBRARY IEEE;
USE IEEE. STD LOGIC 1164. A1, 1,;
USE IEEE. STD _ LOGIC _ UNSIGNED. ALL;
ENTITY PULSE IS
PORT (CLK: IN STD _ LOGIC;
D: IN STD _ LOGIC _ VECTOR (7 DOWNTO 0);
FOUT: OUT STD LOGIC);
END;
ARCHITECTURE one OF PULSE IS
SIGNAL FUILL: STD LOGIC;
BEGIN
P REG: PROCESS (ELK)
VARIABLE CNT8: STD LOGIC VECTOR (7 DOWNTO 0);
BEGIN
IF CIK' EVENT AND CLK = '1' THEN
IF CNT8 = "11111111" THEN
CNT8: = D;                    ——当 CNT8 计数计满时，输入数据 D 被同步预置给计数器
                                CNT8
FULL < = '1';                 ——同时使溢出标志信号 FULL 输出为高电平
ELSE CNT8: = CNT8 + 1;        ——否则继续作加 1 计数
FULL < '0'                    ——且输出溢出标志信号 FULL 为低电平
END IF;
END IF;
END PROCESS P REG;
P _ DIV: PROCESS (FULL)
VARIABLE CNT2: STD _ LOGIC;
BEGIN
IF FULL' EVENT AND FULL = '1'
THEN CNT2: = NOT CNT2;        ——如果溢出标志信号 FULL 为高电平，D 触发器输出取反
IF CNT2 = '1' THEN FOUT < = '1';
ELSE FOUT < = '0';
END IF;
END IF;
END PROCESS P_ DIV;
END;
END;
```

2. $N-0.5$ 半整数分频器设计

(1)问题提出。设有一个 250 kHz 的时钟源，但电路中需要产生一个 100 kHz 的时钟信

号，分频比为 2.5。此时，整数分频器无能为力。这就是著名的 $N-0.5(N$ 为整数$)$ 的小数分频器的问题。

(2) 半整数分频器的组成。分频系数为 $N-0.5(N$ 为整数$)$ 的分频器，其典型电路可由一个"模 N 减法计数器"，一个"2 分频器"和一个"异或门"组成，如图 4 – 13 所示。在实现时，模 N 减法计数器可设计成带预置数的计数器，这样就可以实现任意分频系数为 $N-0.5$ 的分频器；图 4 – 13 中部方框为带 4 位二进制预置数 preset[3..0] 的"模 N 减法计数器"，N 的取值可以为 15 以内的任意值，N 由预置数 preset[3..0] 决定。当取 $N=3$ 时，便可实现 2.5 的分频比，使 250 kHz 的输入时钟源 $f_{in}=100$ kHz 的输出时钟信号。

用 CPLD 器件编程实现时的接口示意图如图 4 – 14 所示。

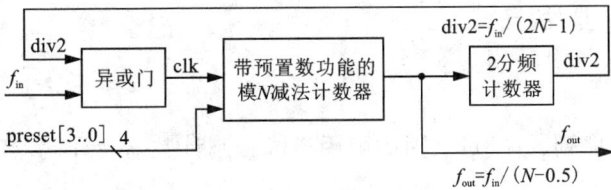

图 4 – 13　通用半整数分频器电路组成　　　图 4 – 14　半整数分频器的外部接口

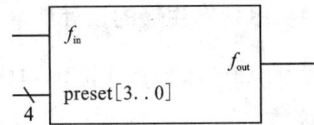

(3) VHDL 文本

```
Library ieee;
use ieee. std _ logic _ 1164. all;
use ieee. std _ logic _ unsigned, all;
entity decount is                              ——取模 N – 0.5 计数器实体名为 decount
port (                                         ——端口
fin: in std _ logic;                           ——定义时钟源 fin 为输入变量
preset: in std_ logic_ vector(3 downto 0);    ——定义预置分频值 preset 为输入向量
fout: buffer std _ logic);                     ——定义输出时钟 fout 为缓冲输出
end decount;                                    ——实体描述结束
architecture decount arch of decount is        ——声明结构体
signal clk, div2: std_ logic;                  ——定义内部用的信号 clk, div2
signal count: std logic vector(3 downto O);    ——定义内部用柜 N 计数器的输出信号
begin
clk < = fin xor div2;                          ——fin 异或 div2 后作为模 N 计数器的内部时钟 clk
PI: process                                    ——模 N 计数器减法计数进程, 以 clk 为敏感信号
begin
(clk)
if (clk' event and clk = '1') then
if (count = "0000") then
count < = preset – 1;                          ——置整数分频值 N
fout < = '1'; 输出时钟值 fout 为 1
else
count < = count – 1;                           ——模 N 计数器 count 为减法计数
```

```
        fout < = '0';
        end if;
    end if;
    end process;                        ——模 N 计数器减法计数进程描述结束
    P2: process (fout)                  ——由 fout 为敏感信号的 2 分频计数器的进程
    begin
    if (lout'event and lout = '1') then
    div2 < = not div2;                  ——div2 是输出时钟 fout 的 2 分频
    end if;
    end process;                        ——2 分频计数器的进程描述结束
    end decount arch;                   ——结构体描述结束
```

可见，结构体中，有两个进程，它们是并行的。

4.3.4　序列发生器的设计

本序列发生器产生"00111001"周期序列，共 8bit，因此可用 3 位二制计数器及译码器实现，文本如下：

```
    library ieee;
    use ieee. std _ logic _ 1164. all;
    use ieee. std _ logic _ unsigned, all;
    entity generat is                   ——序列发生器实体
    port (rst: in std _ logic;
    clk: in std _ logic;
    y. out std _ logic);
    end;
    architecture arc of generat is
    signal cnt: std_ logic _ vector (2 downto 0);  ——cnt 为 3 位二进制计数器
    begin
    cnt_p: process (clk, rst)           ——cnt_p 为 3 位二制计数器的计数进程
    begin
    if (rst = '1') then cnt < = (others = > '0');
    elsif (clk'event and clk = '1') then cnt < = cnt + 1;
    end if;
    end process;
    —— y < = '1' when(cnt = 2 or cnt = 3 or cnt = 4 or cnt = 7) else '0';
                                        ——（译码方法一）
    y < = '1' when ((cnt > = 2 and cnt < = 4) or cnt - 7) else '0';
                                        ——（译码方法二）
    end arc;
```

4.3.5　序列检测器的设计

序列检测器可用于检测一组或多组由二进制码组成的脉冲序列信号，当序列检测器连续收到一组串行二进制码后，如果这组码与检测器中预先设置的码相同，则输出 1，否则输出

0。由于这种检测的关键在于正确码的收到必须是连续的，这就要求检测器必须记住前一次的正确码及正确序列，直到在连续的检测中所收到的每一位码都与预置数的对应码相同。在检测过程中，任何一位不相等都将回到初始状态重新开始检测。以下文本描述的电路完成对序列数"11100101"的检测，当这一串序列数高位在前(左移)串行进入检测器后，若此数与预置的密码数相同，则输出"A"，否则仍然输出"B"。

```
LIBRARY IEEE;
USE IEEE. STD_LOGIC_1164. ALL;
ENTITY SCHK IS
PORT(DIN, CLK, CLR: IN STD_LOGIC;      ——串行输入数据位/工作时钟/复位信号
AB: OUT STD_LOGIC_VECTOR(3 DOWNTO 0);
                              ——检测结果输出
END SCHK;
ARCHITECTURE behav OF SCHK IS
SIGNAL Q: INTEGER RANGE 0 TO 8;
SIGNAL D: STD_LOGIC_VECTOR(7 DOWNTO 0);
                              ——8 位待检测预置数
BEGIN
D < = "11100101";              ——8 位待检测预置数
PROCESS(CLK, CLR)
BEGIN
IF CLR = '1' THEN Q < =0;
ELSIF CLK'EVENT AND CLK = '1' THEN   ——时钟到来时，判断并处理当前输入的位
CASE Q IS
WHEN 0 = > IF DIN = D(7) THEN Q < =1; ELSE Q < =0; END IF;
WHEN 1 = > IF DIN = D(6) THEN Q < =2; ELSE Q < =0; END IF;
WHEN 2 = > IF DIN = D(5) THEN Q < =3; ELSE Q < =0; END IF;
WHEN 3 = > IF DIN = D(4) THEN Q < =4; ELSE Q < =0; END IF;
WHEN 4 = > IF DIN = D(3) THEN Q < =5; ELSE Q < =0; END IF;
WHEN 5 = > IF DIN = D(2) THEN Q < =6; ELSE Q < =0; END IF;
WHEN 6 = > IF DIN = D(1) THEN Q < =7; ELSE Q < =0; END IF;
WHEN 7 = > IF DIN = D(0) THEN Q < =8; ELSE Q < =0; END IF;
WHEN OTHER = > Q < =0;
END CASE;
END IF;
END PROCESS;
PROCESS(Q)                     ——检测结果判断输出
BEGIN
IF Q = 8 THEN AB < = "1010";   ——序列数检测正确，输出"A"
ELSE AB < = "1011";            ——序列数检测错误，输出"B"
END IF;
END PROCESS;
END behav;
```

要求：①说明上述代码表达的是什么类型的状态机，它的优点是什么，并叙述其功能和对序列数检测的逻辑过程。②写出由两个主控进程构成的相同功能的符号化 Moore 型有限状态机，画出状态图，并给出其仿真测试波形。③将 8 位待检测预置数作为外部输入信号，即可以随时改变序列检测器中的比较数据。写出此程序的符号化单进程有限状态机。

提示：对于 D < = "11100101"，电路需分别不间断记忆：初始状态，1，11，111，1110，11100，111001，1110010，11100101 共 9 种状态。

4.3.6　启动/暂停按键电路设计（消抖动双稳态开关电路）

（1）信号说明。按键消抖功能仿真波形如图 4 – 15 所示，其中：

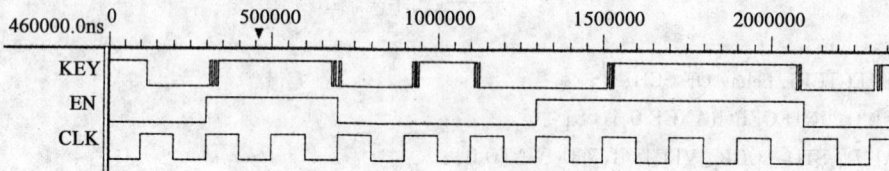

图 4 – 15　按键消抖功能仿真波形

KEY：按键信号，平时为 1，压下为 0，机械簧片有抖动；

CLK：同步时钟信号，其频率与控制精度有关；

EN：输出控制信号，压一次按键，EN 为 1，再压一次按键，EN 为 0，故 EN 叫双稳态开关信号。

（2）按键的消抖动电路的 VHDL 文本，采用状态机法描述如下：

```
library ieee;
use ieee. std _ logic _ 1164. all;
use ieee. std _ logic _ unsigned, all;
entity key is
port (KEY, CLK: in std _ logic;
EN: out std _ logic);
end;
architecture behav of key is
type statype is (s0, s1, s2, s3);
signal state: statype;
begin
process (CLK, KEY)
begin
if rising_ edge (CLK) then
case state is
when s0 = >
if (KEY = '1') then state < = s0;
else state < = s1;
end if;
```

```
when s l =  >
if ( KEY  =  ' 0 ' ) then state  <  = s1;
else state  <  = s2;
end if;
when s2  =  >
if ( KEY  =  ' 0 ' ) then state  <  = s3;
else state  <  = s2;
end if;
when s3  =  >
if ( KEY  =  ' 0 ' ) then state  <  = s3;
else state  <  = s0;
end if;
end case;
end if;
end process;
EN  <  = ' 0 ' when ( state = s0 ) or ( state = s3 ) else ' 1 ';
end behav;
```

4.3.7　A/D 采样控制器的设计

　　用状态机对 0809 进行采样控制, 首先必须了解其工作时序, 然后据此作出状态图, 最后写出相应的 VHDL 代码。图 4 – 16 和图 4 – 17 分别是 0809 的引脚图、A/D 转换时序和采样控制状态图。时序图中, START 为转换启动控制信号, 高电平有效; ALE 为模拟信号输入选通端口地址锁存信号, 上升沿有效; 一旦 START 有效后, 状态信号 EOC 即变为低电平, 表示进入转换状态, 转换时间约为 100 μs。转换结束后, EOC 将变为高电平。此后外部控制可以使 OE 由低电平变为高电平(输出有效), 此时, 0809 的输出数据总线 D[7..0] 从原来的高阻态变为输出数据有效。由状态图也可以看到, 在状态 st2 中需要对 0809 工作状态信号 EOC进行测试, 如果为低电平, 表示转换没有结束, 仍需要停留在 st2 状态中等待, 直到变成高电平后才说明转换结束, 在下一时钟脉冲到来时转向状态 st3。在状态 st3, 由状态机向 0809 发出转换好的 8 位数据输出允许命令, 这一状态周期同时可作为数据输出稳定周期, 以便能在下一状态中向锁存器中锁入可靠的数据。在状态 st4, 由状态机向 FPGA 中的锁存器发出锁存信号(LOCK 的上升沿), 将 0809 输出的数据进行锁存。

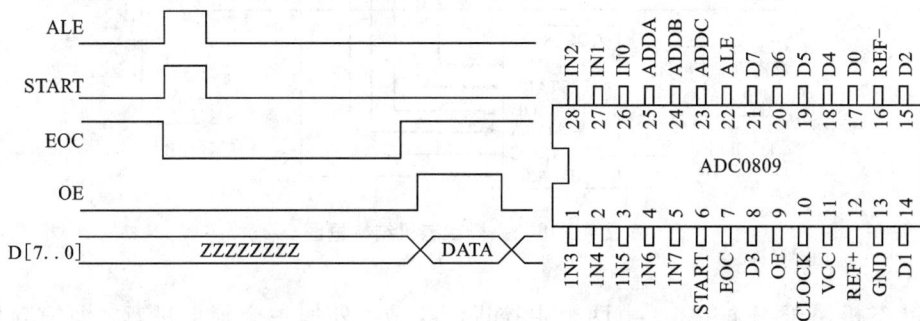

图 4 – 16　ADC0809 工作时序

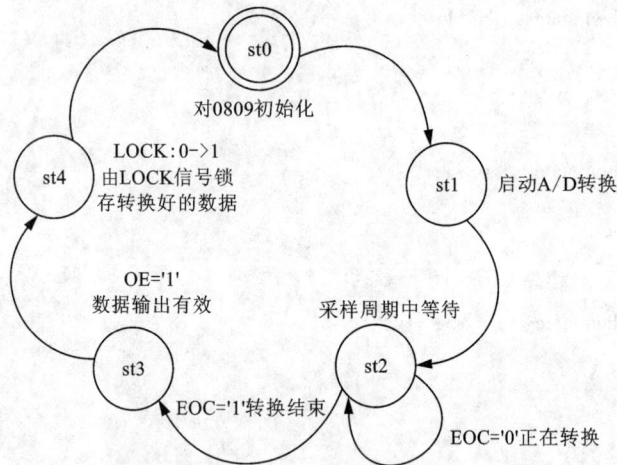

图 4 – 17　控制 ADC0809 采样状态图

　　0809 采样控制器的程序如下所示，其程序结构可以用图 4 – 18 的框图描述。程序含三个进程。REG 进程是时序进程，它在时钟信号 CLK 的驱动下，不断将 next_state 中的内容赋给 current – state，并由此信号将状态变量传输给组合进程 COM。组合进程 COM 有两个主要功能：①状态译码器功能，即根据从 current_state 信号中获得的状态变量，以及来自 0809 的状态线信号 EOC，决定下一状态的转移方向，即确定次态的状态变量；②采样控制功能，即根据 current_state 中的状态变量确定对 0809 的控制信号线 ALE、START、OE 等输出相应的控制信号，当采样结束后还要通过 LOCK 向锁存器件进程 LATCHl 发出锁存信号，以便将由 0809 的 D[7..0]数据输出口输出的 8 位转换数据锁存起来。

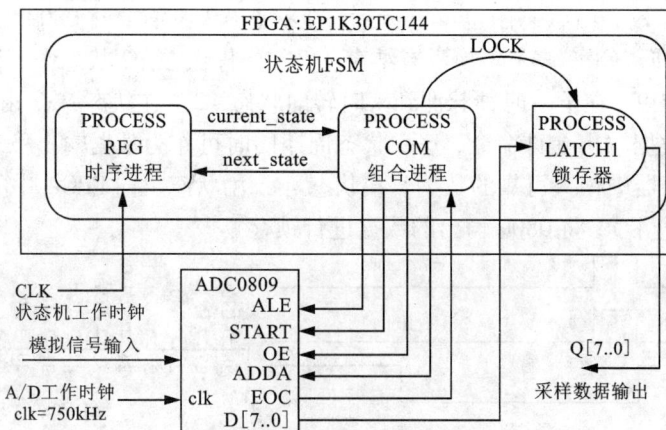

图 4 – 18　采样状态机结构框图

　　该状态机属于 Moore 机，由两个主控进程构成，外加一个辅助进程，即锁存器进程 LATCH1，层次清晰，各进程分工明确。

　　在一个完整的采样周期中，状态机中最先被启动的是以 CLK 为敏感信号的时序进程，接着组合进程 COM 被启动，因为它们以信号 current_state 为敏感信号。最后被启动的是锁存器进程，它是在状态机进入状态 st4 后才被启动的，即此时 LOCK 产生了一个上升沿信号，从而启动进程 LATCHl，将 0809 在本采样周期输出的 8 位数据锁存到寄存器中，以便外部电路能从 Q 端读到稳定正确的数据。

　　当然也可以另外再做一个控制电路(可以是另一个状态机)，将转换好的数据直接存入 RAM 或 FIFO 中而不是简单的锁存器中。

　VHDL 设计文本：

```
LIBRARY IEEE;
USE IEEE. STD_LOGIC_1164. ALL;
ENTITY ADCINT IS
PORT (D：IN STD_LOGIC_VECTOR(7 DOWNTO 0);
CLK, EOC：IN STD_LOGIC;
ALE, START, OE, ADDA, LOCK0：OUT STD_LOGIC;
Q：OUT STD_LOGIC_VECTOR(7 DOWNTO 0));
END ADCINT;
ARCHITECTURE behav OF ADCINT IS
TYPE states IS (st0, stl, st2, st3, st4);        ——定义各状态子类型
SIGNAL current_state, next_state：states：= st0;
SIGNAL REGL：STD_LOGIC_VECTOR(7 DOWNTO 0);
SIGNAL LOCK：STD LOGIC;               ——转换后数据输出锁存时钟信号
BEGIN
ADDA < = '1';                    ——当 ADDA < = '0'，模拟信号进入 0809 通道 0；
                                     当 ADDA < = '1'，则进入通道 1
Q < = REGL; LOCK0 < = LOCK;
COM：PROCESS(current_state, EOC) BEGIN——规定各状态转换方式
CASE current_state IS
WHEN st0 = > ALE < = '0'; START < = '0'; LOCK < = '0'; OE < = '0';
next_state < = stl;                  ——0809 初始化
WHEN stI = >ALE < = '1'; START < = '1'; LOCK < = '0'; OE < = '0';
next_state < = st2;                  ——启动采样
WHEN st2 = > ALE < = '0'; START < = '0'; LOCK < = '0'; OE < = '0';
IF (EOC = '1')THEN next_state < = st3;    ——EOC = 1 表明转换结束
ELSE next_state < = st2;              ——转换未结束，继续等待
END IF;
WHEN st3 = > ALE < = '0'; START < = '0'; LOCK < = '0'; OE < = '1';
next_state < ：st4;                   ——开启 OE，输出转换好的数据
WHEN st4：>ALE < ：'0'; START < = '0'; LOCK < = '1'; OE < ：'1'; next_state < ：st0;
WHEN OTHERS：> next state < = st0;
END CASE;
END PROCESS COM;
REG：PROCESS (CLK)
```

```
BEGIN
IF（CLK'EVENT AND CLK：'1'）THEN current_state < = next_state；
END IF；
END PROCESS REG；                    ——由信号 current_state 将当前状态值带此进程：REG
LATCH1：PROCESS（LOCK）             ——此进程中，在 LOCK 的上升沿，将转换好的数据锁入
BEGIN
IF LOCK = '1' AND LOCK'EVENT THEN REGL < = D；
END IF；
END PROCESS LATCH1；
END behav；
```

图 4 – 19 为采样状态机的工作时序图，上面显示了 6 个采样周期。以第 2 个采样周期为例，图中，状态机在状态 1 时（即 current_state = st1），由 START、ALE 发出启动采样和地址选通的控制信号。之后，EOC 由高电平变为低电平，0809 的 8 位数据输出端呈现高阻态"ZZ"，在此，一个"Z"表示 4 位二进制数。在状态 2，等待了数个时钟周期之后，EOC 变为高电平，表示转换结束。进入状态 3，输出允许 OE 变为高电平，0809 的数据输出端 D[7..0]输出已经转换好的数据 13(十六进制)；在状态 4，LOCK0(是由内部 LOCK 信号引出的测试信号)发出一个脉冲，其上升沿即将 D 端口的 13 锁入 REGI 中(如图 4 – 19 所示最下一行信号波形)。

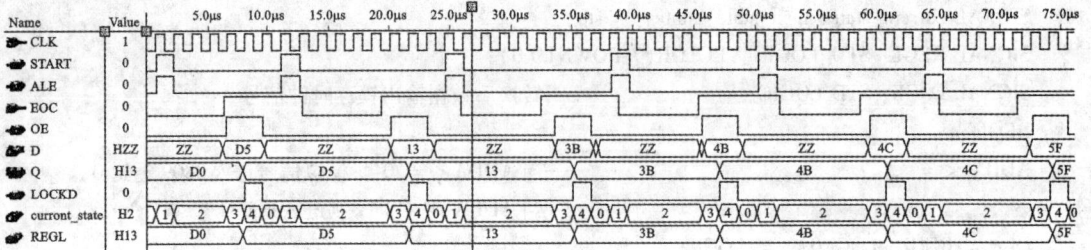

图 4 – 19   ADC0809 采样状态机工作时序

上述的组合进程 COM 可以分成两个组合进程 COM1 和 COM2，一个负责状态译码，另一个负责状态转换，构成一个 3 进程有限状态机，其功能与前者完全一样。

```
COMI：PROCESS(current_state，EOC) BEGIN
CASE current_state IS
WHEN st0 = > next_state < = st1；
WHEN stl = > next_state < = st2；
WHEN st2 = > IF（EOC = '1'）THEN next_state < = st3；
ELSE next_state < = st2；END IF；
WHEN st3 = > next_state < = st4；          ——开启 OE
WHEN st4 = > next_state < = st0；
WHEN OTHERS = > next_state < = st0；
END CASE；
END PROCESS COMI；
COM2：PROCESS（current_state）BEGIN
```

```
CASE current_state IS
WHEN st0 = > ALE < = '0'; START < = '0'; LOCK < = '0'; OE < = '0'
WHEN stI = > ALE < = '1'; START < = '1'; LOCK < = '0'; OE < = '0'
WHEN st2 = > ALE < = '0'; START < = '0'; LOCK < = '0'; OE < = '0'
WHEN st3 = > ALE < = '0'; START < = '0'; LOCK < = '0'; OE < = '1'
WHEN st4 = > ALE < = '0'; START < = '0'; LOCK < = '1'; OE < = '1'
WHEN OTHERS = > ALE < = '0'; START < = '0'; LOCK < = '0';
END CASE;
END PROCESS COM2;
```

4.3.8　通用全功能按键消抖动电路

1. 按键消抖动电路(又叫弹跳消除电路)

因为按键大多是机械式开关结构,在开关切换的瞬间会在接触点弹性簧片间出现若干个随机的来回弹跳的抖动现象,抖动信号的周期大致在 20～40 ms,对于激活关闭一般电器(如电灯)并不会有何影响,但对于灵敏度较高的数字逻辑电路系统,却有可能产生误动作而出错。为此需要设置与某一时钟同步的按键消抖动电路,且必须合理地选择同步时钟的工作频率,达到既要照顾响应按键动作的精度(及时快速响应),又要可靠地消抖动(单次输出,而不是两次或多次输出,那样依然有抖动),但是,这两个要求是互相矛盾的,要在调试中兼顾。

若同步时钟的工作频率不合适,弹跳现象就不能很好消除,其产生的原因可从图 4－20 说明。虽然只是按下按键一次然后放掉,然而实际产生的按键信号却不只跳动一次,经过取样的检查后将会造成误判,以为按键两次。及时快速响应的指标可能很高,但消抖动效果却不理想。

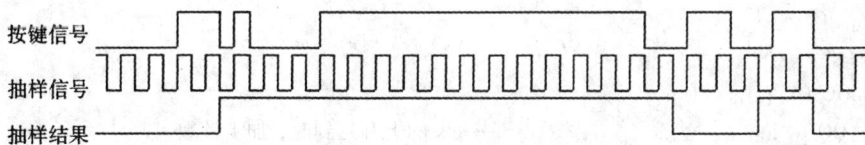

图 4 − 20　弹跳现象产生错误的抽样结果

如果调整抽样频率,如图 4 − 21 所示,可以发现弹跳现象获得了改善。

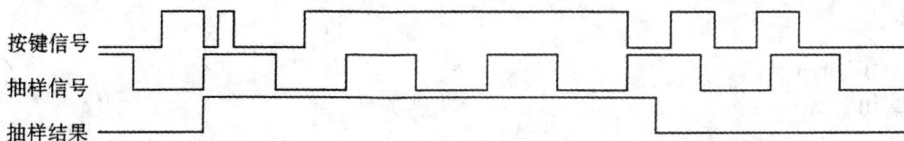

图 4 − 21　调整抽样频率后得到的抽样结果

因此必须加上弹跳消除电路,且仔细选择同步时钟的工作频率,以避免误操作信号的发生。注意,弹跳消除电路所使用脉冲信号的频率必须比其他电路使用的脉冲信号的频率更高;通常将扫描电路或 LED 显示电路的工作频率定在 24 Hz 左右,两者的工作频率是通常的 4 倍或更高。

2. VHDL 设计源程序

```
LIBRARY ieee;
USE ieee. std_logic_1164. ALL;
USE ieee. std_logic_unsigned. ALL;           ——这是一个通用的全功能的消抖动元件
ENTITY DEBOUNCING IS
PORT(clk, key: IN STD_LOGIC;
clr: IN STD_LOGIC;
dly_out, dif_out: OUTSTD_LOGIC);
END DEBOUNCING;
ARCHITECTURE a OF DEBOUNCING IS
SIGNAL sample, dly, diff: STD_LOGIC;
BEGIN
free counter: block                         ——自由计数器块,使用"块语句 block"
signal QQ: std _ logic _ vector (4 downto 0);——5 位二进制计数器
signal dO: std _ logic;
begin
process (CLR, clk)
begin
if clr = '0' then dO < = '0';
QQ < = (OTHERS = > '0');                      ——异步清零
ELSif clk'event and clk = '1' then
end if;
end process;
dO < = QQ (4);
QQ < = QQ + 1;                               ——clk 的上升延到时, 加 1 计数
sample < = not (QQ (4) and (not d0));
end block free counter;                      ——自由计数器块描述结束
debunce: block                               ——消抖动模块,使用"块语句 block"
signal dO, dl, s, r: std_ logic;
begin
process (clk, clr)
begin
if clr = '0' then
dly < = '0';                                 ——异步清零
elsif rising _ edge (clk) then
if sample = '1' then
d1 < = d0;
d0 < = key;                                  ——key 为按键输入信号, 有抖动毛刺
```

```
s  <  = d0 and d1;
r  <  = not d0 and not d1;
if s  <  = '0' and r  <  = '0' then
dly <  = dly;
elsif s  <  = and r  <  = 1 then
dly  <  = '0';
elsif s  <  = '1' and r  <  = then
dly <  = 1;
else dly  <  = '0';
end if;
end if;
end if;
end process;
dly_out  <  = dly;
end block debunce;
differential: block
begin
signal d1, d0: std_logic;
process (clk, clr)
begin
if clr = '0' then
d0  <  = '0'; d1  <  = '0';
elsif rising_edge(clk) then
d1 < = d0; d0 < = dly;
end if;
diff < = d0 and not d1;
end process;
dif_out < = diff;
end block differential;
END a;
```

————dly_out 为有用输出，已消除了抖动　（对应 `dly_out  <  = dly;`）

————消抖动模块结束　（对应 `end block debunce;`）

————微分模块，也有消抖动作用，使用"块语句 block"　（对应 `differential: block`）

————异步清零　（对应 `if clr = '0' then`）

———— dif_out 为有用输出，已消除了抖动　（对应 `dif_out < = diff;`）

————微分模块结束　（对应 `end block differential;`）

————键盘接口底层元件 DEBOUNCING 的描述结束　（对应 `END a;`）

　　说明：此 DEBOUNCING. vhd 文本复杂了一些，还有更简明的描述方案，有待读者去改进。

　　图 4 – 22 是 DEBOUNCING. vhd 文本的消抖动效果仿真波形图，对它作如下简要的说明：

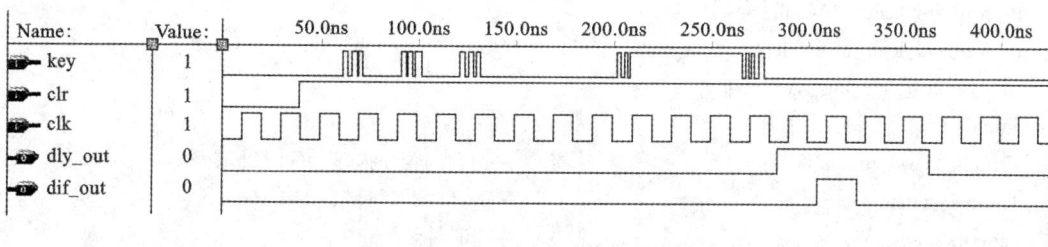

图 4 – 22　DEBOUNCING. vhd 文本的消抖动效果仿真波形图

key 是高电平有效，key = 1，表示压下按键；key = 0，表示未压按键；窄脉冲表示抖动现象，key 必须保持一定的宽度，对于非常窄的 key，将被视为毛刺，而没有输出响应。

clr 是清零信号，低电平有效；

elk 是同步时钟信号，必须仔细选择它的频率大小；

dly_out 是消抖动输出；

diff_ou 是消抖动微分输出。

在消抖动输出脉冲的宽度上，可以见到 dly_out 比较真实地保持了 key 的宽度，而 diff_out 脉冲宽度变窄（称为微分作用）。在消抖动输出脉冲上升沿相对于 key 上升沿的响应灵敏度上，dly – out 的上升沿优于 diff_out 的上升沿，即滞后时间少，响应得比较快。在消抖动输出脉冲下降沿的响应灵敏度上，diff_out 的下降沿优于 dly_ou 的下降沿，响应较快。

因此，若要鉴别正脉冲 key 的上升沿，宜选 dly_ou 反之，若要鉴别 key 的下降沿，宜选 diff_out。

4.4　EDA 技术课程设计举例

4.4.1　多功能数字钟设计

1. 设计要求

设计一个带闹钟的数字钟，以"00 – 00 – 00"的格式分别显示"时 – 分 – 秒"，设计 4 个功能键。①Time 时钟切换键：从其他状态放回时钟状态；②Set 设置键：每按一次跳到下一个设置区；③Down 减 1 键：每按一次所设置区的数字减 1；④Up 增 1 键：每按一次所设置区的数字加 1。要求可以设置时钟的时、分、秒各数字以及时钟的时、分、秒各数字。

2. 数字钟的 VHDL 语言描述

根据任务要求，通过 1 s 的时钟实现时钟的走时，用 6 个寄存变量 t_shi_h，t_shi_l，t_fen_h，t_fen_l，t_miao_h，t_miao_l，代表时钟的 6 位数字，时钟进位的方法是 6 个数计满向高位进位。

置数时用设置键在时钟的 6 位数字之间切换，通过减 1 键或增 1 键改变寄存器的值，并将它赋给 6 个寄存变量。

这个数字钟可以用如下的 VHDL 源代码进行描述。

```
library ieee;
use ieee. std_logic_1164. all;
use ieee. std_logic_arith. all;
use ieee. std_logic_unsigned. all;
entity led is
port( clk_show: in std_logic;              ——数码管扫描显示的时钟信号
clk_time: in std_logic;                    ——计时的时钟信号，1 Hz
time: in std_logic;                        ——时钟切换键
set: in std_logic;                         ——设置键
down: in std_logic;                        ——减 1 键
```

```
up: in std_logic;                                    ——增 1 键
data8: out std_logic_vector(7 downto 0);             ——数码管扫描显示的段码
sel3: out std_logic_vector(2 downto 0)               ——数码管扫描显示的位码
);
end entity led;
architecture struct of led is
type state is (jishi, set_shi, set_fen, set_miao);   ——状态机的数据类型
signal cnt: std_logic_vector(2 downto 0);            ——数码管显示产生位码的计数器
signal t_shi_h: std_logic_vector(3 downto 0);        ——小时的十位
signal t_shi_l: std_logic_vector(3 downto 0);        ——小时的个位
signal t_fen_h: std_logic_vector(3 downto 0);        ——分钟的十位
signal t_fen_l: std_logic_vector(3 downto 0);        ——分钟的个位
signal t_miao_h: std_logic_vector(3 downto 0);       ——秒钟的十位
signal t_miao_l: std_logic_vector(3 downto 0);       ——秒钟的个位
signal t_set: std_logic;                             ——状态机切换状态的信号
signal present_st: state;                            ——状态机现态的状态变量
signal next_st: state;                               ——状态机次态的状态变量
——函数 bcd_seg7 用于返回数码管的段码
function bcd_seg7( x: std_logic_vector(3 downto 0)) return std_logic_vector is
variable result: std_logic_vector(7 downto 0);
begin
case x is
when "0000"  = >result: = X"3f";
when "0001"  = >result: = X"06";
when "0010"  = >result: = X"5b";
when "0011"  = >result: = X"4f";
when "0100"  = >result: = X"66";
when "0101"  = >result: = X"6d";
when "0110"  = >result: = X"7d";
when "0111"  = >result: = X"07";
when "1000"  = >result: = X"7f";
when "1001"  = >result: = X"6f";
when others  = >result: = X"00";
end case;
return result;
end function bcd_seg7;
begin
t_set < = set and time;
sel3 < = cnt;                                        ——根据状态机的现态值完成组合逻辑电路
state_behave: process(present_st, clk_time)
begin
if time = '0' then
next_st < = jishi;
```

```
else
if clk_time'event and clk_time = '1' then
case present_st is
when jishi  = > next_st < = set_shi;                 ——计时状态
if t_miao_l > = "1001" then
t_miao_l < = "0000";
if t_miao_h > = "0101" then
t_miao_h < = "0000";
if t_fen_l > = "1001" then
t_fen_l < = "0000";
if t_fen_h > = "0101" then
t_fen_h < = "0000";
if ( t_shi_l = "0011" and t_shi_h = "0010") then
t_shi_l < = "0000";
t_shi_h < = "0000";
elsif t_shi_l > = "1001" then
t_shi_l < = "0000";
if t_shi_h > = "0010" then
t_shi_h < = "0000";
else
t_shi_h < = t_shi_h + '1';
end if;
else
t_shi_l < = t_shi_l + '1';
end if;
else
t_fen_h < = t_fen_h + '1';
end if;
else
t_fen_l < = t_fen_l + '1';
end if;
else
t_miao_h < = t_miao_h + '1';
end if;
else
t_miao_l < = t_miao_l + '1';
end if;
when set_shi  = > next_st < = set_fen;                ——设置小时的数值
if down = '0' then
if ( t_shi_l = "0000" and t_shi_h = "0000") then
t_shi_l < = "0011";
t_shi_h < = "0010";
elsif t_shi_l = "0000" then
```

```
t_shi_l < = "1001";
if t_shi_h = "0000" then
t_shi_h < = "0010";
else
t_shi_h < = t_shi_h - '1';
end if;
else
t_shi_l < = t_shi_l - '1';
end if;
elsif up = '0' then
if ( t_shi_l = "0011" and t_shi_h = "0010" ) then
t_shi_l < = "0000";
t_shi_h < = "0000";
elsif t_shi_l > = "1001" then
t_shi_l < = "0000";
if t_shi_h > = "0010" then
t_shi_h < = "0000";
else
t_shi_h < = t_shi_h + '1';
end if;
else
t_shi_l < = t_shi_l + '1';
end if;
end if;
when set_fen  = > next_st < = set_miao;           ——设置分钟的数值
if down = '0' then
if t_fen_l = "0000" then
t_fen_l < = "1001";
if t_fen_h = "0000" then
t_fen_h < = "0101";
else
t_fen_h < = t_fen_h - '1';
end if;
else
t_fen_l < = t_fen_l - '1';
end if;
elsif up = '0' then
if t_fen_l > = "1001" then
t_fen_l < = "0000";
if t_fen_h > = "0101" then
t_fen_h < = "0000";
else
t_fen_h < = t_fen_h + '1';
```

```vhdl
          end if;
          else
          t_fen_l < = t_fen_l + '1';
          end if;
          end if;
          when set_miao  = > next_st < = jishi;                  ——设置秒钟的数值
          if down = '0' then
          if t_miao_l = "0000" then
          t_miao_l < = "1001";
          if t_miao_h = "0000" then
          t_miao_h < = "0101";
          else
          t_miao_h < = t_miao_h - '1';
          end if;
          else
          t_miao_l < = t_miao_l - '1';
          end if;
          elsif up = '0' then
          if t_miao_l > = "1001" then
          t_miao_l < = "0000";
          if t_miao_h > = "0101" then
          t_miao_h < = "0000";
          else
          t_miao_h < = t_miao_h + '1';
          end if;
          else
          t_miao_l < = t_miao_l + '1';
          end if;
          end if;
          when others  = > null;
          end case;
          end if;
          end if;
          end process state_behave;                            ——状态机状态切换
          state_chang: process(t_set)                          ——状态机的状态切换,时钟切换键和设置键按下
                                                                  时切换状态

          begin
          if t_set'event and t_set = '1' then
          present_st < = next_st;
          end if;
          end process state_chang;                             ——数码管扫描显示模块
          show: process(clk_show)
          begin
```

if clk_show' event and clk_show = '1' then

cnt < = cnt + '1';

end if;

case cnt is

when "000" = > data8 < = bcd_seg7(t_shi_h);

when "001" = > data8 < = bcd_seg7(t_shi_l);

when "010" = > data8 < = X"40";

when "011" = > data8 < = bcd_seg7(t_fen_h);

when "100" = > data8 < = bcd_seg7(t_fen_l);

when "101" = > data8 < = X"40";

when "110" = > data8 < = bcd_seg7(t_miao_h);

when "111" = > data8 < = bcd_seg7(t_miao_l);

when others = > data8 < = X"00";

end case;

end process show;

end struct;

4.4.2 十字路口交通管理器设计

1. 设计要求

用一片 FPGA 和若干外围电路实现十字路口交通管理器。该管理器控制甲、乙两道的红、黄、绿三色灯,指挥车辆和行人安全通过。交通管理器示意图,如图 4 – 23 所示。图中 R_1、Y_1、G_1 是甲道红、黄、绿灯;R_2、Y_2、G_2 是乙道红、黄、绿灯。

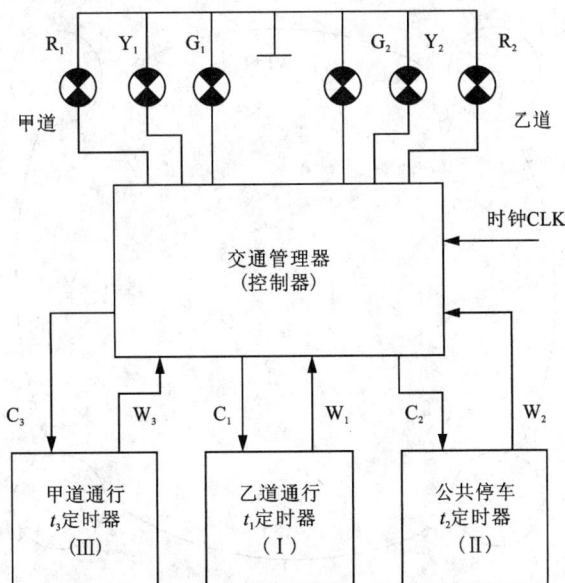

图 4 – 23 十字路口交通管理器示意图

图中 3 个定时器分别确定甲道和乙道通行时间 t_3、t_1 以及公共的停车(黄灯燃亮)时间 t_2。C_1、C_2 和 C_3 分别是 3 个定时器的使能信号,即当 C_1、C_2 或 C_3 为 1 时,相应的定时器计数。W_1、W_2 和 W_3 为计数器的指示信号,计数器在计数过程中,相应的指示信号为 0,计数结束时为 1。

2. 设计思路

根据上述要求,从而有交通管理器工作流程图,同时也是系统控制器的 ASM 图,如图 4 - 24 所示。由系统控制器的 ASM 图转换而来的交通管理器的状态图(MDS 图)见图 4 - 25。

3. 设计描述

本设计采用分层次描述方式,且用图形输入和文本输入混合方式建立描述文件。图 4 - 26 所示是交通管理器顶层图形输入文件,它用框图形式表明系统的组成:控制器和 3 个各为模 60、模 6 和模 24 的定时计数器,并给出它们之间的互连关系。

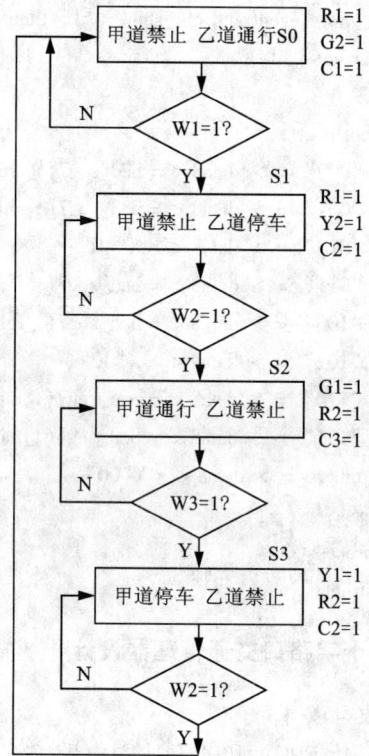

图 4 - 24 交通管理器的工作流程图(ASM 图)

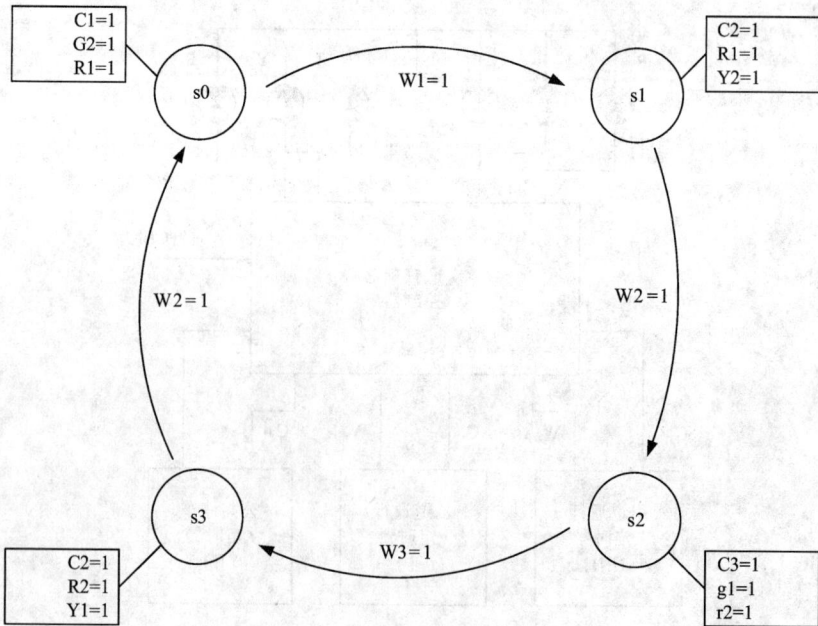

图 4 - 25 交通管理器的状态图(MDS 图)

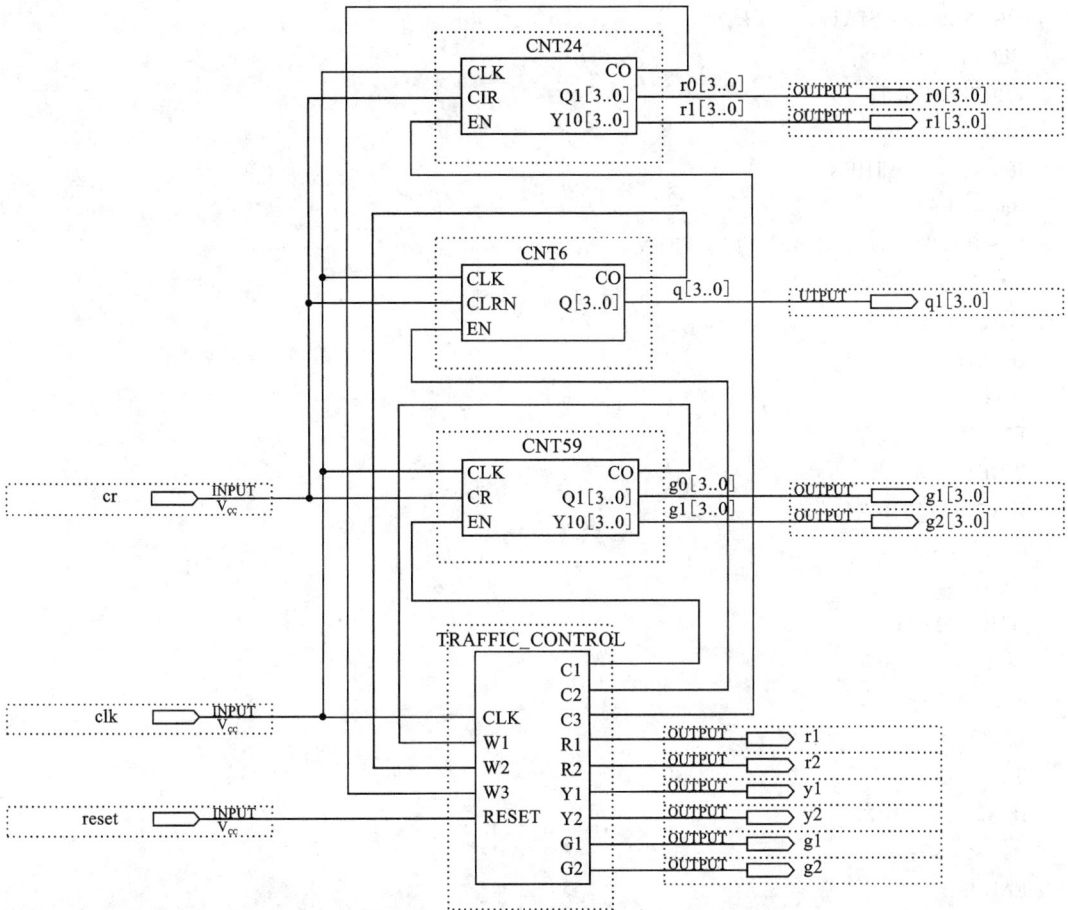

图 4 − 26　交通管理器顶层图形输入文件及模块图

　　在顶层图形文件中的各模块、其功能用第二层次 VHDL 源文件描述如下：

1）控制器 Control 的 VHDL 源文件

```
LIBRARY IEEE;
USE IEEE. STD_LOGIC_1164. ALL;
ENTITY traffic_control IS
PORT(
clk: IN STD_LOGIC;
c1, c2, c3: OUT STD_LOGIC;
w1, w2, w3: IN STD_LOGIC;
r1, r2: OUT STD_LOGIC;
y1, y2: OUT STD_LOGIC;
g1, g2: OUT STD_LOGIC;
reset: IN STD_LOGIC);
END traffic_control;
ARCHITECTURE a OF traffic_control IS
TYPE STATE_SPACE IS(S0, S1, S2, S3);
```

```
SIGNAL state: STATE_SPACE;
BEGIN
PROCESS(clk)
BEGIN
IF reset = '1' THEN
state < = S0;
ELSIF (clk'event and clk = '1') THEN
CASE state is
WHEN s0 = >
IF w1 = '1' THEN
state < = s1;
END IF;
WHEN s1 = >
IF w2 = '1' THEN
state < = s2;
END IF;
WHEN s2 = >
IF w3 = '1' THEN
state < = s3;
END IF;
WHEN s3 = >
IF w2 = '1' THEN
state < = s0;
END IF;
END CASE;
END IF;
END PROCESS;
c1 < = '1' when state = s0 else '0';
c2 < = '1' when state = s1 or state = s3 else '0';
c3 < = '1' when state = s2 else '0';
r1 < = '1' when state = s1 or state = s0 else '0';
y1 < = '1' when state = s3 else '0';
g1 < = '1' when state = s2 else '0';
r2 < = '1' when state = s2 or state = s3 else '0';
y2 < = '1' when state = s1 else '0';
g2 < = '1' when state = s0 else '0';
END a;
```

2)60 进制递减计数器的 VHDL 源文件

```
library ieee;
use ieee. std_logic_1164. all;
use ieee. std_logic_unsigned. all;
ENTITY cnt59 IS
PORT
```

```vhdl
(clk: INSTD_LOGIC;
cr: INSTD_LOGIC;
en: INSTD_LOGIC;
co: OUT STD_LOGIC;
q1: OUT STD_LOGIC_VECTOR (3 DOWNTO 0);
y10: OUT STD_LOGIC_VECTOR (3 DOWNTO 0) );
END cnt59;
ARCHITECTURE a OF cnt59 IS
SIGNALbcd1n: STD_LOGIC_VECTOR (3 DOWNTO 0);
SIGNALvcd10n: STD_LOGIC_VECTOR (3 DOWNTO 0);
BEGIN
PROCESS (clk, cr)
BEGIN
IF (cr = '0') THEN
bcd1n < = "0000";
ELSIF (clk'EVENT AND clk = '1') THEN
IF (bcd1n =9) THEN
bcd1n < = "0000";
ELSE
IF (en = '1') THEN
bcd1n < = bcd1n + 1;
ELSE
bcd1n < = bcd1n;
END IF;
END IF;
END IF;
END PROCESS;
q1 < = bcd1n;
y10 < = vcd10n;
PROCESS (clk, cr)
BEGIN
IF cr = '0' THEN
vcd10n < = "0000";
ELSIF (clk'EVENT AND clk = '1') THEN
IF (bcd1n =9) THEN
IF (vcd10n =5) THEN
vcd10n < = "0000";
ELSE
IF (en = '1') THEN
vcd10n < = vcd10n + 1;
ELSE
vcd10n < = vcd10n;
END IF;
```

END IF；

END IF；

END IF；

END PROCESS；

process（bcd1n, vcd10n）

begin

if（bcd1n = 9 and vcd10n = 5）then

co < = '1'；

else

co < = '0'；

end if；

end process；

end a；

（3）其他两个计数器的源文件（略，由读者自行编写）。

4.4.3　数字秒表设计

1. 设计要求

设计用于体育比赛的数字秒表，要求：

（1）6 位数码管显示，其中两位显示 min，四位显示 sec，显示分辨率为 0.01 s。

（2）秒表的最大计时值为 59min59.99sec。

（3）设置秒表的复位/启动键，按一下该键启动计时，再按即清 0。依此循环。

（4）设置秒表的暂行/继续键。启动后按一下暂行，再按继续。依此循环。

2. 顶层设计

本设计采用分层次描述方式，且用图形输入和文本输入混合方式建立描述文件。图 4 – 27所示是数字秒表的顶层图形输入文件，它由各定时计数器模块、同步消抖模块、启停控制模块和各显示子模块组成，并给出了它们之间的互连关系。

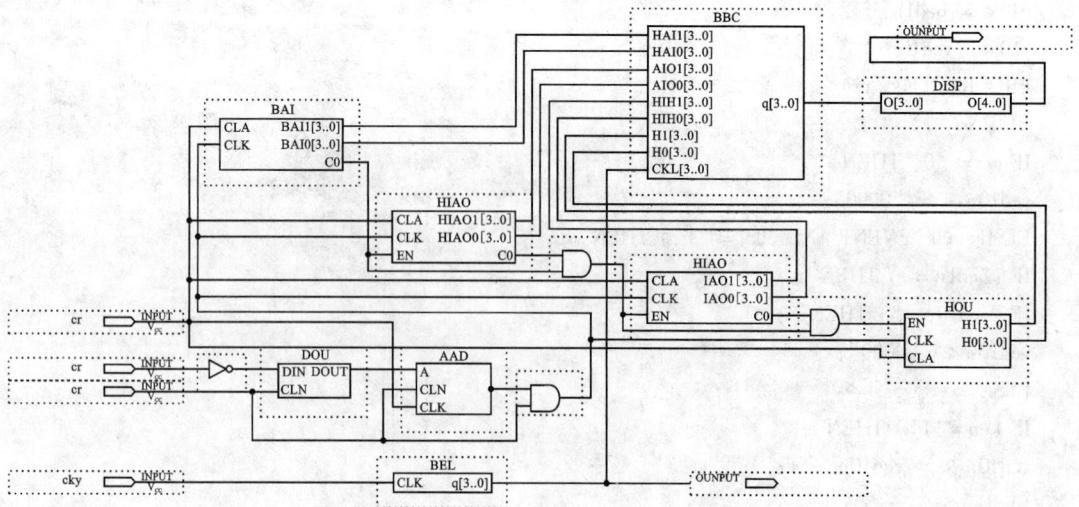

图 4 – 27　数字秒表的顶层图

3. 模块及模块的功能

(1)100 进制计数器模块 BAI，输出值为 0.01s 和 0.1s。

```
library ieee;
use ieee. std_logic_1164. all;
use ieee. std_logic_unsigned. all;
entity bai is
port( clr, clk: in std_logic;
bai1, bai0: out std_logic_vector( 3 downto 0);
c0: out std_logic);
end bai;
architecture bai_arc of bai is
begin
process( clk, clr)
variable cnt0, cnt1: std_logic_vector( 3 downto 0);
begin
if clr = '0' then
cnt0: = "0000";
cnt1: = "0000";
elsif clk' event and clk = '1' then
if cnt0 = "1000" and cnt1 = "1001" then
cnt0: = "1001";
c0 < = '1';
elsif cnt0 < "1001" then
cnt0: = cnt0 + 1;
else cnt0: = "0000";
if cnt1 < "1001" then
cnt1: = cnt1 + 1;
else
cnt1: = "0000";
c0 < = '0';
end if;
end if;
end if;
bai1 < = cnt1;
bai0 < = cnt0;
end process;
end bai_arc;
```

(2)60 进制计数器模块 MIAO，用于对秒和分的计数。

```
library ieee;
use ieee. std_logic_1164. all;
use ieee. std_logic_unsigned. all;
entity miao is
```

```
port(clr, clk, en: in std_logic;
sec1, sec0: out std_logic_vector(3 downto 0);
c0: out std_logic);
end miao;
architecture miao_arc of miao is
begin
process(clk, clr)
variable cnt0, cnt1: std_logic_vector(3 downto 0);
begin
if clr = '0' then
cnt0: = "0000";
cnt1: = "0000";
elsif clk' event and clk = '1' then
if en = '1' then
if cnt1 = "0101" and cnt0 = "1000" then
cnt0: = "1001"; c0 < = '1';
elsif cnt0 < "1001" then
cnt0: = cnt0 + 1;
else cnt0: = "0000";
if cnt1 < "0101" then
cnt1: = cnt1 + 1;
else
cnt1: = "0000";
c0 < = '0';
end if;
end if;
end if;
end if;
sec1 < = cnt1;
sec0 < = cnt0;
end process;
end miao_arc;
```

(3)24 进制计数器模块 HOU，计数输出为小时的数值。

```
library ieee;
use ieee. std_logic_1164. all;
use ieee. std_logic_unsigned. all;
entity hou is
port(en, clk, clr: in std_logic;
h1, h0: out std_logic_vector(3 downto 0));
end hou;
architecture hour_arc of hou is
begin
process(clk)
```

```vhdl
variable cnt0, cnt1: std_logic_vector(3 downto 0);
begin
if clr = '0' then
cnt0: = "0000";
cnt1: = "0000";
elsif clk'event and clk = '1' then
if en = '1' then
if cnt0 = "0011" and cnt1 = "0010" then
cnt0: = "0000"; cnt1: = "0000";
elsif cnt0 < "1001" then
cnt0: = cnt0 + 1;
else
cnt0: = "0000";
cnt1: = cnt1 + 1;
end if;
end if;
end if;
h1 < = cnt1;
h0 < = cnt0;
end process;
end hour_arc;
```

（4）同步消除抖动模块 DOU。

```vhdl
library ieee;
use ieee. std_logic_1164. all;
entity dou is
port(din, clk: in std_logic;
dout: out std_logic);
end dou;
architecture dou_arc of dou is
signal x, y: std_logic;
begin
process(clk)
begin
if clk'event and clk = '1' then
x < = din;
y < = x;
end if;
dout < = x and(not y);
end process;
end dou_arc;
```

（5）启停控制模块 AAB。秒表的启停是通过控制送给计数器的时钟来实现的，当按下启停键后，输出端 Q 的状态发生反转。Q 为'1'时，时钟可通过与门，秒表计时；Q 为'0'时，时钟被屏蔽，计数器得不到时钟，停止计数。

```
library ieee;
use ieee. std_logic_1164. all;
entity aab is
port(a, clk, clr: in std_logic;
q: out std_logic);
end aab;
architecture aab_arc of aab is
begin
process(clk)
variable tmp: std_logic;
begin
if clr = '0' then tmp: = '0';
elsif clk' event and clk = '1' then
if a = '1' then
tmp: = not tmp;
end if;
end if;
q < = tmp;
end process;
end aab_arc;
```

（6）产生数码管的片选信号模块 SEL。

```
library ieee;
use ieee. std_logic_1164. all;
use ieee. std_logic_unsigned. all;
entity sel is
port(clk: in std_logic;
q: out std_logic_vector(2 downto 0));
end sel;
architecture sel_arc of sel is
begin
process(clk)
variable cnt: std_logic_vector(2 downto 0);
begin
if clk' event and clk = '1' then
cnt: = cnt + 1;
end if;
q < = cnt;
end process;
end sel_arc;
```

（7）模块 BBC，此模块对应不同的片选信号，输出不同的要显示的数据。

```
library ieee;
use ieee. std_logic_1164. all;
entity bbc is
port(bai1, bai0, sec1, sec0, min1, min0, h1, h0: in std_logic_vector(3 downto 0);
sel: in std_logic_vector(2 downto 0);
q: out std_logic_vector(3 downto 0));
end bbc;
architecture bbb_arc of bbc is
begin
process(sel)
begin
case sel is
when "000" = > q < = bai0;
when "001" = > q < = bai1;
when "010" = > q < = sec0;
when "011" = > q < = sec1;
when "100" = > q < = min0;
when "101" = > q < = min1;
when "110" = > q < = h0;
when "111" = > q < = h1;
when others = > q < = "111";
end case;
end process;
end bbb_arc;
```

（8）模块 CH，该模块为 4 线 – 七段译码器。

```
library ieee;
use ieee. std_logic_1164. all;
entity disp is
port(d: in std_logic_vector(3 downto 0);
q: out std_logic_vector(6 downto 0));
end disp;
architecture disp_arc of disp is
begin
process(d)
begin
case d is
when "0000" = > q < = "0111111";
when "0001" = > q < = "0000110";
when "0010" = > q < = "1011011";
when "0011" = > q < = "1001111";
when "0100" = > q < = "1100110";
when "0101" = > q < = "1101101";
```

```
when "0110" = >q < = "1111101";
when "0111" = >q < = "0100111";
when "1000" = >q < = "1111111";
when "1001" = >q < = "1101111";
when others = >q < = "0000000";
end case;
end process;
end disp_arc;
```

4.4.4　彩灯控制器设计

1. 系统设计要求

(1)要有多种花型变化(至少设计 4 种)。

(2)多种花型可以自动变换,循环往复。

(3)彩灯变换的快慢节拍可以选择。

(4)具有清零开关。

2. 系统设计方案

根据系统设计要求,现设计一个具有 6 种花型循环变化的彩灯控制器。系统设计采用自顶向下的设计方法,系统的整体组装设计原理图如图 4 - 28 所示,它由时序控制模块和显示控制模块两部分组成。整个系统有 3 个输入信号:系统时钟信号 CLK、系统清零信号 CLR 和控制彩灯节奏快慢的选择开关 SPEED。9 个输出信号 LED[8..0]分别用于模拟彩灯。

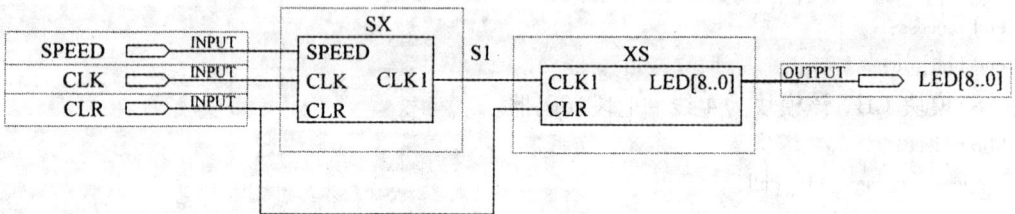

图 4 - 28　系统整体组装设计原理图

3. VHDL 源程序

1)时序控制模块的 VHDL 源程序(SX. VHD)

```
LIBRARY IEEE;
USE IEEE. STD_LOGIC_1164. ALL;
USE IEEE. STD_LGOIC_UNSIGNED. ALL;
ARCHITECTURE ART OF XS IS
TYPE STATE IS(S0, S1, S2, S3, S4, S5, S6);
SIGNAL CURRENT_STATE: STATE;
SIGNAL LIGHT: STD_LOGIC_VECTOR(8 DOWNTO 0);
BEGIN
PROCESS(CLR, CLK1)IS
```

```
CONSTANT L1: STD_LOGIC_VECTOR(8 DOWNTO 0): = "001001001";
CONSTANT L2: STD_LOGIC_VECTOR(8 DOWNTO 0): = "010010010";
CONSTANT L3: STD_LOGIC_VECTOR(8 DOWNTO 0): = "011011011";
CONSTANT L4: STD_LOGIC_VECTOR(8 DOWNTO 0): = "100100100";
CONSTANT L5: STD_LOGIC_VECTOR(8 DOWNTO 0): = "101101101";
CONSTANT L6: STD_LOGIC_VECTOR(8 DOWNTO 0): = "110110110";
BEGIN
IF CLR = '1' THEN
CURRENT_STATE < = S0;
ELSIF(CLK1 EVENT AND CLK1 = '1') THEN
CASE CURRENT_STATE IS
WHEN S0 = >
LIGHT < = "ZZZZZZZZZ";
CURRENT_STATE < = S1;
WHEN S1 = >
LIGHT < = L1;
CURRENT_STATE < = S2;
WHEN S2 = >
LIGHT < = L2;
CURRENT_STATE < = S3;
WHEN S3 = >
LIGHT < = L3;
CURRENT_STATE < = S4;
WHEN S4 = >
LIGHT < = L4;
CURRENT_STATE < = S5;
WHEN S5 = >
LIGHT < = L5;
CURRENT_STATE < = S6;
WHEN S6 = >
LIGHT < = L6;
CURRENT_STATE < = S1;
END CASE;
END IF;
END PROCESS;
LED < = LIGHT;
END ARCHITECTURE ART;
```

2)彩灯控制器顶层设计的 VHDL 源程序(CAIDENG. VHD)

```
LIBRARY IEEE;
USE IEEE. STD_LOGIC_1164. ALL;
ENTITY CAIDENG IS
PORT(CLK: IN STD_LOGIC;
CLR: IN STD_LOGIC;
```

```
SPEED: IN STD_LOGIC;
LED: OUT STD_LOGIC_VECTOR(8 DOWNTO 0);
END ENTITY CAIDENG;
ARCHITECTURE ART OF CAIDENG IS
COMPONENT SX IS
PORT(SPEED: IN STD_LOGIC;
CLK: IN STD_LOGIC;
CLR: IN STD_LOGIC;
CLK1: OUT STD_LOGIC);
END COMPONENT SX;
COMPONENT SX IS
PORT(CLK1: IN STD_LOGIC;
CLR: IN STD_LOGIC;
LED: OUT STD_LOGIC_VECTOR(8 DOWNTO 0));
END COMPONENT XS;
SIGNAL S: STD_LOGIC;
BEGIN
U1: SX PORT MAP(SPEED, CLK, CLR, S);
U2: XS PORT MAP(S, CLR, LED);
END ARCHITECTURE ART;
```

4.4.5　电子抢答器设计

1. 系统设计要求

(1)设计一个可以容纳四组参赛队进行比赛的电子抢答器。

(2)具有第一抢答信号的鉴别和锁存功能。在主持人发出抢答指令后, 若有参赛者按抢答器按钮, 则该组指示灯亮, 显示器显示出抢答者的组别。同时, 电路处于自锁状态, 使其他组的抢答器按钮不起作用。

(3)具有计时功能。在初始状态时, 主持人可以设置答题时间的初始值。在主持人对抢答组别进行确认, 并给出倒计时计数开始信号以后, 抢答者开始回答问题。此时, 显示器从初始值开始倒计时, 计至 0 时停止计数, 同时扬声器发出超时报警信号。若参赛者在规定的时间内回答完问题, 主持人可以给出计时停止信号, 以免扬声器鸣叫。

(4)具有计分功能。在初始状态时, 主持人可以给每组设置初始分值。每组抢答完毕后, 由主持人打分, 答对一次加 10 分, 答错一次减 10 分。

(5)具有犯规设置电路。对提前抢答者和超时抢答者, 给予鸣喇叭警示, 并显示犯规组别。

2. 系统设计方案

根据系统设计要求, 系统设计采用自顶向下的设计方法, 顶层设计采用原理图设计方式, 它由抢答器鉴别模块、抢答器计时模块、抢答器计分模块和抢答器译码显示模块四部分组成, 系统的整体设计原理图如图 4 – 29 所示。

系统的输入信号有: 允许开始抢答信号 STA, 各组的抢答信号 A、B、C、D, 计分复位信号 RST, 加分信号 ADD, 系统时钟信号 CLK, 计时预置控制信号 LDN, 计时使能信号 EN, 计

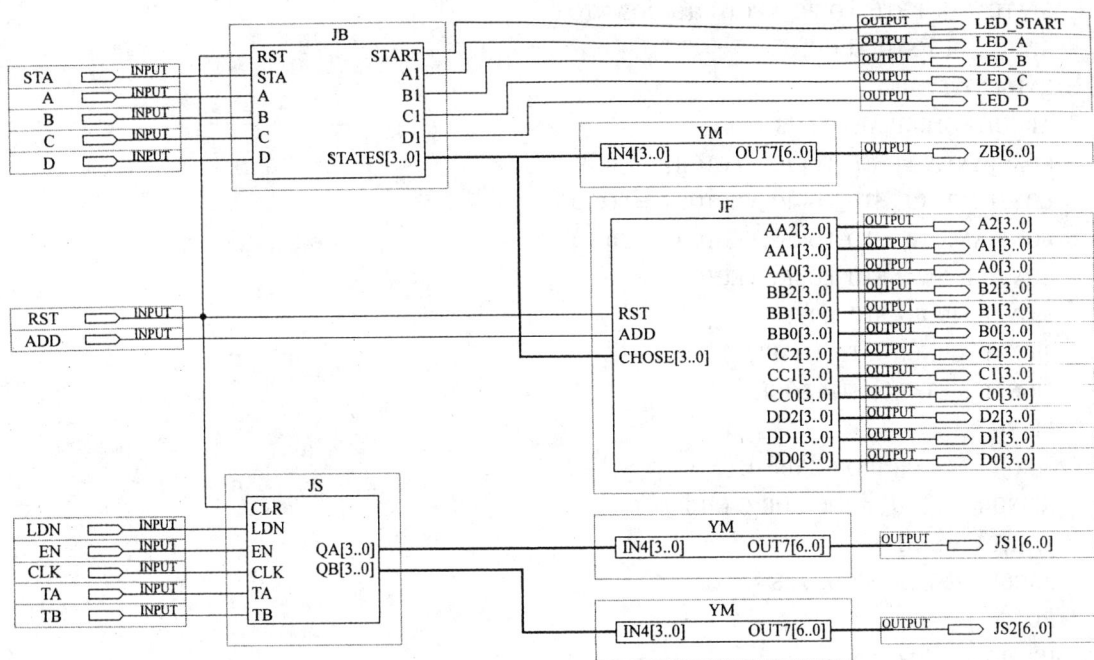

图 4 – 29　系统整体设计原理图

时预置数据调整信号 TA 和 TB。系统的输出信号有：允许开始抢答的指示灯信号 LED –
START，四个组抢答成功与否的指示灯控制信号 LED – A、LED – B、LED – C、LED – D，计时
显示控制信号 JS1[6..0]和 JS2[6..0]，抢答成功组别显示控制信号 ZB[6..0]，各组计分动
态显示的控制信号若干。

　　系统的工作过程为：在初始状态时，主持人对答题时间和每组的初始分值进行设置。首
先当主持人说开始抢答，并同时按下计时使能信号 EN 时，A、B、C、D 四组开始抢答。A、
B、C、D 四组中某一组谁最先按抢答器，则此组的指示灯将点亮，同时显示器也将显示出抢
答成功者的组别。接下来主持人宣布开始回答，同时倒计时器开始倒计时，抢答者开始回答
问题。若在规定的时间内回答完毕，则倒计时器停止倒计时，如果回答正确，主持人给抢答
成功组加分；若在规定的时间内没有回答完题目或回答错误，则给抢答成功组减分，最终该
组的总分显示在显示器上。完成第一轮抢答后，主持人按复位信号，重新开始抢答，重复上
述步骤。

　　3. VHDL 源程序

　　1）抢答鉴别模块的 VHDL 源程序(JB. VHD)

LIBRARY IEEE;

USE IEEE. STD_LOGIC_1164. ALL;

ENTITY JB IS

PORT(STA: IN STD_LOGIC;

RST: IN STD_LOGIC;

A, B, C, D: IN STD_LOGIC;

```
A1, B1, C1, D1: OUT STD_LOGIC;
STATES: OUT STD_LOGIC_VECTOR(3 DOWNTO 0);
START: OUT STD_LOGIC);
END ENTITY JB;
ARCHITECTURE ART OF JB IS
CONSTANT W1: STD_LOGIC_VECTOR: = "0001";
CONSTANT W2: STD_LOGIC_VECTOR: = "0010";
CONSTANT W3: STD_LOGIC_VECTOR: = "0100";
CONSTANT W4: STD_LOGIC_VECTOR: = "1000";
SIGNAL SINOR: STD_LOGIC;
SIGNAL NSINOR: STD_LOGIC;
SIGNAL S_START: STD_LOGIC;
BEGIN
SINOR < = A OR B OR C OR D;
NSINOR < = NOT(A OR B OR C OR D);
START < = S_START;
PROCESS(STA, NSINOR) IS
BEGIN
IF(STA = '1') THEN
S_START < = '1';
ELSIF(NSINOR' EVENT AND NSINOR = '1') THEN
S_START < = '0';
END IF;
END PROCESS;
PROCESS(RST, STA, SINOR, NSINOR) IS
BEGIN
IF(RST = '1' OR STA = '1' OR NSINOR = '1') THEN
A1 < = '0'; B1 < = '0'; C1 < = '0'; D1 < = '0';
ELSIF(SINOR' EVENT AND SINOR = '1') THEN
IF(S_START = '1') THEN
IF(A = '1') THEN
A1 < = '1'; B1 < = '0'; C1 < = '0'; D1 < = '0';
ELSIF(B = '1') THEN
A1 < = '0'; B1 < = '1'; C1 < = '0'; D1 < = '0';
ELSIF(C = '1') THEN
A1 < = '0'; B1 < = '0'; C1 < = '1'; D1 < = '0';
ELSIF(D = '1') THEN
A1 < = '0'; B1 < = '0'; C1 < = '0'; D1 < = '1';
END IF;
END IF;
END IF;
END PROCESS;
PROCESS(SINOR) IS
```

```vhdl
BEGIN
IF( RST = '1' ) THEN
STATES < = "0000";
ELSIF( SINOR' EVENT AND SINOR = '1' ) THEN
IF( S_START = '1' ) THEN
IF( A = '1' ) THEN
STATES < = W1;
ELSIF( B = '1' ) THEN
STATES < = W2;
ELSIF( C = '1' ) THEN
STATES < = W3;
ELSIF( D = '1' ) THEN
STATES < = W4;
END IF;
END IF;
END IF;
END PROCESS;
END ARCHITECTURE ART;
```

2) 抢答计时模块的 VHDL 源程序（JS. VHD）

```vhdl
LIBRARY IEEE;
USE IEEE. STD_LOGIC_1164. ALL;
USE IEEE. STD_LOGIC_UNSIGNED. ALL;
ENTITY JS IS
PORT( CLR, LDN, EN, CLK: IN STD_LOGIC;
TA, TB: IN STD_LOGIC;
QA: OUT STD_LOGIC_VECTOR( 3 DOWNTO 0 );
QB: OUT STD_LOGIC_VECTOR( 3 DOWNTO 0 ) );
END ENTITY JX;
ARCHITECTURE ART OF JS IS
SIGNAL DA: STD_LOGIC_VECTOR( 3 DOWNTO 0 );
SIGNAL DB: STD_LOGIC_VECTOR( 3 DOWNTO 0 );
BEGIN
PROCESS( TA, CLR ) IS
BEGIN
IF( CLR = '1' ) THEN
DA < = "1001";
ELSIF( TA' EVENT AND TA = '1' ) THEN
IF( LDN = '1' ) THEN
IF( DA = "0000" ) THEN
DA < = "1001";
ELSE
DA < = DA - 1;
END IF;
```

```
END IF；
END IF；
END PROCESS；
PROCESS(TB，CLR)IS
BEGIN
IF(CLR = '1')THEN
DB < = "0101"；
ELSIF(TB'EVENT AND TB = '1')THEN
IF(LDN = '1')THEN
IF DB = "0000"THEN
DB < = "1001"；
ELSE
DB < = DB - 1；
END IF；
END IF；
END IF；
END PROCESS；
PROCESS(CLK)IS
VARIABLE TMPA：STD_LOGIC_VECTOR(3 DOWNTO 0)；
VARIABLE TMPB：STD_LOGIC_VECTOR(3 DOWNTO 0)；
BEGIN
IF(CLR = '1')THEN
TMPA：= "0000"；
TMPB：= "0000"；
ELSIF CLK'EVENT AND CLK = '1' THEN
IF EN = '1' THEN
TMPA：= DA；
TMPA：= DB；
ELSIF TMPA = "0000" THEN
IF TMPB = "0000" THEN
TMPA = "0000"；
ELSE
TMPA：= "1001"；
END IF；
IF TMPB = "0000" THEN
TMPB：= "0000"；
ELSE
TMPB：= TMPB - 1；
END IF；
ELSE
TMPA：= TMPA - 1；
END IF；
END IF；
```

```
QA < = TMPA;
QB < = TMPB;
END PROCESS;
END ARCHITECTURE ART;
```

3)抢答计分模块的 VHDL 源程序(JF. VHD)

```
LIBRARY IEEE;
USE IEEE. STD_LOGIC_1164. ALL;
USE IEEE. STD_LOGIC_UNSIGNED. ALL;
ENTITY JF IS
PORT(RST: IN STD_LOGIC;
ADD: IN STD_LOGIC;
CHOSE: IN STD_LOGIC_VECTOR(3 DOWNTO 0);
AA2, AA1, AA0, BB2, BB1, BB0: OUT STD_LOGIC_VECTOR(3 DOWNTO 0);
CC2, CC1, CC0, DD2, DD1, DD0: OUT STD_LOGIC_VECTOR(3 DOWNTO 0));
END ENTITY JF;
ARCHITECTURE ART OF JF IS
BEGIN
PROCESS(RST, ADD, CHOSE)IS
VARIABLE A2, A1: STD_LOGIC_VECTOR(3 DOWNTO 0);
VARIABLE B2, B1: STD_LOGIC_VECTOR(3 DOWNTO 0);
VARIABLE C2, C1: STD_LOGIC_VECTOR(3 DOWNTO 0);
VARIABLE D2, D1: STD_LOGIC_VECTOR(3 DOWNTO 0);
BEGIN
IF(RST = '1')THEN
A2: = "0001"; A1: = "0000";
B2: = "0001"; B1: = "0000";
C2: = "0001"; C1: = "0000";
D2: = "0001"; D1: = "0000";
ELSIF(ADD'EVENT AND ADD = '1')THEN
IF CHOSE = "0001" THEN
IF A1 = "1001" THEN
A1: = "0000";
IF A2 = "1001" THEN
A2: = "0000";
ELSE
A2: = A2 + '1';
END IF;
ELSE
A1: = A1 + '1';
END IF;
ELSIF CHOSE = "0010" THEN
IF B1 = "1001" THEN
B1: = "0000";
```

```
IF B2 = "1001" THEN
B2： = "0000";
ELSE
B2： = B2 + '1';
END IF;
ELSE
B1： = B1 + '1';
END IF;
ELSIF CHOSE = "0100" THEN
IF C1 = "1001" THEN
C1： = "0000";
IF C2 = "1001" THEN
C2： = "0000";
ELSE
C2： = C2 + '1';
END IF;
ELSE
C1： = C1 + '1';
END IF;
ELSIF CHOSE = "1000" THEN
IF D1 = "1001" THEN
D1： = "0000";
IF D2 = "1001" THEN
D2： = "0000";
ELSE
D2： = D2 + '1';
END IF;
ELSE
D1： = D1 + '1';
END IF;
END IF;
AA2 < = A2; AA1 < = A1; AA0 < = "0000";
BB2 < = B2; BB1 < = B1; BB0 < = "0000";
CC2 < = C2; CC1 < = C1; CC0 < = "0000";
DD2 < = D2; DD1 < = D1; DD0 < = "0000";
END PROCESS;
END ARCHITECTURE ART;
```

4）抢答译码显示模块的 VHDL 源程序（YM. VHD）

```
LIBRARY IEEE;
USE IEEE. STD_LOGIC_1164. ALL;
USE IEEE. STD_LOGIC_UNSIGNED. ALL;
ENTITY YM IS
PORT(INR： IN STD_LOGIC_VECTOR(3 DOWNTO 0);
```

```
OUT7：OUT STD_LOGIC_VECTOR(6 DOWNTO 0)）;
END YM;
ARCHITECTURE ART OF YM IS
BEGIN
PROCESS(IN4)
BEGIN
CASE IN4 IS
WHEN "0000"．>OUT7 <＝"0111111";
WHEN "0001"．>OUT7 <＝"0000110";
WHEN "0010"．>OUT7 <＝"1011011";
WHEN "0011"．>OUT7 <＝"1001111";
WHEN "0100"．>OUT7 <＝"1100110";
WHEN "0101"．>OUT7 <＝"1101101";
WHEN "0110"．>OUT7 <＝"1111101";
WHEN "0111"．>OUT7 <＝"0000111";
WHEN "1000"．>OUT7 <＝"1111111";
WHEN "1001"．>OUT7 <＝"1101000";
WHEN OTHERS =>OUT7 <＝"0000000";
END CASE;
END PROCESS;
END ARCHITECTURE ART;
```

4.4.6　汽车尾灯控制器设计

1. 系统设计要求

假设汽车尾部左右两侧各有 3 盏指示灯，其控制功能应包括：

(1)汽车正常行驶时指示灯都不亮。

(2)汽车右转弯时，右侧的　盏指示灯亮。

(3)汽车左转弯时，左侧的一盏指示灯亮。

(4)汽车刹车时，左右两侧的一盏指示灯同时亮。

(5)汽车在夜间行驶时，左右两侧的一盏指示灯同时一直亮，供照明使用。

2. 系统设计方案

根据系统设计要求，系统设计采用自顶向下的设计方法，顶层设计采用原理图设计方式，它由时钟分频模块、汽车尾灯主控模块、左边灯控制模块和右边灯控制模块四部分组成。系统的整体组装设计原理图如图 4－30 所示。

系统的输入信号包括：系统时钟信号 CLK，汽车左转弯控制信号 LEFT，汽车右转弯控制信号 RIGHT，刹车信号 BRAKE，夜间行驶信号 NIGHT。系统的输入信号包括：汽车左侧 3 盏指示灯 LD1、LD2、LD3 和汽车右侧 3 盏指示灯 RD1、RD2、RD3。

系统的工作原理为：当汽车正常行驶时所有指示灯都不亮；当汽车向右转弯时，汽车右侧的指示灯 RD1 亮；当汽车向左转弯时，汽车左侧的指示灯 LD1 亮；当汽车刹车时，汽车右侧的指示灯 RD2 和汽车左侧的指示灯 LD2 同时亮；当汽车在夜间行驶时，汽车右侧的指示灯 RD3 和汽车左侧的指示灯 LD3 同时一直亮。

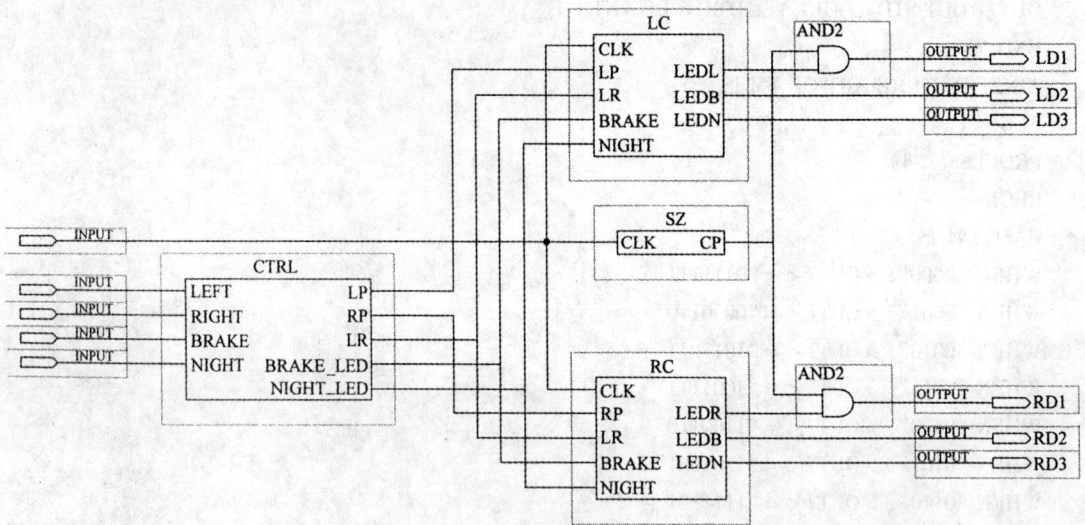

图 4-30　系统的整体设计原理图

3. VHDL 源程序

1)时钟分频模块的 VHDL 源程序(SZ. VHD)

```
LIBRARY IEEE;
USE IEEE. STD_LOGIC_1164. ALL;
USE IEEE. STD_LOGIC_UNSIGNED. ALL;
ENTITY SZ IS
PORT(CLK: IN STD_LOGIC;
CP: OTU STD_LOGIC);
END;
ARCHITECTURE ART OF SZ IS
SIGNAL COUNT: STD_LOGIC_VECTOR(7 DOWNTO 0);
BEGIN
PROCESS(CLK)
BEGIN
IF CLK'EVENT AND CLK = '1' THEN
COUNT < = COUNT + 1;
END IF;
END PROCESS;
CP < = COUNT(3);
END ART;
```

2)汽车尾灯主控模块的 VHDL 源程序(CTRL. VHD)

```
LIBRARY IEEE;
USE IEEE. STD_LOGIC_1164. ALL;
ENTITY CTRL IS
PORT(LEFT, RIGHT, BRAKE, NIGHT: IN STD_LOGIC;
```

```
LP, RP, LR, BRAKE_LED, NIGHT_LED: OUT STD_LOGIC);
END;
ARCHITECTURE ART OF CTRL IS
BEGIN
NIGHT_LED < = NIGHT;
BRAKE_LED < = BRAKE;
PROCESS(LEFT, RIGHT)
VARIABLE TEMP: STD_LOGIC_VECTOR(1 DOWNTO 0);
BEGIN
TEMP: = LEFT & RIGHT;
CASE TEMP IS
WHEN"00" = >LP < = '0'; RP < = '0'; LR = '0';
WHEN"01" = >LP < = '0'; RP < = '1'; LR = '0';
WHEN"10" = >LP < = '1'; RP < = '0'; LR = '0';
WHEN OTHERS = >LP < = '0'; RP < = '0'; LR < = '1';
END CASE;
END PROCESS;
END ART;
```

3）左边灯控制模块的 VHDL 源程序（LC. VHD）

```
LIBRARY IEEE;
USE IEEE. STD_LOGIC_1164. ALL;
ENTITY LC IS
PORT(CLK, LP, LR, BRAKE, NIGHT: IN STD_LOGIC;
LEDL, LEDB, LEDN: OUT STD_LOGIC);
END;
ARCHITECTURE ART OF LC IS
BEGIN
LEDB < = BRAKE;
LEDN < = NIGHT;
PROCESS(CLK, LP, LR)
BEGIN
IF CLK'EVENT AND CLK = '1' THEN
IF(LR = '0')THEN
IF(LP = '0')THEN
LEDL < = '0';
ELSE
LEDL < = '1';
END IF;
ELSE
LEDL < = '0';
END IF;
END IF;
END PROCESS;
```

```
END ART;
```

4）右边灯控制模块的 VHDL 源程序（RC. VHD）

```
LIBRARY IEEE;
USE IEEE. STD_LOGIC_1164. ALL;
ENTITY RC IS
PORT(CLK, RP, LR, BRAKE, NIGHT: IN STD_LOGIC;
LEDR, LEDB, LEDN: OUT STD_LOGIC);
END;
ARCHITECTURE ART OF RC IS
BEGIN
LEDB < = BRAKE;
LEDN < = NIGHT;
PROCESS(CLK, RP, LR)
BEGIN
IF CLK' EVENT AND CLK = '1' THEN
IF( LR = '0' )THEN
IF( RP = '0' )THEN
LEDR < = '0';
ELSE
LEDR < = '1';
END IF;
ELSE
LEDR < = '0';
END IF;
END IF;
END PROCESS;
END ART;
```

4.4.7　电子密码锁的设计

4.4.7.1　系统设计要求

设计一个具有较高安全性和较低成本的通用电子密码锁，其具体功能要求如下：

（1）数码输入。每按下一个数字键，就输入一个数值，并在显示器上的最右方显示出该值，同时将先前输入的数据依序左移一个数字位置。

（2）数码清除。按下此键可清除前面所有的输入值，清除成为"0000"。

（3）密码更改。按下此键时会将目前的数字设定成新的密码。

（4）激活电锁。按下此键可将密码锁上锁。

（5）解除电锁。按下此键会检查输入的密码是否正确，密码正确即开锁。

4.4.7.2　系统设计方案

通用电子密码锁主要由三个部分组成：数字密码输入电路、密码锁控制电路和密码锁显示电路。

作为电子密码锁的输入电路，可供选择的方案有数字机械式键盘和触摸式数字键盘等多种。虽然机械式键盘存在一些诸如机械产生的弹跳消除问题和机械部分的接触等问题，但是和触摸式的 3×4 键盘相比，机械式键盘具有低成本、可靠性高、构成电路简单、技术成熟和应用广泛等特点，因此将其应用到通用数字电子密码锁中还是比较适宜的。本设计中采用一个 3×4 的通用数字机械键盘作为该设计的输入设备。

　　数字电子密码锁的显示信息电路可采用 LED 数码管显示和液晶屏幕显示两种。液晶显示具有高速显示、高可靠性、易于扩展和升级等优点，但是普通液晶显示屏存在亮度低、对复杂环境的适应能力差等缺点，在低亮度的环境下还需要加入其他辅助的照明设备，驱动电路设计相对复杂，因此本设计的显示电路仍使用通用的 LED 数码管。

　　根据以上选定的输入设备和显示器件，并考虑到实现各项数字密码锁功能的具体要求，整个电子密码锁系统的整体组成框图如图 4 - 31 所示。

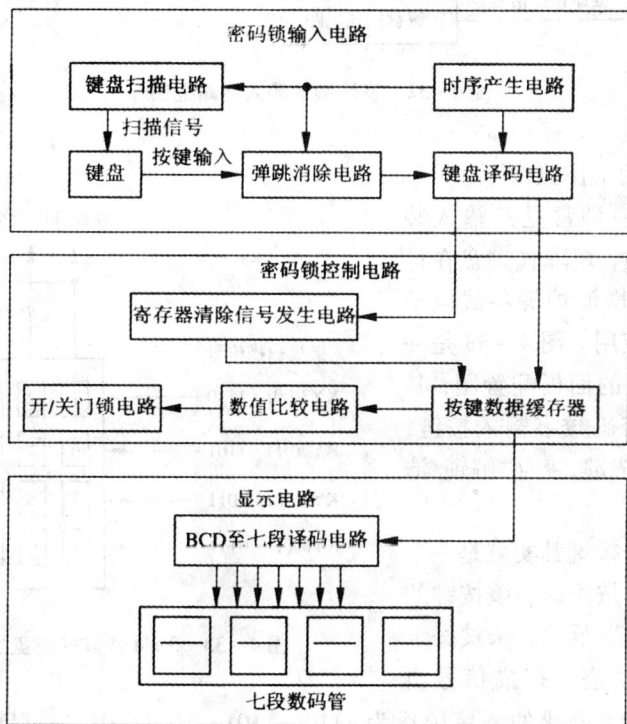

图 4 - 31　数字电子密码锁系统整体框图

　　(1)密码锁输入电路包括时序产生电路、键盘扫描电路、键盘弹跳消除电路、键盘译码电路等几个小的功能电路。

　　(2)密码锁控制电路包括按键数据的缓冲存储电路，密码的清除、变更、存储、激活电锁电路(寄存器清除信号发生电路)，密码核对(数值比较电路)，解锁电路(开/关门锁电路)等几个小的功能电路。

　　(3)七段数码管显示电路主要将待显示数据的 BCD 码转换成数码器的七段编码。

1. 密码锁输入电路的设计

图 4－32 是电子密码锁的输入电路框图，由键盘扫描电路、弹跳消除电路、键盘译码电路、按键数据缓存器，加上外接的一个 3～4 矩阵式键盘组成。

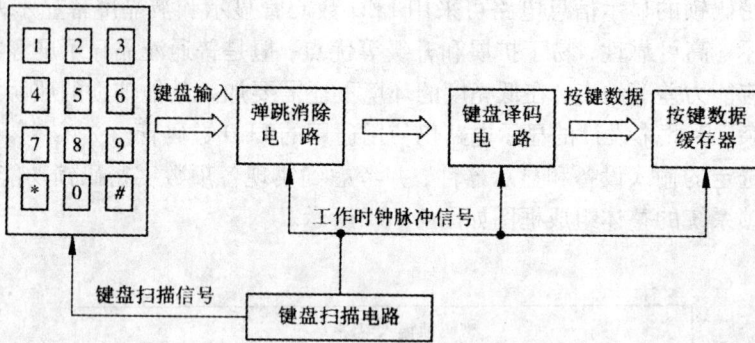

图 4－32　密码锁的输入电路框图

1）矩阵式键盘的工作原理

矩阵式键盘是一种常见的输入装置，在日常的生活中，矩阵式键盘在计算机、电话、手机、微波炉等各式电子产品上已经被广泛应用。图 4－33 是一个 3×4 矩阵式键盘的面板配置图，其中数字 0～9 作为密码数字输入按键，＊作为"上锁"功能按键，#为"解锁/清除"功能按键。

键盘上的每一个按键其实就是一个开关电路，当某键被按下时，该按键的接点会呈现 0 的状态，反之，未被按下时则呈现逻辑 1 的状态。扫描信号由

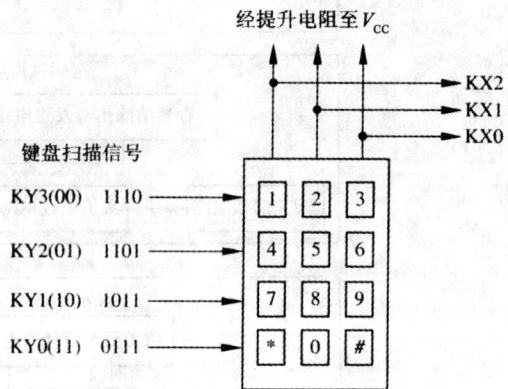

图 4－33　3×4 矩阵式键盘的面板配置

KY3～KY0 进入键盘，变化的顺序依次为 1110—1101—1011—0111—1110。每一次扫描一排，依次周而复始。例如现在的扫描信号为 1011，代表目前正在扫描 7、8、9 这一排的按键，如果这排当中没有按键被按下的话，则由 KX2～KX0 读出的值为 111；反之当 7 这个按键被按下的话，则由 KX2～KX0 读出的值为 011。

根据上面所述原理，我们可得到各按键的位置与数码关系如表 4－1 所示。

表 4－1　按键位置与数码关系

KY3～KY0	1110	1110	1110	1101	1101	1101	1101	1101	1101	0111	0111	0111
KX2～KX0	011	101	110	011	101	110	011	101	110	011	101	110
按键号	1	2	3	4	5	6	7	8	9	＊	0	#

若从 KX2 ~ KX0 读出的值皆为 1 时, 代表该列没有按键按下, 则不进行按键译码的动作; 反之, 如果有按键按下时, 则应将 KX2 ~ KX0 读出的值送至译码电路进行编码。

2) 密码锁输入电路各主要功能模块的设计

1) 时序产生电路

本时序产生电路中使用了三种不同频率的工作脉冲波形: 系统时钟脉冲(它是系统内部所有时钟脉冲的源头, 且其频率最高)、弹跳消除取样信号、键盘扫描信号。

当一个系统中需使用多种操作频率的脉冲波形时, 最方便的方法之一就是利用一个自由计数器来产生各种需要的频率, 也就是先建立一个 N 位计数器, N 的大小根据电路的需求决定, N 的值越大, 电路可以分频的次数就越多, 这样就可以获得更大的频率变化, 以便提供多种不同频率的时钟信号。若输入时钟为 CLK, N 位计数器的输出为 Q[N-1..0], 则 Q(0) 为 CLK 的 2 分频脉冲信号, Q(1) 为 CLK 的 4 分频脉冲信号, Q(2) 为 CLK 的 8 分频脉冲信号……Q(N-1) 为 CLK 的 2^N 分频脉冲信号; Q(5 DOWNTO 4) 取得的是一个脉冲波形序列, 其值依 00—01—10—11—00—011 周期性变化, 其变化频率为 CLK 的 2^5 分频, 也就是 32 分频。我们利用以上规律即可得到各种我们所需要频率的信号或信号序列。

2) 键盘扫描电路

扫描电路的作用是用来提供键盘扫描信号(表 4 - 1 中的 KY3 ~ KY0)的, 扫描信号变化顺序依次为 1110—1101—1011—0111—1110……依序地周而复始。扫描时依序分别扫描列按键, 当扫描信号为 1110 时, 扫描 KY3 这一排按键; 当扫描信号为 1101 时, 扫描 KY2 一排按键; 当扫描信号为 1011 时, 扫描 KY1 这一排按键; 当扫描信号为 0111 时, 扫描 K 这一排按键。每扫描一排按键就检查一次是否有键被按下, 如果这排没有按键被按下就忽略, 反之, 如果出现被按下的键则立刻进行按键编码的动作, 且将编码的结果储存于寄存器中。

3) 弹跳消除电路

由于本设计中采用的矩阵式键盘是机械开关结构, 因此在开关切换的瞬间会在接触点出现信号来回弹跳的现象, 对于电子密码锁这种灵敏度较高的电路, 这种弹跳将很可能会造成误动作输入, 从而影响到密码锁操作的正确性。

因此必须加上弹跳消除电路。特别要注意的是, 弹跳消除电脉冲信号的频率更高; 通常将扫描电路的工作频率约定在 24 Hz, 而将弹跳消除电路的工作频率约定在 128 Hz, 其工作频率通常是前者的 4 倍或者更高。

弹跳消除电路的设计详见 4.2.8。

4) 键盘译码电路

上述键盘中的按键可分为数字按键和文字按键, 每一个按键可能负责不同的功能, 例如清除数码、退位、激活电锁、开锁等, 详细功能参见表 4 - 2。

表 4 – 2　键盘参数表

扫描位置 KY3 ~ KY0	键盘输出 KX2 ~ KX0	相对应的 键盘按键	键盘译码 电路输出	按键功能
1110	011	1	F = 0001	数码输入
	101	2	F = 0010	数码输入
	110	3	F = 0011	数码输入
1101	011	4	F = 0100	数码输入
	101	5	F = 0101	数码输入
	110	6	F = 0110	数码输入
1011	011	7	R = 0111	数码输入
	101	8	F = 1000	数码输入
	110	9	F = 1001	数码输入
0111	011	*	T = 0100	激活电锁
	101	0	F = 0000	数码输入
	110	#	T = 0001	清除/解除电锁

注：当没有任何数字按键被按下时，键盘译码输出"1111"；当某功能按键尚未定义其功能时，键盘译码输出"1000"。

　　数字按键主要是用来输入数字的，但是键盘所产生的输出，也就是扫描回复信号，是无法直接拿来用作密码锁控制电路的输入的；另外，不同的按键(数字按键和功能按键)具有不同的功能，所以必须由键盘译码电路来规划每个按键的输出形式，以便执行相应的动作。

　　键盘译码电路主要负责的工作是：首先判别是否有键按下；若被按下的是数字按键，则解码成相对应的 BCD 码；若被按下的是功能按键，则解码成四位数的码字，由密码锁控制电路做相应的动作。

　　(5)按键存储电路

　　因为每次扫描会产生新的按键数据，可能会覆盖前面的数据，所以需要一个按键存储电路，将整个键盘扫描完毕后的结果记录下来。按键存储电路可以使用移位寄存器构成。

　　本设计将采用串行输入/串行输出(Serial In/Serial Out)移位寄存器硬件作为按键存储电路。所谓的串行输入/串行输出移位寄存器，即数据一个接着一个依序进来，输出时采用先进先出的顺序，同样是一个接着一个依序输出。

　　2.密码锁控制电路的设计

　　密码锁的控制电路是整个电路的控制中心，主要完成对数字按键输入和功能按键输入的响应控制。

　　1)数字按键输入的响应控制

　　(1)如果按下数字键，第一个数字会从显示器的最右端开始显示，此后每新按一个数字时，显示器上的数字必须左移一格，以便将新的数字显示出来。

　　(2)假如要更改输入的数字，可以按倒退按键来清除前一个输入的数字，或者按清除键清除所有输入的数字，再重新输入四位数。

（3）由于这里设计的是一个 4 位的电子密码锁，所以当输入的数字键超过 4 个时，电路不予理会，而且不再显示第四个以后的数字。

2）功能按键输入的响应控制

（1）清除键。清除所有的输入数字，即做归零动作。

（2）激活电锁键。按下此键时可将密码锁的门上锁（上锁前必须预先设定一个四位的数字密码）。

（3）解除电锁键。按下此键会检查输入的密码是否正确，若密码正确无误则开门。

使用电子密码锁的时候，只会用到三种工作模式（见图 4 – 34，其中输入文字模式用的是数字按键，只有上锁和开锁两个模式必须占用功能按键。但是在实际操作中，难免会有按错键的情况发生，使得"清除输入"功能使用的机率很高，所以本设计中共设置了两个功能按键，其中"解除电锁"和"清除输入"共用一个功能按键，另一个功能按键是"激活电锁"。

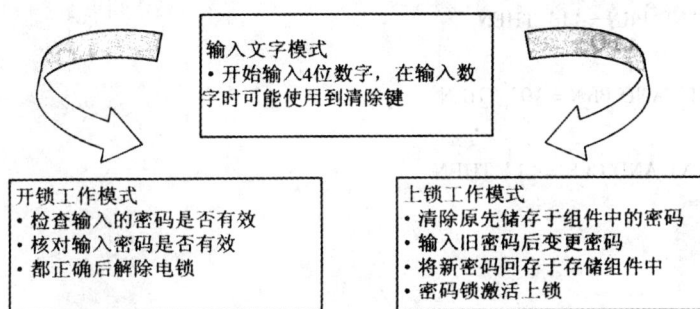

图 4 – 34　电子密码锁的三种模式及关系

3. 密码锁显示电路的设计

密码锁显示电路的设计比较简单，这里直接采用四个 4 ~ 7 译码器来实现。

4. 密码锁的整体组装设计

将前面各个设计好的功能模块进行整合，可得到一个完整的电子密码锁系统的整体组装设计原理图，如图 4 – 35 所示。

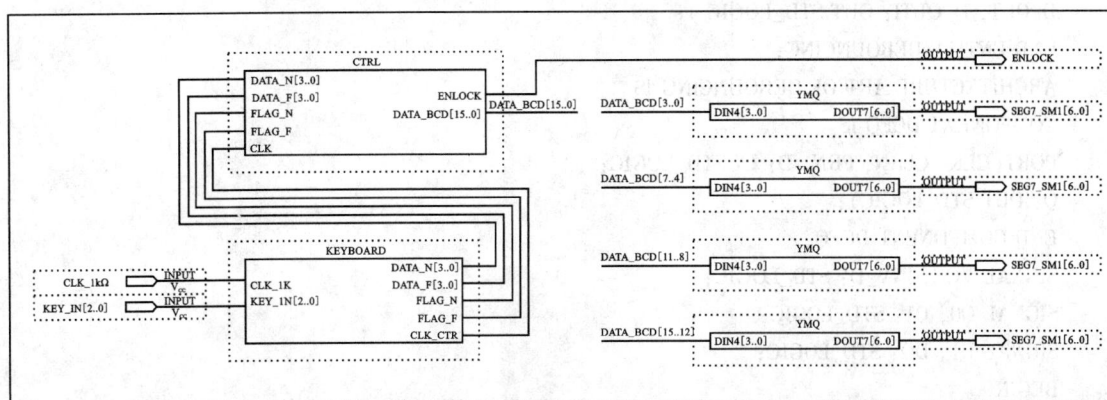

图 4 – 35　密码锁的整体组装设计原理图

4.4.7.3　主要 VHDL 源程度

1. 键盘输入去抖电路的 VHDL 源程序

——DCFQ. VHD

```
LIBRARY IEEE;
USE IEEE. STD_LOGIC_1164. ALL;
ENTITY DCFQ IS
PORT(CLK, CLRN, PRN, D: IN STD_LOGIC;
Q: OUT STD_LOGIC);
END ENTITY DCFQ;
ARCHITECTURE ART OF DCFQ IS
BEGIN
PROCESS (CLK, CLRN, PRN)
BEGIN
IF CLRN = '0' AND PRN = '1' THEN
Q < = '0';
ELSIF CLRN = '1' AND PRN = '0' THEN
Q < = 'I'
ELSIF CLK'EVENT AND CLK = '1' THEN
Q  < = D;
END IF;
END PROCESS;
END ARCHITECTURE ART;
——DEBOUNCING. VHD
LIBRARY IEEE;
USE IEEE. STD_LOGIC_1164. ALL;
LIBRARY ALTERA;
USE ALTERA. MAXPLUS2. ALL;
ENTITY DEBOUNCING IS
PORT(D_IN, CLK: IN STD_LOGIC;
DD 1, DD0, QQ 1, QQ0: OUT STD_LOGIC;
D_OUT, D_OUTI: OUT STD_LOGIC );
END ENTITY DEBOUNCING;
ARCHITECTURE ART OF DEBOUNCING IS
COMPONENT DCFQ IS
PORT(CLK, CLRN, PRN, D: IN STD_LOGIC;
Q: OUT STD_LOGIC);
END COMPONENT DCFQ;
SIGNAL VCC, INV_D: STD_LOGIC;
SIGNAL Q0, Q1: STD_LOGIC;
SIGNAL D1, DO: STD_LOGIC;
BEGIN
VCC  < = '1';
INV_D  < = NOT D_IN;
```

U 1：DCFQ PORT MAP（CLK ＝ ＞ CLK，CLRN ＝ ＞ INV_D，PRN ＝ ＞ VCC，D ＝ ＞VCC，Q ＝ ＞ Q0）；

u2：DCFQ PORT MAP（CLK ＝ ＞ CLK，CLRN ＝ ＞ Q0，PRN ＝ ＞ VCC，D ＝ ＞ VCC，Q ＝ ＞ Q1）；

PROCESS（CLK）

BEGIN

IF CLK' EVENT AND CLK ＝ '1' THEN

DO ＜ ＝ NOT Q1；

D1 ＜ ＝ DO；

END IF；

END PROCESS；

DD0 ＜ ＝ DO；DD1 ＜ ＝ D1；QQ1 ＜ ＝ Q1；QQ0 ＜ ＝ Q0；

D_OUT ＜ ＝ NOT（D 1 AND NOT DO）；

D_OUT1 ＜ ＝ NOT Q 1；

END ARCHITECTURE ART；

注：为便于仿真时观察有关中间结果，程序中增加了一些观测点的输出，调试好后程序中的相应语句应注释掉或作用应修改。

2. 密码锁输入电路的 VHDL 源程序

——KEYBOARD. VHD

LIBRARY IEEE；

USE IEEE. STD_LOGIC_I 164. ALL；

USE IEEE. STD_LOGIC_ARITH. ALL；

USE IEEE. STD_LOGIC_UNSIGNED. ALL；

ENTITY KEYBOARD IS

PORT（CLK_IK：IN STD_LOGIC；　　　　　　　——系统原始时钟脉冲（1 kHz）

KEY_IN：IN STD_LOGIC_VECTOR（2 DOWNTO 0）；——按键输入

CLK_SCAN：OUT STD_LOGIC_VECTOR（3 DOWNTO 0）；

　　　　　　　　　　　　　　　　　——（仿真时用）键盘扫描序列

DATA_N：OUT STD_LOGIC_VECTOR(3 DOWNTO 0)；

　　　　　　　　　　　　　　　　　——数字输出

DATA_F：OUT STD_LOGIC_VECTOR(3 DOWNTO 0)；

　　　　　　　　　　　　　　　　　——功能输出

FLAG N "OUT STD LOGIC"　　　　　　　——数字输出标志

FLAG_F：OUT STD_LOGIC；　　　　　　　——功能输出标志

CLK_CTR：OUT STD_LOGIC；　　　　　　　——控制电路工作时钟信号

CLK_DEBOUNCE：OUT STD_LOGIC）；　　　——（仿真时用）去抖电路工作时钟信号

END ENTITY KEYBOARD；

ARCHITECTURE ART OF KEYBOARD IS

COMPONENT DEBOUNCING IS

PORT(D_IN：IN STD_LOGIC；

CLK：IN STD_LOGIC；

D_OUT：OUT STD_LOGIC ）；

END COMPONENT DEBOUNCING；

SIGNAL CLK：STD_LOGIC；　　　　　　　——电路工作时钟脉冲

SIGNAL C_KEYBOARD：STD_LOGIC_VECTOR(1 DOWNTO 0)；

　　　　　　　　　　　　　　　　　　　　　　——键扫信号"00 – 01 – 10 – 11"寄存器
SIGNAL C_DEBOUNCE: STD_LOGIC;　　　　　——去抖时钟信号
SIGNAL C: STD_LOGIC_VECTOR(2 DOWNTO 0)　——键盘输入去抖后的寄存器
SIGNAL N, F: STD_LOGIC_VECTOR(3 DOWNTO 0);
　　　　　　　　　　　　　　　　　　　　　　——数字、功能按键译码值的寄存器
SIGNAL FN, FF: STD_LOGIC;　　　　　　　　——数字、功能按键标志值数字、功能按键
SIGNAL SEL: STD_LOGIC_VECTOR (3 DOWNTO 0);
BEGIN
——内部连接
DATA_N < = N;
DATA_F < = F;
FLAG_N < = FN
FLAG_F < = FFCLK_CTR < = CLK;　　　　　　——扫描信号发生器
COUNTER: BLOCK IS
SIGNAL Q: STD_LOGIC_VECTOR(5 DOWNTO 0);
SIGNAL SEL: STD_LOGIC_VECTOR (3 DOWNTO 0); – 1110 – 1101 – 1011 – 0111
BEGIN
PROCESS (CLK_1K) IS
BEGIN
IF CLK_1K' EVENT AND CLK_1K = '1' THEN
Q < = Q + 1;
END IF;
C_DEBOUNCE < = Q(2);　　　　　　　　　　——去抖时钟信号, 大约 125 Hz
C_KEYBOARD < = Q(6 DOWNTO 5):　　　　　——产生键扫信号"00 – 01 – 10 – 11", 大约 16 Hz
——C_DEBOUNCE < = Q(1);　　　　　　　　——仿真时用
——C_KEYBOARD < = Q(5 DOWNTO 4);　　　——仿真时用
CLK < = Q(0);
END PROCESS;
CLK_DEBOUNCE < = C_DEBOUNCE;
SEL < = "1110" WHEN C_KEYBOARD = 0 ELSE
"1101" WHEN C_KEYBOARD = 1 ELSE
"1011" WHEN C_KEYBOARD = 2 ELSE
"0111" WHEN C_KEYBOARD = 3 ELSE
"1111";
CLK_SCAN < = SEL;
END BLOCK COUNTER;　　　　　　　　　　——键盘去抖
DEBOUNUING: BLOCK IS
BEGIN
U1: DEBOUNCING PORT MAP (D_IN = > KEY_IN(0), D_OUT = > C(0),
CLK = > C_DEBOUNCE);
U2: DEBOUNCING PORT MAP (D_IN = > KEY_IN(1), D_OUT = > C(1),
CLK = > C_DEBOUNCE);
U3: DEBOUNCING PORT MAP (D_IN = > KEY_IN(2), D_OUT = > C(2),

```
CLK = > C_DEBOUNCE );
END BLOCK DEBOUNUING;                ——键盘译码
KEY_DECODER: BLOCK
SIGNAL Z: STD_LOGIC_VECTOR(4 DOWNTO 0);   ——按键位置
BEGIN
PROCESS(CLK)
BEGIN
Z < = C_KEYBOARD & C;
IFCLK'EVENT AND CLK = '1' THEN
CASE Z IS
WHEN "11101" = > N < = "0000"; ——0
WHEN "00011" = > N < = "0001"; ——1
WHEN "00101" = > N < = "0010"; ——2
WHEN "00110" = > N < = "0011"; ——3
WHEN "01011" = > N < = "0100"; ——4
WHEN "01101" = > N < = "0101"; ——5
WHEN "01110" = > N < = "0110"; ——6
WHEN "10011" = > N < = "0111"; ——7
WHEN "10101" = > N < = "1000": ——8
WHEN "10110" = > N < = "1001": ——9
WHEN OTHERS = > N < = "1111";
END CASE;
END IF;
IF CLK'EVENT AND CLK = '1' THEN
CASE Z IS
WHEN "11011" = > F < = "0100";        —— * _LOCK
WHEN "11110" = > F < = "0001";        ——#_UNLOCK
WHEN OTHERS = > F < = "1000";
END CASE;
END IF;
END PROCESS;
FN < = NOT ( N(3) AND N(2) AND N(1) AND N(0) );
FF < = F(2) OR F(0);
END BLOCK KEY_DECODER;
END ARCHITECTURE ART;
```

3. 密码锁控制电路的 VHDL 源程度

——CTRL. VHD

```
LIBRARY IEEE;
USE IEEE. STD_LOGIC_1164. ALL;
USE IEEE. STD_LOGIC_ARITH. ALL;
USE IEEE. STD_LOGIC_UNSIGNED. ALL;
ENTITY CTRL IS
PORT (DATA_N: IN STD_LOGIC_VECTOR(3 DOWNTO 0);
```

```
DATA_F：IN STD_LOGIC_VECTOR(3 DOWNTO 0)；
FLAG_N：IN STD_LOGIC；
FLAG_F：IN STD_LOGIC；
CLK：IN STD_LOGIC；
ENLOCK：OUT STD_LOGIC；                    ——1：LOCK，0：UNLOCK
DATA_BCD：OUT STD_LOGIC_VECTOR (15 DOWNTO 0))；
END ENTITY CTRL；
ARCHITECTURE ART OF CTRL IS
SIGNAL ACC, REG：STD_LOGIC_VECTOR (15 DOWNTO 0)；
                                          ——ACC 用于暂存键盘输入的信息，REG 用于存
                                          储输入的密码
SIGNAL NC：STD_LOGIC_VECTOR (2 DOWNTO 0)；
SIGNAL RR2, CLR, BE, QA, QB：STD_LOGIC；
SIGNAL RI, R0：STD_LOGIC；
BEGIN
                                          ——寄存器清零信号的产生进程

PROCESS( CLK)
BEGIN
IF CLK'EVENT AND CLK = '1' THEN
RI < = R0；R0 < = FLAG_F；
END IF；
RR2 < = R1 AND NOT R0；
CLR < = RR2；
END PROCESS；
                                          ——按键输入数据的存储、清零进程

KEYIN_PROCESS：BLOCK IS
SIGNAL RST, DO, D 1" STD_LOGIC；
BEGIN
RST  < = RR2；
PROCESS( FLAG_N, RST) IS
BEGIN
IF RST = '1' THEN
ACC  < = "0000000000000000"；              ——CLEAR INPUT
NC  < = "000"；
ELSE
IF FLAG_N'EVENT AND FLAG_N = '1' THEN
IF NC  < 4 THEN
ACC < = ACC(11 DOWNTO 0) & DATA_N；
NC < = NC + 1；
END IF；
END IF；
END IF；
END PROCESS；
```

```
END BLOCK KEYIN_PROCESS;              ——上锁/开锁控制进程
LOCK_PROCESS: BLOCK IS
BEGIN
PROCESS(CLK, DATA_F) IS
BEGIN
IF (CLK'EVENT AND CLK = '1') THEN
IF N C = 4 THEN
IF DATA F(2) = '1' THEN                ——上锁控制信号有效
REG < = ACC;                           ——密码存储
QA < = '1', QB < = '0';
ELSIF DATA_F(0) = '1' THEN             ——开锁控制信号有效
IF REG = ACC THEN                      ——密码核对
QA < = '0' QB < = '1'
END IF;
ELSIF ACC = "1000100010001000" THEN    ——设置"8888"为万用密码
QA < = '0'; QB < = '1'
END IF;
END IF;
END IF;
END PROCESS;
END BLOCK LOCK_PROCESS;                ——输出上锁/开锁控制信号
ENLOCK < = QA AND NOT QB;              ——输出显示信息
DATA_BCD < = ACC;
END ARCHITECTURE ART;
```

4. 其他电路的 VHDL 源程序

对于密码锁显示电路及电子密码锁整体组装的 VHDL 源程序，请读者根据图 4 – 31 密码锁的整体组装设计原理图自行完成。

第 5 章　　电子技术及 EDA 技术课程设计参考题选

5.1　模拟电路设计课题

5.1.1　三极管 β 值自动分选仪设计

1. 设计任务

设计制作一台自动测量三极管直流电流放大系数 β 的装置。

2. 设计要求

(1) 被测三极管 β 值分为五挡;

(2) β 值的范围分别为 50 ~ 80、80 ~ 120、120 ~ 180、180 ~ 270、270 ~ 400, 分挡编号是 1、2、3、4、5;

(3) 用数码管显示 β 值的挡级。

3. 设计要点

(1) 要测量三极管的电流放大系数 β, 必须给三极管以合适的静态偏置, 若 I_B 一定, 则 I_C 正比于 β, 使三极管处于线性放大状态, 则有 $I_C = \beta i_B$;

(2) 将三极管 β 值分挡, 可将三极管集电极电流 I_C 转换成相应的输出电压 V_0, V_0 大小正比于 β 值, 然后将 V_0 信号同时加到具有不同基准电压的比较器的输入端进行比较, 对应某一定的 V_0 值, 则相应的比较器输出高电平, 其余比较器输出低电平, 然后用二进制代码进行编码, 驱动数码管显示出相应挡级代号。

4. 设计内容

(1) 设计电路后, 用 EWB 软件进行仿真;

(2) 制作电路板;

(3) 焊接、调试;

(4) 写设计报告, 包括电路图、原理说明、元件清单、电路参数计算、结果分析等。

5.1.2　多功能函数发生器设计

1. 设计任务

设计制作一台能产生方波、三角波和正弦波的波形发生器。

2. 设计要求

(1) 输出波形频率范围 0.02 Hz ~ 20 kHz 连续可调;

(2) 正弦波幅值 ±10 V, 失真度小于 2%;

（3）方波幅值 ±10 V；

（4）三角波峰 – 峰值 20 V；

（5）各种波形幅值均连续可调；

（6）设计电路所需的直流电源。

3. 设计要点

（1）可用正弦波振荡器产生正弦波输出，正弦信号通过变换电路得到方波输出，用积分电路将方波变换成三角波、锯齿波输出；

（2）也可用多谐振荡器产生方波输出，方波经滤波电路得到正弦波输出，方波经积分电路得到三角波输出；

（3）上述产生的方法，直接经积分电路产生三角波，利用折线近似法将三角波变换为正弦波输出；

（4）利用单片函数发生器 5G8038、集成振荡器 E1648 或 555/556 等可灵活组成各种波形产生电路。

4. 设计内容

（1）设计电路后，用 EWB 软件进行仿真；

（2）制作电路板；

（3）焊接、调试；

（4）写设计报告，包括电路图、原理说明、元件清单、电路参数计算、结果分析等。

5.1.3　语音放大电路设计

1. 设计任务

设计制作一台语音放大电路，能分别对话筒、拾音、收音信号进行不失真放大。

2. 设计要求

（1）输出功率 $P_0 = 8$ W，负载阻抗 $R_L = 8$ Ω；

（2）非线性失真系数 ≤1%（在 1 kHz 满功率时）；

（3）对音调控制要求 100 Hz 和 10 kHz 处有 ±12 dB 的调节范围（1 kHz 为 0 dB）；

（4）信号的灵敏度：话筒为 5 mV，拾音为 100 mV，收音为 20 mV。

3. 设计要点

（1）考虑留有一定余量，P_0 取 10 W 设计，则输出电压 $V_O = \sqrt{P_0 R_L} \approx 9$ V；

（2）放大电路的电压的放大倍数 $A_V = \dfrac{9\ \text{V}}{5 \times 10^{-3}\ \text{V}} = 1800$，即 $20 \lg 1800 = 65$ dB；

（3）语音放大电路可由前置放大级、音调控制器和功率放大器（输出级）等三部分组成；

（4）前置放大器可采用集成运算放大器 F007 构成同相放大器，并带有电压串联负反馈；

（5）音调控制电路有多种形式，可采用集成运算放大器为核心构成反馈型音调控制电路；

（6）输出级电压放大倍数约为 30 倍，负载电流最大值 $I_{LM} = \sqrt{2} V_O / R_L \approx 1.6$ A。

4. 设计内容

（1）设计电路后，用 EWB 软件进行仿真；

（2）制作电路板；

（3）焊接、调试；

（4）写设计报告，包括电路图、原理说明、元件清单、电路参数计算、结果分析等。

5.1.4 频率/电压转换电路设计

1. 设计任务

设计制作一台振荡频率随外加控制电压变化的 V/F 变换电路。

2. 设计要求

（1）输入为直流电压 V_1，输出频率为 f_0，$f_0 \propto V_1$；

（2）f_0 为矩形脉冲；

（3）f_0 变化范围 0 ~ 10 kHz；

（4）V_1 变化范围 0 ~ 10 V；

（5）转换精度 < 1%。

3. 设计要点

（1）利用输入电压的大小改变电容器的充电速度，从而改变振荡电路的振荡频率，可利用积分作为输入电路；

（2）积分器的输出信号控制电压比较器、施密特触发器、单稳态触发器等，可得到矩形脉冲输出；

（3）输出信号电压通过一定反馈方式控制积分电容恒流放电，从而使积分电容的充放电速度控制了输出脉冲信号的频率，实现了 V/F 变换。

4. 设计内容

（1）设计电路后，用 EWB 软件进行仿真；

（2）制作电路板；

（3）焊接、调试；

（4）写设计报告，包括电路图、原理说明、元件清单、电路参数计算、结果分析等。

5.1.5 小功率调频发射机/接收机设计

1. 小功率调频发射机

1）设计任务

设计制作一台小功率的调频发射机。

2）设计要求

（1）发射功率 $P_A = 500$ W；

（2）负载电阻（天线）$R_L = 51$ Ω；

（3）工作中心频率 $f_0 = 5$ MHz，最大频偏 $\Delta f_m = 10$ kHz；

（4）总效率 $\mu > 50\%$。

3）设计要点

（1）LC 振荡与调频电路产生频率为 $f_0 = 5$ MHz 的高频振荡信号，变容二极管线性调频，最大频偏 $\Delta f_m = 10$ kHz，发射机的频率稳定度由该级决定；

（2）在隔离缓冲级中注意将振荡级与功放级隔离，减小功放级对振荡级的影响；

（3）末级功放，将前级送来的信号进行功率放大，使负载（天线）上获得满足要求的发射功率。根据不同情况选择不同功放，本题要求 $\mu > 50\%$，故选用丙类功放较好。

4）设计内容

（1）设计电路后，用 EWB 软件进行仿真；

（2）制作电路板；

（3）焊接、调试；

（4）写设计报告，包括电路图、原理说明、元件清单、电路参数计算、结果分析等。

2．小功率调频接收机

1）设计任务

设计制作一台小功率的调频接收机。

2）设计要求

（1）输出功率 $P_0 = 0.3$ W（$R_L = 8\ \Omega$）；

（2）中频 $f = 10.7$ MHz；

（3）工作频率 $f_0 = 6.5$ MHz；

（4）灵敏度 10 μV。

3）设计要点

（1）确定电路的形式，选择合适元器件；

（2）设置静态工作点，计算元件参数，尤其注意混频管易进入非线性区，因此 Q 点应较低，而为了使本振器易于起振且输出电压较大，另外一个晶体管的 Q 点应比混频管的要高；

（3）确定交流通路的元器件参数。

4）设计内容

（1）设计电路后，用 EWB 软件进行仿真；

（2）制作电路板；

（3）焊接、调试；

（4）写设计报告，包括电路图、原理说明、元件清单、电路参数计算、结果分析等。

5.1.6　小功率调幅发射机/接收机设计

1．小功率调幅发射机

1）设计任务

设计制作一台小功率的调幅发射机。

2）设计要求

（1）发射功率 $P_0 \geqslant 150$ mW；

（2）调制度 50%；

（3）工作频率 $f = 3.579$ MHz；

（4）总效率 $\mu \geqslant 40\%$。

3）设计要点

（1）发射机需要一定的功率才能将信号发射出去，而每一级的功率又不能太大，否则会引起电路工作不稳定，容易自激，要根据发射机各组成部分的作用，合理分配各级的增益指标；

（2）本振电路的输出是发射机的载波信号源，振荡频率十分稳定，应采用晶体振荡器；

(3)调制电路选择模拟乘法器 MC1496 较好。

4)设计内容

(1)设计电路后，用 EWB 软件进行仿真；

(2)制作电路板；

(3)焊接、调试；

(4)写设计报告，包括电路图、原理说明、元件清单、电路参数计算、结果分析等。

2.小功率调幅接收机

1)设计任务

设计制作一台小功率的调幅接收机。

2)设计要求

(1)输出功率 $P_0 = 100$ mW；

(2)灵敏度 50 μV；

(3)工作频率 $f = 3.579$ MHz。

3)设计要点

(1)输入回路应使在天线上感应到的有用信号在接收机输入端呈最大值。而在设定回路的 LC 参数时，应使 L 值较大但也不能太大，L 值大 C 值就小，C 值太小则分布电容就会影响回路的稳定性。

(2)小信号放大器的工作稳定性是一项重要的质量指标。单管共射放大电路用作高频放大器时，晶体管反向传输导纳 y_{re} 对放大器输入导纳 Y_i 的作用，会引起放大器工作不稳定。通过比较，采用三级共射－共基级联放大电路能满足高频放大器的增益要求。

(3)调幅信号常用的解调方法有两种，即包络检波法和同步检波法。采用模拟乘法器 MC1496，所以采用同步检波较合适。

4)设计内容

(1)设计电路后，用 EWB 软件进行仿真；

(2)制作电路板；

(3)焊接、调试；

(4)写设计报告，包括电路图、原理说明、元件清单、电路参数计算、结果分析等。

5.1.7　多功能直流稳压电源设计

1.设计要求

要求设计并制作一个直流稳压电源，具体要求如下：

（1）输出电压范围 +3 V ~ +9 V，连续可调；

（2）输出电流最大为 800 mA；

（3）输出纹波电压 <5 mV；

（4）稳压系数 $< 3 \times 10^{-3}$；

（5）输出内阻 <0.1 Ω。

2.原理框图（见图 5 - 1）

3.主要参考元器件

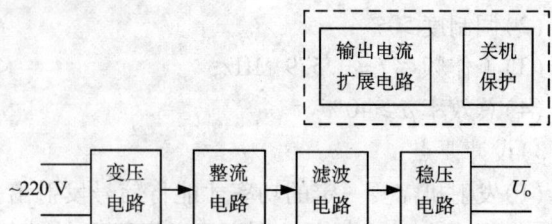

图 5 - 1　直流稳压电源原理框

电源变压器，整流二极管，滤波电容，CW317，电阻、电容、二极管若干。

4. 扩展

(1)输出电流达到 2A；

(2)317 的关机保护。

5.1.8　双工对讲机设计

1. 设计要求

要求设计并制作一对实现甲、乙双方异地有线通话的双工对讲机，具体要求如下：

(1)用扬声器兼作话筒和喇叭，双向对讲，互不影响；

(2)对讲距离 30 ~ 500 m；

(3)电源电压为 9 V，功率 $P_0 \leq 0.5$ W。

2. 原理框图(见图 5 - 2)

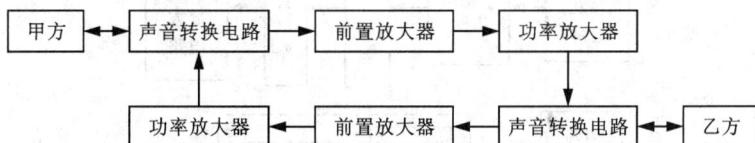

图 5 - 2　双工对讲机原理框图

3. 主要参考元器件

BH4100 两片，8 Ω 扬声器，电阻、电容若干。

4. 扩展

电路所需工作电源。

5.1.9　多路遥控器设计

1. 设计要求

要求设计并制作多路家用电器遥控器，具体要求如下：

(1)最少可实现 6 路遥控；

(2)遥控距离 5 ~ 10 m。

2. 原理框图(见图 5 - 3)

3. 主要参考元器件

LC2190，CX20106，LC2200，9013，继电器，发光二极管，二极管、电阻、电容若干。

4. 扩展

制作所需的稳压电源。

5.1.10　防盗报警器设计

1. 设计要求

要求设计并制作一台防盗报警器，适用于住宅、仓库、办公楼等地，要求一旦出现偷盗，用指示灯显示并发出声响报警。

编码器 → 发射器 → 接收器 → 驱动电路 → 二极管

直流稳压电源

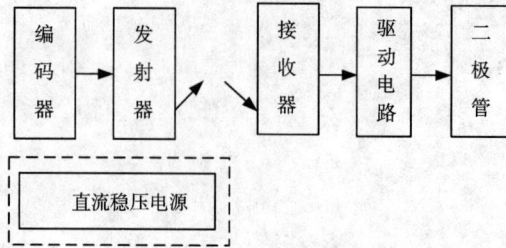

图 5 - 3　多路遥控器原理框图

2. 原理框图(见图 5 - 4)

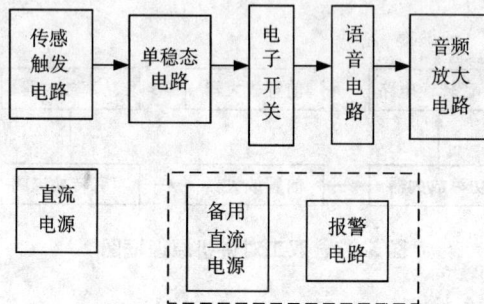

传感触发电路 → 单稳态电路 → 电子开关 → 语音电路 → 音频放大电路

直流电源

备用直流电源　报警电路

图 5 - 4　防盗报警器原理框图

3. 主要参考元器件

NE555，LQ46，LM386N，TWH8778，扬声器，二极管、电阻、电容若干。

4. 扩展

(1)设置不间断电源，当电网停电时，备用直流电源自动转换供电。

(3)防盗数可根据需要任意扩展。

5.1.11　低频功率放大器设计

1. 设计要求

要求设计并制作将弱信号放大的低频放大器，具体要求如下：

(1)在放大器的正弦信号输入电压幅值为 5 ~ 700 mV，等效电阻 R_L 为 8Ω 条件下，放大通道应满足：

①额定输出功率 $P_{ON} \geqslant 10W$；

②带宽 BW $\geqslant$ 50 ~ 10 kHz；

③在 P_{ON} 下和 BW 内的非线性失真系数 $\leqslant 3\%$；

④在 P_{ON} 下的效率 $\geqslant 55\%$；

⑤在前置放大级输入端交流短接到地时，$R_L = 8\Omega$ 上的交流噪声功率 $\leqslant 10$ mW。

(2)由外供正弦信号源经变换电路产生正、负极性的对称方波；频率为 1000 Hz，上升和下降时间 $\leqslant 1$ μs、峰 - 峰值电压为 200 mV。

2. 原理框图(见图 5 - 5)

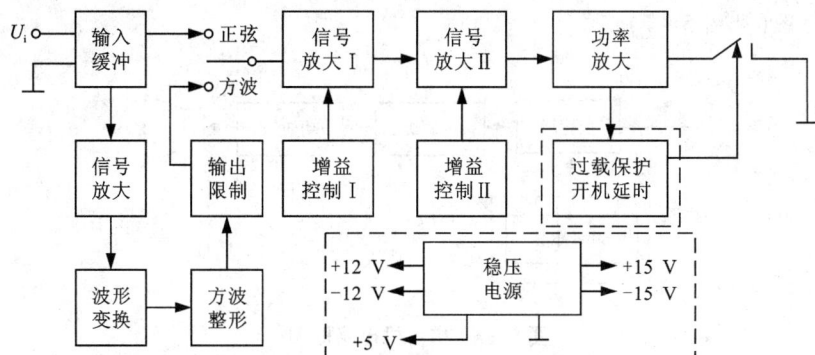

图 5 - 5　低频功率放大器原理框图

3. 主要参考元器件

LM1875, NE5532N, 74LS04, 二极管、电阻、电容若干。

4. 扩展

(1)设计并制作满足本任务要求的直流稳压电源。

(2)设计保护电路。

5.1.12　镍镉电池充电器设计

1. 设计要求

要求设计并制作镍镉电池充电器,要求能同时对一组 5 号、7 号电池进行快充和慢充,并且有充电指示。

2. 原理框图(见图 5 - 6)

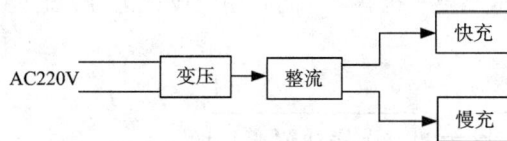

图 5 - 6　镍镉电池充电器原理框图

3. 主要参考元器件

变压器,二极管、电阻、开关若干。

4. 扩展

能同时对多组电池进行充电。

5.1.13　集成电路扩音机设计

1. 设计要求

用集成电路设计并制作能完成音频信号的低放和功放的集成电路扩音机。前置放大器的放大元件采用 F007,用单电源供电,采用同相放大电路(输入阻抗高)。音调控制电路为常用的反馈电路,由控制网络和 F007 做成的放大电路组成,功放级由集成功放模块 TDA2002 及外转电路组成。

2. 原理框图(见图 5-7)

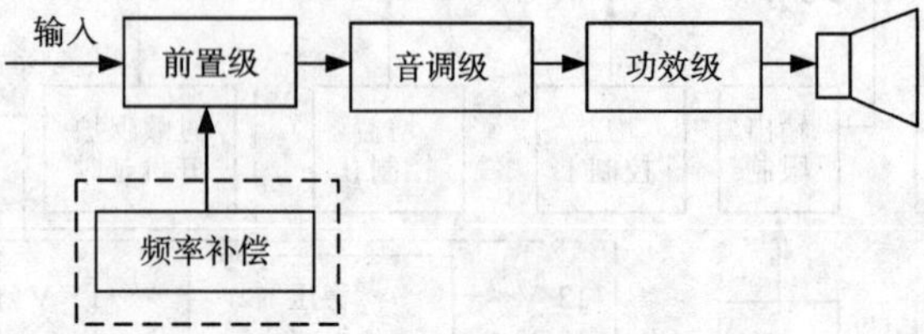

图 5-7　扩音机电路框图

3. 主要参考元器件

运算放大器 2 只,集成功放器 1 只,电位器 2 只,电容、电阻若干,喇叭 1 只。

4. 扩展

对该系统加入频率补偿电路,以使该系统发出的声音接近原始语音。

5.2　数字电路及 EDA 设计课题

5.2.1　数字智力竞赛抢答器设计

1. 设计说明

比赛中为了准确、公正、直观地判断出第一抢答者,所设计的抢答器通常由数码显示、灯光、音响等多种手段指示出第一抢答者,同时还应设计记分、犯规和奖惩记录等多种功能。其原理框图见图 5-8。

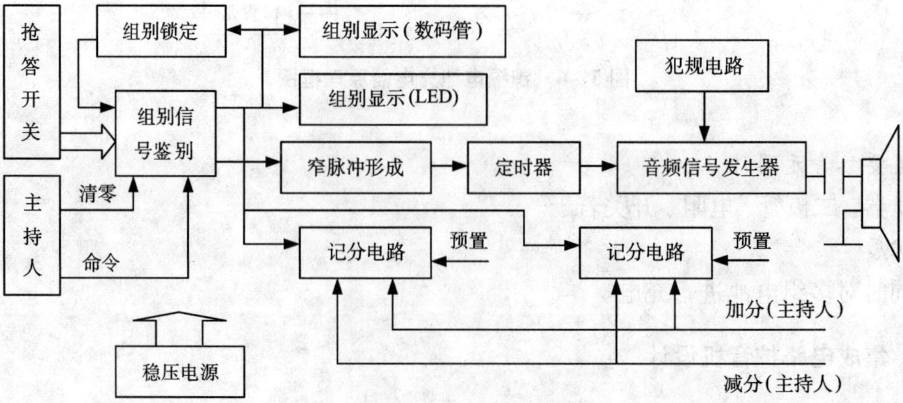

图 5-8　数字智力竞赛抢答器(自动记分)原理框图

2. 设计要求

1) 基本部分

(1) 自制稳压电源。

(2) 抢答器可供四组使用,组别键(信)号可以锁存;抢答指示用发光二极管(LED)。

(3) 记分部分独立(不受组别信号控制),至少用 2 位二组数码管指示,步进有 10 分、5 分两种选择,并且具有预置、递增、递减功能。

(4) 要求性能可靠、操作简便。

2) 发挥部分

(1) 增加抢答路数。

(2) 数码管显示组别键(信)号。

(3) 自动记分(受组别信号控制):当主持人分别按步进得分键、递增键或递减键后能够将分值自动累计在某组记分器上)。

(4) 超时报警。

(5) 其他。

其他说明:一人独立完成基本部分(1) ~ (4),难度系数 1.0。

两人合作必须完成基本部分(1) ~ (4)和发挥部分(1) ~ (5),难度系数均为 1.0。

一人独立完成基本部分(1) ~ (4)和发挥部分(1) ~ (5),难度系数 1.4。

5.2.2　路灯控制器设计

1. 设计说明

安装在公共场所或道路两旁的路灯,通常是随环境的亮和暗而自动地关断和开启,并对开启次数和开启时间进行统计。实验时要用两个台灯,其中无调光功能的模拟路灯,另一个有调光功能的模拟环境。其原理框图见图 5 - 9。

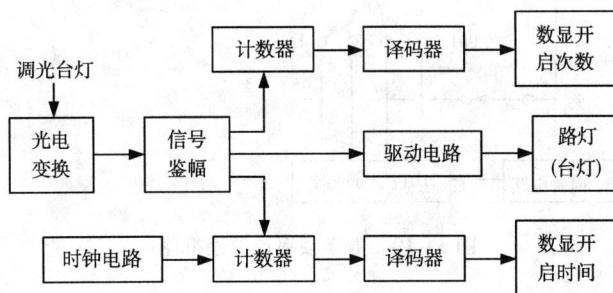

图 5 - 9　路灯控制器原理框图

2. 设计要求

1) 基本部分

(1) 自制稳压电源。

(2) 该控制器具有环境亮度检测和控制功能,当处于暗(亮)环境下能够自动开(关)灯,为了演示方便,在现场演示时,当调光台灯(模拟自然光)较暗(较亮)时相当于暗环境(亮环境),此时另一个受控台灯(模拟路灯)将被点亮(熄灭),以此实现光控功能。

（3）能自动记录"路灯"的开灯次数（用 1 位数码管显示）。

（4）能累计"路灯"开灯时间（用 2 位数码管显示）。

2）发挥部分

（1）设计一个环境亮度指示器用以检测环境亮度，在现场演示时，当调光或者改变光电传感器和光源之间的距离时，环境亮度指示器的输出电压应有不同的反应。

（2）"路灯"点亮（熄灭）能受环境亮度指示器的控制（如：开关有"较暗"和"很暗"两挡，当位于"很暗"挡时（完全遮住光电传感器），"路灯"将被点亮；当位于"较暗"挡时（局部遮住光电传感器），"路灯"将被点亮。

（3）其他，如：声音控制"路灯"点亮，延时熄灭等。

其他说明：要求一人独立完成基本部分(1)～(4)，难度系数均为 1.0；两人完成基本部分(1)～(4)和发挥部分(1)～(3)，难度系数均为 1.0。

5.2.3　数字频率计设计

1. 设计说明

数字频率计用于测量正弦信号、矩形信号等波形的频率，其概念是单位时间里的脉冲个数，如果用一个定时时间 T 控制一个闸门电路，时间 T 内闸门打开，让被测信号通过而进入计数译码，可得到被测信号的频率 $f_x = \dfrac{N}{T}$，若 $T = 1\text{ s}$，则 $f_x = N$。其原理框图见图 5 - 10。

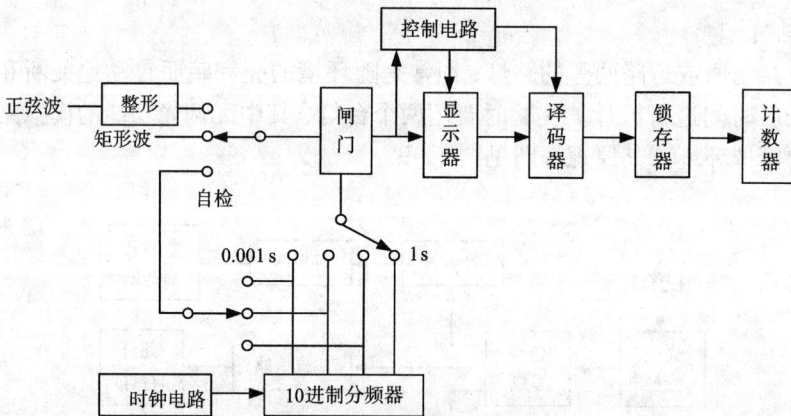

图 5 - 10　数字频率计原理框图

2. 设计要求

1）基本部分

（1）被测信号的频率范围为 1 Hz ～ 100 kHz，分成两个频段，即 1 Hz ～ 999Hz，1 ～ 100 kHz。

（2）具有自检功能，即用仪器内部的标准脉冲校准测量精度。

（3）用 3 为数码管显示测量数据，测量误差小于 10%。

2）发挥部分

（1）用发光二极管表示单位，当绿灯亮时表示 Hz，红灯亮时表示 kHz。

（2）具有超量程报警功能，在超出当前量程挡的测量范围时，发出灯光和音响信号。

（3）测量误差小于 5%。

其他说明：要求两人完成基本部分（1）~（3）和发挥部分（1）~（3）难度系数均为 1.1。

5.2.4　乒乓球比赛模拟机设计

1. 设计说明

乒乓球比赛是由甲乙双方参赛，加上裁判的三人游戏（也可以不用裁判），乒乓球比赛模拟机是用发光二极管（LED）模拟乒乓球运动轨迹的电子游戏机。其原理框图见图 5-11。

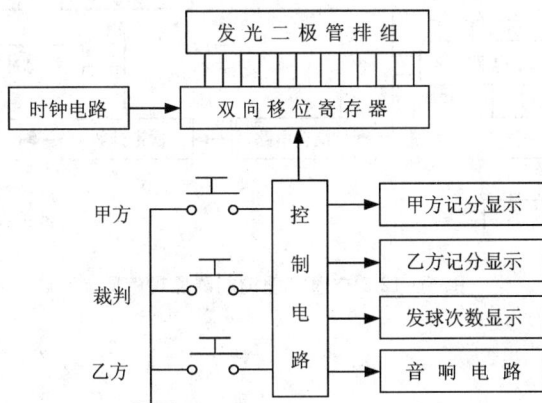

图 5-11　乒乓球比赛模拟机原理框图

2. 设计要求

1）基本部分

（1）至少用 8 个 LED 排成直线，以中点为界，两边各代表参赛双方的位置，其中一个点亮的 LED（乒乓球）依次从左到右，或从右到左移动，"球"的移动速度能由时钟电路调节。

（2）当球（被点亮的那只 LED）移动到某方的最后一位时，参赛者应该果断按下自己的按钮使"球"转向，即表示启动球拍击中，若行动迟缓或超前，表示未击中或违规，则对方得一分。

（3）设计自动记分电路，甲乙双方各用一位数码管显示得分，每记满 9 分为一局。

2）发挥部分

（1）甲乙双方各设一个发光二极管表示拥有发球权，每得 5 分自动交换发球权，拥有发球权的一方发球才能有效。

（2）发球次数能由一位数码管显示。

（3）一方得分，电路自动响铃 3 s，此期间发球无效，等铃声停止后方可比赛。

（4）其他。

其他说明：要求一人完成基本部分（1）~（3），难度系数均为 1.0。二人同时发挥部分（1）~（4）难度系数均为 1.0。

5.2.5 十字路口交通管理控制器设计

1. 任务说明

在主、支道路的十字路口分别设置三色灯控制器，红灯亮禁止通行，绿灯亮允许通行，黄灯亮要求压线车辆快速穿越。根据车流状况不同，可调整三色灯点亮或关闭时间。其原理框图见图 5 – 12。

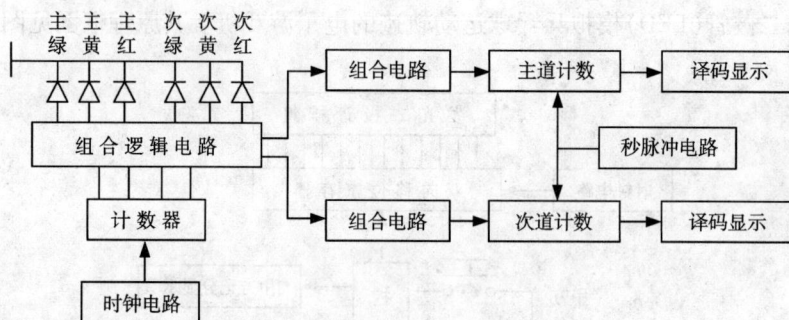

图 5 – 12　交通管理控制器原理框图

2. 设计要求

1) 基本部分

(1) 自制稳压电源；

(2) 主道路绿、黄、红灯亮的时间分别为 60 s、5 s、25 s；

次道路绿、黄、红灯亮的时间分别为 20 s、5 s、65 s；

(3) 主、次道路时间指示采用倒计时制，用 2 位数码管显示。

时序关系应该符合如下要求：

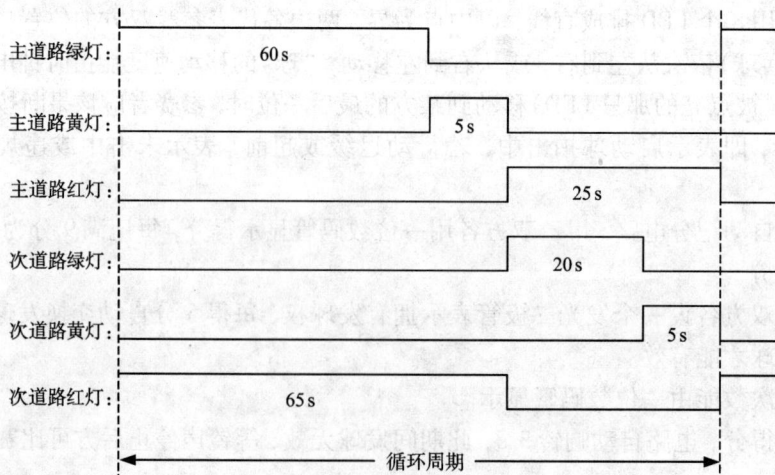

2) 发挥部分

(1) 主、次道路绿、黄、红灯亮的时间可以预置；

(2) 主、次道路绿、黄、红灯亮的时间可以分别调整；

(3) 其他。

其他说明：要求两人完成基本部分(1)((3)和发挥部分(1)((4)难度系数均为 1.0。

5.2.6　出租车计费器设计

1. 设计说明

汽车在行驶时，里程传感器将里程数转换成与之成正比的脉冲个数，然后由计数译码电路变成收费金额。里程传感器由磁铁和干簧管组成，磁铁置于变速器涡轮上，每行驶 100 m，磁铁与干簧管重合一次，即输出一个脉冲信号，则 10 个脉冲/公里(设为 P_3)。里程单价(设 2.1 元/公里)可由两位($B_2 = 2$、$B_1 = 1$)BCD 拨码开关设置，经比例乘法器(如 J 690)后将里程计费变换成脉冲数 $P_1 = P_3(1B_2 + 0.1B_1)$。由于 $P_3 = 10$，则 P_1 为 21 个脉冲，即脉冲当量为 0.1 元/脉冲。同理，等车计费也可以转换成脉冲当量，这需要由脉冲发生器产生 10 个脉冲/10 min(设为 P_4)，如果等车单价为 0.6 元/10 min(置 $B_4 = 0$、$B_3 = 6$)，经比例乘法器后将等车计费变换成脉冲数 $P_2 = P_4(0B_4 + 0.1B_3)$。由于 $P_4 = 10$，则 P_2 为 6 个脉冲，即得到相同的脉冲当量为 0.1 元/脉冲。同理，起步价(设 5 元)也可以转换成脉冲数($P_0 = \dfrac{单价}{当量} = \dfrac{5}{0.1}$ 个脉冲)或者将 P_0 作为计数器的预置信号(如框图 5 – 13 所示)。最后行车费用转换成脉冲总数 $P = P_0 + P_1 + P_2$，其结果用译码显示器显示。

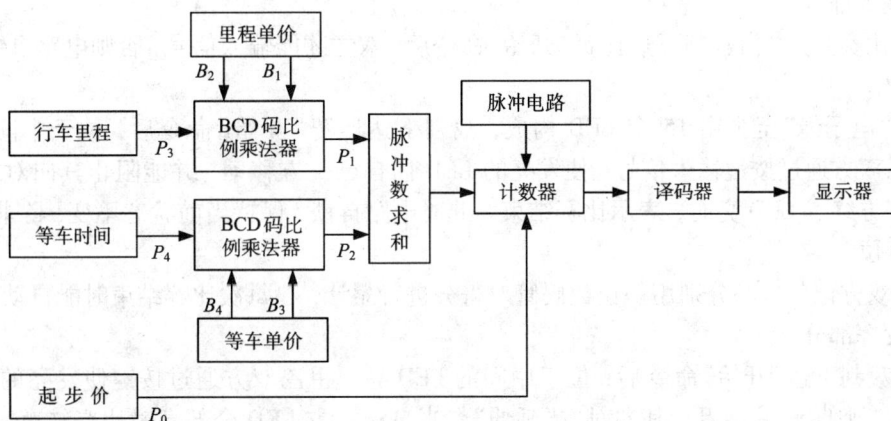

图 5 – 13　出租车计费器原理框图

2. 设计要求

1) 基本部分

(1) 设计制作自动计费器，包括行车里程计费、等车时间和起步价三部分，用三位数码管显示，最大金额为 99.9 元。

(2) 行车单价、等车单价、起步价可分别由拨码开关或拨码盘预置。

2) 发挥部分

(1) 在车辆启动和停止时有音响提示。

(2) 其他。

其他说明：行车里程可由玩具电机和光电(或磁铁和干簧管)转换器进行模拟。

二人完成基本部分(1)~(2)和发挥部分(1)难度系数均为1.2。

5.2.7　电子拔河比赛游戏机设计

1. 设计说明

电子拔河游戏机供 2~3 人玩耍。由一排 LED 表示拔河的"电子绳"。初态时中间的 LED 亮。比赛时双方通过按钮使中间亮的 LED 向己方移动,当亮至某方最后一个 LED 时,该方获胜,并记分。框图中的可逆计数器也可以用移位寄存器代替,双方按键分别控制左移和右移状态。其原理设计框图见图 5-14。

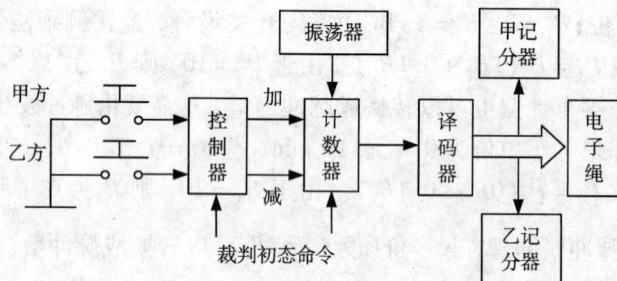

图 5-14　电子拔河比赛游戏机设计框图

2. 设计要求

1)基本部分

(1)比赛开始,由裁判下达比赛"开始"命令后,双方才能输入信号,否则电路自锁,输入信号无效。

(2)"电子绳"至少由 15 个 LED 构成,裁判下达比赛"开始"命令后,位于中间的 LED 亮。甲乙双方通过按键输入信号,使发亮的 LED 向自己一方移动,并能阻止其向对方移动。当自己一方终点 LED 亮时,表示比赛结束。此时电路自锁,保持当前状态不变,除非由裁判使电路复位。

(3)双方记分电路分别用一位数码管对得分进行累计,在每次比赛结束时能自动加分。

2)发挥部分

(1)裁判下达"开始"命令后,位于中间的 LED 亮。甲乙双方通过按键使发亮的 LED 向自己一方"延伸",并能阻止其向对方"延伸"。当自己一方 LED 全部亮时比赛结束。此时电路自锁,保持当前状态不变,除非由裁判使电路复位。

(2)比赛"开始"和比赛"结束"有音响提示。

其他说明:

一人完成基本部分(1)、(2)和发挥部分(2)难度系数为1.0;

一人完成基本部分(1)、(3)和发挥部分(1)难度系数仍然为1.0。

5.2.8　篮球竞赛30 s计时器

1. 设计要求

要求设计并制作篮球竞赛 30 s 计时器,具体要求如下:

(1)具有显示 30 s 计时功能。

(2)设置外部操作开关,控制计数器的直接清零、启动和停止功能。

（3）在直接清零时，要求数码显示器灭灯。

（4）计时器为 30 s 递减计时，计时间隔为 1 s。

（5）计时器递减计时到零时，数码显示器不能灭灯，同时发出光电报警信号。

2. 原理框图

30 s 计时器的整体参考方案框图如图 5-15 所示。它包括秒脉冲发生器、计数器、译码显示电路、辅助时序控制电路（简称控制电路）和报警电路等五个部分组成。其中计数器和控制电路是系统的主要部分。计数器完成 30 s 计时外部操作功能，而控制电路是直接控制计数器的直接清零、启动计数、译码显示电路的显示和灭灯功能。

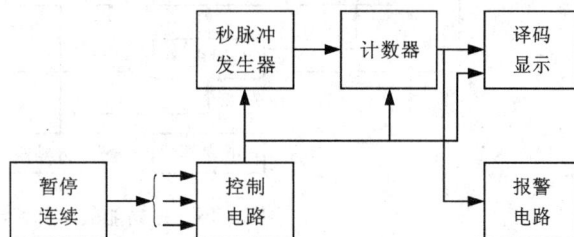

图 5-15　篮球竞赛 30 s 计时器框图

为了保证系统的设计要求，在设计控制电路时，应正确处理各个信号之间的时序关系。

（1）操作直接清零开关时，要求计数器清零，数码显示器灭灯。

（2）当启动开关闭合时，控制电路应封锁时钟信号（秒脉冲信号）CP，同时计数器完成置数功能，译码显示电路显示 30 s 字样；当启动开关断开时，计数器开始计数。

3. 主要参考元器件

74LS192，74LS279，74LS00，74LS161，74LS48，555，BS202，电阻、电容若干。

4. 扩展

（1）暂停和连续计数功能。当暂停后需要连续计数时，计数器继续累计计数。

（2）外部操作开关都应采取消抖措施，以防止机械抖动造成电路工作不稳定。

5.2.9　多功能数字钟设计

1. 设计要求

要求设计并制作多功能数字钟，具体要求如下：

（1）准确计时，以数字形式显示时（00～23）、分（00～59）、秒（00～59）的时间。

（2）具有校时功能。

2. 原理框图

如图 5-16 所示为多功能数字钟系统组成框图。它由振荡器、分频器、计数器、译码显示等部分组成，同时具有校时电路进行时间校准。本电路中除振荡器和音响电路外，其余部分也可通过一片可编程逻辑器件实现。

石英晶体振荡器产生的标准信号送入分频器，分频器将时基信号分频为每秒一次的方波作为秒信号送入计数器进行计数，并把累计的结果以"时"、"分"、"秒"的数字显示出来，其中"秒"和"分"的显示可分别由两级计数器和译码器组成的 60 进制计数器实现，"时"的显示则由两级计数器和译码器组成的 24 进制计数电路实现。

校时电路在刚接通电源或钟表走时出现误差时进行时间校准。校时电路可通过两只功能键进行操作，即工作状态选择键 P_1 和校时键 P_2 配合操作完成计时和校时功能。当按动 P_1 键

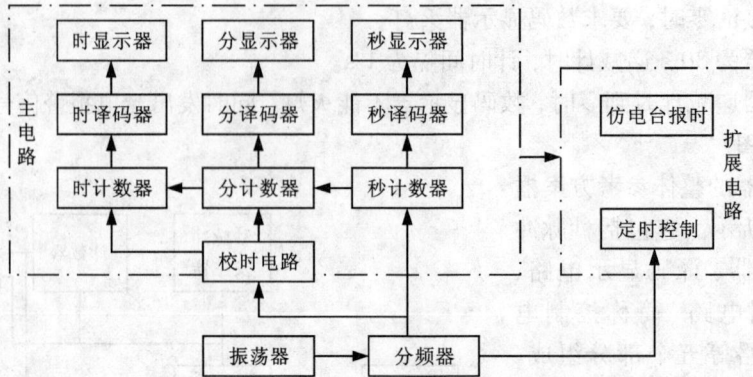

图 5 – 16　多功能数字钟系统组成框图

时，系统可选择计时、校时、校分、校秒等四种工作状态。连续按动 P_1 键时，系统按上述顺序循环选择(通过顺序脉冲发生器实现)。当系统处于后三种状态时(即系统处于校时状态下)，再次按下 P_2 键，则系统以 2 Hz 的速率分别实现各种校准。各种校准必须互不影响，即在校时状态下，各计时器间的进位信号不允许传送。当 P_2 键释放，校时就停止。按动 P_1 键，使系统返回计时状态时，重新开始计时。

3. 主要参考元器件

晶振 32768 Hz，74LS90，74LS48，74LS92，555，BS202，8Ω扬声器，电阻、电容若干。

4. 扩展

(1)仿电台整点报时。

(2)定时控制，在 24h 内以 5min 为单位，根据需要在若干个预定时刻(可按照作息时间表安排)发出信号并驱动音响电路进行"闹时"。

5.2.10　数字密码锁设计

1. 设计要求

要求设计并制作十字路口的交通灯控制电路，具体要求如下：

(1)编码按钮分别为 1，2，…，9 九个按键，其中 5 个密码键，4 个伪码键。

(2)用发光二极管作为输出指示灯，灯亮代表锁"开"，暗为"不开"。

(3)设计开锁密码，并按此密码设计电路。密码可以是 1~9 位数。若按动的开锁密码正确，发光二极管变亮，表示电子锁打开。并在开锁 7 s 后，电路恢复初始状态。

(4)该电路应具有防盗功能，密码顺序不对或密码有误时系统自动复位；若按错 4 个伪码键中任何一个，电路将被封锁 5 min。

2. 原理框图(见图 5 – 17)

3. 主要参考元器件

CC4017、9013、8050、1N4148、555、BS202，蜂鸣器、电阻、电容若干。

4. 扩展

(1)防盗报警功能。密码顺序不对或密码有误时系统自动复位；如果开锁时间超过 5 min，则蜂鸣器发出 1 kHz 频率信号报警。

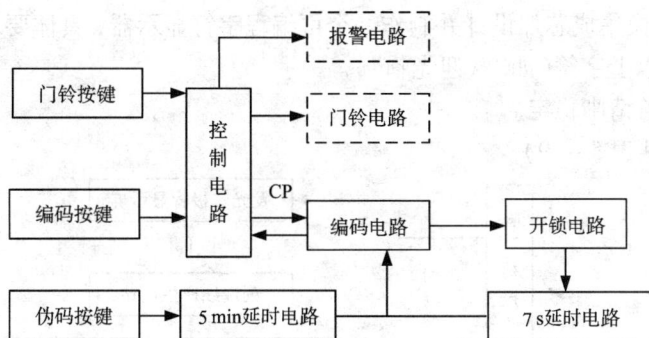

图 5-17　数字密码锁原理框图

（2）设计门铃电路，按动门铃按钮，发出 500 Hz 的频率信号或音乐信号，可使编码电路清零，同时可解除报警。

5.2.11　住院病人传呼器设计

1. 设计要求

要求设计并制作一种无线传呼器，供医院住院病人传呼医护人员使用，具体要求如下：

（1）住院病人通过按动自己的床位按钮开关向医护人员发出传呼信号；

（2）一旦有病人发出传呼信号，医护人员值班室设置的显示器即显示出该病人的床位编号，同时扬声器声响提示值班人员。

2. 原理框图（见图 5-18）

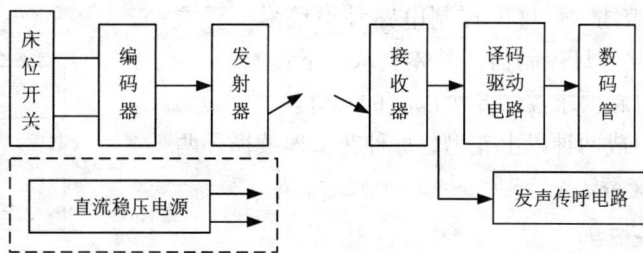

图 5-18　传呼器原理框图

3. 主要参考元器件

MT8870，LD4543，7806，共阴数码管，三极管、二极管、电阻、电容若干。

4. 扩展

设计传呼器所需的直流稳压电源。

5.2.12　可编程字符显示器设计

1. 设计要求

可编程字符（图案）显示，是指显示的字符或图案可以通过编制程序的方法进行灵活转换。如列车次数与时刻表显示屏，商品广告宣传显示屏，舞台彩灯图案的显示等，都是将显示的内容预先编程，再由控制电路或者计算机使要显示的内容按照一定的规律显示出来。本

课题要求用中小规模集成芯片设计并制作一个可编程字符显示器,具体要求如下:

(1)显示四个以上字符(如"欢迎光临")。

(2)显示的字符清晰稳定。

2. 原理框图(见图 5 - 19)

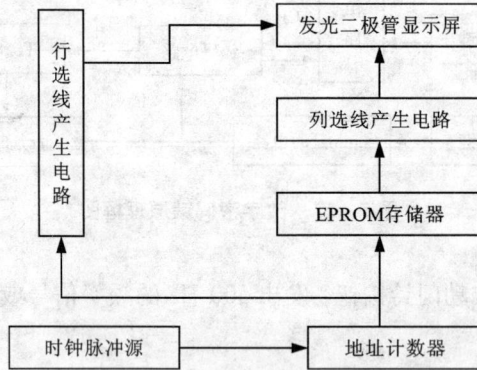

图 5 - 19 可编程字符显示器原理框图

3. 参考器件

EPROM2764,16 × 16 发光二极管矩阵显示屏,74LS54,74LS74,74LS93,NE555。

4. 扩展

显示一幅图案。

5.2.13 彩灯控制器设计

1. 设计要求

节日彩灯五彩缤纷,彩灯的控制电路种类繁多。要求设计并制作一个 8 路彩灯控制器。具体要求如下:

(1)彩灯控制电路要求控制 8 个以上的彩灯。

(2)要求彩灯组成两种以上花型,每种花型连续循环两次,各种花型轮流交替。

2. 原理框图(见图 5 - 20)

3. 主要参考元器件

74194,74157。

4. 扩展

可扩展设计制作多种花型的彩灯。

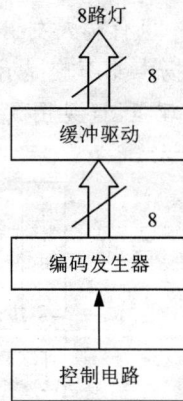

图 5 - 20 彩灯控制器原理框图

5.3 模数电路结合设计课题

5.3.1 数字式电容测量仪设计

1. 设计说明

框图中的外接电容是定时电路中的一部分。当外接电容的容量不同时,与定时电路所对应的时间也有所不同，即 $C = f(t)$，而时间与脉冲数目成正比，脉冲数目可以通过计数译码获得。其原理框图见图 5－21。

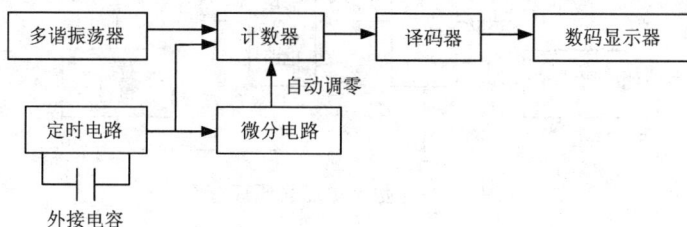

图 5－21　电容测量仪原理框图

2. 设计要求

1）基本部分

（1）自制稳压电源。

（2）被测电容的容量在 0.01 μF 至 100 μF 范围内

（3）设计两个测量量程。

（4）用 3 为数码管显示测量结果，测量误差小于 20%。

2）发挥部分

（1）至少设计两个以上的测量量程，使被测电容的容量扩大到 100 pF 至 100 μF 范围内。

（2）测量误差小于 10%。

（3）其他。

其他说明：要求一人独立完成基本部分（1）～（4），难度系数均为 0.9；一人完成基本部分（1）～（4）和发挥部分（1）～（3）难度系数均为 1.1。

5.3.2　数字电压表设计

1. 设计说明

本题要求设计一个 $3\frac{1}{2}$ 位的数字电压表，$3\frac{1}{2}$ 位是指个位、十位、百位的范围为 0～9，而千位只有 0 和 1 两个状态，称为半位。所以 $3\frac{1}{2}$ 数字电压表测量范围为 0001～1999。数字电压表主要部分是 A/D 转换器，若选用集成芯片 MC14433 作为 A/D 转换，其显示方法通常采用动态扫描（工作时四个数码管轮流点亮，利用人眼的视觉残留特性能够得到整体效果，当扫描频率过低时显示的数码会有闪烁感）方式，采用这种方式较为省电，但需要字形译码驱动电路和字位驱动电路。

若选用集成芯片 ICL7107，则外围电路更为简单。它包含 $3\frac{1}{2}$ 位数字 A/D 转换器，可直接驱动 LED 数码管，而不需要字形译码驱动电路和字位驱动电路。其内部设有参考电压、独立模拟开关、逻辑控制、显示驱动、自动调零功能等。制作时，数字显示用的数码管为共阳极型。无论采用哪种 A/D 转换芯片，其可调电阻最好选用多圈电阻，分压电阻选用误差较小的金属膜电阻，其他器件选用正品。其原理框图见图 5－22。

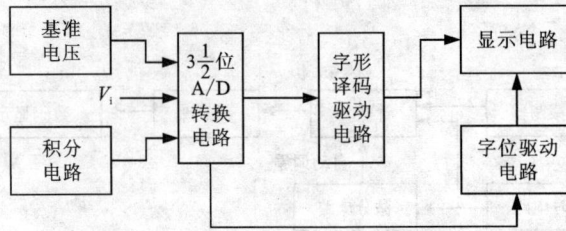

图 5-22　数字电压表原理框图

2. 设计要求

1）基本部分

（1）三位数码管显示，具有手动调零、手动换挡功能。

（2）兼有测量电流和电阻的功能。

2）发挥部分

（1）具有自动调零、自动换挡功能。

（2）其精度接近商品化数字表。

其他说明：若采用 MC14433 一人完成基本部分（1）～（2）难度系数为 1.0。

若采用 ICL7107 一人完成基本部分（1）～（2）和发挥部分（1）～（2）难度系数为 1.0。

5.3.3　峰值检测系统设计

1. 设计要求

要求设计并制作一峰值检测系统，具体要求如下：

（1）用传感器和检测电路测量某建筑物的最大承受力。传感器的输出信号为 0～5 mV，1 mV 等效于 400 kg。

（2）测量值用数字显示，显示范围为 0000～1999。

（3）峰值电压保持稳定。

2. 原理框图（见图 5-23）

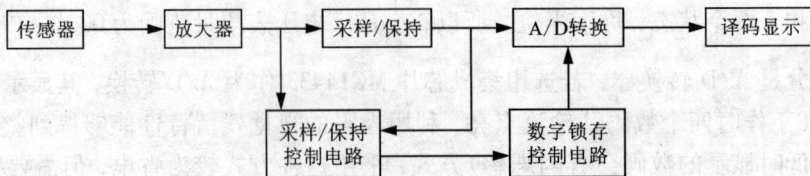

图 5-23　峰值检测系统原理框图

3. 主要参考元器件

μA741，集成采样/保持器 LF398，74121，MC1403，MC14433，CC4511，MC1413，LED 数码管。

4. 扩展

传感器的输出信号分为四挡：$1 \sim 10~\mu V$、$10 \sim 100~\mu V$、$100~\mu V \sim 1~mV$，$1 \sim 10~mV$，要求能够自动切换量程。

其他说明：

一人完成基本部分(1)~(3)，难度系数为 1.1；两人完成基本部分和发挥部分，难度系数为 1.0。

5.3.4　数字温度计设计

1. 设计说明

温度是非电量模拟信号，数字显示温度就必须将这一非电量信号转换成电量(电压或电流)，然后将模拟电信号经 ADC 转换成数字信号，最后经译码显示器显示温度值。其设计框图见图 5-24。

图 5-24　数字温度计设计框图

温度传感元件较多，如热敏电阻、热电偶、温敏二极管、温敏三极管等。比如温敏三极管在温度发生变化时 be 结的温度系数为 -2 mV/℃，利用这个特性可以测出环境温度的变化。

但由于在 0℃ 时温敏三极管 be 结存在的电压 V_{be} 不等于零，因此需要设计一个调零电路，使温敏三极管在 0℃ 时的输出为零，使显示器的读数也为零。当环境温度上升到 100℃ 时，温敏三极管 be 结的电压增加到 -200 mV，这时应使电路的输出显示读数为 100。一般只需要调好 0℃ 和满度，输出读数与温度就能对应。

2. 设计要求

1) 基本部分

(1) 自制稳压电源

(2) 被测温度范围 0~200℃。

(3) 直接用 $3\frac{1}{2}$ 数字电压表显示温度值，可直接读出 0~1999℃。也可以用 4 位数码管显示温度值。

2) 其他说明

(1) 一人完成，直接用 $3\frac{1}{2}$ 数字电压表显示温度值，难度系数为 0.9；用 4 位数码管显示温度值，难度系数为 1.1。

(2) 实验时验证三个值：冰点 0℃、环境温度、100℃ 沸水。

5.3.5　数字电子秤设计

1. 设计要求

要求设计并制作一个数字电子秤，具体要求如下：

（1）测量范围：0～1.999kg、0～19.99kg、0～199.9kg、0～1999kg。

（2）用数字显示被测重量，小数点位置对应不同的量程显示。

2. 原理框图（见图 5－25）

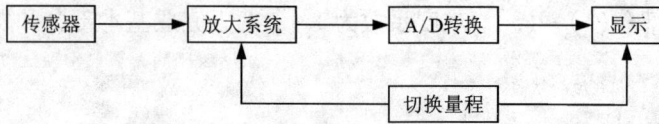

图 5－25　数字电子秤原理框图

3. 主要参考元器件

传感器，CC7107，LM324，LM339，LED 数码管，电阻及电容若干。

4. 扩展

自动切换量程。

5.3.6　电子琴设计

1. 设计要求

要求设计并制作一电子琴，具体要求如下：

设计可程控的 12 个半音产生电路，要求具有小字组、小字一组、小字二组、小字三组的 4 组音阶。应设计的单元电路有：①琴键单元；②优先编码系统；③译码系统；④程控半音音阶发生器；⑤最高（小字三组）、高（小字二组）、中（小字一组）、低（小字组）音阶选择器；⑥低通滤波器；⑦音量控制器；⑧功率放大器；⑨扬声器。

2. 原理框图（见图 5－26）

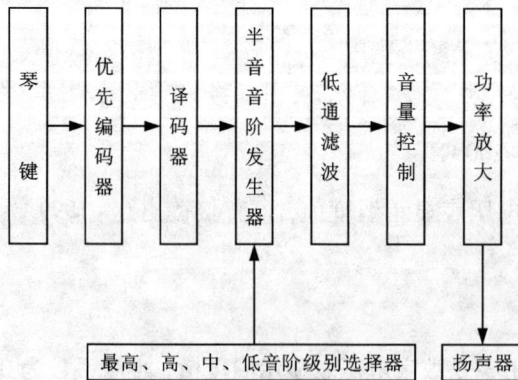

图 5－26　电子琴原理框图

3. 主要参考元器件

琴键开关，74LS04，74LS148，74LSl0，74LS138，CC4051B，555，DG4100，μA741。

4. 扩展

设计每组有 12 个半音，共有五组音阶的电子琴。

5.3.7　液面测量计设计

1. 设计要求

用简单元件设计测量液面是否漫溢的仪器,要求如下:

(1)在液面处于不同的高度和漫溢时有指示,至少分为 16 个等级;

(2)液面超过预警线时发出声响警报。

2. 原理框图(见图 5 – 27)

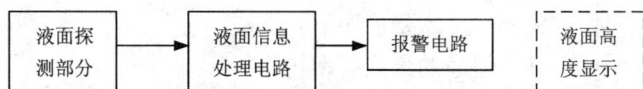

图 5 – 27　液面测量计原理框图

3. 主要参考元件

LDE ×4；CD4066 ×4；电阻 330Ω ×4 180 kΩ ×4 2.2 kΩ ×1；BC148 ×1；压电蜂鸣器；双向开关。

4. 扩展部分

设计液面高度显示电路(也可把液面分为若干等级,用数字量来指示)。

5.3.8　声控开关设计

1. 设计要求

(1)设计一个声控开关,控制对象为发光二极管;

(2)收到一定强度的声音后,声控开关点亮发光二极管,电流(5 ~ 10 mA),延时时间在 1 ~ 10 s 之间可调。

2. 原理框图(见图 5 – 28)

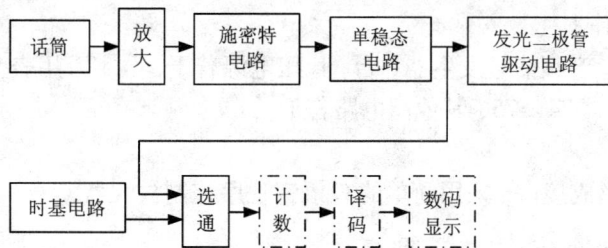

图 5 – 28　声控开关原理框图

3. 主要参考元件

驻极体话筒 1 只；控制开关 2 只；晶体管 9013 ×2 只；定时器 555 ×3 块；光二极管(红色)1 只；共阳极数码管 SBS5101 ×1 块；显示译码器 74LS47 ×1 块；异步计数器 74LS90 ×4 块；74LS00；面包板；电阻、电容器、二极管若干。

4. 扩展部分

延时时间用数字显示(采用共阳极数码管 SBS5101),单位时间 1 s,显示范围为 0~9 s。

5.3.9　程控放大器设计

1. 设计要求

程控放大器(可编程放大器)是指放大倍数可由按键控制,或由编程控制的放大器。程控放大器是智能仪器中必不可少的前置放大器。它的优点是放大倍数控制方便、灵活,易于调整。

要求设计并制作程控放大器,具体要求如下:

(1)输入信号 $U_i > 0.1$ mV,信号的最高频率为 1 kHz。

(2)通过集成运算放大器、多路开关实现其增益器 2^i ($i = 0, 1, 2, 3, 4, 5, 6, 7$) 递增,即一步为 6 dB。

(3)放大倍数的控制用 8 位琴键开关,或 8 个单刀开关,或来自微机的 8 位数据。

2. 原理框图(见图 5 – 29)

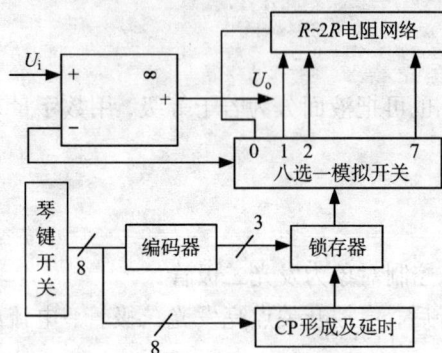

图 5 – 29　程控放大器原理框图

3. 主要参考元器件

双踪示波器 1 台,音频信号发生器 1 台,稳压电源若干,数字万用表 1 只,运放 F007,模拟开关 CD4051,锁存器 74LS75,其他门电路若干。

4. 扩展

与 PC 或单片机形成接口,采用简单的 C 语言程序控制放大器。

5.3.10　数控直流电源设计

1. 设计要求

要求设计并制作有一定输出电压范围和功能的数控电源,具体要求如下:

(1)输出电压范围 0~9.9 V,步进 0.1 V,纹波不大于 10 mV;

(2)输出电流 500 mA;

(3)输出电压值由数码管显示;

(4)由" + "、" – "两键分别控制输出电压步进增减;

(5) 自制一稳压电源，输出 ± 15 V、+5 V。

2. 原理框图(见图 5 - 30)

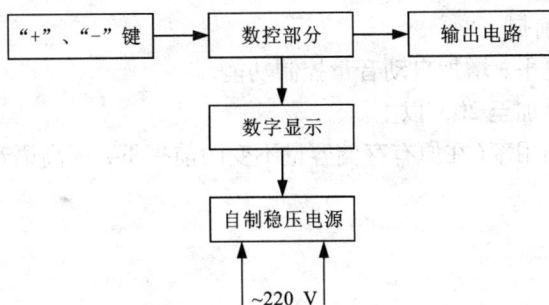

图 5 - 30　数控直流电源原理框图

3. 参考器件

LM317、LM324、DAC0832、74LS83、74LS192、NE555、74LS221、74LS248，共阴数码显示管，电阻、电容若干。

4. 扩展

输出电压可预置在 0 ~ 9.9 V 之间的任意一个值。

5.3.11　数字化语音存储与回放系统设计

1. 设计要求

要求设计并制作一数字化语音存储与回放系统，具体要求如下：

(1) 放大器 1 的增益为 46 dB，放大器 2 的增益为 40 dB，增益均可调。

(2) 带通滤波器：通带为 300 Hz ~ 3.3 kHz。

(3) ADC：采样频率 $f_s = 8$ kHz，字长为 8 位。

(4) 语音存储时间不小于 10 s。

(5) DAC：变换频率 $f_c = 8$ kHz，字长为 8 位。

(6) 回放语音质量良好。

2. 原理框图(见图 5 - 31)

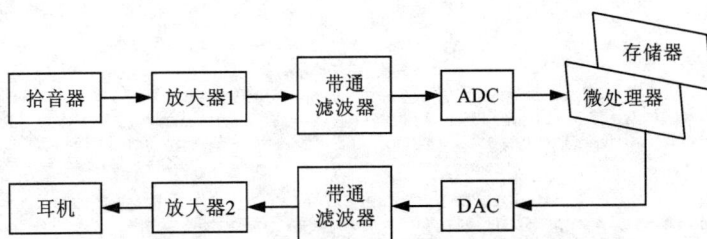

图 5 - 31　数字化语音存储与回放系统原理框图

3. 参考器件

电阻、电容、ADC、DAC、集成运算放大器。

4. 扩展

在保证语音质量的前提下：

(1)减少系统噪声电平，增加自动音量控制功能。

(2)语音存储时间增加至 20 s 以上。

(3)提高存储器的利用率(在原有存储容量不变的前提下，提高语音存储时间)。

第 6 章　综合性电子系统设计实例

综合性电子系统的设计是对低频电路、高频电路、数字逻辑电路、单片机应用和 EDA 技术等多门课程的综合性应用课题进行设计。本章主要通过几个实例介绍综合性电子系统的一般方法和设计流程。

6.1　数字式脉搏测量仪设计

6.1.1　设计课题

设计一个脉搏计，要求实现在 15 s 内测量 1 min 的脉搏数，并且显示其数字。正常人脉搏数为 60～80 次/min，婴儿为 90～100 次/min，老人为 100～150 次/min。

6.1.2　整体方案

1. 课题分析

电子脉搏计是用来测量一个人心脏跳动次数的电子仪器，也是心电图的主要组成部分。由给出的设计技术指标可知，脉搏计是用来测量频率较低的小信号（传感器输出电压一般为几个毫伏），它的基本功能应该是：

(1) 用传感器将脉搏的跳动转换为电压信号，并加以放大、整形和滤波。

(2) 在短时间内（15 s 内）测出每分钟的脉搏数。

2. 选择整体方案

(1) 提出方案。满足上述设计功能可以实施的方案很多，现提出下面两种方案。

方案 I　如图 6-1 所示，图中各部分的作用如下：

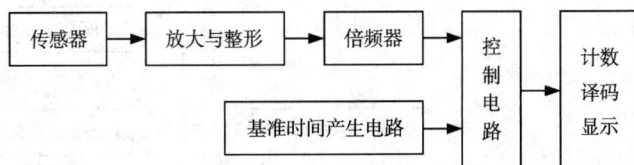

图 6-1　脉搏计方案 I

①传感器。将脉搏跳动信号转换为与此相对应的电脉冲信号。

②放大与整形。电路将传感器的微弱信号放大，整形除去杂散信号。

③倍频器。将整形后所得到的脉冲信号的频率提高,如将 15 s 内传感器所获得的信号频率 4 倍频,即可得到对应 1 min 的脉冲数,从而缩短测量时间。

④基准时间产生电路。产生短时间的控制信号,以控制测量时间。

⑤控制电路。用以保证在基准时间控制下,使 4 倍频后的脉冲信号送到计数、显示电路中。

⑥计数、译码、显示电路。用来读出脉搏数,并以十进制数的形式由数码管显示出来。

⑦电源电路。按电路要求提供符合要求的直流电源。

上述测量过程中,由于对脉冲进行了 4 倍频,计数时间也相应地缩短了 4 倍(15 s),而数码管显示的数字却是 1 min 的脉搏跳动次数。用这种方案测量的误差为 ±4 次/min,测量时间越短,误差也就越大。

方案Ⅱ 如图 6 - 2 所示。该方案是首先测出脉搏跳动 5 次所需的时间,然后再换算为每分钟脉搏跳动的次数。这种测量方法的误差小,可达 ±1 次/min。此方案的传感器、放大与整形、计数、译码、显示电路等部分与方案Ⅰ完全相同,现将其余部分的功能叙述如下:

①六进制计数器。用来检测 6 个脉搏信号,产生 5 个脉冲周期的门控信号。

②基准脉冲(时间)发生器。产生周期为 0.1 s 的基准脉冲信号。

③门控电路。控制基准脉冲信号进入 8 位二进制计数器。

④8 位二进制计数器。对通过门控电路的基准脉冲进行计数,例如 5 个脉搏周期为 5 s,即门打开 5 s 的时间,让 0.1 s 周期的基准脉冲信号进入 8 位二进制计数器,显然计数值为 50,反之,由它可相应求出 5 个脉冲周期的时间。

⑤定脉冲数产生电路。产生定脉冲数信号,如 3000 个脉冲送入可预置 8 位计数器输入端。

⑥可预置 8 位计数器。以 8 位二进制计数器输出值(如 50)作为预置数,对 3000 个脉冲进行分频,所得的脉冲数(如得到 60 个脉冲信号),即心率,从而完成计数值换成每分钟的脉搏次数。现在所得的结果即为每分钟的脉搏数。

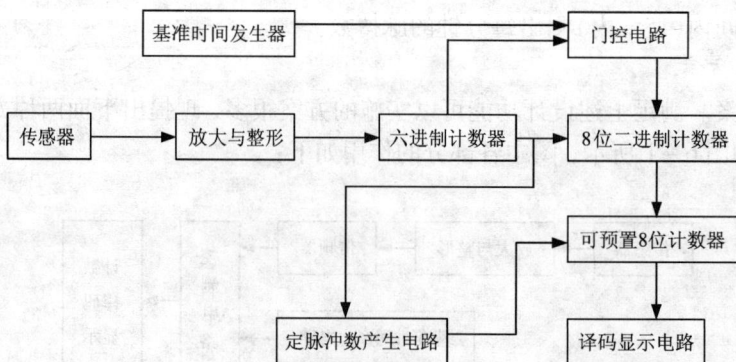

图 6 - 2 脉搏计方案Ⅱ

(2)方案比较

方案Ⅰ结构简单,易于实现,但测量精度偏低;方案Ⅱ电路结构复杂,成本高,测量精度较高。根据设计要求,精度为 ±4 次/min,在满足设计要求的前提下,应尽量简化电路,降低成本,故选择方案Ⅰ。

6.1.3 单元电路设计

1. 放大与整形电路

如上所述，此部分电路的功能是由传感器将脉搏信号转换为电信号，一般为几十毫伏，必须加以放大，以达到整形电路所需的电压，一般为几伏。放大后的信号波形是不规则的脉冲信号，因此必须加以滤波整形，整形电路的输出电压应满足计数器的要求。

(1) 选择电路。所选放大整形电路框图如图 6-3 所示。

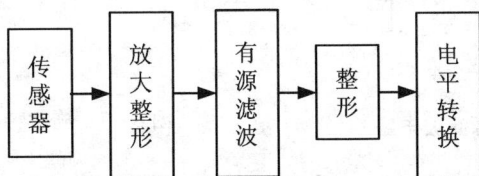

图 6-3　放大与整形电路框图

① 传感器。传感器采用了红外光电转换器，作用是通过红外光照射人的手指的血脉流动情况，把脉搏跳动转换为电信号，其原理电路如图 6-4 所示。

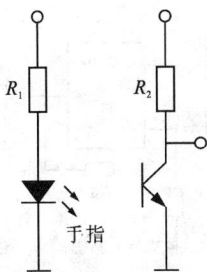

图 6-4　传感器信号调节原理电路

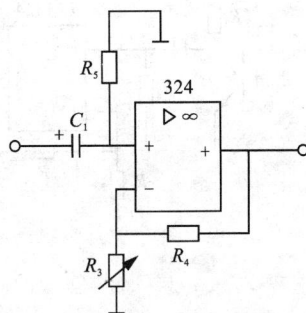

图 6-5　同相放大器电路

图中，红外线发光管 VD 采用 TLN104，接收三极管 TLP104。用 +5 V 电源供电，R_1 取 500Ω，R_2 取 10 kΩ。

② 放大电路。由于传感器输出电阻比较高，故放大电路采用了同相放大器，如图 6-5 所示，运放采用了 LM324，电源电压 ±5 V，放大电路的电压放大倍数为 10 倍左右，电路参数如下：$R_4 = 100$ kΩ，$R_5 = 910$ kΩ，R_3 为 10 kΩ 电位器，$C_1 = 100$ μF。

③) 有源滤波电路。采用了二阶压控有源低通滤波电路，如图 6-6 所示，作用是把脉搏信号中的高频干扰信号去掉，同时把脉搏信号加以放大，考虑到去掉脉搏信号中的干扰尖脉冲，所以有源滤波电路的截止频率为 1 kHz 左右。为了使脉搏信号放大到整形电路所需的电压值，通常电压放大倍数选用 1.6 倍左右。集成运放采用 LM324。

④ 整形电路。经过放大滤波后的脉搏信号仍是不规则的脉冲信号，且有低频干扰，仍不能满足计数器的要求，必须采用整形电路，这里选用了滞回电压比较器，如图 6-7 所示，其目的

是为了提高抗干扰能力。集成运放采用了 LM339，其电路参数如下：$R_{10} = 5.1$ kΩ，$R_{11} = 100$ kΩ，$R_{12} = 5.1$ kΩ。电源电压 ±5 V。由于 LM339 属于集电极开路输出，使用时输出端应加 2 kΩ 的上拉电阻。电路参数为：R_6、R_7 为 1.6 kΩ，R_8 为 15 kΩ，R_9 为 9.1 kΩ，C_2、C_3 均为 0.1 μF。

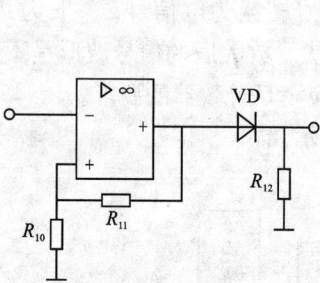

图 6 - 6　二阶有源滤波电路　　　　图 6 - 7　施密特整形电路和电平转换电路

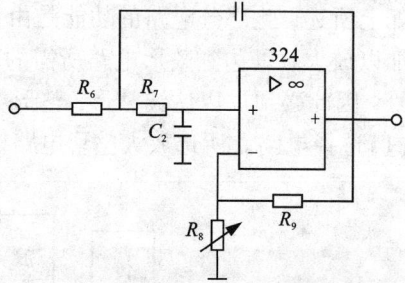

⑤电平转换电路。由比较器输出的脉冲信号是一个正负脉冲信号，不满足计数器要求的脉冲信号，故采用电平转换电路，见图 6 - 7。

(2)放大与整形部分电路　如图 6 - 8 所示。

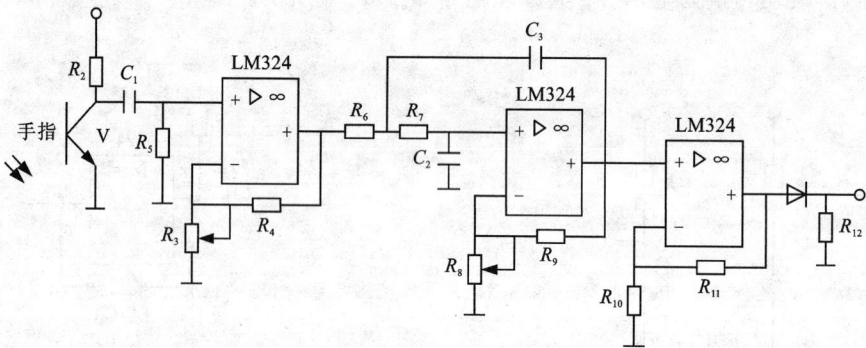

图 6 - 8　放大与整形部分电路

2. 倍频电路

该电路的作用是对放大整形后的脉搏信号进行 4 倍频，以便在 15 s 内测出 1 min 内的人体脉搏跳动次数，从而缩短测量时间，以提高诊断效率。

倍频电路的形式很多，如锁相倍频器、异或门倍频器等，由于锁相倍频器电路比较复杂，成本比较高，所以这里采用了能满足设计要求的异或门组成的 4 倍频电路，如图 6 - 9 所示。

G_1 和 G_2 构成二倍频电路，利用第一个异或门的延迟时间对第二个异或门产生作用，当输入由"0"变成"1"或由"1"变成"0"时，都会产生脉冲输出。

电容器 C 的作用是为了增加延迟时间，从而加大输出脉冲宽度。根据实验结果选用 C_4 = 33 μF，$R_{13} = 10$ kΩ，$R_{14} = 10$ kΩ，$C_5 = 6.8$ μF。由两个二倍频电路就构成了四倍频电路，其中异或门选用了 CC4070。

3. 基准时间产生电路

基准时间产生电路的功能是产生一个周期为 30 s(即脉冲宽度为 15 s)的脉冲信号，以控

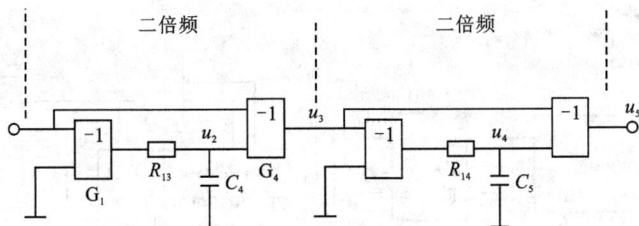

图 6 - 9 四倍频电路

制在 15 s 内完成 1 min 的测量任务。实现这一功能的方案很多，我们采用如图 6 - 10 的方案。

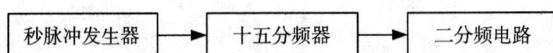

图 6 - 10 基准时间产生电路框图

由框图可知，该电路由秒脉冲发生器、十五分频电路和二分频电路组成。

（1）秒脉冲发生器。电路如图 6 - 11 所示。为了保证基准时间的准确，采用了石英晶体振荡电路，石英晶体的主频为 32.768 kHz，反相器采用 CMOS 器件，R_{15} 可在 5 ~ 30 MΩ 范围内选择，R_{16} 可在 10 ~ 150 kΩ 范围内选择，振荡频率基本等于石英晶体的谐振频率，改变 C_7 的大小对振荡频率有微调的作用。这里选用 R_{15} 为 5.1 MΩ，R_{16} 为 51 kΩ，C_6 为 56 pF，C_7 为 3 ~ 56 pF。反相器利用了 CC4060 中的反相器，如图 6 - 11 和图 6 - 12 所示。选用 CC4060 14 位二进制计数器对 32.768 kHz 进行 14 次二分频，产

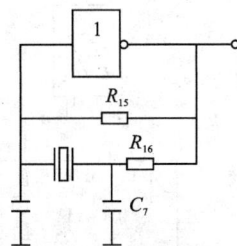

图 6 - 11 石英晶体振荡器

生一个频率为 2 Hz 的脉冲信号，然后用双 D 触发器 CC4013 进行二分频得到周期为 1 s 的脉冲信号。

（2）十五分频和二分频器。电路如图 6 - 13 所示，由 SN74161 组成十五进制计数器，进行十五分频，然后用 CC4013 组成二分频电路，产生一个周期为 30 s 的方波，即一个脉宽为 15 s 的脉冲信号。

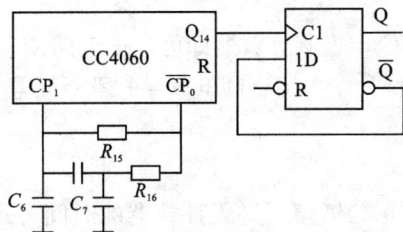

图 6 - 12 秒脉冲发生器

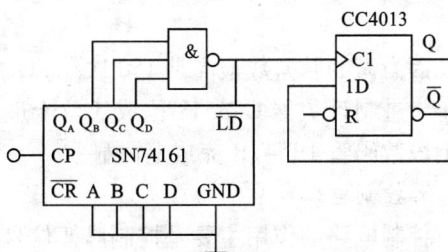

图 6 - 13 十五分频和二分频电路

（3）基准时间产生部分的电路图。如图 6-14 所示。

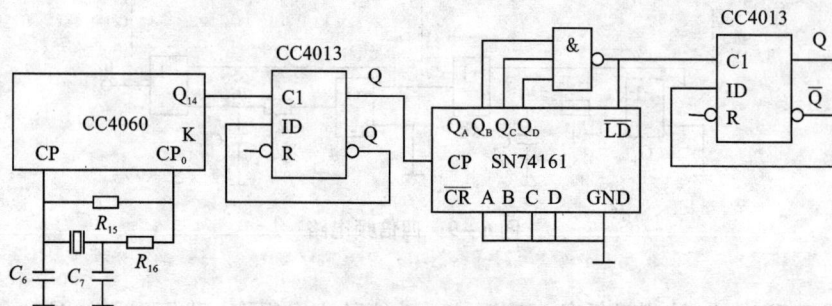

图 6-14　基准时间产生电路图

4. 计数、译码、显示电路

该电路的功能是读出脉搏数，以十进制数形式用数码管显示出来，如图 6-15 所示。

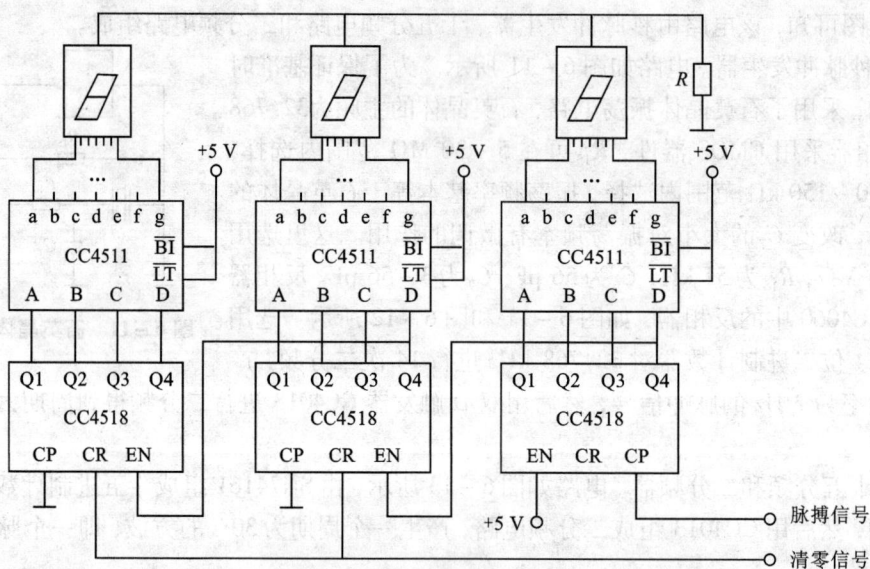

图 6-15　计数、译码、显示电路

因为人的脉搏数最高是 150 次/min，所以采用 3 位十进制计数器即可。该电路用双 BCD 同步十进制计数器 CC4518 构成 3 位十进制加法计数器，用 CC4511BCD-七段译码器译码，用七段数码管 LT547R 完成七段显示。

5. 控制电路

控制电路的作用主要是控制脉搏信号经放大、整形、倍频后进入计数器的时间，另外还应具有为各部分电路清零等功能，如图 6-16 所示。

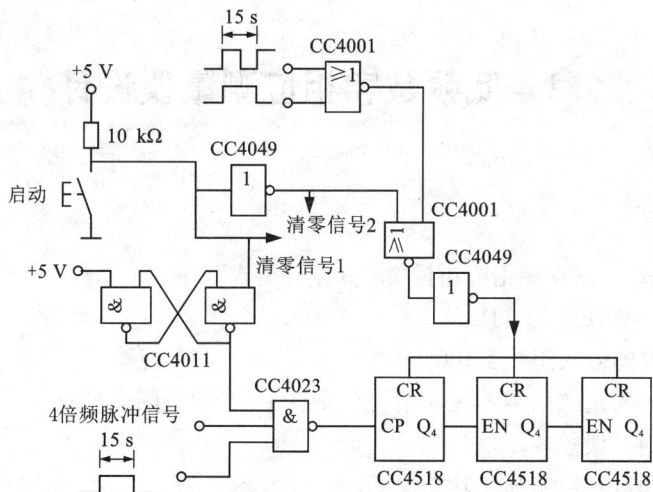

图 6 – 16 控制电路

6.1.4 总电路图

根据以上设计好的单元电路和图 6 – 1 所示的框图,可画出本题的整体电路,如图 6 – 17 所示。

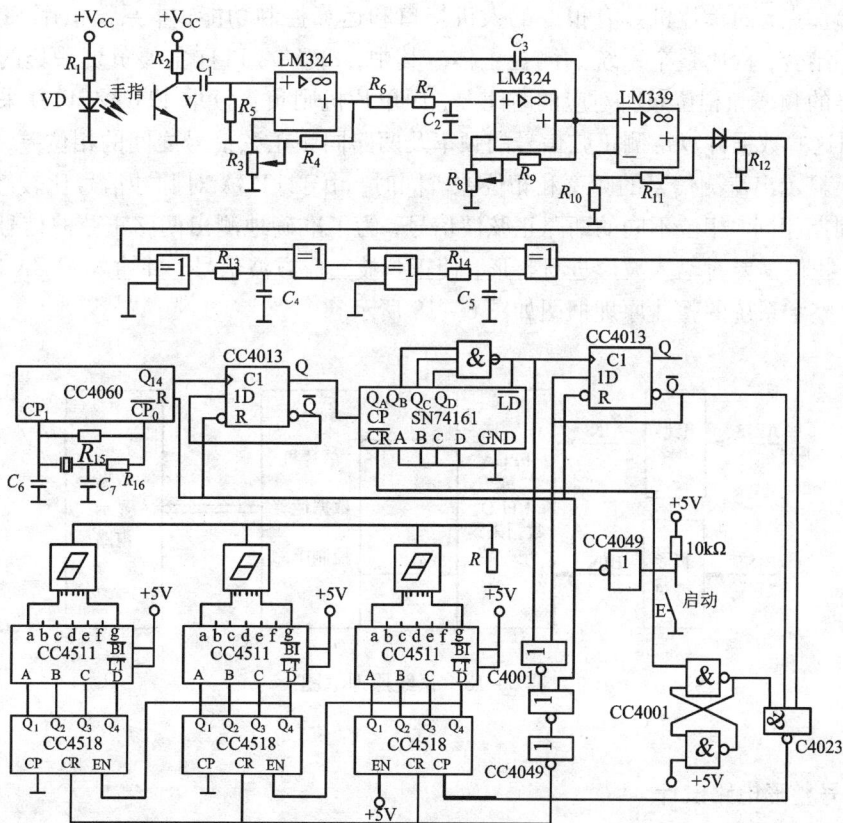

图 6 – 17 脉搏计的整体电路图

6.2 低频数字相位测量仪设计

6.2.1 系统设计要求

设计并制作一个低频数字相位测量仪，其设计要求如下：

（1）频率范围：20 Hz ~ 20 kHz。

（2）相位测量仪的输入阻抗≥100 m。

（3）允许两路输入正弦信号峰 - 峰值可分别在 1 ~ 5 V 范围内变化。

（4）相位测量绝对误差≤2°。

（5）具有频率测量及数字显示功能。

（6）相位差数字显示：相位读数为 0 ~ 359.9°，分辨力为 0.1°。

6.2.2 整体设计方案

根据系统的设计要求，本系统可分为三大基本组成部分：数据采集电路、数据运算控制电路和数据显示电路。考虑到 FPGAJCPLD 具有集成度高，I/O 资源丰富，稳定可靠，可现场在线编程等优点，而单片机具有很好的人机接口和运算控制功能，本系统拟用 FPGA/CPLD 和单片机相结合，构成整个系统的测控主体。其中，FPGA/CPLD 主要负责采集两个同频待测正弦信号的频率和相位差所对应的时间差，而单片机则负责读取 FPGA/CPLD 采集到的数据，并根据这些数据计算待测正弦信号的频率及两路同频正弦信号之间的相位差，同时通过功能键切换显示出待测信号的频率和相位差。同时，由于 FPGA 对脉冲信号比较敏感，而被测信号是周期相同、相位不同的两路正弦波信号，为了准确地测出两路正弦波信号的相位差及其频率，我们需要对输入波形进行整形，使正弦波变成方波信号，并输入 FPGA 进行处理。综上所述，整个系统的整体原理框图如图 6 - 18 所示。

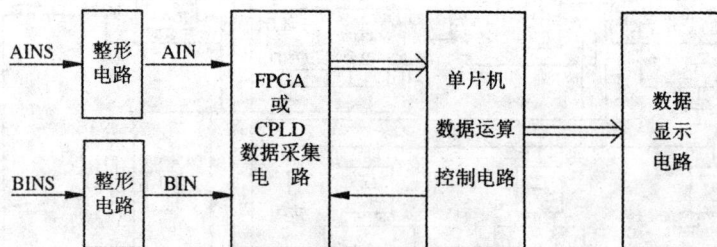

图 6 - 18 系统原理框图

6.2.3 信号整形电路设计

最简单的信号整形电路就是一个单门限电压比较器（如图 6 - 19 所示），当输入信号每通过一次零时触发器的输出就要产生一次突然的变化。当输入正弦波时，每过一次零，比较器的输出端将产生一次电压跳变，它的正负向幅度均受到供电电源的限制，因此输出电压波形是具有正负极性的方波，这样就完成了电压波形的整形工作。但该信号整形电路抗干扰能力差：由于干扰信号的存在，将导致信号在过零点时会产生多次触发的现象，从而影响本系统中 FPGA 计数，使单片机无法计算出正确的数值。

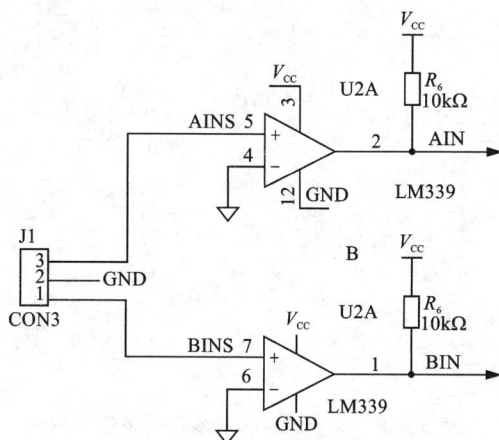

图 6 - 19　采用单门限触发器的整形电路

为了避免过零点多次触发的现象，我们使用施密特触发器组成的整形电路。施密特触发器在单门限电压比较器的基础上引入了正反馈网络。由于正反馈的作用，它的门限电压随着输出电压 U_0 的变化而改变，因此提高了抗干扰能力。本系统中我们使用两个施密特触发器对两路信号进行整形，电路图如图 6 - 20 所示。图中比较器 LM339 连接成施密特触发器的形式，为了保证输入电路对相位差测量不带来误差，必须保证两个施密特触发器的门限电平相等（通过调节电位器 R_8 使得两个施密特触发器的门限电平相等）。

6.2.4　FPGA 数据采集电路设计

FPGA 数据采集电路的功能就是实现将待测正弦信号的周期、相位差转变为 19 位的数字量。FPGA 数据采集的硬件电路我们可采用 FPGA 下载板来实现。该下载板包含 FPOA 芯片、下载电路和配置存储器，其电路结构可参见对应的 FPGA 下载板说明书。本电路主要是进行 FPGA 的硬件描述语言（HDL）程序设计。

根据系统的整体设计方案，FPGA 数据采集电路的输入信号有：CLK——系统工作时钟信号输入端；CLKAA，CLKBB——两路被测信号输入端；EN——单片机发出的传送数据使能信号，在 EN 的上升沿，FPGA 向单片机传送数据；RSEL——单片机发出的传送数据类型信号，当 RSEL = 0 时，FPGA 向单片机传送被测信号频率数据，当 RSEL = 1 时，FPGA 向单片机传送被测信号相位差数据。FPGA 数据采集电路的输出信号有：DATA[18..0]——FPGA 到单片机的数据输出口，由输出控制信号 EN 和 RSEL 控制。其应实现的功能就是负责对被测信号频率数据和相位差数据的实时测量。

FPGA 数据采集电路测量正弦波信号频率的原理是：在正弦波信号整形后得到的方波信号的一个周期内对周期为 T_c 秒的数据采样信号进行计数，其计数结果乘以 $1/T_c$，就是被测

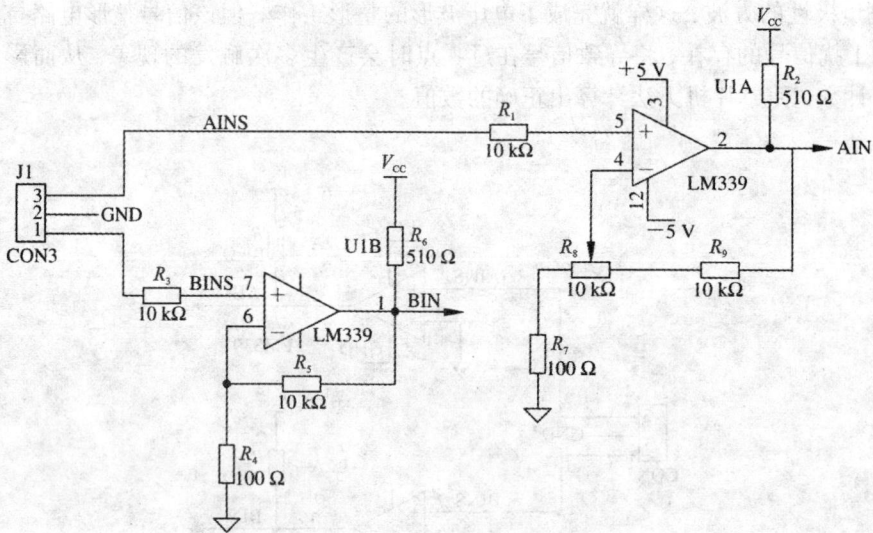

图 6 – 20　采用施密特触发器的整形电路

正弦波信号的频率，单位为 Hz。测量正弦波信号周期的原理是：在正弦波信号整形后得到的方波信号的一个周期内对周期为 T_c 秒的数据采样信号进行计数，其计数结果乘以 T_c 秒，就是被测正弦波信号的周期，单位为秒。测量两个同频正弦波信号的相位差，关键是要测出两个同频正弦波信号起点之间的时间差 Δt，若 Δt 测出，则根据 $\Delta\varphi = \Delta t \times 360°/t$ 即可求出相位差 $\Delta\varphi$，因此其测量原理与测量正弦波信号周期的原理相似。

　　本数字式相位测量仪的要求是测试并显示输入信号频率范围在 20 Hz ~ 20 kHz，测试并显示信号 a、b 的相位差，相位差的变化范围为 $\varphi = 0° ~ 359.9°$，相位差的显示分辨力为 0.1°，要求测量相位的绝对误差 ≤2°。由此可知：

$$f_{min} = 20 \text{ Hz}, \quad T_{max} = \frac{1}{f_{min}} 50 \text{ ms}, \quad \Delta t < T_{max}$$

$$f_{max} 20 \text{ kHz}, \quad T_{min} = \frac{1}{f_{max}} = 50 \text{ μs}$$

$$\Delta\varphi \leqslant 2° \quad 即 \quad \Delta t = \frac{2°}{360°} \times T_{min} = \frac{2°}{360°} \times 50 \text{ μs} = 0.27 \text{ μs}$$

　　由以上分析可知，要保证系统要求的精度，必须采用低于 $1/0.27 \text{ μs} = 3.7 \text{ MHz}$ 的采集速度对信号周期进行计数，为进一步提高测量精度，同时便于计算，我们采用了 10 MHz 方波信号作为 FPGA 数据采样信号，FPGA 在 10 MHz 时钟信号作用下对待测信号周期计数，并对两个同频正弦信号的相位差所对应的时间差进行计数，分别得到 19 位数字量，19 位数字量的物理单位是 0.1 μs。本设计采用 40 MHz 的高频晶体振荡源，由 FPGA 内部的分频模块对 40 MHz 信号进行四分频，得到 10 MHz 的数据采样信号，其采样周期为 0.1 μs。

　　为了实现中低频测量精度的要求，我们可采用 10 MHz 的信号来循环计数被测信号的周期和两个同频正弦波信号的相位差所对应的时间差值，时间单位为 0.1 μs。也就是说，计数周期和相位差所对应的时间差值的精度是 0.1 μs。利用被测信号来刷新采样计数，在 20 Hz

时,刷新频率可以精确到 10 Hz,20 kHz 时达到 10 Hz,可以实现高频多测量,低频少测量的效果,时间计数精确可靠,为后面单片机的数据处理提供了稳定、可靠的数据源。

根据以上设计思想,FPGA 数据采集电路可设计成五个模块,它们分别是:时钟信号分频模块 FPQ,测量控制信号发生模块 KZXH,被测信号有关时间检测模块 SJJC,数据锁存模块 SJSC 和输出选择模块 SCXZ。整个系统组成框图如图 6 - 21 所示。其中时钟信号分频模块 FPQ 的作用是:将输入的 40 MHz 的信号分频成 10 MHz 的测控基准时钟信号 CLKF。测量控制信号发生模块 KZXH 的作用是:根据两路被测信号整形后的方波信号 CLKAA 和 CLKBB,产生有关测控信号,包括时间检测使能信号 ENA,时间检测清零信号 CLRA,锁存频率数据控制信号 LOADA,锁存两被测信号相位差数据控制信号 CLB。被测信号频率和相位差数据检测模块 SJJC 的作用是:在控制信号 ENA 和 CLRA 的控制下,对测控基准时钟信号 CLKF 进行计数和清零,以便获取有关频率和相位差数据。数据锁存模块 SJSC 的作用是:在 LOADA 的上升沿将频率数据锁存在 DATAA 中,在 CLB 的下降沿时将相位差数据锁存在 DATAB 中。输出选择模块 SCXZ 的作用是:根据单片机发出的控制信号数据传送使能信号 EN。和输出数据类型选择信号 RSEL,将被测信号频率数据或相位差数据输出。

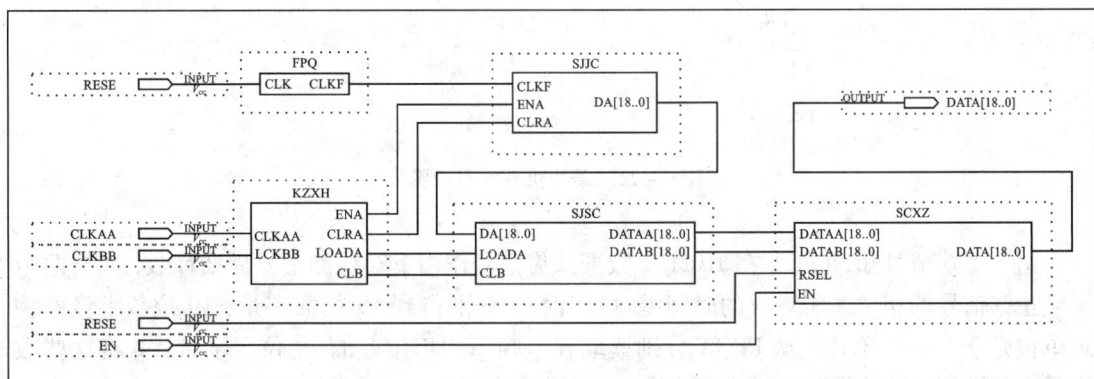

图 6 - 21 FPGA 数据采集电路系统组成框图

6.2.5 单片机数据运算控制电路设计

单片机数据运算控制电路的功能就是负责读取 FPGAJCPLD 采集到的数据,并根据这些数据计算待测正弦信号的频率及两路同频正弦信号之间的相位差,,同时通过功能键切换,显示出待测信号的频率和相位差。

单片机数据运算控制电路的硬件可由单片机、晶振电路、按键及显示接口电路等组成。我们在设计中考虑到,单片机具有较强的运算能力和控制能力的特点,因此使用单片机的 P0 口,P2 口及 P1.0、P1.1、P1.2、P1.3 接收 FPGA 送来的对应于正弦信号的周期、相位差的 19 位数据信号,P1 口的 P1.7、P1.6 接入两个轻触按键,完成功能选择与设置。该电路的工作原理是:单片机通过向 FPGA 发送数据传送指令,使 FPGA 按照单片机的要求发送数据,同时通过使用单片机的串口,将待显示的数据信息送给数据显示电路显示。其原理图如图 6 - 22所示。

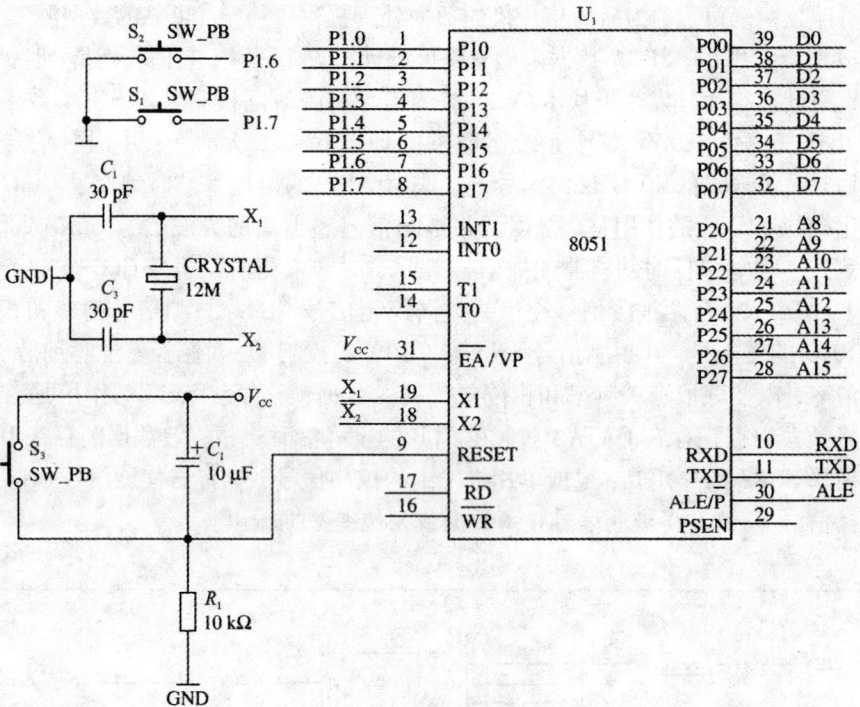

图 6 – 22　单片机系统原理图

由 6.2.6 节可知，FPGA 在 10 MHz 数据采集信号作用下对待测信号周期计数，并对两个同频正弦信号的相位差所对应的时间差进行计数，分别得到 19 位数字量，19 位数字量的物理单位是 0.1 μs。单片机从 FPGA 分别读取表示频率和相位差的 19 位数字量，并将这些数字量进行计算，然后分别得到待测信号的频率和相位差。

为了达到系统所要求的精度，在计算时为了保证不丢失数据，我们采用了扩大数据倍数，定点取数的方法。在计算频率 f 和相位差 $\Delta\varphi$ 时，f 和 $\Delta\varphi$ 分别扩大了 10×10^6 倍和 10 倍，即 $f = \dfrac{10\,000\,000}{t}$，$\Delta\varphi = \dfrac{360 \times 10 \times \Delta t}{t}$。然后定点取数值，在单片机完成的计算中，当 $t = T_{max} = T_{20\,kHz}$，$\Delta t \to T_{max}$ 时，数据位数 $\to 20$ 位，因此采用了多字节乘法，从而保证了数据能计算准确。

单片机数据运算控制电路的软件设计思路是，单片机不断地从 FPGA 读取信号的周期和 a、b 信号相位差所对应的时间差，读取数据后进行有关计算，并通过转换后，送出给显示模块，实现频率和相位差的显示。单片机主程序流程图如图 6 – 23 所示。

单片机在获取 FPGA 的数据时，开始的是一般的读取指令 MOV 指令，分别从单片机的 P0 口、P2 口、P1 口的低 3 位读入数据，组合为一个 19 位的二进制数据，通过控制口线 P1.3、P1.5 控制 FPGA 释放数据。经过多次测试，采用这种方式获得了比较好的效果。单片机读取 FPGA 数据的程序流程图如图 6 – 24 所示。

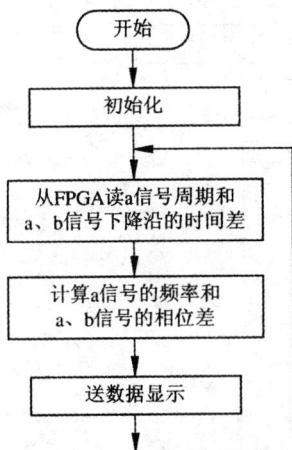

图 6 - 23　主程序流程图

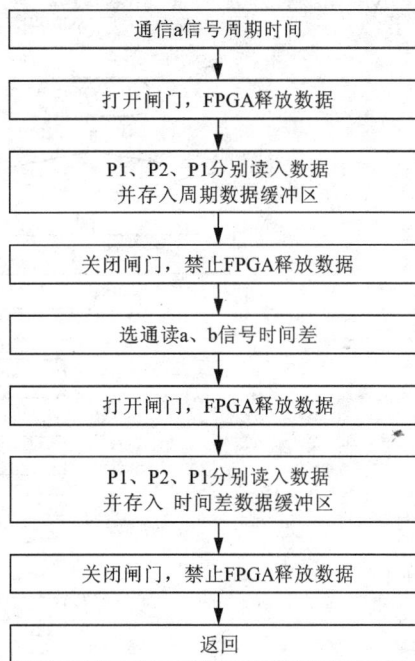

图 6 - 24　读 FPGA 数据程序流程图

单片机从 FPGA 读取信息后，对信息进行计算，算出信号 a 的频率，其流程图如图 6 – 25 所示。

由于 a、b 信号是两路频率相同、相位不同的正弦波信号，因此经过整形电路后形成频率相同、时间上不重合的两路信号，这样，FPGA 可以计数出两路信号的时间差，从而可以计算出 a、b 信号的相位差，其程序流程图如图 6 – 26 所示。

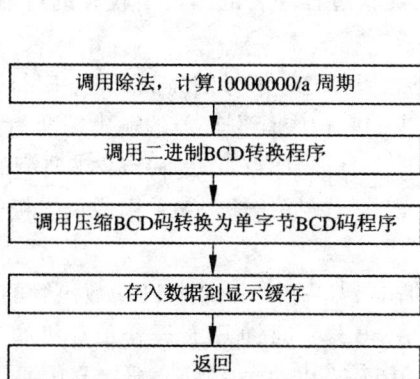

图 6 – 25　计算 a 的频率程序流程图

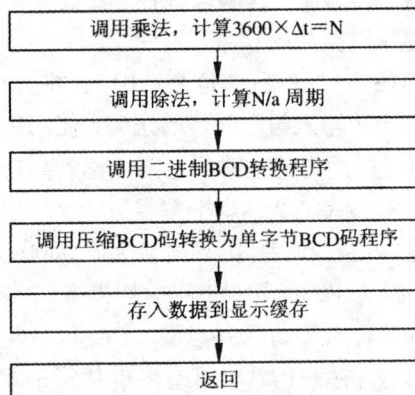

图 6 – 26　计算 a、b 相位差的程序流程图

最后单片机需要将信号送到输出端显示出来,即单片机通过显示子程序将信息送到显示电路显示出来,程序流程图如图 6 -27 所示。

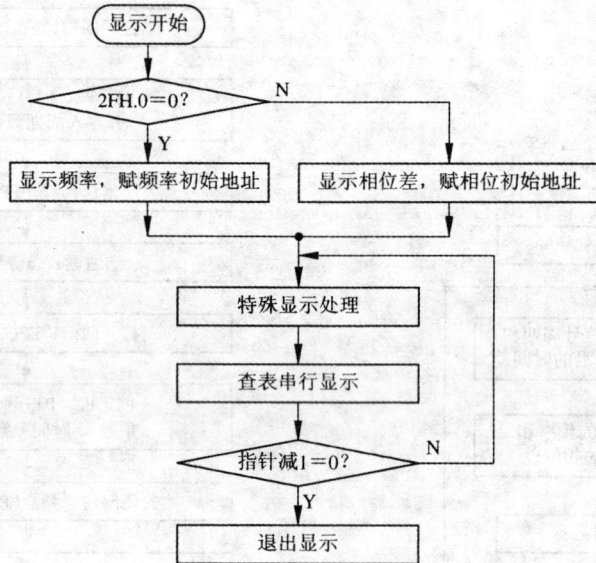

图 6 -27　显示程序流程图

6.2.6　数据显示电路设计

整个系统硬件电路中,单片机 MCU 与 FPGA 进行数据交换占用了 P0 口、P1 口和 P3 口,因此数据显示电路的设计采用静态显示的方式,显示电路由 8 个共阳极七段数码管和 8 片 1 位串入 8 位并出的 74LS164 芯片组成。这种显示方式不仅可以得到较为简单的硬件电路,而且可以得到稳定的数据输出;这种连接方式不仅占用单片机端口少,而且充分利用了单片机的资源,容易掌握其编码规律,简化了软件编程,在实验过程中,也体现出较高的可靠性。数据显示电路如图 6 -28 所示。

74LS164 是一种 8 位高速串入/并出的移位寄存器,随着时钟信号的高低变化,串行数据通过一个 2 输入与门同步的送入,使用独立于时钟的主控复位端让寄存器的输出端变为低电平,并且采用肖特基钳位电路以达到高速运行的目的。并且还具有以下的特点:①典型的 35 MHz 移位频率;②异步主控复位;③门控串行输入;④同步数据传输;⑤采用钳位二极管限制高速的终端;⑥静电放电值大于 3500 V。

在本系统中,74LS164 的连接方式为:74LS164 的输出 $Q_0 \sim Q_7$ 分别接 LED 数码管的 dp、g、f、e、d、c、b、a,并且 Q_7 连接下一个 74LS164 的 A、B 端,时钟 CLK 连接单片机的 TXD 端,第一片芯片的 AB 端连接单片机的 RXD 端,74LS164 芯片的主控复位端接高电平 V_{CC}。在这种状态下,数码管的编码如表 6 -1 所示。

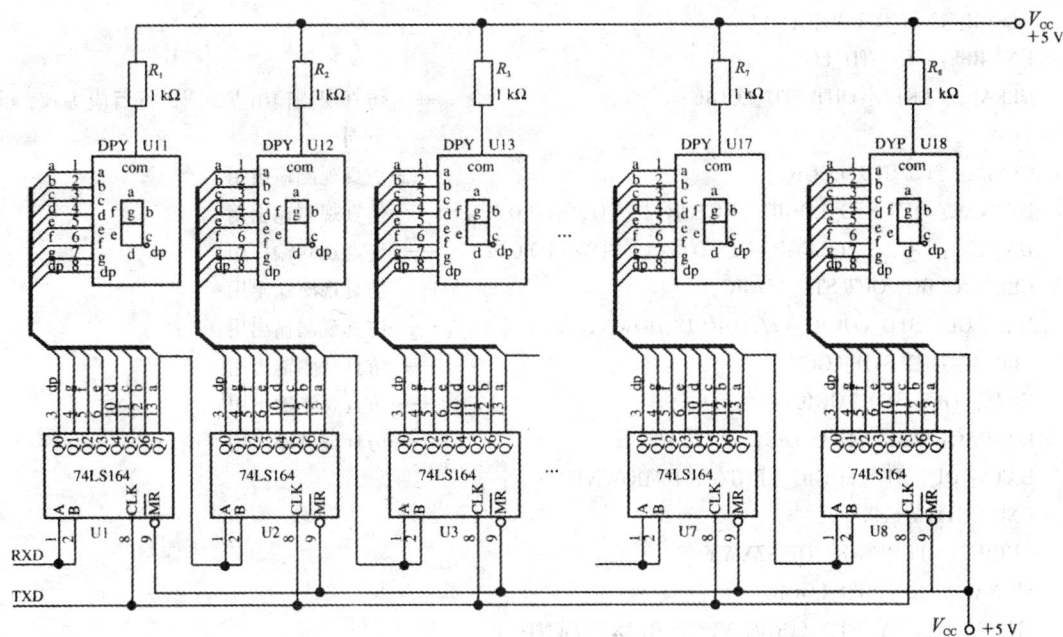

图 6-28 数据显示电路

表 6-1 数码管的编码表

显示数码	段码	显示数码	段码
0	88H	8	08H
1	0EBH	9	09H
2	4CH	A	0AH
3	49H	B	38H
4	2BH	C	9CH
5	19H	D	68H
6	18H	E	1CH
7	0CBH	F	1EH

6.2.7 FPGA 的 VHDL 源程序

——SZXWY. VHD

LIBRARY IEEE：

USE IEEE. STD_LOGIC_1164. ALL；

USE IEEE. STD_LOGIC_UNSIGNED. ALL；

ENTITY SZXWY IS

PORT(CLK：IN STD_LOGIC；

CLKAA：IN STD_LOGIC；

```
CLKBB: IN STD_LOGIC;
EN, RSEL: IN STD_LOGIC;
CLKAC, CLKBC: OUT STD_LOGIC;                          ——仿真观测输出点，调试好后应去掉，以
                                                         下同
CLKFC: OUT STD_LOGIC;                                ——仿真观测输出用
DATAAC: OUT STD_LOGIC_VECTOR(18 DOWNTO 0);           ——仿真观测输出用
DATABC: OUT STD_LOGIC_VECTOR(18 DOWNTO 0);           ——仿真观测输出用
CLAC, CLBC: OUT STD_LOGIC;                           ——仿真观测输出用
DAC: OUT STD_LOGIC_VECTOR(18 DOWNTO 0);              ——仿真观测输出用
CLRAC: OUT STD_LOGIC;                                ——仿真观测输出用
ENAC: OUT STD_LOGIC;                                 ——仿真观测输出用
LOADAC: OUT STD_LOGIC;                               ——仿真观测输出用
DATA: OUT STD_LOGIC_VECTOR(18 DOWNTO 0));
END ENTITY SZXWY;
ARCHITECTURE ART OF SZXWY IS
SIGNAL CLKF: STD_LOGIC;
SIGNAL DATAA: STD_LOGIC_VECTOR(18 DOWNTO 0);
SIGNAL DATAB: STD_LOGIC_VECTOR(18 DOWNTO 0);
SIGNAL CLB: STD_LOGIC;
SIGNAL DA: STD_LOGIC_VECTOR(18 DOWNTO 0);
SIGNAL CLRA: STD_LOGIC;
SIGNAL ENA: STD_LOGIC;
SIGNAL LOADA: STD_LOGIC;
BEGIN
FPQ: BLOCK IS
BEGIN
PROCESS(CLK) IS
VARIABLE TEMP: INTEGER RANGE 0 TO 4;
VARIABLE CL: STD_LOGIC;
BEGIN
IF RISING_EDGE(CLK) THEN
IF TEMP = 3 THEN
TEMP
                                                     ——信号分频模块
ELSE
TEMP: = TEMP + 1;
CL: = '0';
END IF;
END IF;
CLKF < = CL;
CLKFC < = CLKF;                                      ——仿真观测输出用
END PROCESS
END BLOCK FPQ;
```

——控制信号产生模块

```
KZXH: BLOCK IS
SIGNAL CLKA, CLKB: STD LOGIC
SIGNAL CLA: STD_LOGIC;
BEGIN
CLKA < = NOT CLKAA;
CLKB < = NOT CLKBB;
CLKAC < = CLKA;                          ——仿真观测输出用
CLKBC < = CLKB;                          ——仿真观测输出用
PROCESS(CLKA) IS
BEGIN
IF RISING_EDGE(CLKA) THEN
CLA < = NOT CLA;
END IF
ENA < = CLA;
LOADA < = NOT CLA;
CLAC < = CLA;                            ——仿真观测输出用
ENAC < = ENA;                            ——仿真观测输出用
LOADAC < = LOADA;                        ——仿真观测输出用
END PROCESS
PROCESS(CLKB) IS
BEGIN
IF RISING_EDGE(CLKB) THEN
CLB < = NOT CLB
END IF;
CLBC  < = CLB:                           ——仿真观测输出用
END PROCESS:
PROCESS(CLKA, CLA) IS
BEGIN
IF CLKA = '0' AND CLA = '0' THEN
CLRA < = '1';
ELSE
CLRA < = '0';
END IF;
CLRAC < = CLRA;                          ——仿真观测输出用
END PROCESS
END BLOCK KZXH;
——时间检测模块
SJJC: BLOCK IS
BEGIN
PROCESS(ENA, CLRA, CLKF) IS
BEGIN
IF CLRA = '1' THEN
```

```
DA < = "0000000000000000000"
ELSIF RISING_EDGE(CLKF) THEN
IF ENA = '1' THEN
DA < = DA + '1';
END IF;
END IF;
DAC < = DA;                                    ——仿真观测输出用
END PROCESS;
END BLOCK SJJC;
SJSC: BLOCK IS
BEGIN
PROCESS(CLB) IS                                ——时间差数据进程
BEGIN
IF CLB'EVENT AND CLB = '0' THEN
DATAB < = DA;
END IF;
DATABC < = DATAB;                              ——仿真观测输出用
END PROCESS;
PROCESS(LOADA) IS                              ——提取周期数据进程
BEGIN
IF RISING_EDGE(LOADA) THEN
DATAA < = DA;
END IF;
DATAAC < = DATAA;                             ——仿真观测输出用
END PROCESS;
END BLOCK SJSC;
——输出选择模块
SCXZ: BLOCK IS
BEGIN
PROCESS(EN, RSEL) IS
BEGIN
IF EN = '1' THEN
CASE RSEL IS
WHEN '0' = > DATA < = DATAA;
WHEN '1' = > DATA < = DATAB;
WHEN OTHERS = > NULL;
END CASE;
END IF;
END PROCESS;
END BLOCK SCXZ;
END ARCHITECTURE ART;
```

6.2.8　设计技巧分析

（1）在系统的整体设计方面，考虑到 FPGA/CPLD 具有集成度高，I/O 资源丰富，稳定可靠，可现场在线编程等优点，而单片机具有很好的人机接口和运算控制功能。本系统利用 FP-GA/CPLD 和单片机相结合，构成整个系统的测控主体，其中 FPGA/CPLD 主要负责数据采集，而单片机则负责读取 FPGA/CPLD 采集到的数据进行有关计算处理，以及键盘和显示的控制。整个系统发挥了 CPLD/FPGA 各自的优势，具有高速而可靠的测控能力，具有比较强的数据处理能力，键盘输入及显示控制比较灵活，系统可扩展性能比较好，整个系统性能价格比比较好。

（2）由于 FPGA 对脉冲信号比较敏感，而被测信号是周期相同、相位不同的两路正弦波信号，为了准确地测出两路正弦波信号的相位差及其频率，我们对输入波形在送入 FPGA 进行处理前先设置了一个具有正反馈功能的、由施密特触发器组成的整形电路进行整形，使正弦波变成方波信号，提高了系统的抗干扰能力。

（3）FPGA 数据采集电路测量正弦波信号频率的原理是：在正弦波信号整形后得到方波信号的一个周期内对周期为 T_c 秒的数据采样信号进行计数，其计数结果乘以 $1/T_c$，就是被测正弦波信号的频率，单位为 Hz。测量正弦波信号周期以及测量两个同频正弦波信号的相位差，其测量原理与测量正弦波信号周期的原理相似。

根据上述原理进行测量时，在中、低频段的误差会有一定的误差，并且频率越低，误差越大。为了实现中低频测量精度的要求，我们采用了 10 MHz 的信号来循环计数被测信号的周期和两个同频正弦波信号的相位差所对应的时间差值，时间单位为 0.1 μs，也就是说计数周期和相位差所对应的时间差值的精度是 0.1 μs。利用被测信号来刷新采样计数，在 20 Hz 时，刷新频率可以精确到 10 Hz，20 kHz 时达到 10 kHz，可以实现高频多测量，低频少测量的效果，时间计数精确可靠，为后面单片机的数据处理提供了稳定、可靠的数据源。

（4）在本系统的设计中，FPGA 在 10 MHz 数据采集信号作用下对待测信号周期计数，并对两个同频正弦信号的相位差所对应的时间差进行计数，分别得到 19 位数字量，19 位数字量的物理单位是 0.1 μs。单片机从 FPGA 分别读取表示频率和相位差的 19 位数字量，并将这些数字量进行计算，然后分别得到待测信号的频率和相位差。

（5）单片机数据运算控制电路的软件设计思路是，单片机不断地从 FPGA 读取信号的周期和 a、b 信号相位差所对应的时间差，读取数据后进行有关计算，并通过转换后，送出给显示模块实现频率和相位差的显示。

（6）整个系统硬件电路中，单片机 MCU 与 FPGA 进行数据交换占用了 P0 口、P1 口和 P3 口，因此我们数据显示电路的设计采用静态显示的方式，显示电路由 8 个共阳极七段数码管和 8 片 1 位串入 8 位并出的 74LS164 芯片组成。这种显示方式不仅可以得到较为简单的硬件电路，而且可以得到稳定的数据输出。这种连接方式不仅占用单片机端口少，而且充分利用了单片机的资源，容易掌握其编码规律，简化了软件编程，在实验过程中，也体现出较高的可靠性。

6.3 电压控制 *LC* 振荡器的设计

6.3.1 系统设计要求

设计并制作一个电压控制 *LC* 振荡器，具体要求：
(1)振荡器输出无明显失真的正弦波；
(2)输出频率范围：15 ~ 35 MHz；
(3)输出频率稳定度：优于 0.001；
(4)输出电压峰 – 峰值：1 V ± 0.1 V；
(5)可实现输出频率步进及显示，步进间隔为 100 kHz；
(6)实时测量并显示振荡器的输出频率。

6.3.2 系统设计整体方案

根据系统的设计要求，本系统可分为两大部分：电压控制 *LC* 振荡源电路和压控 *LC* 振荡源的测控和显示电路。其中电压控制 *LC* 振荡源电路部分综合考虑各方面的因素，本系统拟用变容二极管构成频率可调的 *LC* 振荡器，而变容二极管的电压则由锁相环频率合成器 MC145152 进行控制。压控 *LC* 振荡源的测控和显示电路部分考虑到单片机具有很好的人机接口和运算控制功能，而 FPGAJCPLD 具有集成度高、I/O 资源丰富、稳定可靠、可现场在线编程等优点。本系统拟用 FPGA/CPLD 和单片机相结合，构成整个系统的测控主体，其中 FPGA/CPLD 主要负责测频及对 MC145152 的直接控制，而单片机 AT89C51 则负责键盘处理、各工作状态的串行显示，以及配合 FPGA 测控和频率的预置。整个系统的整体原理框图如图 6 – 29所示。

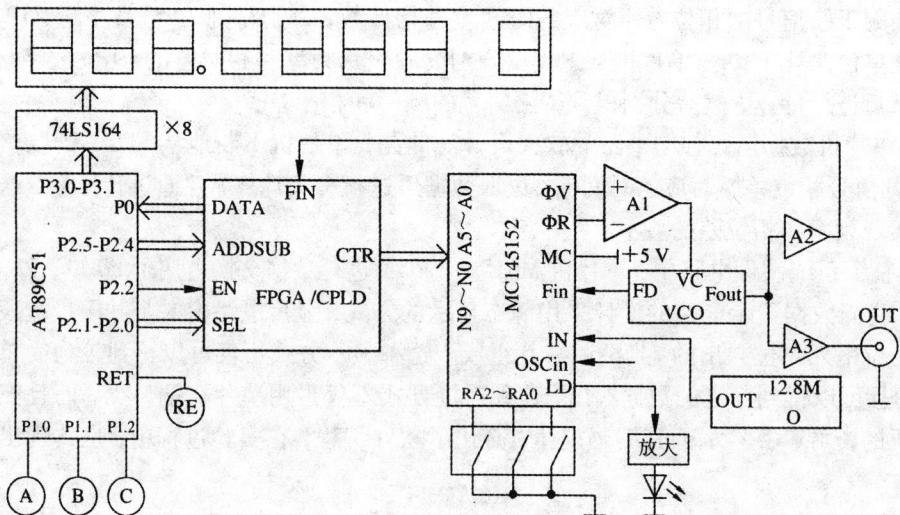

图 6 – 29 系统整体原理框图

6.3.3 电压控制 *LC* 振荡器设计

电压控制 *LC* 振荡器主要包括4个部分：压控 *LC* 振荡器电路、MC145152 锁相环电路、精度达 10^{-5} 的温补晶体基准频率发生电路、LM258 组成的电压比较器电路。其电路原理图如图 6-30 所示。

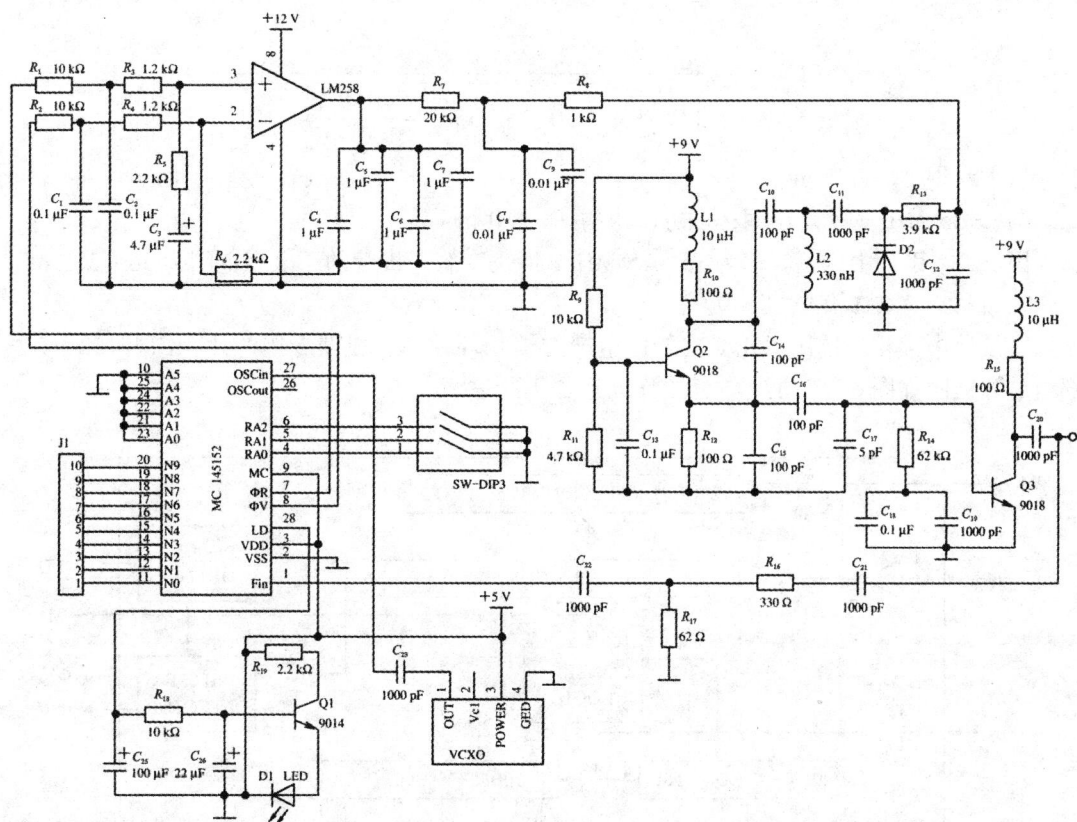

图 6-30 电压控制 *LC* 振荡器的电路原理图

1. 压控 *LC* 振荡器电路(VCO)

压控 *LC* 振荡器电路(VCO)由分立元件 *L*、*C* 组成。由于变容二极管的结电容随反向偏压增加而减少，因此若电路中的电容选用变容二极管作反向运用并加上控制电压，就可改变由 *LC* 决定的振荡器的频率。若电感的值一定，则可调频率的范围由变容二极管的容量变化范围决定。设不加电压 U_C 时振荡器的输出频率为 f_0，频率可变范围是 Δf，变容二极管的变容范围是 ΔC，电路固有电容为 C，则满足公式 $\Delta f/f_0 = -1/2(\Delta C/C)$。要满足 15～35 MHz 的变频范围，*L* 取 330 nH，则变容二极管在 2～10 V 的容量范围应为 30～380 pF。

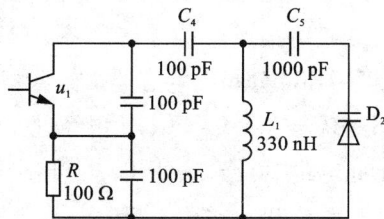

图 6-31 等效的 *LC* 振荡回路

本设计中变容二极管调频电路如图 6 – 30 所示，图中 L_1 是振荡器的振荡线圈，等效的 LC 振荡回路如图 6 – 31 所示。具体计算过程如下。

根据图 6 – 31 可得振荡回路中的等效电容为

$$C = 33.3 + \frac{100 \times C_d}{100 + C_d} (C_d \text{ 为变容二极管的节电容})$$

当 $f = 15$ MHz 时，由 $f = \frac{1}{\pi \sqrt{L_1 C}}$ 可得

$$15 \times 10^6 = \frac{1}{2 \times 3.14 \sqrt{330 \times 10^{-9} \times (33.3 + \frac{100 C_d}{100 + C_d} \times 10^{-12})}}$$

解方程得 $C_d \approx 375$ pF。

当 $f = 35$ MHz 时，可用同样的方法求得 $C_d \approx 30$ pF。

因此，本设计中振荡频率为 15 ~ 35 MHz，所需变容二极管的结电容范围为 30 ~ 375 pF。

2. 锁相环及其工作原理

本设计中锁相环选用摩托罗拉公司生产的锁相环频率合成器专用芯片 MC145152，其内部组成方框图如图 6 – 32 所示，其工作原理如下所述。

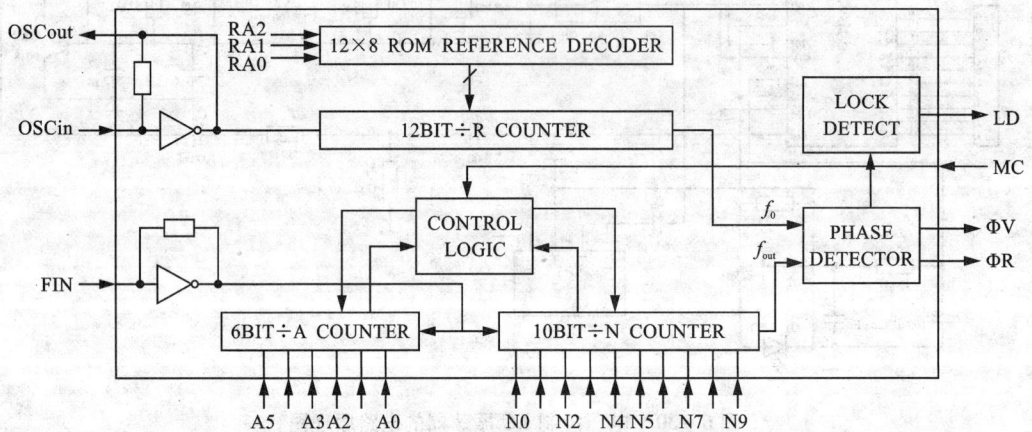

图 6 – 32　MC145152 内部组成方框图

参考晶振产生的参考频率（12.8 MHz）输入 OSCin，再经过内部 R 分频器（12BIT ÷ RCOUNTER）分频产生信号 f_0 给鉴相器（PHASE DETECTOR）作为基准频率。而 VCO 的检测频率经耦合输入 f_{in}（FIN），再经过一个反相器输入双模分频器，经过 $N_{total} = NP + A$（$P = f_d / f_{in}$，由于此电路中 $f_d = f_{in}$，所以 $P = 1$）分频后输出频率 f_u。f_u 送到鉴相器（PHASE DETECTOR）与基准频率 f_n 进行比较，当 f_{out} 与标准频率存在误差时，鉴相器就会输出一处理信号 ϕR、ϕV，这个信号经过衰减滤波后送给电压比较器 LM258。LM258 将产生一个误差纠正电压作为压控振荡器的 U_C，从而改变 VCO 内变容二极管的电容值，继而改变 VCO 的频率，直到鉴相器的两路输入信号频率相等时，比较器才呈高阻态。此时环路处于锁定（LOCK）状态，直到 N 发生变化，进入下一个频率锁定状态。如果频率超过 VCO 的变化范围时，锁相环路失锁，

LED 指示灯亮。当设定再次进入那个范围时，系统又自动进入锁定状态。

图 6 - 32 中，R 分频器的分频系数由 RA2 ~ RA0 接高低电平（二进制编码）决定，设置不同的 R 值可实现不同频率的步进（STEPS），其对应关系如表 6 - 2 所示。N 计数器（N）的系数由 N_9 ~ N_0 确定，用二进制表示，比如 N_9 ~ N_0 为 0101010110，则 $N = 342$。同样，A 计数器的系数由 A_5 ~ A_0 确定，比如 A_5 ~ A_0 为 100101 时，$A = 37$。此时，$N_{total} = NP + A = 379$。

表 6 - 2　MC145152 中 R 值的设置及步进对应表

参考地位			总分区值	步进
RA2	RA1	RA0		
0	0	0	8	1.6 MHz
0	0	1	64	200 kHz
0	1	0	128	100 kHz
0	1	1	256	50 kHz
1	0	0	512	25 kHz
1	0	1	1024	12.5 kHz
1	1	0	1160	11.03 kHz
1	1	1	2048	6.5 kHz

3. 锁相环 MC145152 的控制

根据本系统的设计要求，步进频率要求设置为 100 kHz，因此要求 R 分频器采用 128 分频，即将 RA0、RA1、RA2 分别设置为 0、1、0。在本设计中，因为 f_d 直接输入 f_{in}，而且步进是 100 kHz，所以分频系数不会出现小数，故可将 A_5 ~ A_0 直接置 0。因此，要控制 MC145152，只需控制 MC145152 的 N_0 ~ N_9 即可。这时，还应将双模分频器的逻辑控制（CONTROL LOGIC）端 MC 设置为 1。

6.3.4　FPGA 测控专用芯片的 VHDL 程序设计

根据系统的整体设计方案，FPGA 测控专用芯片的输入信号有：FIN——被测频率信号输入端；CLK——200 Hz 基准信号输入端；EN——ADDSUB 的控制信号端口，在 EN 的上升沿，ADDSUB 可加载到 FPGA；ADDSUB[1..0]——对 MC145152 的控制输入，当其为"00"时，将发射频率设定在 25 MHz，当其为"01"时，每按一次升频键，发射频率以 100 kHz 增加，当其为"10"时，每按一次降频键，发射频率以 100 kHz 降低，当其为"11"时，对 FPGA 不起作用；SEL[1..0]——输出选择，当其分别为"00"、"01"、"10"、"11"时，输出为频率计数器的第 0 ~ 7 位、第 8 ~ 15 位、第 16 ~ 23 位、第 16 ~ 23 位。输出信号有：CTR[9..0]——MC 145 1 52 控制信号输出口；DATA[7..0]——FPGA 到单片机的数据输出口，与单片机的 P0 口相连，由 SEL[1..0]控制输出的内容。其应实现的功能就是负责控制 MC145152 和实时测量压控振荡器输出信号的频率。

根据系统应实现的功能要求，FPGA 测控专用芯片可分为两个相对独立的模块，一个模块负责控制 MC145152，一个模块负责实时测量压控振荡器输出信号的频率。

压控振荡器输出信号频率的实时测量可按如下原理设计：系统上电时，FPGA 输出 250（二进制代码）至 MCl45152，该数值为振荡器频率的基值；当接收到单片机的升频步进信号后，内部信号"CONTROL"加 1，送给 MC145152；同理，收到降频步进信号后，内部信号"CONTROL"减 1，送给 MC145152，这样就完成了对振荡器锁定频率的调节。而压控振荡器输出信号频率的实时测量可按如下原理设计：由于本系统所测频率范围集中在高频，因此可利用测定单位时间内信号周期性重复的次数来测定频率，并且即便测的时间较短，测试精度仍然较高。在实际设计时，可将 200 Hz 的基准信号分频成 50 Hz，每个周期测频一次，到 50 Hz 频率与 200 Hz 频率同时是负脉冲的时候清零，其余时间计数，但只将正脉冲期间的计数值锁存，保证先锁存数据，再清零，定时时间为 0.01 s。单片机读出送出显示时，做了相应的小数点处理，如单片机读到的数为"123456"，则显示成"1 23456"，单位即为 M。

根据以上设计思想，FPGA 测控专用芯片可设计成五个模块，它们分别是：锁相环 MC145152 控制模块 SXHKZ、测控信号发生模块 CKXH、频率测量模块 PLCS、数据锁存模块 SJSC 和输出选择模块 SCXZ，整个系统组成框图如图 6－33 所示。其中测控信号发生模块 CKXH 的作用是：将输入的 200 Hz 频率分频成两种互为反相的、频率为 50 Hz 的测控信号 CLKIN 和 LOAD；频率测量模块 PLCS 的作用是：在设定时间里，进行频率的计数和清零；数据锁存模块 SJSC 的作用是：在 LOAD 的上升沿将频率的计数数值输出锁存，在 CLKIN 的第 50 个上升沿时将待显示的数值输出锁存，亦即测试的频率数据刷新频率为 50 Hz，刷新时间为 0.02 s，显示的数据刷新频率为 2 Hz，刷新时间为 0.5 s。

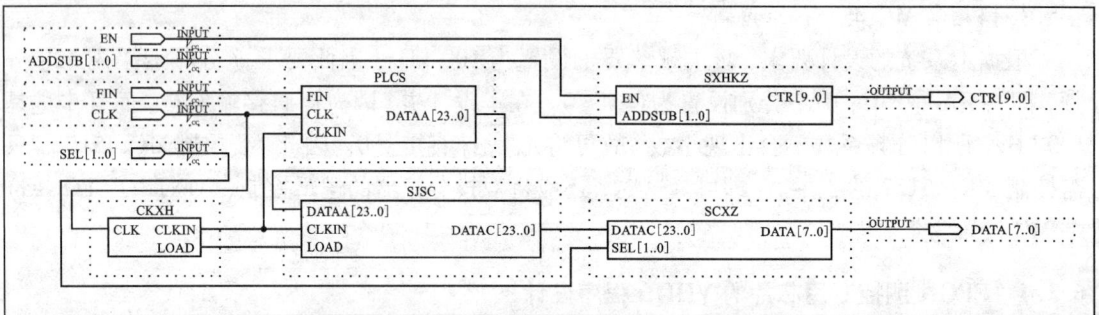

图 6－33　FPGA 测控专用芯片组成框图

因为每 0.02 s 数值就刷新一次，显示时刷新较快，人眼不易观察，所以将计数值隔 500 ms 锁存一次，再送出去，由单片机读出显示。

6.3.5　FPGA 的 VHDL 源程序

——YKZTQ. VHD

LIBRARY IEEE;

USE IEEE. STD_LOGIC_1164. ALL;

USE IEEE. STD_LOGIC_UNSIGNED. ALL;

ENTITY YKZTQ IS

```
PORT(FIN: IN STD_LOGIC;                              ——被测频率信号输入端
     CLK: IN STD_LOGIC;                              ——200 Hz 基准信号输入端
     EN: IN STD LOGIC;                               ——ADDSUB 的控制信号
     ADDSUB: IN STD_LOGIC_VECTOR(1 DOWNTO 0);        ——修改对 MC145152 的控制
     SEL: IN STD_LOGIC_VECTOR(I DOWNTO 0);           ——输出数据段选择信号
     CTR: OUT STD_LOGIC_VECTOR(9 DOWNTO 0);          ——MC145152 控制信号
     DATA: OUT STD_LOGIC_VECTOR(7 DOWNTO 0));        ——输出至单片机
END ENTITY YKZTQ;
ARCHITECTURE ART OF YKZTQ IS
SIGNAL DATAA: STD_LOGIC_VECTOR(23 DOWNTO 0);         ——信号计数
SIGNAL DATAC: STD_LOGIC_VECTOR(2 DOWNTO 0);          ——锁存频率计数值
SIGNAL CLKIN: STD_LOGIC;                             ——50 Hz 频率
SIGNAL CONTROL: STD_LOGIC_VECTOR(9 DOWNTO 0);        ——MC145 控制信号
SIGNAL LOAD: STD_LOGIC;                              ——数据锁存使能
BEGIN
——MC145152 控制模块
SXHKZ: BLOCK IS
BEGIN
PROCESS(EN, ADDSUB) IS
BEGIN
IF EN'EVENT AND EN = 'I' THEN
IF ADDSUB = "00" THEN
CONTROL < = "0011111010";
ELSIF ADDSUB = "01" THEN
CONTROL < = CONTROL + '1';
ELSIF ADDSUB = "10" THEN
CONTROL < = CONTROL – '1';
END IF;
END IF;
CTR < = CONTROL;
END PROCESS;
END BLOCK SXHKZ;
CKXH: BLOCK IS
BEGIN
PROCESS(CLK) IS
VARIABLE COUNT: STD_LOGIC;
BEGIN
IF CLK'EVENT AND CLK = '1' THEN
IF COUNT = '1' THEN
COUNT: = '0';
CLKIN < = NOT CLKIN;
ELSE
COUNT: = NOT COUNT;
```

```
END IF;
END IF;
LOAD < = NOT CLKIN;
END PROCESS;
END BLOCK CKXH;
PLCS: BLOCK IS
SIGNAL CLR: STD_LOGIC;                              ——频率计数清零信号
BEGIN
PROCESS(CLK, CLKIN) IS
BEGIN
IF CLK = '0' AND CLKIN = '0' THEN
CLR < = '1';
ELSE
CLR < = '0';
END IF;
END PROCESS;
PROCESS(FIN, CLR) IS
BEGIN
IF CLR = '1' THEN
DATAA < = "0000000000000000000"
ELSIF FIN'EVENT AND FIN = '1' THEN
DATAA < = DATAA + 1';
END IF;
END PROCESS;
END BLOCK PLCS;
SJSC: BLOCK IS
SIGNAL DATAB: STD_LOGIC_VECTOR(23 DOWNTO 0);
BEGIN
PROCESS(LOAD) IS                                   ——计数值锁存
BEGIN
IF LOAD'EVENT AND LOAD = '1' THEN
DATAB < = DATAA;
END IF;
END PROCESS;
PROCESS(CLKIN) IS                                  ——送显示数据的锁存
VARIABLE A: STD_LOGIC_VECTOR(5 DOWNTO 0);
BEGIN
IF CLKIN'EVENT AND CLKIN = '1' THEN
IF A = "000011" THEN
IF A = "110001" THEN
A: = "000000";
DATAC < = DATAB;
ELSE
```

A：= A + '1'；
END IF；
END IF；
END PROCESS；
END BLOCK SJSC；
——输出选择模块
SCXZ：BLOCK IS
BEGIN
DATA < = DATAC(7 DOWNTO 0) WHEN SEL = "00"
ELSE DATAC(15 DOWNTO 8) WHEN SEL = "01"
ELSE DATAC(23 DOWNTO 16) WHEN SEL = "10"
ELSE DATAC(23 DOWNTO 16)；
END BLOCK SCXZ；
END ARCHITECTURE ART；

6.3.6　设计技巧分析

(1)在系统整体设计方面,充分利用单片机和 FPGA/CPLD 各自的优势,将测控的主体——频测及锁相环的控制分配给 FPGA/CPLD,既可满足频测对速度方面的要求,又可满足对锁相环控制需多 I/O 口的要求,同时利用单片机具有良好的人机接口和控制运算的功能,可以较简单地实现键盘和显示控制。

(2)在电压控制 LC 振荡源的设计中,根据前面的计算,要达到15 ~ 35 MHz 共 20 MHz 的频率可调范围,变容二极管在 2 ~ 10 V 的电压范围内的电容值变化要达到30 ~ 380 pF,但这么大变容范围的变容二极管几乎没有,因此我们可分为两个频率段进行设计,这样既可克服器件的限制,又容易满足设计要求。振荡器在不同频率段的工作通过转换开关实现。

(3)在频率测量方面,由于本设计所测频率属于高频范围,因此只采用了传统的测频方法而没有采用等精度的测频方法,这样既实现了测频的精度要求,又大大地简化了测频模块的设计。

(4)对锁相环 MC145152 的控制,既可用单片机实现,又可用 FPGA 实现,但用单片机控制需要两组 I/O 口(运算时要用到两个字节),这将会占用大量的 I/O 资源,而用 FPGA 实现则只需要 1 个 I/O 口(FPGA 可以采用 10 位位宽来运算),并且 FPGA 有丰富的 I/O 口,同时采用 FPGA 控制锁相环,算法上也比单片机简单,所以采用 FPGA 来控制 MC145152。在锁相环的具体控制设计方面,关于 N 分频器和 A 分频器的分频系数 N、A 的确定,理论上 NTOTAL $= NP + A = F/R$,设计时没有简单套用的理论计算公式,而是经过分析后找出其规律：$N = N - 1$,$R = R + 1$,将复杂的除法运算转化为简单的加减 1 操作,从而大大地简化了对锁相环的控制。

(5)在显示方面,首先采用串行显示和分屏显示,简化了显示数码管的数量和驱动电路的设计。其次是通过显示模式的切换,满足了系统工作在不同状态时,数码管的显示方式不一样的要求。测频时为"×××.××××B"8 位显示,小数点为定点显示,单位为"M",第 8 位显示"B"为工作状态显示标志,预置频率时(不论是上调或下调)都为"××.×"显示方式,单位为"M",小数点也是定点显示,这样显示时就涉及到小数点位置切换及显示位数切换的处理，还有测频时只显示到最高位有效值，其余为熄灭解决方法：当按键时分别处理各按键的或各工作状态的标志位，在显示时可根据标志位进行参数的分别处理以达目的。这种方法相当灵活且有技巧，效率也高，从显示流程图和键处理流程图中也可以看出。

（6）FPGA 采集数据的锁存问题。我们设想的是先将采集到的数据锁存，然后清零，所以清零应该要比锁存滞后，如果将程序设定在 50 Hz 频率的下降沿锁存，负脉宽清零，将存在不可确定的因素。如果我们在 50 Hz 频率的下降沿锁存，但是不马上清零，而是等到 200 Hz 频率也是低电平时才清零（如图 6 – 34 所示），这样就能保证先锁存数据再清零。

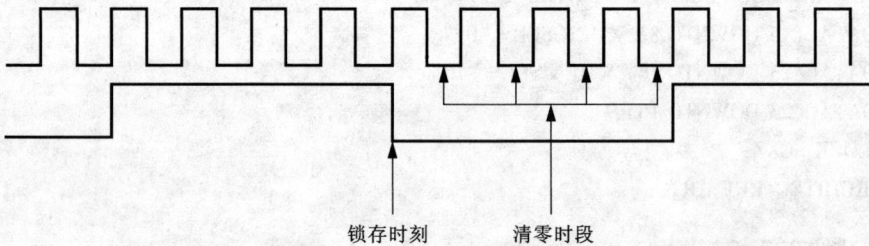

锁存时刻　　　清零时段

图 6 – 34　采集数据的锁存示意图

（7）单片机与 FPGA 的数据交换问题。由实际调试得知，FPGA 与单片机进行数据交换时，能否成功关键在于 FPGA 端口处理以及单片机发送控制信号的时序应满足 FPGA 的要求，而且它们之间数据交换端口为单向性比双向性更可靠。所以在解决单片机与 FPGA 数据交换问题时我们采用了 P0 口为 FPGA→单片机的单向数据交换口，而且绕开单片机 ALE 等为控制数据传送和接收的信号，而采用单片机 P2 口的各输出位进行操作，这样既方便对单片机外围芯片的访问，又方便数据的处理。

附　录

附录1　阻容感元件性能参数

一、电阻元件

电阻器(简称电阻)是一种标准元件,有国家标准的各种精度的系列产品。选用电阻应注意如下几个方面:确定电阻器的型号;确定电阻器的阻值准确度;额定功率;对于要求严格的电路,还必须考虑电阻的稳定性和可靠性。

电阻的类型品种较多,结构性能各异,为了在使用中便于选择,对各种电阻要进行命名。电位器的性能特点与同材料的固定电阻类似,唯一区别是电位器有可动触点。电阻器、电位器型号命名见附表1-1。

附表1-1　电阻器及电位器型号命名法

第一部分		第二部分		第三部分		第四部分
用字母表示主称		用字母表示材料		用数字或字母表示分类		用数字表示序号
符号	意义	符号	意义	符号	意义	
R	电阻器	T	碳膜	1	普通	
W	电位器	P	硼碳膜	2	普通	
		U	硅碳膜	3	超高频	
		H	合成膜	4	高阻	
		I	玻璃釉膜	5	高温	
		J	金属膜	7	精密	
		Y	氧化膜	8	高压或特殊函数	
		S	有机实芯	9	特殊	
		N	无机实芯	G	高功率	
		X	绕线	T	可调	
		R	热敏	X	小型	
		G	光敏	L	测量用	
		M	压敏	W	微调	
				D	多圈	

二、电容元件

根据电子电路对电容器的要求，选用电容器应注意如下几方面：电容器的容量和准确度；对元件尺寸的要求；对工作可靠性的要求；电路对元件性能的要求。

电容器型号命名见附表 1-2。

附表 1-2　电容器型号命名

第一部分		第二部分				第三部分				
主称		材料				分类				
符号	意义	符号	意义	符号	意义	数字	意义			
							瓷介	云母	有机	电解
C	电容器	C	高频瓷	Q	漆膜					
		T	低频瓷	H	复合介质	1	圆片	非密封	非密封	泊式
		I	玻璃釉	D	电解质	2	管形	非密封	非密封	泊式
		O	玻璃膜	A	钽电解质	3	叠片	密封	密封	烧结粉液体
		Y	云母	N	银电解质					
		V	云母纸	G	合金电解质	4	独石	密封	密封	烧结粉固体
		Z	纸介	L	涤纶等有极性有机薄膜	5	穿心		穿心	
		J	金属化纸							
		B	聚苯乙烯等非极性有机薄膜	LS	聚碳酸酯极性有机薄膜	6	支柱			
						7				无极性
		BF	聚四氟乙烯非极性有机薄膜	E	其他材料电解质	8	高压	高压	高压	高压
						9			特殊	特殊

注意：第四部分表中未列出，一般用 G 表示高功率，W 表示微调。

三、中频变压器

附表 1-3　中频变压器性能参数

型号	频率/MHz	线圈匝数			线径/mm	电感量/μH±10%	Q 值	谐振电容/pF
		6~4	3~2	2~1				
TP304	10.7	7	14	14	φ0.1	11.8	>30	15
TP306		2	4	4	φ0.1	4	>35	51
TS22-9	6.5	1	6	7	φ0.08	11	>50	51
TS22-16		3	6	5	φ0.08	11.5	>50	47

磁性材料：NXO-40，螺纹磁芯调节式，具有金属屏蔽罩。先绕次级，后绕初级。

四、阻容元件的标志方法

1. 直标法

在电阻的表面用数字、单位、符号和百分数直接标示，例如 5kΩ ±10%，若没有标误差等级，则表示误差为 20%；又如 RTX – 0.25W – 47k – ±10%，表示小型碳膜电阻，额定功率 0.25W，阻值 47kΩ，允许偏差 ±10%。把电容器的型号规格用阿拉伯数字和单位符号直接标示，如 CY – 2 – D – 500 – 510 ±10% 为云母电容，温度系数 D 组，工作电压 500V，容量 510pF，允许偏差 ±10%；当电容器容量较小时，如 3.3μF、3300μF 及 1pF ~ 10000 pF 的电容量，用不带小数点的数值表示，3300μF 可表示为 3300；超过 10000 pF 的电容量用小数点表示，如常把 33000pF 标成 0.033 或 .033，单位是 μF。

2. 文字符号法

用数字、单位、符号和百分数按一定规律组合表示，如 5Ω1 表示 5.1Ω，6M8 表示 6.8MΩ。偏差用字母表示。（见附表 1 – 4）。

附表 1 – 4　字母表示的偏差

字母	D	F	G	J	K	M	N	P	S	Z
偏差/%	±0.5	±1	±2	±5	±10	±20	±30	+1000	+50 −20	+80 −20

3. 色标法

色标法是用颜色来表示电阻值或电容值及允许误差，对于体积很小的电阻器，用不同的颜色代表不同的数值，色环标志如附表 1 – 5。

附表 1 – 5　色环标志

	黑	棕	红	橙	黄	绿	蓝	紫	灰	白	金	银	无色
有效数字	0	1	2	3	4	5	6	7	8	9	10	—	
倍率	10^0	10^1	10^2	10^3	10^4	10^5	10^6	10^7	10^8	10^9	10^{-1}	10^{-2}	
允许偏差/%	—	±1	±2			±0.5	±0.2	±0.1	—	±50 −20	±5	±10	±20

一般有四道色环，如电阻的 4 个色环依次为黄、紫、金、金——表示 4.7Ω ±5%；蓝、灰、绿、银——表示 6.8MΩ ±10%。若电阻有 5 个色环，依次为：棕、黄、绿、金、红——表示 14.5Ω ±2%；白、紫、红、橙、绿——表示 972 kΩ ±0.5%。

4. 特殊表示法

电阻值以 3 位数字表示，第一、二位数字为电阻有效值，第三位是电阻有效值后 0 的个数，R 表示小数点，电阻单位为 Ω。如 0R7 表示 0.7Ω，470 表示 47Ω，102 表示 1000Ω，174 表示 170kΩ 等等。

电容特殊表示法有两种，一种是只标数字，无小数点，单位为 pF；有小数点，单位为 μF。另一种用数值与倍率的乘积表示电容量，用字母符号表示耐压误差，字母符号表示的耐压含义见附表 1 – 6，字母表示的偏差见附表 1 – 4。

附表 1 – 6　字母符号表示的耐压含义

A	B	C	D	E	F	G	H	J
1	1.25	1.6	2.0	2.5	3.15	4.0	5.0	6.3
10	12.5	16	20	25	31.5	40	50	63
100	125	160	200	250	315	400	500	600

附录 2　半导体器件型号命名方法

一、中国半导体器件组成部分的符号及意义

附表 2－1　中国半导体器件组成部分的符号及意义

第一部分		第二部分		第三部分				第四部分	第五部分
用数字表示器件电极数目		用汉语拼音字母表示器件的材料和极性		用汉语拼音字母表示器件的类型				用数字表示器件的序号	汉语拼音字母表示规格号
符号	意义	符号	意义	符号	意义	符号	意义		
2	二极管	A	N 型锗材料	P	普通管	D	低频大功率管		
		B	P 型锗材料	V	微波管	A	高频大功率管		
		C	N 型硅材料	W	稳压管	T	半导体闸流管		
		D	P 型硅材料	C	参量管	X	低频小功率管		
				Z	整流管	G	高频小功率管		
3	三极管	A	PNP 型锗材料	L	整流堆	J	阶跃恢复管		
		B	NPN 型锗材料	S	隧道管	CS	场效应管		
		C	PNP 型硅材料	N	阻尼管	BT	特殊器件		
		D	NPN 型硅材料	U	光电器件	FH	复合管		
		E	化合物材料	K	开关管	PIN	PIN 管		
				B	雪崩管	JG	激光器件		
				Y	体效应管				
备注		低频小功率管指截止频率＜3MHz、耗散功率＜1W，高频小功率管指截止频率≥3MHz、耗散功率＜1W，低频大功率管指截止频率＜3MHz、耗散功率≥1W，高频大功率管指截止频率≥3MHz、耗散功率≥1W。							

例如锗 PNP 高频小功率管为 3AG11C。

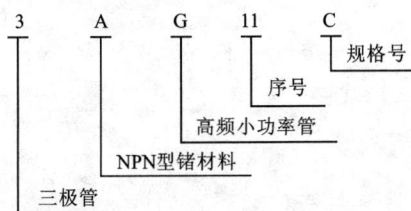

```
3    A    G    11    C
                      └ 规格号
                └ 序号
           └ 高频小功率管
      └ NPN型锗材料
 └ 三极管
```

二、美国电子半导体协会半导体器件型号命名法

附表 2－2　美国电子半导体协会半导体器件型号命名法

第一部分		第二部分		第三部分		第四部分		第五部分	
用符号表示用途的类别		用数字表示 PN 结的数目		美国电子半导体协会（EIA）注册标志		美国电子半导体协会（EIA）登记顺序号		用字母表示器件分档	
符号	意义	符号	意义	符号	意义	符号	意义	符号	意义
JAN 或 J	军用品	1	二极管	N	该器件已在美国电子半导体协会登记顺序号	多位数字	该器件已在美国电子半导体协会登记顺序号	A	同一型号不同档别
		2	三极管					B	
无	非军用品	3	3 个 PN 结器件					C	
		4	N 个 PN 结器件					D	

附录3　常用半导体器件参数

附表3－1　整流和检波二极管

部标 新型号	旧型号	最大整流电流 I_{OM}/mA	正向压降 （平均值） U_P/V	最高反向工作电压 U_{RWM}/V	反向漏电流 （平均值） $/\mu F$	不重复正向浪涌电流	工作频率 f/kHz	用途
	2AP1	16		20				
	2AP2	16		30				
	2AP3	25		30				用于 150MHz
	2AP4	16	≤1.2	50			3	以下的检波及
	2AP5	16		75				小电流整流
	2AP6	12		100				
	2AP7	12		100				
2CZ54B	2CP1A			50				
2CZ54C	2CP1			100				
2CZ54D	2CP2			200				
2CZ54E	2CP3			300				用于 3kHz 以
2CZ54F	2CP4	500	≤1.0	400	500	20	10	3	下整流电路
2CZ54G	2CP			500				
2CZ54H	2CP1E			600				
2CZ54K	2CP1G			800				
测试条件		25℃	25℃		125℃	25℃	0.01s	
2CZ82A	2CP10		25					
2CZ82B	2CP11		50					
2CZ82C	2CP12		100					
2CZ82D	2CP14		200					
2CZ82E	2CP16	≤1.5	300	100	5	2	3	用于 50 kHz
2CZ82F	2CP18		400					以下整流电路
2CZ82G	2CP19		500					
2CZ82H	2CP20		600					
2CZ82K	2CP20A		800					
测试条件		25℃	25℃		100℃	25℃	0.01s	
2CZ55B	2CZ11K			50				
2CZ55C	2CZ11A			100				
2CZ55D	2CZ11B			200				用于 3 kHz 以
2CZ55E	2CZ11C			300				下整流电路,
2CZ55F	2CZ11D	1000	≤1.0	400	500	10	10	3	使用时应加散
2CZ55G	2CZ11E			500				热板
2CZ55H	2CZ11F			600				
2CZ55K	2CZ11H			800				
测试条件		25℃	25℃		125℃	25℃	0.01s	
2CZ56 （B~K）	2CZ12 （A~H）	3000	≤0.8	100~1000	1000	20	65	3	
测试条件		25℃	25℃		140℃	25℃	0.01s	

附表 3 – 2A　硅稳压管

部标新型号	旧型号	稳定电压 U_Z/V	最大稳定电流 /mA	耗散功率 /mW	反向漏电流	电压温度系数 10^{-4}/℃	动态电阻 $r_Z(\Omega)$ R_{Z1}	I_{Z1} /mA	R_{Z2}	I_{Z2} /mA
2CW72	2CW1	7 ~ 8.5	29			≤7	12	1	6	5
2CW73	2CW2	8 ~ 9.5	25			≤8	18	1	10	5
2CW74	2CW3	9 ~ 10.5	23			≤8	25	1	12	5
2CW75	2CW4	10 ~ 12	21	250	≤1.0	≤9	30	1	15	5
2CW76	2CW5	11.5 ~ 12.5	20			≤9	35	1	18	5
2CW77	2CW6	12 ~ 14	18			≤9.5	35	1	18	5
2CW53	2CW12	4 ~ 5.8	45		≤1	– 6 ~ 4	550	1	50	10
2CW54	2CW13	5.5 ~ 6.5	38			– 3 ~ 5	500	1	30	10
2CW55	2CW14	6.2 ~ 7.5	33			≤6	400	1	15	10
2CW56	2CW15	7 ~ 8.8	29			≤7	400	1	15	5
2CW57	2CW16	8.5 ~ 9.5	26	250	≤0.5	≤8	400	1	20	5
2CW58	2CW17	9.2 ~ 10.5	23			≤8	400	1	25	5
2CW59	2CW18	10 ~ 11.8	20			≤9	400	1	30	5
2CW60	2CW19	12.2 ~ 14	17			≤9	400	1	40	5
2CW61	2CW20	13.5 ~ 17	14			≤9.5	400	1	50	3
2CW62						≤9.5	400	1	60	3
2CW130	2CW22	3 ~ 4.5	600			≤ – 8	≤250	3	≤20	100
2CW131	2CW22A	4.5 ~ 5.8	500			– 6 ~ 4	≤300	3	≤15	100
2CW132	2CW22B	5.5 ~ 6.5	460			– 3 ~ 5	≤250	3	≤12	100
2CW133	2CW22C	6.2 ~ 7.5	400	3000	≤0.5	≤6	≤200	3	≤6	100
2CW134	2CW22D	7 ~ 8.8	330			≤7	≤200	3	≤5	50
2CW135	2CW22E	8.5 ~ 9.5	310			≤8	≤200	3	≤7	50
2CW136	2CW22F	9.2 ~ 10.5	280			≤8	≤200	3	≤9	50
2CW137	2CW22G	10 ~ 11.8	250			≤9	≤200	3	≤12	50
测试条件	工作电流 $= I_{Z2}$				反向电流 $= 1V$		工作电流 $= I_{Z1}$	工作电流 $= I_{Z2}$		

附表 3 – 2B　硅稳压管

部标 新型号	旧型号	耗散 功率 /mW	最大稳 定电流 /mA	最高 结温 /℃	稳定 电压 U_z/V	动态 电阻 r_z/Ω	反向 漏电流	工作 电流 /mA	电压温 度系数 10^{-4}/℃
2DW230	2DW7A				5.8 ~ 6.6	≤25			
2DW231	2DW7B				5.8 ~ 6.6	≤15			
2DW232	2DW7C(红点)				6.0 ~ 6.5	≤10			
2DW233	2DW7C(黄点)	200	30	150	6.0 ~ 6.5	≤10	≤1	10	0.005
2DW234	2DW7C(无色)				6.0 ~ 6.5	≤10			
2DW235	2DW7C(绿点)				6.0 ~ 6.5	≤10			
2DW236	2DW7C(灰点)				6.0 ~ 6.5	≤10			
2DW7A					6.0 ~ 6.5	≤25			
2DW7B					6.0 ~ 6.5	≤15			0.08
2DW7C					6.0 ~ 6.5	≤5			
测试条件					工作电流 = 10 mA	反向电压 = 1V		工作电流 = 10 mA	

附表 3 – 3　发光二极管

型号	发光颜色	最大工作 电流/mA	正向压降 /V	一般工作 电流/mA	发光波长 /A	发光亮度 /光通量	发光功率 /mW
HG5200 砷化镓二极管	红外	3(A)	1.6 ~ 1.8	3(A)	9400		> 500
HG400 砷化镓二极管	红外	50	1.2	30	9400		> 2
磷化镓红光二极管	红	50	2.3	10	7000	> 几十英尺 ——朗伯	
磷砷化镓发 光二极管	红	50	1.5	10	6200 ~ 6800	> 0.2mlm	
碳化硅发 光二极管	黄	50	6	10	6000	> 10ft ——朗伯	
磷化镓绿 光二极管	绿	50	2.3	10	5600	> 几十英尺 ——朗伯	
砷化镓转换 发光二极管	红	50	1.2	30	5600	> 0.1mlm	

附表 3 - 4　3AX 低频小功率锗管及其他同类型锗管

部标新型号	旧型号	极限参数				直流参数			交流参数	
		P_{CM} /W	I_{CM} /mA	BU_{CBO} /V	BU_{CEO} /V	I_{CBO} /μA	I_{CEO} /mA	h_{FE} /β	U_{CES} /V	$f_{β}$ /kHz
3AX31M		125	125	6	15	≤25	≤1	80～400		
3AX31MA	3AX71A			12	20	≤20	≤0.8			
3AX31B	3AX71B			18	30	≤12	≤0.6	80～400		
3AX31C	3AX71C			24	40	≤6	≤0.4			
3AX31D	3AX71D		125							≥8
3AX31E	3AX71E	125	30	20	12	≤12	≤0.6			≥8
3AX31C			30							≥8
3AX81A		200	200	2030	1015	≤30	≤1			≥6
3AX81B						≤15	≤0.7			≥8
3AX55M				12	12	≤80	≤1.2			
3AX55A	3AX61	500	500	20	20	≤80	≤1.2	80～400		≥6
3AX55B	3AX62			30	30	≤80	≤1.2			
3AX55C	3AX63			45	45	≤80	≤1.2			

附表 3 - 5　3DX 低频小功率硅管及其他同类型硅管(NPN 型)

部标新型号	旧型号	极限参数				直流参数			交流参数
		P_{CM} /W	I_{CM} /mA	BU_{CBO} /V	BU_{CEO} /V	I_{CEO} /μA	I_{CBO} /μA	h_{FE} /β	f_{T} /MHz
3DX4A	3DX101			≥10	≥10				
3DX4B	3DX102			≥20	≥10				
3DX4C	3DX103			≥30	≥10				
3DX4D	3DX104	300	50	≥40	≥30	≤1		≥9	≥200
3DX4E	3DX105			≥50	≥40				
3DX4F	3DX106			≥70	≥60				
3DX4G	3DX107			≥80	≥70				
3DX4H	3DX108			≥100	≥80				
测试条件				I_C =50μA	I_C =50μA	U_{CB} =20V		U_{CE} =5V I_C =5mA	同左
	3DX203A			≥150	≥15			55～400	
	3DX203B	700	700	≥200	≥25	≤5	≤20	55～400	
	3DX204A			≥250	≥15			55～400	
	3DX204B			≥300	≥25			55～400	
测试条件		T_C =75℃		I_C =5mA	I_E =5mA	U_{CB} =10V	U_{CE} =10V	U_{CE} =1V I_C =0.1A	

附表 3 – 6　3AD 低频小功率锗管及其他同类型锗管（PNP 型）

部标新型号	旧型号	极限参数				直流参数			交流参数	
		P_{CM} /W	I_{CM} /mA	BU_{CBO} /V	BU_{CEO} /V	I_{CBO} /μA	I_{CEO} /mA	h_{FE} /β	U_{CES} /V	f_T /kHz
3AD50A	3AD6A			50	18				0.6	
3AD50B	3AD6B	10	3	60	24	0.3	2.5	20～140	0.8	4
3AD50C	3AD6C			70	30				0.8	
3AD52A	3AD1,2,3			50	18				0.35	
3AD52B		10	2	60	24	0.3	2.5	20～140	0.5	4
3AD52C	3AD4,5			70	30				0.5	
3AD56A	3AD18A			30	60					
3AD56B	3AD18B	50	15	45	80	0.8	15	20～140	0.711	4
3AD56C	3AD18C,D,E			76	100					
3AD57A	3AD725A			30	60					
3AD57B	3AD725B	100	30	45	80	1.2	20	20～140	1.2	3
3AD57C	3AD57C			60	100					

附表 3 – 7　3DD 低频大功率硅管及其他同类型硅管（NPN 型）

部标新型号	旧型号	极限参数				直流参数			交流参数
		P_{CM} /W	I_{CM} /mA	BU_{CBO} /V	BU_{CEO} /V	I_{CBO} /mA	I_{CES} /V	h_{FE} /β	f_T /MHz
3DD59A	3DD5A			≥30	·				
3DD59B	3DD5B DD11A			≥50					
3DD59C	3DD5C	25	5	≥80	≥3	≤1.5	≤1.2	≥10	
3DD59D	3DD5D DD11B			≥110					
3DD59E	3DD5E DD11C			≥150					
测试条件		$T_C=75℃$		$I_C=5mA$	$I_E=10mA$	$U_{CE}=20V$	$I_C=1.25mA$ $I_B=0.25mA$	$U_{CE}=5V$ $I_C=1.25mA$	
3DD101A	3DD12A			≥150	≥100		≤0.8		
3DD101B	3DD15C			≥200	≥150		≤0.8		
3DD101C	3DD03C	50	5	≥250	≥200	≤2	≤1.5	≥20	≥1
3DD101D	3DD15D			≥300	≥200		≤1.5		
3DD101E	3DDE～G			≥350	≥300		≤1.5		
测试条件		$T_C=75℃$		$I_C=5mA$	$I_E=5mA$	$U_{CE}=50V$	$I_C=2.5A$ $I_B=0.25A$	$U_{CE}=5V$ $I_C=2A$	$U_{CE}=12V$ $I_C=0.5A$

附表 3－8　**3DG 高频小功率硅管及其他同类型硅管(NPN 型)**

旧型号	部标新型号	极限参数				直流参数			交流参数
		P_{CM} /W	I_{CM} /mA	BU_{CBO} /V	BU_{CEO} /V	I_{CBO} /μA	I_{CEO} /μA	h_{FE} /β	f_T /MHz
3DG6A	3DG100M			20	15			25～270	≥150
3DG6A	3DG100A			30	20			≥30	≥150
3DG6B	3DG100B	100	20	40	30	≤0.01	≤0.01	≥30	≥150
3DG6C	3DG100C			30	20			≥30	≥300
3DG6D	3DG100D			40	30			≥30	≥300
	3DG103M			≥15	≥12			25～270	≥500
3DG11A,B	3DG103A			≥20	≥15			≥30	≥500
3DG104B	3DG103B	100	20	≥40	≥30	≤0.1	≤0.1	≥30	≥500
3DG104C	3DG103C			≥20	≥15			≥30	≥700
3DG104D	3DG103D			≥40	≥30			≥30	≥700
测试条件		500	100	$I_C = 100\mu A$	$I_C = 100\mu A$	$U_{CB}=10V$	$U_{CE}=10V$	$U_{CE}=10V$ $I_C=30mA$	$U_{CE}=10V$ $I_E=50mA$ $f_T=100MHz$
	3DG121M			≥30	≥20			25～270	≥150
3DG5A	3DG121A			≥40	≥30			≥30	≥150
3DG7C	3DG121B	700	300	≥60	≥45	≤0.1	≤0.2	≥30	≥150
3DG5C～F	3DG121C			≥40	≥30			≥30	≥300
3DG7B,D	3DG121D			≥60	≥45			≥30	≥300
测试条件				$I_C = 100\mu A$	$I_C = 100\mu A$	$U_{CB}=10V$	$U_{CE}=10V$	$U_{CE}=10V$ $I_C=30mA$	$U_{CE}=10V$ $I_E=50mA$ $f_T=100MHz$
	3DG130M			≥30	≥20	≤1	≤5	25～270	≥150
	3DG130A			≥40	≥30	≤0.5	≤1	≥30	≥150
	3DG130B			≥60	≥45	≤0.5	≤1	≥30	≥150
	3DG130C			≥40	≥30	≤0.5	≤1	≥30	≥300
	3DG130D			≥60	≥45	≤0.5	≤1	≥30	≥300
测试条件				$I_C = 100\mu A$	$I_C = 100\mu A$	$U_{CB}=10V$	$U_{CE}=10V$	$U_{CE}=10V$ $I_C=50mA$	$U_{CE}=10V$ $I_E=3mA$ $f_T=100MHz$

附表 3 - 9　3AG 高频小功率锗管及其他同类型锗管

型号 参数	P_{CM} /mW	I_{CM} /mA	$U_{(BR)CEO}$ /V	I_{CEO} /μA	h_{FE} /β	f_T /MHz
3AG1	50	10	− 10		20 ~ 230	≥20
3AG2	50	10	− 10	≤7	30 ~ 220	≥40
3AG3	50	10	− 10		30 ~ 220	≥60
3AG4	50	10	− 10		30 ~ 220	≥80

附表 3 - 10　3DK 硅开关管及其他同类型硅管(NPN 型)

型号	直流参数			交流参数	开关参数		极限参数				
	I_{CEO} /μA	I_{CEO} /μA	h_{FE} /β	f_T /MHz	t_{ON} /ns	t_{Off} /ns	BU_{CBO} /V	BU_{CEO} /V	P_{CM} /W	I_{CM} /mA	T_{fm} /℃
3DK1A	≤0.1		30 ~ 200		≤20	≤30	≥30	≥20			
3DK1B	≤0.1		30 ~ 200		≤40	≤60	≥30	≥20			
3DK1C	≤0.1	0.5	30 ~ 200	≥200	≤60	≤80	≥30	≥20	100	30	175
3DK1D	≤0.5		≥10		≤20	≤30	≥30	≥15			
3DK1E	≤0.5		≥10		≤40	≤60	≥30	≥15			
3DK1F	≤0.5		≥10		≤60	≤80	≥30	≥15			
测试条件	U_{CB} = 10V	U_{CE} = 10V	U_C = 1V I_C = 10mA	f_T = 30MHz U_{CE} = 1V I_C = 10mA			I_C = 100μA	I_C = 200μA	I_E = 100μA		
3DK7	≤1	≤1	20 ~ 150	≥150	≤50	≤80			≥4	30	150
3DK7A	≤0.1	≤0.1		≥120	65	< 180					
3DK7B	≤0.1	≤0.1		≥120	65	< 180					
3DK7C	≤0.1	≤0.1	20 ~ 200	≥120	45	< 130	≥25	≥15	> 5	50	175
3DK7D	≤0.1	≤0.1		≥120	45	90					
3DK7E	≤0.1	≤0.1		≥120	45	60					
3DK7F	≤0.1	≤0.1		≥120	45	40					
测试条件	U_{CB} = 10V	U_{CE} = 10V	U_{CE} = 1V I_C = 10mA	I_C = 10mA I_{B1} = 1mA I_{B2} = 2mA	I_C = 10mA I_{B1} = I_{B2} = 10mA		I_C = 10μA	I_C = 10μA	I_E = 10μA		

附表 3 – 11　场效应管

参数	符号	单位	型号					
			3DO1	3DO4	3DJ2	3DJ8F	3DO6	3CO1
饱和漏极电流	I_{DSS}	μA	0.3 ~ 10	0.5×10^3 ~ 15×10^3	0.3 ~ 10	15	2.5 ~ 5	< 1000nA
栅源夹断电压	$U_{GS(Off)}$	V	< |-9|	< |-9|	< |-9|	< |-9|	2 ~ 2.5	|-2| ~ |-8|
栅源绝缘电阻	R_{GS}	Ω	≥109	≥109	≥107	107	≥109	
共源小信号低频跨导	g_m	μA/V	≥1000	≥2000	≥2000	6000	> 2000	≥10
高频振荡频率	f_T	MHz	≥90	≥300	≥300	90		> 500
最高漏源电压	$U_{DS(BR)}$	V	20	20	> 20	20	20	15
最高栅源电压	$U_{GS(BR)}$	V	40	≥20	> 20	20	20	20
最大耗散功率	U_{DSM}	mW	100	1000	100	100	100	100
备　注			N 沟道耗尽型 MOS 管			高互导管	N 沟道增强型开关管	P 沟道增强型 MOS 管

附录4　常用集成运算放大器型号及参数

附表 4 – 1

第一部分		第二部分		第三部分		第四部分	
用汉语拼音字母 表示电路的类型		用阿拉伯数字表示 电路的系列和品种序号		用汉语拼音字母 表示电路的规格		用汉语拼音字母 表示电路的封装	
符号	意义	符号	意义	符号	意义	符号	意义
T	TTL	001	由有关工业部门	A	每个电路品种的	A	陶瓷扁平
H	HTL	⋮	制定的电路的系	B	主要参数分档	B	塑料扁平
E	ECL	999	列和品种中所规	C		C	陶瓷双列
I	IIL		定的电路品种	⋮		D	陶瓷双列
P	PMOS					Y	金属圆壳
N	NMOS					F	F 型
C	CMOS					⋮	
F	线性放大器						
W	集成稳压器						
J	接口电路						

示例（1）

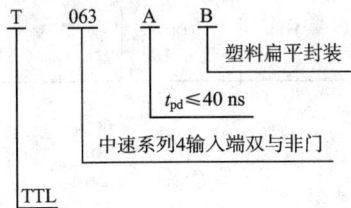

示例（2）

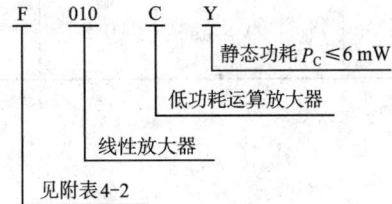

附表 4 – 2

类型			通用	低功耗	高阻	高速	高精度	高压
参　数	国内外型号		F007 μA741	F3078 CA3078	F3140 CA3140	CF715 μA715	CF725 μA725	F143 LM143
差模开环增益	A_{Od}	/dB	≥86 ~ 94	100	100	90	130	105
共模抑制比	K_{CMRR}	/dB	≥70 ~ 80	115	90	92	120	90
差模输入电阻	r_{id}	/MΩ	1	0.87	1.5×10^6	1.0	1.5	
输入失调电压	U_{IO}	/mV	≤2 ~ 10	0.7	5	2.0	0.5	2.0
静态功耗	P_C	/mW	≤120	0.24	120	165	80	
电源电压范围	U_{CC}	/V	±9 ~ ±18	±6	±15	±15	±15	±28
最大输出电压	U_{OM}	/V	±12	±5.3	+ 13 ~ − 14.4	±13	±13.5	±25
共模输入 电压范围	U_{icM}	/V	±12	+ 5.8 ~ − 14.5	+ 12.5 ~ − 14.5	±12	±14	26
差模输入 电压范围	U_{idM}	/V	±30	±6	±8	±15	±5	80
转换速率	S_R	/V · μs^{-1}	0.5	1.5	9	100		2.5

附录 5　常用三端集成稳压器型号及参数

附表 5 – 1

参数名称 符号 型号	输出电压 U_o/V	电压调整率 S_U /(%/V)	电流调整率 S_i/mV 5mA≤I_o ≤1.5A	噪声电压 U_N/μA	最小压差 $U_i - U_o$ /V	输出电阻 R_o/MΩ	值峰电流 I_{CM}/A	输出温漂 S_r /(mV·℃$^{-1}$)
W7805	5	0.076	40	10	2	17	2.2	1.0
W7808	8	0.01	45	10	2	18	2.2	
W7812	12	0.008	52	10	2	18	2.2	1.2
W7815	15	0.0066	52	10	2	19	2.2	1.5
W7824	24	0.011	60	10	2	20	2.2	2.4
W7905	– 5	0.076	11	40	2	16		1.0
W7908	– 8	0.01	26	45	2	22		
W7912	– 12	0.0069	46	75	2	33		1.2
W7915	– 15	0.0073	68	90	2	40		1.5
W7924	– 24	0.011	150	170	2	60		2.4

附表 5 – 2

参数名称	电压调整率 /(%·V^{-1})	负载调整率 /mV	结点端电流 /μA	基准电压 /V	最小负载 电流/mA	纹波抑制比 /dB	限制电流 /A
W317	0.01	5	50	+ 1.25	3.5	65	2.2
W337	0.01	15	65	– 1.25	2.5	60	2.2

附录6　国内外部分电路图形符号对照表

附表 6−1　国内外部分电路图形符号对照表

名称	国标符号	国际符号	名称	国标符号	国际符号
电阻			二极管		
可变电阻(1)			稳压管		
可变电阻(2)			NPN 型三极管		
电容			发光二极管		
电感			晶闸管		
可变电容			PNP 型三极管		
电解电容			结形(JFET) N 型沟道耗		
可变电感			结形(JFET) P 型沟道耗		
带铁芯电感			绝缘栅 (MOSFET) N 型沟道耗		
电池			绝缘栅 (MOSFET) P 型沟道耗		

续附表 6 - 1

名称	国标符号	国际符号	名称	国标符号	国际符号
接地			绝缘栅 （MOSFET） N 型沟道增		
交流电压源			绝缘栅 （MOSFET） P 型沟道增		
直流电压源			结型 （GaAsJFET） P 型沟道耗		
交流电流源			结形 （GaAsJFET） N 型沟道耗		
直流电流源			集成运算 放大器		
电流控制 电流源			熔断器		
电压控制 电压源			晶体		
电压控制 电流源			变压器		
电流控制 电压源			带铁芯 变压器		

附录 7　印刷电路板的制作及电子元器件的焊接

一、印刷电路板的制作

1. 印刷电路板的设计

①确定印刷电路板的尺寸、形状、材料及连接方式，根据要制作的电路中元器件的数量、大小等，来合理安排印刷电路板的面积，形状一般用矩形板，印刷电路板的材料由元器件及产品要求来选择，主要考虑基底底层压板的级别和厚度铜箔的厚度及粘合剂的类型等因素。此外，电路板之间是通过插座来相互连接的，印刷电路板应考虑留给插座的位置。

②画出印刷电路板，即把电路图的连线按合理的方式在印刷电路板上布置出来，目前常通过计算机上的印制电路板辅助设计软件，如 TANGO、PROTEL、ORCAD 等，排好印制图板。

2. 印刷电路板的制作方法

①设计好印刷电路图后，把焊接图的底面俯视图、焊盘图按 1:1 的比例打印出来。

②选定敷铜板清洁面板，根据电路板的要求，切割好敷铜板的形状和大小，打定位孔。用细砂子将其表面及边缘打磨好，便于腐蚀。

③将焊接图与敷铜板叠在一起，把设计好印刷电路图用复写纸复印在敷铜板上，并用胶纸粘牢，确认电路图无误后再揭开。

④描板。用蘸水笔把漆(与墨调和)按复写纸的图样描在电路板上，厚度约 0.5mm。

⑤腐蚀电路板。把三氯化铁和水按 1:2 的比例配制成三氯化铁溶液，将其倒入塑料或玻璃容器中，描好的电路等漆干后，放入腐蚀液中，待腐蚀完毕，取出电路板，用清水洗净后擦干，再用稀释剂或丙酮擦去保护漆，腐蚀不佳的地方可用刀刻修正。

二、电子元器件的焊接

一个电路的最终完成，是在电路板上焊接电子元器件，焊接质量的好坏将直接影响到电路的性能和可靠性。

1. 焊接工具

电烙铁是主要的焊接工具，根据焊接点的大小、散热的快慢及焊接对象的不同来选择电烙铁，焊接一般晶体管电子电路或集成电路，可用 25W 或 30W 内热式电烙铁；CMOS 电路一般选用 20W 内热式电烙铁，且外壳要接地良好。新的电烙铁使用前要将烙铁头清理干净，通电后待烙铁头加热到颜色变紫时，涂上一层松香(或焊锡膏)，再挂上一层薄锡。使用过程中应防止"烧死"，不可把电烙铁不上锡而一直通电，否则电烙铁会因表面氧化使其传热差，而沾不上锡。使用过的旧烙铁，也存在烙铁头氧化而影响焊接质量的问题，这时只需把烙铁头取下，用平锉锉去缺口和氧化物即可。

2. 焊料和焊锡

①焊料。焊接电子线路的焊料一般由锡铅或锡锑合金制成，常见的焊锡丝有：一种是内含松香的焊锡丝，焊接时无须加助焊剂；一种是无松香的焊锡丝，焊接时要加助焊剂。

②焊剂。焊接电子线路的焊剂常用松香或松香酒精溶液，还有一种是焊锡膏，由于它对金属有腐蚀作用，一般很少用。

3. 焊接技术

①焊件和焊接点要净化，焊接前，应将焊件和焊点表面处理干净，然后蘸上松香，镀上锡，以便焊接。

②烙铁头的温度和焊接时间要适度，焊接时，当被焊金属的温度达到焊锡熔化温度后，烙铁头与焊接点接触时间以能让焊锡表面光亮、圆滑为宜，焊接过程只需几秒钟。烙铁头停留时间过长，温度太高易使元件损坏；烙铁头停留时间过短，温度低焊剂未充分挥发，易形成"虚焊"，使焊点成"豆腐渣"。

③焊锡量要适中，焊锡量以能浸透接线点为宜，焊锡量少，焊接点可能松散，焊锡量多，容易与附近焊点短路。

④焊接时要扶稳元器件，焊点未稳固之前不能晃动焊件，以免造成虚焊。焊接晶体管，特别是集成电路时最好用镊子夹住被焊元器件，以免温度过高而损坏元器件。

附录 8　常用集成电路管脚图例

1. 模拟集成电路

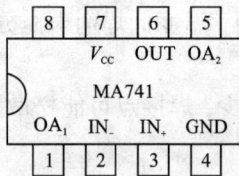

（a1）

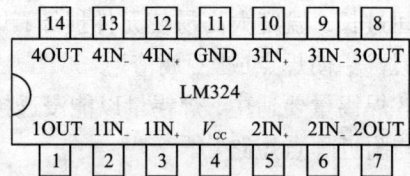

（a2）

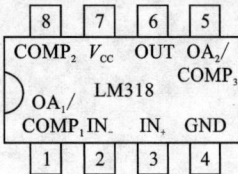

（a3）

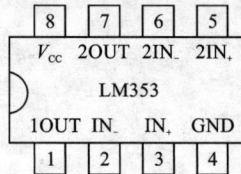

（a4）

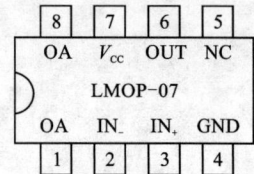

（a5）

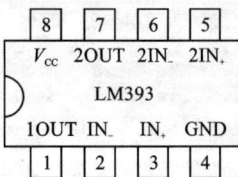

（a6）

（a7）

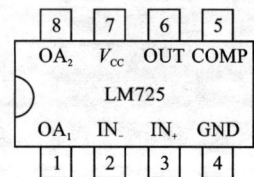

（a8）

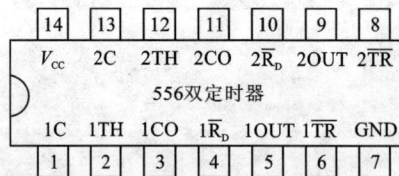

（a9）

附图 8 – 1

2. TTL 数字集成电路

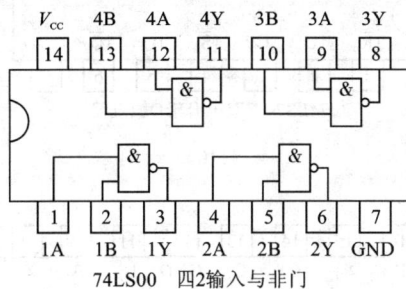

74LS00 四2输入与非门

（b1）

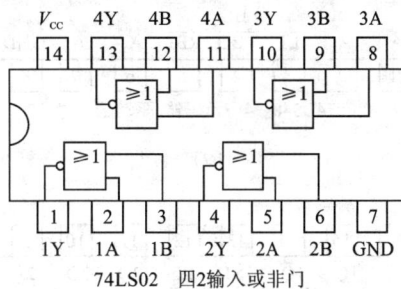

74LS02 四2输入或非门

（b2）

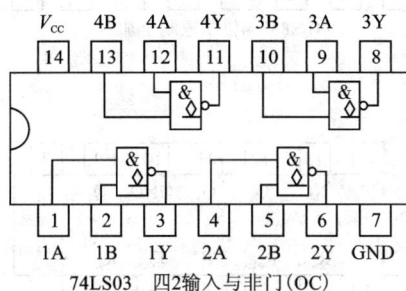

74LS03 四2输入与非门（OC）

（b3）

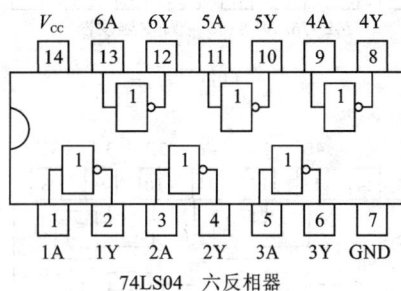

74LS04 六反相器

（b4）

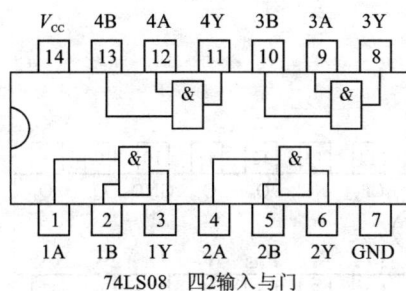

74LS08 四2输入与门

（b5）

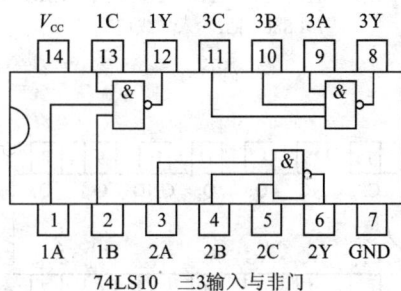

74LS10 三3输入与非门

（b6）

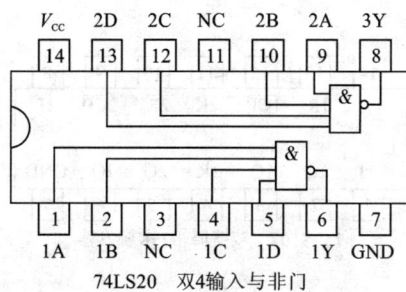

74LS20 双4输入与非门

（b7）

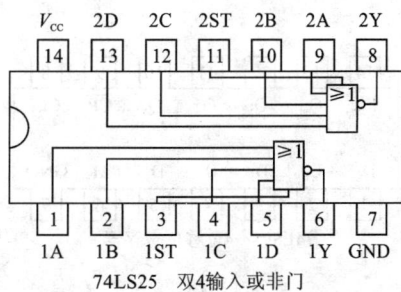

74LS25 双4输入或非门

（b8）

16	15	14	13	12	11	10	9
V_{CC}	Y_f	Y_g	Y_a	Y_b	Y_c	Y_d	Y_e
A_1	A_2	$\overline{LT}$	$\overline{BI}/\overline{RBO}$	$\overline{RBI}$	A_3	A_0	GND
1	2	3	4	5	6	7	8

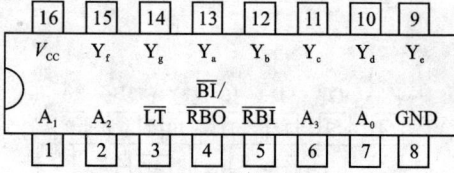

74LS48　4-7译码器/驱动器

（b9）

14	13	12	11	10	9	8
V_{CC}	$2\overline{R}_D$	2D	2CP	$2\overline{S}_D$	2Q	$2\overline{Q}$
$1\overline{R}_D$	1D	1CP	$1\overline{S}_D$	1Q	$1\overline{Q}$	GND
1	2	3	4	5	6	7

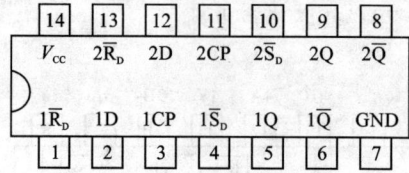

74LS74　双上升沿D触发器

（b10）

16	15	14	13	12	11	10	9
V_{CC}	1Q	$1\overline{Q}$	GND	2K	2Q	$2\overline{Q}$	2J
1CP	$1\overline{S}_D$	$1\overline{R}_D$	1J	V_{CC}	2CP	$2\overline{S}_D$	$2\overline{R}_D$
1	2	3	4	5	6	7	8

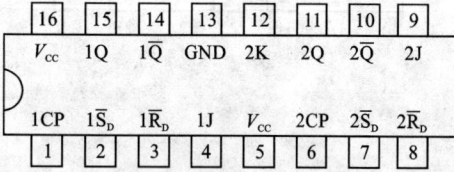

74LS76/74LS106　双J-K触发器

（b11）

16	15	14	13	12	11	10	9
B_4	Σ_4	C_4	C_0	GND	B_1	A_1	Σ_1
A_4	Σ_3	A_3	B_3	V_{CC}	Σ_2	B_2	A_2
1	2	3	4	5	6	7	8

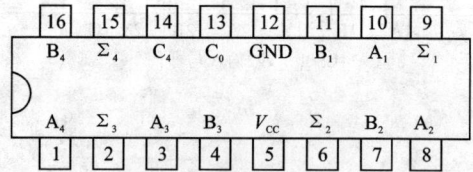

74LS83　4位二进制全加器

（b12）

V_{CC}	4B	4A	4Y	3B	3A	3Y
14	13	12	11	10	9	8
1	2	3	4	5	6	7
1A	1B	1Y	2A	2B	2Y	GND

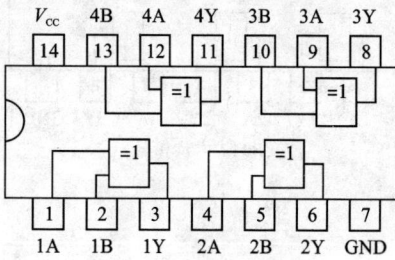

74LS86　四2输入异或门

（b13）

14	13	12	11	10	9	8
CP_A	NC	Q_0	Q_3	GND	Q_1	Q_2
CP_B	$R_{0(1)}$	$R_{0(2)}$	NC	V_{CC}	$R_{9(1)}$	$R_{9(2)}$
1	2	3	4	5	6	7

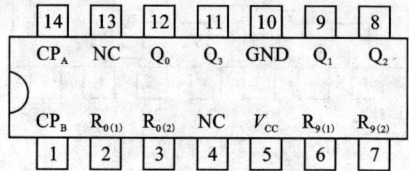

74LS90　十进制计数器

（b14）

14	13	12	11	10	9	8
CP_A	NC	Q_0	Q_2	GND	Q_3	Q_4
CP_B	NC	NC	NC	V_{CC}	$R_{0(1)}$	$R_{0(2)}$
1	2	3	4	5	6	7

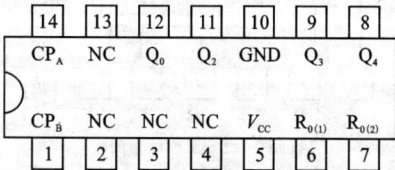

74LS92　十二分频计数器

（b15）

14	13	12	11	10	9	8
CP_A	NC	Q_0	Q_3	GND	Q_1	Q_2
CP_B	$R_{0(1)}$	$R_{0(2)}$	NC	V_{CC}	NC	NC
1	2	3	4	5	6	7

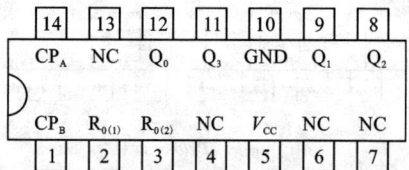

74LS93　4位二进制计数器

（b16）

14	13	12	11	10	9	8
V_{CC}	Q_0	Q_1	Q_2	Q_3	$\overline{CP}_1$	$\overline{CP}_2$
D_S	D_0	D_1	D_2	D_3	M	GND
1	2	3	4	5	6	7

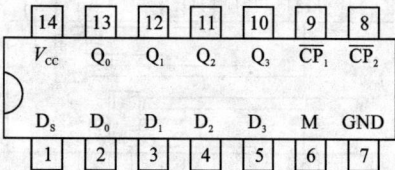

74LS95　4位移位寄存器

（b17）

14	13	12	11	10	9	8
V_{CC}	$1\overline{R}_D$	$1\overline{CP}$	2K	$2\overline{R}_D$	$2\overline{CP}$	2J
1J	$1\overline{Q}$	1Q	1K	2Q	$2\overline{Q}$	GND
1	2	3	4	5	6	7

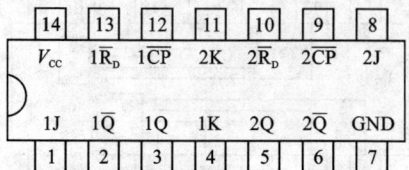

74LS107　双下降沿J-K触发器

（b18）

14	13	12	11	10	9	8
V_{CC}	NC	NC	R_{ext}/C_{ext}	C_{ext}	R_{int}	NC
$\overline{Q}$	NC	$1\overline{A}$	$2\overline{A}$	B	Q	GND
1	2	3	4	5	6	7

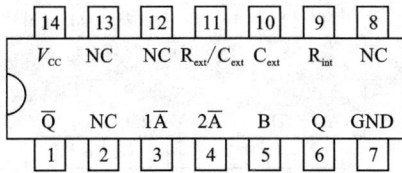

74LS121　单稳态触发器

（b19）

16	15	14	13	12	11	10	9
V_{CC}	$1R_{ext}/C_{ext}$	$1C_{ext}$	1Q	$2\overline{Q}$	$2\overline{R}_D$	2B	2A
1A	1B	$1\overline{R}_D$	$1\overline{Q}$	2Q	$2C_{ext}$	$2R_{ext}/C_{ext}$	GND
1	2	3	4	5	6	7	8

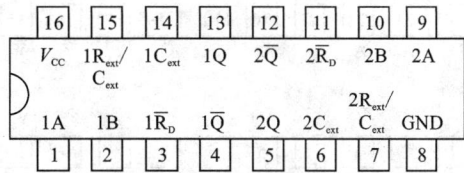

74LS123　双可重触发单稳态触发器
74LS221　双单稳态触发器

（b20）

14	13	12	11	10	9	8
V_{CC}	$4\overline{EN}$	4A	4Y	$3\overline{EN}$	3A	3Y
$1\overline{EN}$	1A	1Y	$2\overline{EN}$	2A	2Y	GND
1	2	3	4	5	6	7

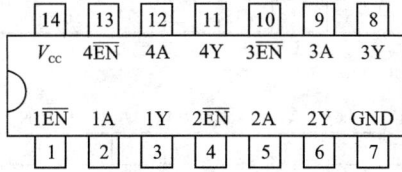

74LS125　四总线缓冲器

（b21）

16	15	14	13	12	11	10	9
V_{CC}	$\overline{Y}_0$	$\overline{Y}_1$	$\overline{Y}_2$	$\overline{Y}_3$	$\overline{Y}_4$	$\overline{Y}_5$	$\overline{Y}_6$
A_0	A_1	A_2	$\overline{G}_{2A}$	$\overline{G}_{2B}$	G_1	$\overline{Y}_7$	GND
1	2	3	4	5	6	7	8

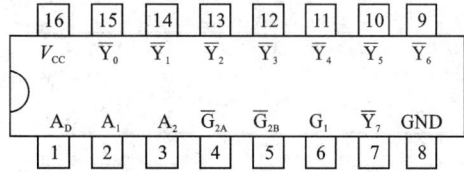

74LS138　3-8线译码器

（b22）

16	15	14	13	12	11	10	9
V_{CC}	$2\overline{G}$	$2A_0$	$2A_1$	$2\overline{Y}_0$	$2\overline{Y}_1$	$2\overline{Y}_2$	$2\overline{Y}_3$
$1\overline{G}$	$1A_0$	$1A_1$	$1\overline{Y}_0$	$1\overline{Y}_1$	$1\overline{Y}_2$	$1\overline{Y}_3$	GND
1	2	3	4	5	6	7	8

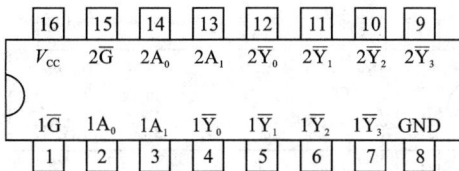

74LS139　双2-4线译码器

（b23）

16	15	14	13	12	11	10	9
V_{CC}	NC	$\overline{Y}_3$	$\overline{I}_3$	$\overline{I}_2$	$\overline{I}_1$	$\overline{I}_9$	$\overline{Y}_1$
$\overline{I}_4$	$\overline{I}_5$	$\overline{I}_6$	$\overline{I}_7$	$\overline{I}_8$	$\overline{Y}_2$	$\overline{Y}_1$	GND
1	2	3	4	5	6	7	8

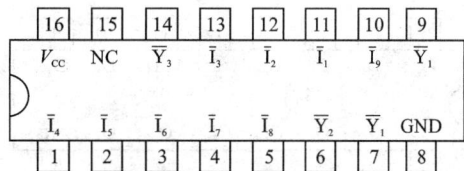

74LS147　10-4线优先译码器
74HC147

（b24）

16	15	14	13	12	11	10	9
V_{CC}	$\overline{Y}_S$	$\overline{Y}_{EX}$	$\overline{I}_3$	$\overline{I}_2$	$\overline{I}_1$	$\overline{I}_0$	$\overline{Y}_0$
$\overline{I}_4$	$\overline{I}_5$	$\overline{I}_6$	$\overline{I}_7$	$\overline{ST}$	$\overline{Y}_2$	$\overline{Y}_1$	GND
1	2	3	4	5	6	7	8

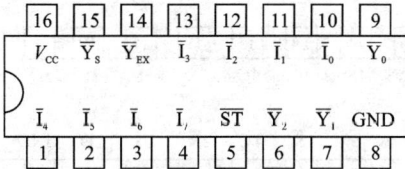

74LS148　8-3线优先编码器

（b25）

24	23	22	21	20	19	18	17	16	15	14	13
V_{CC}	D_8	D_9	D_{10}	D_{11}	D_{12}	D_{13}	D_{14}	D_{15}	A_0	A_1	A_2
D_7	D_6	D_5	D_4	D_3	D_2	D_1	D_0	$\overline{ST}$	$\overline{W}$	A_3	GND
1	2	3	4	5	6	7	8	9	10	11	12

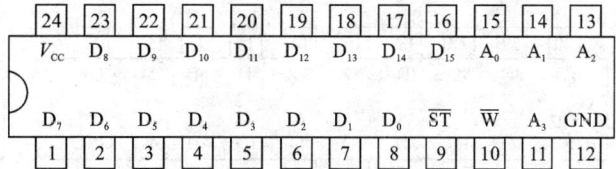

74LS150　16选1数据选择器

（b26）

16	15	14	13	12	11	10	9
V_{CC}	D_4	D_5	D_6	D_7	A_0	A_1	A_2
D_3	D_2	D_1	D_0	Y	$\overline{W}$	$\overline{ST}$	GND
1	2	3	4	5	6	7	8

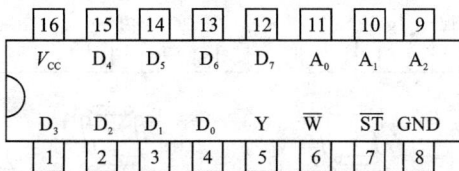

74LS151　8选1数据选择器

（b27）

16	15	14	13	12	11	10	9
V_{CC}	$2\overline{ST}$	A_0	$2D_3$	$2D_2$	$2D_1$	$2D_0$	2Y
$1\overline{ST}$	A_1	$1D_3$	$1D_2$	$1D_1$	$1D_0$	1Y	GND
1	2	3	4	5	6	7	8

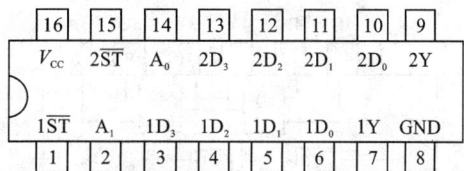

74LS153　双4选1数据选择器

（b28）

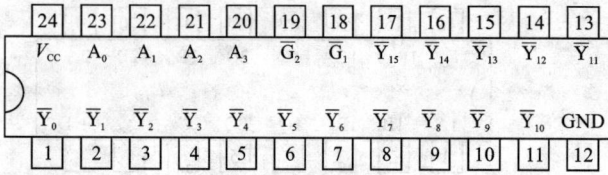

74LS154　4-16译码器

（b29）

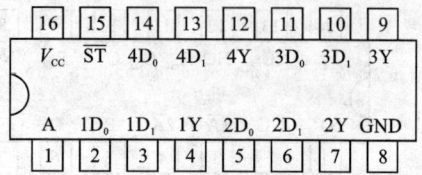

74LS157　四2选1数据选择器

（b30）

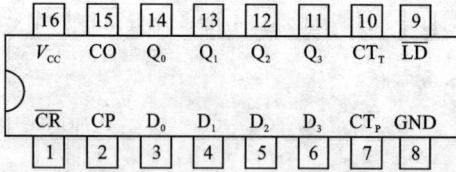

74LS160　十进制　同步加法计数器
74LS161　4位二进制

（b31）

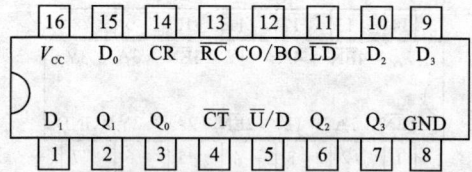

74LS190　十进制　同步加/减计数器
74LS191　4位二进制

（b32）

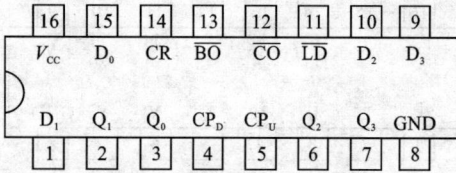

74LS192　十进制　同步加/减计数器
74LS193　4位二进制

（b33）

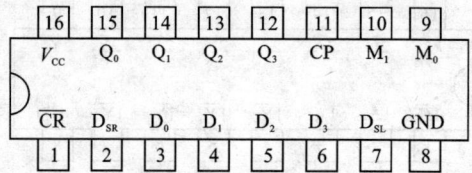

74LS194　4位双向移位寄存器

（b34）

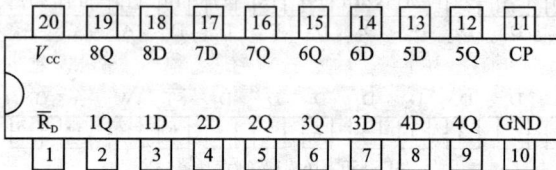

74LS273　八D锁存器

（b35）

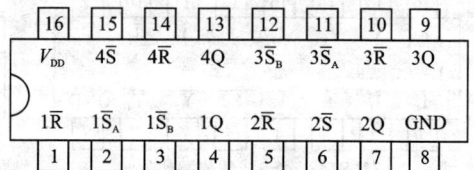

CC40279　四$\overline{R}$-$\overline{S}$锁存器

（b36）

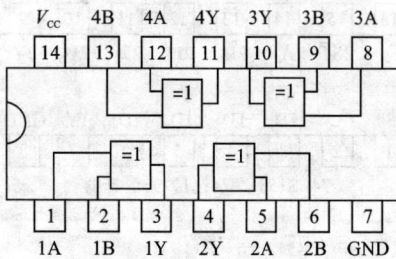

74LS386　四2输入异或门

（b37）

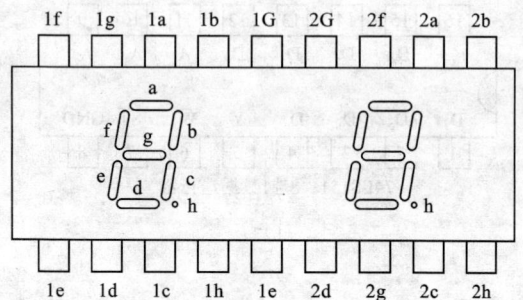

双数码显示器

（b38）

附图 8−2

3. CMOS 集成电路

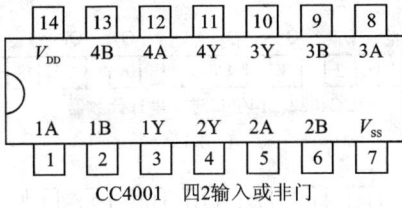

CC4001　四2输入或非门

（c1）

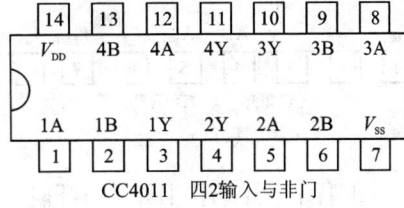

CC4011　四2输入与非门

（c2）

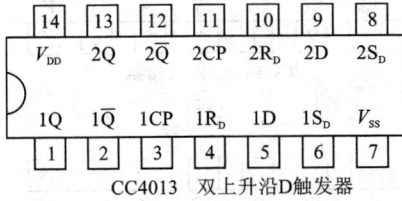

CC4013　双上升沿D触发器

（c3）

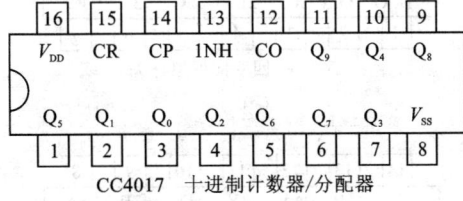

CC4017　十进制计数器/分配器

（c4）

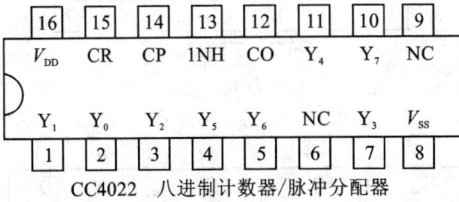

CC4022　八进制计数器/脉冲分配器

（c5）

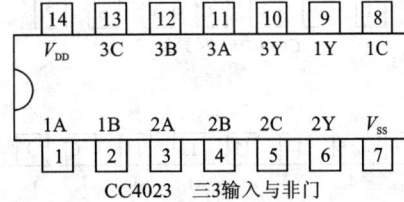

CC4023　三3输入与非门

（c6）

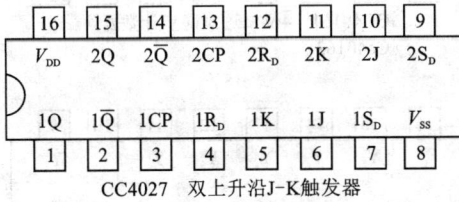

CC4027　双上升沿J-K触发器

（c7）

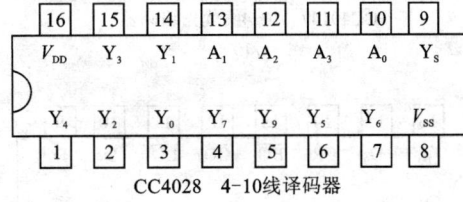

CC4028　4-10线译码器

（c8）

CC4051　8选1模拟开关

（c9）

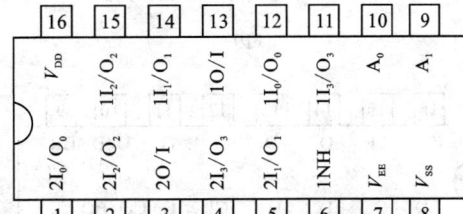

CC4052　双4选1模拟开关

（c10）

16	15	14	13	12	11	10	9
V_{DD}	Y_f	Y_g	Y_e	Y_d	Y_c	Y_b	Y_a
f_{DD}	A_0	A_1	A_2	A_3	f_{DI}	V_{EE}	V_{SS}
1	2	3	4	5	6	7	8

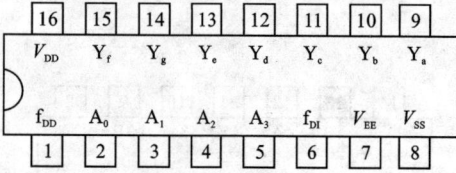

CC4055　4-7译码器

（c11）

16	15	14	13	12	11	10	9
V_{DD}	Q_{10}	Q_8	Q_9	CR	$\overline{CP}_1$	$\overline{CP}_0$	CP_0
Q_{12}	Q_{13}	Q_{14}	Q_5	Q_5	Q_7	Q_4	V_{SS}
1	2	3	4	5	6	7	8

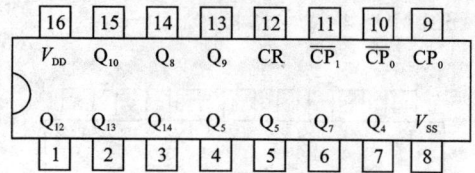

CC4022　14位二进制串行计数器

（c12）

14	13	12	11	10	9	8
V_{DD}	1C	4C	4I/O	4O/I	3O/I	3I/O
1I/O	1O/I	2O/I	2I/O	2C	3C	V_{SS}
1	2	3	4	5	6	7

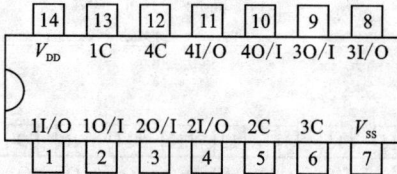

CC4066　四双向模拟开关

（c13）

14	13	12	11	10	9	8
V_{DD}	6A	6Y	5A	5Y	4A	4Y
1A	1Y	2A	2Y	3A	3Y	V_{SS}
1	2	3	4	5	6	7

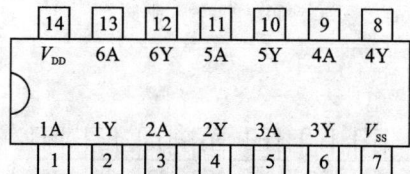

CC4069　六反相器

（c14）

14	13	12	11	10	9	8
V_{DD}	4B	4A	4Y	3Y	3B	3A
1A	1B	1Y	2Y	2A	2B	V_{SS}
1	2	3	4	5	6	7

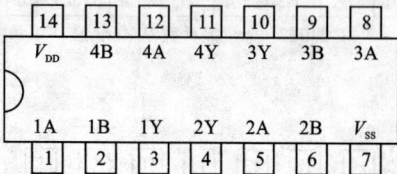

CC4070　四异或门

（c15）

14	13	12	11	10	9	8
V_{DD}	3A	3B	3C	3Y	1Y	1C
1A	1B	2A	2B	2C	2Y	V_{SS}
1	2	3	4	5	6	7

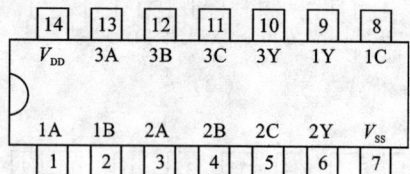

CC4073　三3输入与门

（c16）

16	15	14	13	12	11	10	9
V_{DD}	I_0	Y_3	I_3	I_2	I_1	I_9	Y_0
I_4	I_5	I_6	I_7	I_8	Y_2	Y_1	V_{SS}
1	2	3	4	5	6	7	8

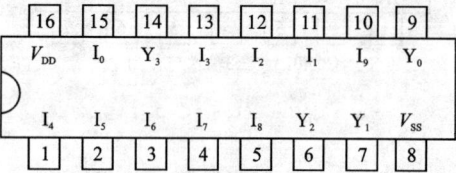

CC40147　10-4线优先编码器

（c17）

16	15	14	13	12	11	10	9
V_{DD}	CO	Q_0	Q_1	Q_2	Q_3	CT_T	$L\overline{D}$
$\overline{CR}$	CP	D_0	D_1	D_2	D_3	CT_P	V_{SS}
1	2	3	4	5	6	7	8

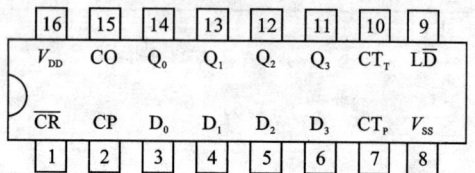

CC40161　4位二进制同步计数器
Cc40163

（c18）

16	15	14	13	12	11	10	9
V_{DD}	D_0	CR	$\overline{BO}$	$\overline{CO}$	$\overline{LD}$	D_2	D_3
D_1	Q_1	Q_0	CP_D	CP_U	Q_2	Q_3	V_{SS}
1	2	3	4	5	6	7	8

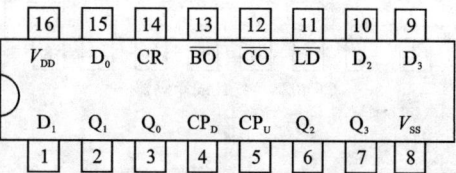

CC40192　十进制同步加/减计数器

（c19）

16	15	14	13	12	11	10	9
V_{DD}	Y_f	Y_g	Y_a	Y_b	Y_c	Y_d	Y_e
A_1	A_2	$\overline{LT}$	$\overline{BI}$	LE	A_3	A_0	V_{SS}
1	2	3	4	5	6	7	8

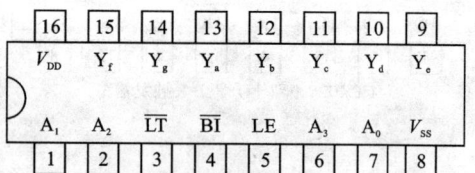

CC4511　4-7段锁存译码器/驱动器

（c20）

16	15	14	13	12	11	10	9
V_{DD}	CP	Q_2	D_2	D_1	Q_1	$U/\overline{D}$	CR
LD	Q_3	D_3	D_0	$\overline{CI}$	Q_0	CO/BO	V_{SS}
1	2	3	4	5	6	7	8

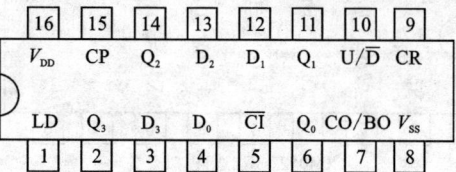

CC4516　4位二进制同步加/减计数器

（c21）

16	15	14	13	12	11	10	9
V_{DD}	2CR	$2Q_3$	$2Q_2$	$2Q_1$	$2Q_0$	2EN	2CP
1CP	1EN	$1Q_0$	$1Q_1$	$1Q_2$	$1Q_3$	1CR	V_{SS}
1	2	3	4	5	6	7	8

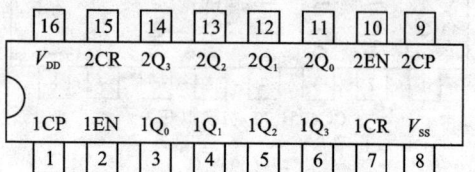

CC4520　双4位二进制同步计数器

（c22）

16	15	14	13	12	11	10	9
V_{DD}	Y_f	Y_g	Y_a	Y_b	Y_c	Y_d	Y_e
D_1	D_2	$\overline{LT}$	$\overline{BI}$		D_3	D_0	V_{SS}
1	2	3	4	5	6	7	8

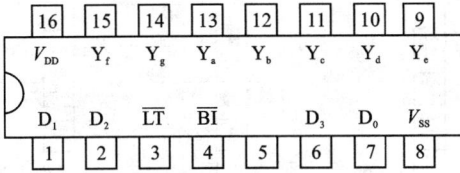

CC14547　4线7段译码器/驱动器

（c23）

8	7	6	5
	V_i	V_o	V_{SS}
1	2	3	4

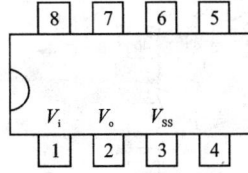

CC1403　基准电压源

（c24）

16	15	14	13	12	11	10	9
V_{DD}	D_{out}	$\overline{TE}$	R_{TC}	C_{TC}	R_1	A_9/D_9	A_8/D_8
A_1	A_2	A_3	A_4	A_5	A_6/D_6	A_7/D_7	V_{SS}
1	2	3	4	5	6	7	8

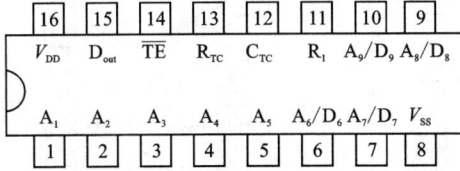

MC145026　编码器

（c25）

16	15	14	13	12	11	10	9
V_{DD}	D_6	D_7	D_8	D_9	V_T	R_2/C_2	D_{in}
A_1	A_2	A_3	A_4	A_5	R_1	C_1	V_{SS}
1	2	3	4	5	6	7	8

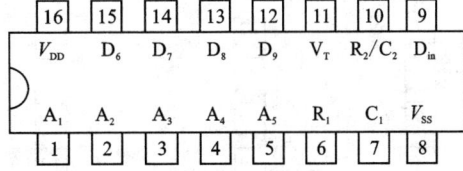

MC145027　译码器

（c26）

16	15	14	13	12	11	10	9
TTL_0	HYS	AN_0	FC_1	FC_1	VCO_{02}	V_{+2}	VCO_{01}
V_{+1}	LGC	IN_{PC}	LF	LF	FM/RFI	BF	GND
1	2	3	4	5	6	7	8

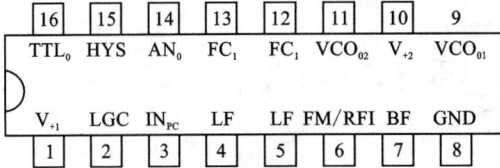

NE564　模拟锁相环

（c27）

8	7	6	5
OUT	GND	C_1	R_1
C_O	C_{2f}	IN	V_{DD}
1	2	3	4

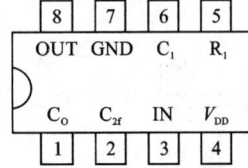

NE567　低调锁相环

（c28）

1	ADJ_{S1}	NC	14
2	SIN	NC	13
3	TR_1	ADJ_{S2}	12
4	ADJ_n	V_{EE}/GND	11
5	ADJ_{12}	C_1	10
6	V_{cc}	SQ	9
7	FM-B	FM-IN	8

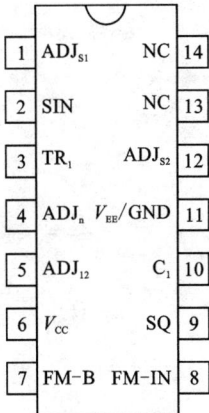

ICL8038　函数发生器

（c29）

1	OUT_1
2	OUT_2
3	OUT_3
4	OUT_4
5	GND
6	OUT_5
7	OUT_A
8	IN
9	V_{cc}

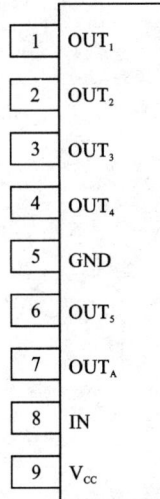

Cc736　五段LED电平显示器

（c30）

1	IN_3	IN_2	28
2	IN_4	IN_1	27
3	IN_5	IN_0	26
4	IN_6	$ADDA_A$	25
5	IN_7	$ADDA_B$	24
6	START	$ADDA_C$	23
7	EOC	ALE	22
8	2^{-5}	2^{-1}	21
9	输出选通	2^{-2}	20
10	CP	2^{-3}	19
11	V_{cc}	2^{-4}	18
12	V_{REF+}	2^{-5}	17
13	GND	V_{REF-}	16
14	2^{-7}	2^{-6}	15

ADC0808/0809　A/D转换器

（c31）

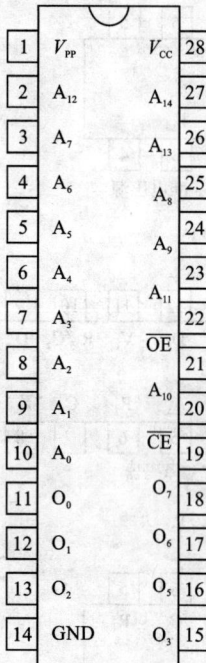

	EPROM 27256			
1	V_{PP}	V_{CC}	28	
2	A_{12}	A_{14}	27	
3	A_7	A_{13}	26	
4	A_6	A_8	25	
5	A_5	A_9	24	
6	A_4	A_{11}	23	
7	A_3	$\overline{OE}$	22	
8	A_2	A_{10}	21	
9	A_1	$\overline{CE}$	20	
10	A_0		19	
11	O_0	O_7	18	
12	O_1	O_6	17	
13	O_2	O_5	16	
14	GND	O_3	15	

EPROM 27256

（c32）

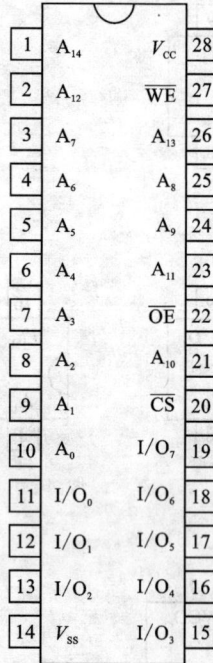

静态RAM 62256

1	A_{14}	V_{CC}	28
2	A_{12}	$\overline{WE}$	27
3	A_7	A_{13}	26
4	A_6	A_8	25
5	A_5	A_9	24
6	A_4	A_{11}	23
7	A_3	$\overline{OE}$	22
8	A_2	A_{10}	21
9	A_1	$\overline{CS}$	20
10	A_0	I/O_7	19
11	I/O_0	I/O_6	18
12	I/O_1	I/O_5	17
13	I/O_2	I/O_4	16
14	V_{SS}	I/O_3	15

静态RAM 62256

（c33）

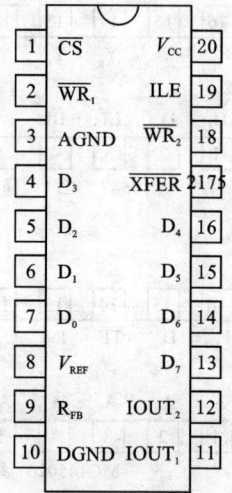

DAC8032 D/A转换器

1	$\overline{CS}$	V_{CC}	20
2	$\overline{WR_1}$	ILE	19
3	AGND	$\overline{WR_2}$	18
4	D_3	$\overline{XFER}$	2175
5	D_2	D_4	16
6	D_1	D_5	15
7	D_0	D_6	14
8	V_{REF}	D_7	13
9	R_{FB}	$IOUT_2$	12
10	DGND	$IOUT_1$	11

DAC8032 D/A转换器

（c34）

附图 8 – 3

参考文献

［1］毕满清主编. 电子技术实验与课程设计. 第 3 版. 北京：机械工业出版社，2005

［2］蔡明生主编. 电子设计. 北京：高等教育出版社，2004

［3］高有堂等主编. 电子设计与实战指导. 北京：电子工业出版社，2007

［4］彭介华主编. 电子技术课程设计指导. 北京：高等教育出版社，2005

［5］谢自美主编. 电子线路综合设计. 武汉：华中科技大学出版社，2006

［6］杨志忠主编. 电子技术课程设计. 北京：机械工业出版社，2008

［7］王建校等主编. 电子系统设计与实践. 北京：高等教育出版社，2008

［8］王振红，张常年主编. 电子技术基础实验及综合设计. 北京：机械工业出版社，2007

［9］谭会生，瞿遂春主编. EDA 技术综合应用实例与分析. 西安：西安电子科技大学出版社，2004

［10］曹昕燕等编著. EDA 技术实验与课程设计. 北京：清华大学出版社，2006

［11］齐洪喜，陆颖编著. VHDL 电路设计实用教程. 北京：清华大学出版社，2004

［12］李国洪，沈明山主编. 可编程逻辑器 EDA 技术与实践. 北京：机械工业出版社，2004

［13］朱正伟主编. EDA 技术与应用. 北京：清华大学出版社，2005

［14］孙胜麟，郭照南主编. 电子技术基础实验与仿真. 长沙：中南大学出版社，2008

［15］吴新开主编. 电子测试、仿真与制作技术. 长沙：中南大学出版社，2009

［16］张一斌，余建坤主编. 单片机原理课程设计. 长沙：中南大学出版社，2009

图书在版编目（ＣＩＰ）数据

电子技术与 EDA 技术课程设计／郭照南主编　--长沙：
中南大学出版社，2010
（高等院校培养应用型人才电子技术类课程系列规划教材）
ISBN 978 - 7 - 81105 - 840 - 6

Ⅰ.电…　Ⅱ.郭…　Ⅲ.电子电路－电路设计：计算机辅助
设计－课程设计－高等学校－教材　Ⅳ. TN702 - 41

中国版本图书馆 CIP 数据核字（2010）第 065817 号

电子技术与 EDA 技术课程设计

主编　郭照南

□责任编辑　邓立荣
□责任印制　易红卫
□出版发行　中南大学出版社
　　　　　　社址：长沙市麓山南路　　　　邮编：410083
　　　　　　发行科电话：0731 - 88876770　传真：0731 - 88710482
□印　　装　长沙印通印刷有限公司

□开　　本　787×1092　1/16　□印张 19.5　□字数 479 千字 □插页
□版　　次　2010 年 4 月第 1 版　□2019 年 1 月第 3 次印刷
□书　　号　ISBN 978 - 7 - 81105 - 840 - 6
□定　　价　39.00 元